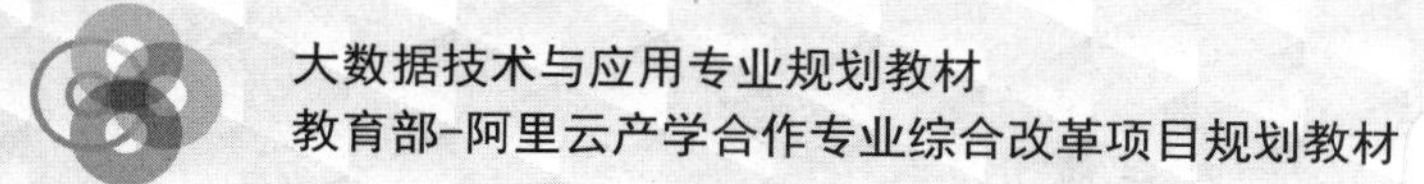

大数据技术与应用专业规划教材

教育部-阿里云产学合作专业综合改革项目规划教材

互联网大数据处理技术与应用

◎ 曾剑平　编著

清華大学出版社

北京

内 容 简 介

本书是教育部阿里云产学合作项目规划教材，书中全面介绍互联网大数据处理的主要理论和技术。全书共分为四大部分：概述、互联网大数据的获取、互联网大数据的结构化处理与分析技术、综合应用。在第1部分“概述”中首先对信息时代的技术变迁进行了回顾和归纳，指出了人类进入大数据时代的必然性及其基本特征，然后分析了互联网大数据的特点，接着对互联网大数据的相关技术进行了归纳和分析，最后指出了互联网大数据技术的发展。第2部分是“互联网大数据的获取”，包括原始数据的获取和数据提取技术，对网络爬虫的内核技术、主题爬虫技术、动态Web页面获取技术、微博信息内容获取技术、DeepWeb数据获取技术、反爬虫技术、反反爬虫技术、Web页面内容提取技术进行介绍。在第3部分“互联网大数据的结构化处理与分析技术”中，全面介绍结构化处理技术、大数据语义分析技术、大数据分析的模型与算法、大数据隐私保护、大数据技术平台，内容涵盖了互联网大数据处理与分析的主要方面。第4部分是关于互联网大数据技术的综合应用，以个性化新闻推荐为应用背景，运用阿里云大数据技术平台将本书介绍的一些关键技术、模型和平台贯穿在一起。

本书可作为高等院校计算机、信息、软件、大数据等相关专业研究生和高年级本科生的教材，也可作为计算机、信息、软件、大数据等领域研究人员和专业技术人员的参考书。

图书在版编目(CIP)数据

互联网大数据处理技术与应用/曾剑平编著. —北京：清华大学出版社，2017(2024.1重印)
(大数据技术与应用专业规划教材)
ISBN 978-7-302-46371-9

Ⅰ. ①互… Ⅱ. ①曾… Ⅲ. ①数据处理 Ⅳ. ①TP274

中国版本图书馆CIP数据核字(2017)第021601号

责任编辑：黄 芝 王冰飞
封面设计：刘 键
责任校对：梁 毅
责任印制：沈 露

出版发行：清华大学出版社
网 址：https://www.tup.com.cn，https://www.wqxuetang.com
地 址：北京清华大学学研大厦A座 **邮 编**：100084
社 总 机：010-83470000 **邮 购**：010-62786544
投稿与读者服务：010-62776969，c-service@tup.tsinghua.edu.cn
质量反馈：010-62772015，zhiliang@tup.tsinghua.edu.cn
课件下载：https://www.tup.com.cn，010-83470236
印 装 者：三河市铭诚印务有限公司
经 销：全国新华书店
开 本：185mm×260mm **印 张**：19 **字 数**：464千字
版 次：2017年4月第1版 **印 次**：2024年1月第10次印刷
印 数：8501～9000
定 价：49.00元

产品编号：072183-01

DT时代的数据思维与智能思维

本套云计算大数据丛书出版正值信息科技领域进入新一轮巨变，中国经济面临转型机遇的特殊时期。全球信息科技行业伴随着云计算、大数据、物联网、人工智能的发展即将进入一个泛智能的时代，云计算成为数字经济的基础设施；数据驱动、泛在智能成为各行各业转型升级的基础，不仅传统的IT从业人员面临能力升级，大多数在校大学生也面临新一轮知识体系的更新，各个垂直行业面临新一轮的人才升级。新一代人才教育与培训，需要一套产学一体的培训课程体系，这是阿里云愿意投身云计算大数据网络安全人才培养体系的时代背景。云计算、大数据、网络安全不仅关乎网络强国的大使命，也逐步成为各行各业专业人才的"元学科"，会逐步成为高等与职业教育的通识课程，一些发达国家已经在中小学立法普及编程课，已经开始指向这个趋势。"懂云计算，有数据思维，理解智能化"，未来可能是每一个工程技术人员与专业人士的必要素质。

2016年开始，全球信息科技进入一个新的加速爆发周期，可能发生的大概率事件是：二十年之内，有一半的人类知识工作者会被人工智能替代，有服务能力的机器人会诞生，全世界的产业工人会少于机器人；虚拟现实和增强现实会替代今天的智能手机，变成一个新的入口；各行各业都会需要基于物联网的智能化，"中国制造"会成为广泛意义的"中国智造"。

新一轮科技带来了生活方式的变革、生产方式的变革，还有学习方式的变革，这几个趋势的背后，是云计算作为一种普惠科技的基础设施，大数据成为新能源，智能化成为一种新常识。

2016年，全世界的短视频总量增长了6倍，直播业务在中国增长了10倍，远在偏远小镇的青年可以通过直播做电子商务，转化率可以提升十倍以上。当一个技术的使用成本趋近于零的时候，会带来广泛的社会效应。十年以前的直播只有电视台能做，需要专门的摄像机等设备，而今天的直播只需要一个手机，而且是多对多带互动的。无论是短视频，还是直播，背后都有云计算作为普惠科技的支撑作用，由此带来的，所有与知识传播有关的教育，包括整个内容行业，都会被它改变，随着大数据和人工智能的加入，人类学习的方式交互性会更强，“学习系统”会根据不同人的理解程度做个性化的推荐与辅导。

这意味着知识生产与知识传播方式的根本性转变，这个恰恰是云计算、人工智能等科技与各行各业产生化学反应的交叉点，数据是这个转变的新能源。

在2016年10月，阿里云和法院系统合作，发布了一个面向法律服务的智能应用“法小淘”，通过把数千万份法律判例文本化，“法小淘”智能应用可以为普通老百姓以及初级律师提供“打官司”的咨询服务，根据用户输入的案件信息给出建议，包括推荐合适的律师。貌似与科技远离的法律服务也用上了人工智能，这是垂直行业泛智能化的一个小例子。

中国制造进入智能时代

在工业界，阿里云跟中石化合作，协助他们做了企业的电商平台；与徐工合作，推动工厂基于工业云的智能化；与上汽合作，推出具有智能服务的互联网汽车，都收到积极的市场反馈。中国制造，面临智能化的产业机遇，借助互联网人口和产业布局两大优势成为未来的第一个智能产品制造国。

在接下来的几年，互联网+智能制造的叠加会在很多个垂直领域出现，数据智能与制造业结合，产生“跨界重混”的效果，甚至制造业就不是以制造为主，而是以服务化为主。这个巨大的重构背后依赖云和大数据。也因为这个需求，我们可预见工业企业对云计算大数据人才的需求会越来越强烈。

“创业化生存”与共享经济的兴起

创业化，会成为一种常态，越来越多的年轻人开始告别公司，兴起中的数字经济体都是基于云平台的网络化协作组织；云计算成为共享经济的超级容器，催生新一代创业者和“斜杠青年”。十年以后，或许一半以上的从业者都是“斜杠青年”，今天美国就有数千万人是跨工作、跨公司的“斜杠青年”。

过去十年，云计算使得创业公司的创业门槛降低了10倍，没有云计算，Airbnb、NetFlix、推特、Uber等公司不可能这么快成长壮大，新一代创业者的一个核心能力就是要懂技术，理解数据和算法的价值，缺少技术理解力的创业者将面临更大的同质化压力。一句话，无论是草根创业，还是做一个“斜杠青年”，必要的数据思维是生存本能。

创业化和共享经济的崛起，有赖于云计算作为基础设施，大数据作为新能源的全新范式，新一代创业公司需要大量的科技人才。

在未来的经济环境里，普惠云科技的基础设施化、制造的智能化、软件的泛化以及数据无处不在，是一个大趋势，并且不断向各行各业渗透。本套丛书就是希望在这个普惠科技与各行各业深度融合的时代为下一代科技人才的培养提供更多产业界的经验与实践。

感谢清华大学出版社出版本套云计算与大数据方面的系列教材。感谢各位高校老师的辛苦努力和用心付出，使得本系列教材能够付梓出版。

——阿里云业务总经理　刘松

前言

互联网技术及应用进入一个高速发展时期，那些随手可得的互联网应用深刻地影响着社会经济的发展，改变了人们衣食住行、吃喝玩乐的生活方式，人们对互联网的依赖度逐年提升。网络数字化生活形态的形成，促进了互联网数据的累积，大数据由此成为互联网技术应用的新鲜血液，并将成为今后很长一段时期内各方关注的焦点。互联网大数据处理的理论、技术及其应用与社会经济各个领域的融合越来越密切，相关领域的专业技术人员迫切需要建立完整的互联网大数据分析应用的知识体系，以适应今后发展趋势的要求。

本书作者及其科研团队近十年来一直从事互联网内容分析挖掘、网络舆情、大数据、信息内容安全技术和应用方面的科研工作。在包括国家自然科学基金项目在内的各类科研项目支持下，对互联网信息获取和提取方法、互联网信息内容结构化处理技术、语义分析技术、数据挖掘的模型与算法、社交媒体中的用户行为及互联网金融等应用领域开展了大量研究，积累了一定的经验，强烈希望把科研工作中的体会和理解整理出来。此外，作者从 2011 年开始先后为复旦大学信息安全专业的本科生、研究生开设了《信息内容安全》《大数据安全》等课程，经过多年的教学实践，了解了学生的学习需求，积累了较为充足的讲义和素材。2016 年 5 月，教育部联合阿里云计算有限公司等单位发起了产学合作专业综合改革项目，确定了包括大数据在内的多个新技术方向的教材编写目标，以产学结合来推动高校教材和课程的改革。本书的编写正是在该综合改革项目的支持和推动下进行的，是第一本系统讲述互联网大数据处理技术及应用的教材和专业参考书。

本书在知识结构上，试图覆盖互联网大数据处理与应用的完整知识体系；在内容上，尽量做到深入浅出，既考虑知识的基础性，也兼顾技术发展方向和前沿。本书全面介绍互联网大数据处理与应用中的主要理论和技术，分为概述、互联网大数据的获取、大数据的结构化处理与分析技术和综合应用四大部分，涉及互联网大数据处理技术的各个方面，侧重于基本原理和实践技术的介绍，特别是较为系统全面地介绍互联网大数据获取、分析挖掘的各种技术，并融合了阿里云计算大数据平台的一些先进思想和业界的实践经验。

本书作为一本产学兼顾的教材，具有如下特色。

(1) 针对互联网大数据，从大数据的获取到可视化展示与发布的整个过程，帮助学生建立完整的知识体系。侧重于非结构化数据处理与分析，由于传统的结构化数据分析技术相对比较成熟，因此这种安排将有助于读者接触到更多的大数据核心关键技术。

(2) 除了一些比较基础性的知识外,在各个章节还融入了作者在教学和科研中所积累的一些值得深入探讨的问题和观点,具有一定的启发性。

(3) 理论与实践相结合,各个章节既包含技术原理介绍,也包含实现技术、开源架构等方面的叙述,使得读者能从中掌握技术应用及实现方法。

(4) 注重产学结合,基于阿里云及其大数据平台,构建了综合应用实例,有效地集成运用了本书的一些关键技术,帮助读者深入理解大数据处理技术。

全书由曾剑平负责内容安排、统稿,由互联网大数据处理技术和应用研究领域的一线人员参与编写。书中各章的编写人员安排:第1章由曾剑平、段江娇编写,第2章由曾剑平、段江娇、胡源编写,第3章由曾剑平、胡源编写,第4章由曾剑平、张硕编写,第5章由曾剑平、段江娇、毛天昊编写,第6章由曾剑平、张硕、段江娇、毛天昊编写,第7章由张泽文、吴爽、曾剑平编写,第8章由曾剑平、王欣编写,第9章由曾剑平、黄智行编写。另外,黄智行对第5章的CRF应用实例的部分程序及第9章的个性化新闻推荐系统进行了实现。本书在编写过程中,得到了阿里云计算有限公司的李妹芳女士的大力支持,在产学合作教材编写项目申请、立项、跟踪、结题、应用案例构建,以及相关的文字表达方面给予了很多帮助和指导。阿里云计算有限公司的宁尚兵先生在阿里云平台和大数据平台的使用、开发方面也给了大力的支持和帮助,阿里云计算有限公司的多位技术专家对本书的结构和知识安排提出了有益的建议。清华大学出版社的编辑们为本书的出版和编辑花费了很多心思。复旦大学计算机科学技术学院汪卫教授、中国科学院计算技术研究所靳小龙副研究员对本书进行了审阅,提出了宝贵的意见。此外,在本书的编写过程中,参考和引用了许多作者发表的各种论文、技术报告,我们均已在参考文献中列出。在此,一并表示衷心的感谢。

由于互联网大数据处理与应用技术所涉及的内容广泛,许多技术仍在不断发展中,所以本书在内容选择及编写上从深度和广度做了精心的安排。尽管编写组成员最近5个月来全身心投入,对每个技术要点尽量清楚地描述,但由于时间仓促及作者的学识水平限制,书中难免存在不足之处和疏忽,恳请读者不吝批评指正,以利于再版修订完善。

读者可关注微信公众号IntBigData("互联网大数据处理技术与应用"),订阅与该书内容相关的文章,并与作者互动。

作　者

2017年1月

第1部分　概　　述

第1章　互联网大数据 …… 3

1.1　从IT走向DT …… 3

1.1.1　信息化与Web时代 …… 3

1.1.2　大数据时代 …… 5

1.2　互联网大数据及其特点 …… 5

1.3　互联网大数据处理的相关技术 …… 7

1.3.1　技术体系构成 …… 8

1.3.2　相关技术研究 …… 10

1.4　互联网大数据技术的发展 …… 14

1.5　本书内容安排 …… 15

思考题 …… 16

第2部分　互联网大数据的获取

第2章　Web页面数据获取 …… 19

2.1　网络爬虫技术概述 …… 19

2.2　爬虫的内核技术 …… 22

2.2.1　Web服务器连接器 …… 23

2.2.2　页面解析器 …… 23

2.2.3　爬行策略搜索 …… 25

2.3　主题爬虫技术 …… 29

2.3.1　主题爬虫模块构成 …… 29

2.3.2　主题定义 …… 30

2.3.3 链接相关度估算 …… 31
2.3.4 内容相关度计算 …… 32
2.4 动态 Web 页面获取技术 …… 33
2.4.1 动态页面的分类 …… 33
2.4.2 动态页面的获取方法 …… 34
2.4.3 模拟浏览器的实现 …… 35
2.4.4 基于脚本解析的实现 …… 36
2.5 微博信息内容获取技术 …… 37
2.6 DeepWeb 数据获取技术 …… 40
2.6.1 相关概念 …… 40
2.6.2 DeepWeb 数据获取方法 …… 40
2.7 反爬虫技术与反反爬虫技术 …… 43
2.7.1 反爬虫技术 …… 43
2.7.2 反反爬虫技术 …… 48
2.8 爬虫技术的展望 …… 50
思考题 …… 51

第 3 章 互联网大数据的提取技术 …… 52

3.1 Web 页面内容提取技术 …… 52
3.1.1 Web 页面内容提取的基本任务 …… 52
3.1.2 Web 页面解析方法概述 …… 55
3.1.3 基于 HTMLParser 的页面解析 …… 56
3.1.4 基于 Jsoup 的页面解析 …… 60
3.2 基于统计的 Web 信息抽取方法 …… 64
3.3 其他互联网大数据的提取 …… 65
3.4 阿里云公众趋势分析中的信息提取应用 …… 67
3.5 互联网大数据提取的挑战性问题 …… 70
思考题 …… 70

第 3 部分 互联网大数据的结构化处理与分析技术

第 4 章 结构化处理技术 …… 75

4.1 互联网大数据中的文本信息特征 …… 75
4.2 中文文本的词汇切分 …… 76
4.2.1 词汇切分的一般流程 …… 76
4.2.2 基于词典的分词方法 …… 77
4.2.3 基于统计的分词方法 …… 79

4.2.4　歧义处理 …… 82
4.3　词性识别 …… 84
4.3.1　词性标注的难点 …… 84
4.3.2　基于规则的方法 …… 85
4.3.3　基于统计的方法 …… 86
4.4　新词识别 …… 88
4.5　停用词的处理 …… 89
4.6　英文中的词形规范化 …… 90
4.7　开源工具与平台 …… 91
4.7.1　开源工具及应用 …… 91
4.7.2　阿里分词器 …… 95
思考题 …… 99

第5章　大数据语义分析技术 …… 100

5.1　语义及语义分析 …… 100
5.2　词汇级别的语义技术 …… 101
5.2.1　词汇的语义关系 …… 102
5.2.2　知识库资源 …… 103
5.2.3　词向量 …… 113
5.2.4　词汇的语义相关度计算 …… 119
5.3　句子级别的语义分析技术 …… 122
5.4　命名实体识别技术 …… 127
5.4.1　命名实体识别的研究内容 …… 127
5.4.2　人名识别方法 …… 128
5.4.3　地名识别方法 …… 129
5.4.4　时间识别方法 …… 130
5.4.5　基于机器学习的命名实体识别 …… 131
5.5　大数据语义分析技术的发展 …… 136
思考题 …… 137

第6章　大数据分析的模型与算法 …… 138

6.1　大数据分析技术概述 …… 138
6.2　特征选择与特征提取 …… 139
6.2.1　特征选择 …… 140
6.2.2　特征提取 …… 143
6.2.3　基于深度学习的特征提取 …… 146
6.3　文本的向量空间模型 …… 149

6.3.1 向量空间模型的维 …… 149
6.3.2 向量空间模型的坐标 …… 150
6.3.3 向量空间模型中的运算 …… 153
6.3.4 文本型数据的逻辑存储结构 …… 154
6.4 文本的概率模型 …… 155
6.4.1 N-gram 模型 …… 155
6.4.2 概率主题模型 …… 159
6.5 分类技术 …… 166
6.5.1 分类技术概要 …… 166
6.5.2 经典的分类技术 …… 167
6.6 聚类技术 …… 172
6.7 回归分析 …… 174
6.7.1 回归分析的基本思路 …… 175
6.7.2 线性回归 …… 176
6.7.3 加权线性回归 …… 178
6.7.4 逻辑回归 …… 179
6.8 大数据分析算法的并行化 …… 181
6.8.1 并行化框架 …… 181
6.8.2 矩阵相乘的并行化 …… 184
6.8.3 经典分析算法的并行化 …… 186
6.9 基于阿里云大数据平台的数据挖掘实例 …… 187
6.9.1 网络数据流量分析 …… 187
6.9.2 网络论坛话题分析 …… 193
思考题 …… 196

第 7 章 大数据隐私保护 …… 197

7.1 隐私保护概述 …… 197
7.2 隐私保护模型 …… 198
7.2.1 隐私泄露场景 …… 198
7.2.2 *k*-匿名及其演化 …… 199
7.2.3 *l*-多元化 …… 205
7.3 位置隐私保护 …… 209
7.4 社会网络隐私保护 …… 211
思考题 …… 215

第 8 章 大数据技术平台 …… 216

8.1 概述 …… 216

8.2　大数据技术平台的分类 …… 217
8.3　大数据存储平台 …… 217
8.3.1　大数据存储需要考虑的因素 …… 217
8.3.2　HBase …… 220
8.3.3　MongoDB …… 221
8.3.4　Neo4j …… 223
8.3.5　云数据库 …… 224
8.3.6　其他 …… 227
8.4　大数据可视化 …… 229
8.4.1　大数据可视化的挑战 …… 230
8.4.2　大数据可视化方法 …… 231
8.4.3　大数据可视化工具 …… 234
8.5　Hadoop …… 235
8.5.1　Hadoop 概述 …… 235
8.5.2　Hadoop 生态圈及关键技术 …… 236
8.5.3　Hadoop 的版本 …… 246
8.6　Spark …… 247
8.6.1　Spark 的概述 …… 247
8.6.2　Spark 的生态圈 …… 248
8.6.3　SparkSQL …… 250
8.6.4　Spark Streaming …… 251
8.6.5　Spark 机器学习 …… 252
8.7　阿里云大数据平台 …… 255
8.7.1　飞天系统 …… 255
8.7.2　大数据集成平台 …… 256
思考题 …… 260

第4部分　综合应用

第9章　基于阿里云大数据技术的个性化新闻推荐 …… 263
9.1　目的与任务 …… 263
9.2　系统架构 …… 264
9.3　存储设计 …… 264
9.3.1　RDS …… 265
9.3.2　OSS …… 266
9.3.3　OTS …… 266
9.3.4　MaxCompute …… 268

9.4 软件架构 …… 270
9.4.1 ECS …… 270
9.4.2 爬虫 …… 272
9.4.3 模型训练 …… 274
9.4.4 分类过程 …… 276
9.4.5 开源代码 …… 276
9.5 阿里云大数据的应用开发 …… 277
9.5.1 开发环境 …… 277
9.5.2 部署 …… 278
9.5.3 运行与测试 …… 279
思考题 …… 283

参考文献 …… 284

第1部分

概　述

第1章 互联网大数据

本章对互联网大数据及其相关技术进行了概述，总结了信息技术发展过程和规律，指出人类社会进入数据时代，发展数据技术的必然性；从大数据的特点、思维、产业等方面做了一些探讨和分析，归纳并描述了互联网大数据的特点；着重对互联网大数据处理的技术体系进行了阐述，解释了其中的相关技术，包括数据采集、结构化处理、模型与算法、平台技术等；对互联网大数据技术的发展进行了展望，最后给出了本书的章节安排说明。

1.1 从 IT 走向 DT

自从信息技术开始运用于解决各种日常事务处理问题以来，各种软硬件设备和网络建设投资规模不断增加，各行业构建了具备一定规模的信息化系统，有力地促进了企事业单位生产经营和管理革新。在这个过程中，互联网的出现为信息化注入新的思维，极大地拓展了原有信息系统的时空维度。从 Web 1.0 到 Web 2.0，互联网应用中所形成的新思维更是导致这种时空维度发生了质的变化，互联网技术与各行业的生产经营和管理过程进行了深度融合，并成为当今时代最为活跃的资本市场热点。信息化、Web 1.0、Web 2.0 的演化进程中累积了大量数据，在信息化建设进入相对稳定状态时，人们开始意识到这些数据的价值，期待从数据中发现一些人工分析所无法得到的知识，从而推动经营管理进入新的阶段。

1.1.1 信息化与 Web 时代

在 20 世纪八九十年代信息化建设初期，人们面对的是复杂而又重复的业务和管理流程，迫切需要运用信息技术手段来将人们从这种重复劳动中解放出来，简化操作流程，提高工作效率。因此，在这个阶段，一些复杂且重复的工作任务成为信息化的首选目标。企业资源规划(ERP)、企业生产过程管理、人力资源管理、财务管理等是这个阶段的典型代表。为此，人们构建了支撑这类信息化系统运行所必需的软硬件设备、企业内部互联网络(Intranet)，开发了相应的应用软件，有力地保障了信息系统的运行。随着信息化分工的进一步细化，大量的基础网络技术、基础软硬件系统成为一个独立的行业逐步得到发展，各种操作系统、数据库系统、主机设备、行业软件系统等成为这个阶段最主要的产品，而它们反过来也使得人们在构建信息技术平台时不需要从头开始，而可以实现一种组装式的构建方法，因此极大地加快了信息化进程。

在20世纪90年代前后,中国开始小规模接入互联网(Internet)。在初始阶段,互联网应用以浏览型业务为主,即所谓的Web 1.0时代。众多的互联网内容提供商(ICP)构建了专门的网站,为网民提供信息服务。典型的就是各类新闻网站、信息聚合网站和企事业单位的门户网站,它们提供了国内外新闻信息、企事业单位介绍、活动安排、政策规定等信息发布场所。众多的互联网服务提供商(ISP)为网民提供各种接入互联网的途径,如PSTN拨号、专线、分组技术等,但是由于接入技术的限制,带宽一般都不高,大都只能达到K级,因此,ICP提供的信息内容形式上比较单一,相对于图片、视频等多媒体内容而言,文本内容的占比要高得多。

随着用户端接入技术的发展和带宽的提高,人们不满足于简单的信息浏览,而是对信息交互提出了越来越高的需求。用户体验、用户为中心的思维得到了ICP的关注,由此,从Web 1.0转而进入Web 2.0时代。作为一个概念,Web 2.0是2004年始于出版社经营者O'Reilly和MediaLive International之间的一场头脑风暴论坛。相比于Web 1.0,Web 2.0则更注重用户的交互作用,用户既是网站内容的浏览者,也是网站内容的创造者。一个直观的例子就是从Web 1.0的个人网站到Web 2.0的博客进化。个人网站提供了关于个人信息的介绍和发布(Homepage),但个人并无法在网站上与浏览者进行交流沟通,也无法得到浏览者的反馈信息。博客虽然也是个人信息发布的场合,但是个人不但可以灵活地在网站上修改和发布各种信息,而且浏览者可以进行评论,并与博客主人进行交互。因此,作为Web 2.0应用,它允许用户参与网站内容生成,实现用户与网站、用户与用户之间的交互。典型的Web 2.0应用有网络论坛、公告板(BBS)、博客(Blog)、信息聚合(RSS)、百科全书(Wiki)、社会网络(SNS)、对等网络(P2P)、即时信息(IM)等。然而Web 2.0初期的这些应用看起来只是为了满足人们日益增长的娱乐和休闲需求,与企事业信息化系统之间的联系并不很紧密。因此,提供服务的网站除了广告收入以外,就难以有其他的收入来源,网站自身的生存也成了最主要的问题。

寻找新的商业模式关乎到生存发展,就成为互联网应用提供商急切需要解决的问题,眼光自然而然就投向了传统的生产经营等领域。将传统的零售过程搬到互联网上则是第一道突破,电子商务由此成为一种比较早期的被挖掘出来的新应用。1997年年底在加拿大温哥华举行的第五次亚太经合组织非正式首脑会议(APEC)上美国总统克林顿提出敦促各国共同促进电子商务发展的议案,其引起了各国首脑的关注。在国内,各个行业所涉及的销售等商业过程都成为电子商务的现实样例,1999年3月8848等B2C网站正式开通,标志着网上购物进入实际应用阶段。此后,B2B、B2C、C2C、B2M、O2O等各种形式的电子商务层出不穷,成为互联网资本市场追踪的目标。

Web 2.0时代所形成的共享、开放、免费、去中心化等优秀的互联网思想,继续不断地指引着各个传统行业依靠互联网创造新的商业模式。最近几年来,出现了各种各样的网上服务,如网上交易、网上订餐、网上约车、网上租房、网上婚恋等。在这种背景下,传统行业找到了与互联网结合的有效模式,已有的信息化成果也就与互联网有了越来越密切的联系,即所谓的线下线上融合。至此,信息化与Web 1.0、Web 2.0的进化终于走到了同一条战线上,信息化进入了一个崭新的时代。

1.1.2　大数据时代

信息化与 Web 时代中建设的各类信息系统经过持续的运行，已经累积了大量数据，并且这种数据产生速度也正在不断加快。根据 IBM 的研究，整个人类文明所获得的全部数据中，有 90%是过去两年内产生的。而到了 2020 年，全世界所产生的数据规模将达到今天的 44 倍。而 IDC 报告显示，预计到 2020 年全球数据总量将超过 40ZB(相当于 4 万亿 GB)，在过去几年，全球的数据量以每年 58%的速度增长，在未来这个速度会变得更快。

在软硬件和基础网络建设基本完善后，面对不断增多的数据，越来越多的人意识到这些数据中蕴含着大量有价值的信息，于是开始把眼光投向了各种系统中所保存的海量数据。在技术和应用的创新思想驱动下，提出了对这些数据进行分析挖掘的需求，数据因此成为应用的核心和关注的新焦点，相应的理论和技术问题等待着人们逐一去解决。

围绕着数据价值的发现和利用，大数据时代将体现出以下重要特征。

(1) 数据收集既是一种技术，也是一种业务。由于数据分散在不同的系统中，目标对象存在多源、异构特征，数据收集技术的复杂度大大提升。各种数据持续不断地产生，将数据收集过程恰当地嵌入到业务过程中，对于企事业单位在整个社会数据空间中捕捉自己想要的数据，是非常重要的一个环节。

(2) 数据深度挖掘和分析技术成为新时代的高科技。面对海量数据，可能是来源于不同场景的数据，对数据的关联和线索将是一项崭新的研究。文本、视频、音频等各种类型数据的准确分析挖掘也依赖于人工智能理论和方法的发展，特别是语义技术、篇章理解技术等。作为综合运用多种先进理论和技术的大数据分析挖掘自然成为大家所追求的高科技。

(3) 数据隐私成为每个人都关注的话题。由于每个人的活动都在信息技术的支撑下进行，个人的各种数据都将被记录下来，而且这些数据经过某种途径进行集中、融合后，就可能会在更广的范围内泄露个人敏感信息，人将变成透明的人。因此，大数据时代对数据隐私监测和保护的需求必然是每个人所关注的，相关技术和法律保障就会得到不断发展和完善。

(4) 大数据技术与具体领域的结合更加紧密。大数据需要在应用中才能体现出它的价值，而价值的判断与领域有直接关系，因此在大数据时代，具体领域中的数据利用和价值的发现会得到关注。

(5) 大数据技术平台将会成为一种新的信息基础设施。正如在信息化阶段产生的数据库、操作系统、大型应用软件，以及 Web 时代的搜索引擎、微博等专业应用系统一样，大数据时代中，专业化、规模化的大数据技术平台将有利于人们更加集中精力进行业务层面的价值挖掘，因此这种新型的信息基础设施是大数据时代的典型标志之一。

1.2　互联网大数据及其特点

目前各行业应用领域讨论的大数据，典型的是来自于联机事务处理(OLTP)的数据，此类数据有以下特点。

(1) 通常具有较好的规范化，如银行中的交易记录、企业的销售记录等，数据记录的完整性、一致性较好。

(2) 数据时时刻刻都在不断增加，具有典型的数据流特征。而在数据流中，隐含模式可能发生变化，这种模式也可能会存在于很长的数据流中。

(3) 数据存在于企事业单位的联机系统中，是用户查询、业务处理的直接数据源，因此，历史数据较少，为了避免对生产系统产生影响，不宜直接在这种数据系统上进行分析挖掘。

(4) 数据具有一定的封闭性。由于数据往往涉及单位自身的生产管理，对这些数据的理解也只有在本单位才有意义，同时从商业秘密的角度看，单位一般也不会轻易与其他机构共享这些数据。

本书主要针对互联网大数据，互联网大数据是基于互联网的应用系统所产生的各种相关数据的集合。在 Web 信息时代，基于互联网的应用除了与互联网架构有关，还同时会涉及与企业原有的业务处理架构(称为内部网)。例如，对于电子商务服务应用来说，基于互联网架构提供了电商交易界面，而交易后的很多处理，包括财务清算、质量控制等，却是基于内部网络的架构。因此，从 IT 到 DT 的演化进程来看，互联网大数据既包括了各种 Web 互联网应用中不断累积而产生出来的数据，也包括传统业务处理系统产生的数据，如图 1-1 所示。具体而言，互联网大数据源于以下应用。

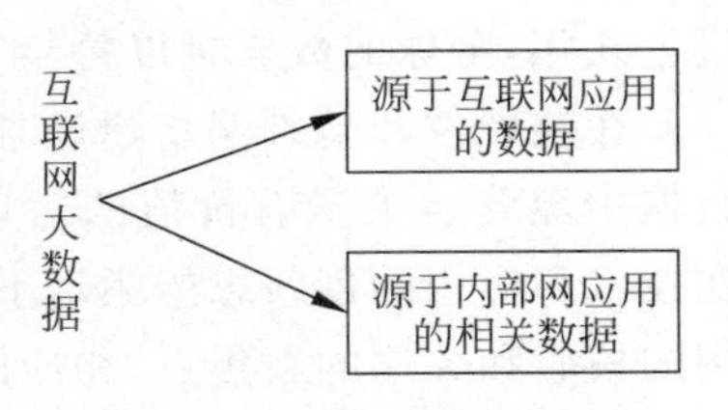

图 1-1 互联网大数据的组成

(1) Web 应用：基于 Web 服务框架的各种应用，如微博、网络论坛、电商系统等，包括应用中的业务数据以及 Web 服务自身所保存的访问日志。

(2) 非 Web 的互联网应用：指各种基于客户端的互联网应用，如一些实时访问工具、邮件系统等。

(3) 基于内部网的互联网应用延伸：许多情况下，互联网应用只是作为一种用户交互过程的场所，而交互过程的相关数据及其进一步处理可能由内部网系统进行，此类系统的相关数据与互联网应用也较为密切，应视为互联网大数据的一部分。

源于内部网应用的数据大都是基于传统关系型数据库，其处理分析技术相对比较成熟，因此，本书所讲述的重点是源于互联网应用的数据，以 Web 应用为主。在本书后面的叙述中，也将此类数据简称互联网大数据。

对于一般意义上的大数据而言，特别是来自于 OLTP 的大数据，通常认为其数据特点具有 4V(Volume、Variety、Value、Velocity)或 7V(Volume、Velocity、Vast、Variety、Veracity、Value、Visualize)等说法。但是无论哪种说法，一般都把数据的大容量、数据蕴含的价值、数据来源多样化以及数据处理的快速化等特点作为大数据的基本特征。因此，对于互联网大数据而言，除了具备这些基本特征外，还有一些源于 Web 2.0 环境的新特点，具体如下。

(1) 大数据类型更加丰富。由于互联网大数据更多的是与用户行为和信息内容相关，而这些信息自身及它们所演化出来的新型数据类型都具有传统 OLTP 所没有的特点。互联网大数据的数据类型除了传统的基本数据类型以外，还有文本型、音视频、用户标签、地理位置信息、社交连接数据等。这些数据广泛存在于各类互联网应用，如新闻网站上的新闻，网络论坛中的帖子，基于位置服务系统(LBS)中的经纬度信息，以及微博中用户关注所形成的连接数据。这种数据虽然本质上属于字符串、整型等基本数据类型，但是它们经过重新整合已经形成了具有一定语义的数据单元，是互联网大数据的基本组成部分。

（2）数据的规范化程度比OLTP中的数据要弱。由于互联网数据的动态性、交互性都比较强，在信息传播作用下，用户生成的信息通常也有很大的相似性。此外，用户生成的信息是可以由用户控制的，也就是用户可以在此后进行修改、删除。因此，在采集互联网大数据时，就可能会出现不同时间点所看到的用户数据并不相同，即所谓的不一致性。此外，互联网应用中对数据的校验并不是很严格，甚至可能是用户自定义的，这种数据规范化方式与OLTP预先定义的模式也完全不同。典型的是微博中的用户标签，每个人可以根据自己的偏好设定自己的标签，两个不同的标签，可能具有相同的含义，而相同的标签，可能对不同用户来说有不同的含义。

（3）数据的流动性更大。在OLTP中，数据产生的速度取决于业务组织和规模，除了银行、电信等大型的联机系统外，OLTP数据流动性一般并不高，数据生成速度也很有限。但是在互联网环境下，越来越多的应用由于面对整个互联网用户群体，而使得数据产生、数据流动性大大增强，如微博、LBS服务系统等，这种流动性主要体现在信息传播、数据在不同节点之间的快速传递。这种特点，也就决定了大数据分析技术要具备对数据流的高速处理能力，挖掘算法要能够支持对数据流的分析，技术平台要具备充足的并行处理能力。

（4）数据的开放性更好。前面提到OLTP具有很强的封闭性，而对于互联网大数据而言，由于互联网应用架构本身具有自由、共享、去中心化等特点，也就使得各种互联网应用中的数据在较大的范围内是公开的，可以自由获取。而且由于互联网应用的开放性特点，对于用户的身份审查并非太严格，用户之间进行数据共享和自由分享也就变得更加容易。

（5）数据的来源更加丰富。随着智能终端的快速普及、通信网络的更新换代加快、智能技术和交互手段越来越丰富，互联网应用程序形式将变得丰富多彩，也将产生与以往不同的数据形式。例如虚拟现实（VR）技术的应用就可能直接将人的真实表情数据、生理数据记录下来。此外，云计算、物联网技术的出现带来了新的服务模式，它们与互联网的结合也将极大地扩大互联网大数据来源。多种不同来源的数据以互联网为中心进行融合，正符合了大数据的基本特征，因此，可以在这个基础上做更有效的分析和挖掘。

（6）互联网大数据的价值体现形式更加多样化。随着互联网思维在各个行业得到运用，互联网大数据与每个行业领域都存在结合点，因此大数据的价值体现也就不会仅局限于互联网应用自身。如互联网与出租车的结合，基于互联网大数据的车流的预测、路径规划更具有全局性，甚至互联网大数据与科学研究结合在一起也形成了目前颇具特色的研究范式。在以社会调查为主要基础的社会科学领域，逐渐过渡到以互联网为背景来构建自己的数据源。例如很多的研究以微博、Twitter中的用户行为数据为基础，开展一些心理、情感方面的研究，也凸显了互联网大数据价值的多样化。

根据上述互联网大数据特征的分析，可以得知，从IT到DT时代的转变，互联网在这其中起到了很大的促进作用，而大数据技术和思维方式反过来将推动互联网应用的演进，从而改造传统行业，产生更高的价值。

1.3　互联网大数据处理的相关技术

“大数据”这个词汇几乎成为当今最热门的词汇，也不难看出，大数据这个词汇经过近几年来的发展，已经成为新的概念。大数据的相关人员可以从不同的视角来看待这种概念，而获得自身的需求和满足，这也是导致大数据成为流行词汇的原因之一。归纳起来，可以从以下视角来理解大数据的概念。

(1) 技术视角，大数据最基本的属性是其技术特性。涵盖了大数据采集、挖掘、分析、发布共享及支撑平台建设等多个相关过程中的技术问题。

(2) 商业视角，大数据之所以能引起资本市场的关注，在于其崭新的商业模式，即所谓大数据营销。通过对大数据的分析挖掘，并将挖掘结果与具体领域进行关联分析和预测，从而进行商业价值发现，为构建新的商业模式提供可靠的数据基础。

(3) 思维视角，大数据在发展过程中逐步形成了大数据思维体系，用数据说话、数据蕴含价值、关注相关性、全样本原理、数据预测等都是这个体系的重要组成部分，它们为人们解决实际问题提供了方法论上的指导。这种具有普适性的思维视角对于推动大数据概念的大众化起到了直接作用。

(4) 学科视角，大数据科学是一门交叉学科，涉及信息科学、社会科学、系统科学、心理学、经济学等诸多领域，需要由各个学科进行深度协作才能获得好的大数据应用效果，因此它得到各个学科的关注也是理所当然的。

下面主要从大数据的技术视角进行叙述，包括大数据的技术体系构成，以及该体系下的主要技术问题，如数据采集、提取、结构化处理、语义技术、模型与算法、隐私保护与大数据平台技术。

1.3.1 技术体系构成

互联网大数据处理技术主要用于对互联网大数据进行采集、分析和挖掘等，其具体技术体系构成如图 1-2 所示。从总体上看，互联网大数据技术体系可以分成 4 个层次，即数据获取层、大数据计算与存储层、数据挖掘模型与算法层及应用领域技术层。

这 4 个层次的技术构成及其功能简要介绍如下。

(1) 数据获取层。对于互联网大数据而言，数据的获取主要有 3 种方法，即网络爬虫、网络探针及 ETL(Extract-Transform-Load)工具的方法。

网络爬虫通过模拟人的点击行为获取 Web 页面内容，这种方法需要服务器付出一定的计算能力，特别是对于动态页面，需要更多的 CPU 执行和磁盘操作。因此，如果与网站服务商之间能达成数据协议，就可以直接通过 ETL 从网站的数据库系统中获得数据，而不需要经过 Web 服务器框架。当然，互联网上的数据类型很多，并不是所有的数据都可以通过模拟点击页面的方式得到，特别是一些基于客户端访问方式的数据，通过网络探针在网络数据流的层面上进行数据还原和获取是必要的。

当然，在数据获取层，不仅是为了获得页面数据，而且要在页面文件的基础上，从页面中提取具体领域所关注的数据，如从新闻页面上获得新闻的标题、时间、正文等。为了实现这个需求，分析页面结构和具体信息的标签含义是这个层次的一个基本任务，也就是图中所提的数据格式识别处理问题。

通常在互联网大数据的具体应用领域，除了来自互联网的大数据外，还需要该领域的一些数据，这些数据通常以关系型数据存在。例如，对于电商应用，电商的销售记录、进销存数据则不会公开于互联网，就需要通过 ETL 的方式将这些数据转入到大数据平台中。当然 ETL 得到的数据也需要进行格式转换、完整性检查等方面的操作。

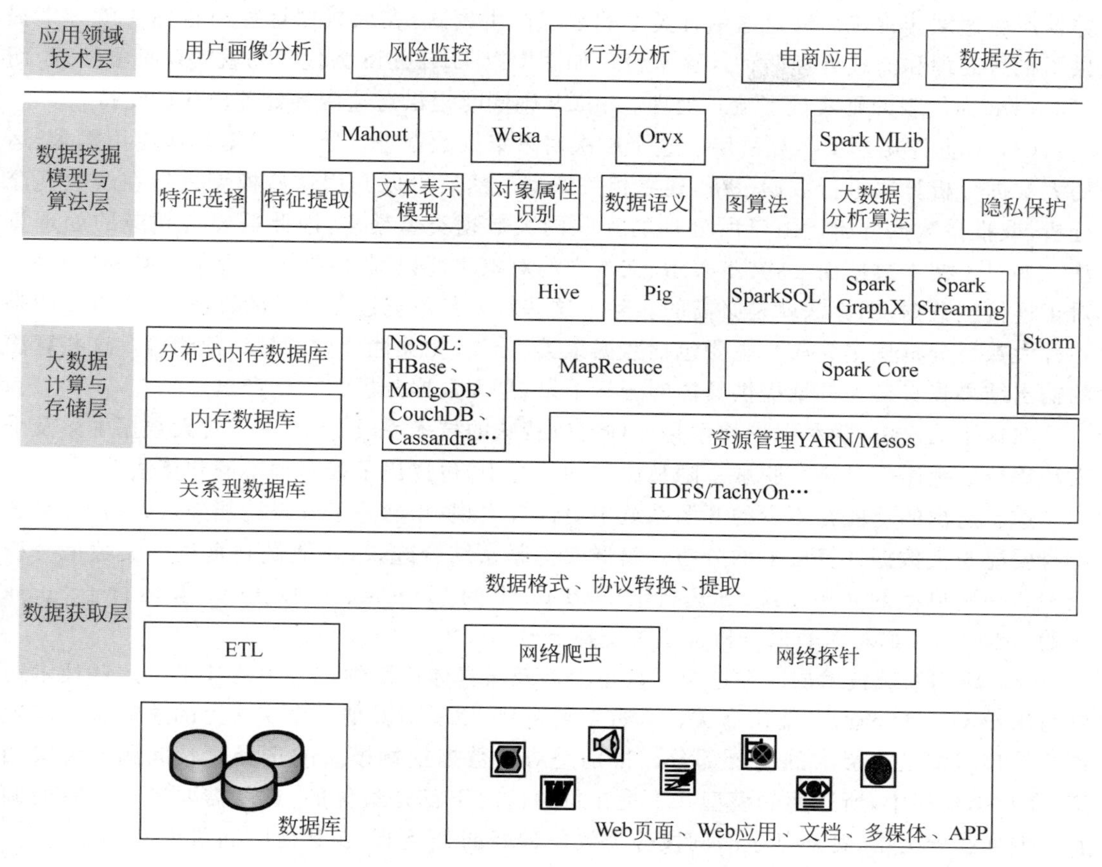

图 1-2 互联网大数据处理的技术体系

(2) 大数据计算与存储层。从图 1-2 可以看出，这个层次上的功能组件最为丰富，实现存储和计算两个功能。这里的计算和"数据挖掘模型与算法"中的计算并非相同的含义。这个层次上的计算是指面向大数据分析的一些底层算法，典型的包括排序、搜索、查找、最短路径、矩阵运算等。这些算法与具体应用无关，它们为上层的数据挖掘提供基本的函数调用，算法性能的重要性不言而喻。

在大数据环境下，为了提升算法性能，这些底层算法的实现就需要充分利用计算平台的分布式、并行、集群能力。MapReduce 就是这样一种实现任务分解、分布及结果归约的编程模型。但是 MapReduce 基于磁盘进行计算结果的共享，在 I/O 等性能方面存在问题，因此其他的计算模型如 Spark 就应运而生。不管是哪种实现，最终的目的都是为了提供 API 供上层开发人员调用，因此，为了便于开发设计，在该层次上，同时有一些类似 Hive、SparkSQL 的组件提供了比较接近流行语言的编程模式。

从数据类型的角度看，互联网大数据中，结构化和非结构化数据同时并存，在存储层就配置了关系型数据库及 HBase 之类的 NoSQL，而后者建立在一种新的文件系统 HDFS 之上，这样便于进行数据的分布，从而与计算平台的需求结合起来。

从大数据产生模式看，数据可能是批量进入平台，也可能是时时刻刻都在生成的、以一种不间断的方式流入平台。对于前者而言，典型的就是一类类似新闻报道的文本，它们的出现有较大的时间间隔。而后者典型的就是微博上的博文、转发等，由于用户数量巨大，这种数据产生速度非常快。针对这两种类型的数据产生模式,在大数据计算与存储层就分别提供了批量处理和流式处理两种计算平台。如图中以 Hive、Pig 为代表的就实现批量处理,而以 Storm 为代表的则实现了流式处理。Spark 则同时提供对这两种处理模式的支持。

(3) 数据挖掘模型与算法层。这个层次对采集的数据进行处理,根据具体应用需求,运用大数据分析算法进行数据分析,建立相关模型。然后可以利用这些模型进行在线数据流分析,或批量数据分析。由于所处理的互联网大数据类型繁多,因此需要有相应的处理算法。如对于文本数据而言,文本表示、文本中的对象属性识别、数据语义等都是必要的基础。对于连接型数据,图算法就是必需的。除了这些对采集数据进行处理的算法外,更重要的是各种大数据分析挖掘算法。主要包括数据聚类、分类、相关性计算、回归、预测等。这些算法的输出结果将直接为领域提供具体的分析结果,是大数据分析的真正产出。

在这个层次中,隐私保护技术是一种比较特殊的技术手段,主要用于对大数据中涉及个人和单位的敏感信息进行脱敏。隐私保护的研究中,也提出了很多种模型和算法。

这个层次的功能在不少的开源系统中也都有实现,当然除了实现功能外,这些开源系统本身要能与大数据计算层上的分布式集群架构紧密结合起来,才能做到真正的大数据分析处理。一些典型的开源系统,如运行于 Hadoop 上的 Mahout、Weka、Oryx 及运行于 Spark 上的 MLlib 等,都对大数据分析提供了支撑。

(4) 应用领域技术层。在这个层次主要涉及与具体应用领域有关的技术。这些技术通常与用户 UI、系统管理、输出有关。大数据可视化,以及对其他 3 个层次上的关键参数配置调整等技术都是该层次的主要部分。特别是对于数据挖掘模型的选择比较问题。大家知道,在数据挖掘中,所选用的模型并不是在每种情况下都是最优的,这就需要进行及时的调整。例如在分类中,针对某个时间段分类效果最好的分类器,在其他时间段未必仍然合适,因为可能是领域行为特征发生了变化。

除了上述领域技术外,大数据应用成功的一个驱动力是数据共享。当前政府管理机构都鼓励数据拥有者把数据共享出来,但是这并不是一件简单的事情。数据发布技术需要在领域范围内决定哪些数据是敏感的、哪些数据是不敏感的。从而与模型算法层次中的隐私保护技术结合起来。

介绍完互联网大数据处理的技术体系,可以发现该技术体系与一般意义上的大数据技术体系的差别并不大,但是这仅是从层次结构上看。在具体的技术上还是有较大差别,主要体现在以下几方面。

(1) 数据获取层:这里所面对的更主要的是互联网上各种类型数据,它们与 OLTP 数据的区别已经在前面叙述了。

(2) 大数据计算与存储层:由于互联网大数据涉及的数据类型更丰富,如表现人际连接的数据、地理位置数据、个人标签数据、文本数据等,对这些数据的计算处理和存储与普通的关系型数据有较大差异。

(3) 数据挖掘模型与算法层:由于数据类型、数据源更加丰富,也对数据挖掘提出了更多的需求,从而体现出与普通大数据技术体系不同的特点。

1.3.2 相关技术研究

与互联网大数据处理相关的技术主要包括大数据采集、提取、结构化处理、大数据语义技术、大数据分析的模型与算法、隐私保护和大数据技术平台。本节对这些技术的研究现状进行简单介绍。

1. 互联网大数据采集

根据互联网大数据来源的不同,相应的采集手段包含 ETL、网络爬虫和网络探针方式。本书主要介绍网络爬虫的方式。通过网络爬虫的方式可以获取公开 Web 页面上的数据。爬虫需要解决的关键技术有以下几点。

(1) 提升爬虫采集的并行度。爬虫通常需要面对一定范围的大量页面,并在尽可能短的时间内获取这些页面。现有方法大都依赖于分布式、多线程技术,典型的有:采用 Hadoop 架构或自行设计的分布式架构,将任务分配至不同的节点,但是如何高效地管理中心主机是个难题。

(2) 爬虫的可靠性、容错性。由于不同网站所处的状态不同,当爬虫连接网站及在页面获取过程中可能出现各种错误问题,如服务器不可用、执行时间过长等。为了提升爬虫的容错性,现有方法普遍采用超时技术,针对网站可能的各种响应信息制定预案,但是如果没有处理好,就可能导致爬虫执行产生超时,严重影响爬虫性能。

(3) 突破爬虫封锁。网站对爬虫的检测和限制,需要采用一定技术手段来解决。目前主要采用的技术有多代理服务器之间切换、填充客户端参数等。但服务器端仍会发展出新的技术来检测和限制爬虫,因此通过技术手段在保证信息获取能力的前提下,让爬虫的行为不对网站造成太大的影响,在网站和爬虫之间找到利益平衡点才是解决这个问题的根本。

2. 互联网大数据提取

对于互联网大数据提取技术而言,面对各种样式的 Web 页面和非 Web 应用,从中提取数据的主要技术包括以下几点。

(1) 针对各种不同页面,准确地寻找页面中的正文信息。目前技术大多针对特定的页面,事先确定正文在页面中的位置或特征,再结合这些信息进行正文的搜索。这种方法的挑战在于:即使是同一个网站的页面,页面布局也会发生变化,技术上的自适应就变得很重要。

(2) 页面类型的识别。由于不同类型页面中的数据组织形式差别很大,如论坛型页面、新闻型页面、评论型页面等,也使得要提取的数据位置具有不同的特征。页面类型的自动识别技术对于解决这个问题是非常重要的。

(3) 网络探针方式获得的原始数据实际上是网络上传输的字节码,所有进出某个网络节点的数据都混杂在一起,由于流量数据巨大、数据加密及未知协议等原因,使得数据的还原和内容提取变得很困难。

3. 大数据结构化处理

互联网大数据的结构化处理是指在分析挖掘之前对原始数据所进行的处理。具体的结构化处理则取决于数据类型、网络应用等因素。

结构化处理的必要性之一来自于前面提到互联网大数据的弱规范特征,需要对数据进行缺失值填充、归一化、标准化等处理。例如,某些网络论坛中帖子的首发日期并非都是按照计算机中标准的日期记录方式,这时为了便于后续运算就需要对它们进行格式上的转换。

此外，对于互联网大数据，由于信息复制成本低，相同或相似信息大量存在，进行数据去重通常也是预处理的一个环节。

更多的结构化处理是发生在文本内容上，这是互联网上类型最多的数据。一篇新闻报道的文本就是这种类型，对文本进行切分是计算机理解文本内容的第一个步骤。切分的目的是把输入的句子切分成为词汇序列。而由于语言表达的灵活性，会出现类似于“二手机箱”这种可能产生多种不同切分结果的文本，因此，歧义的处理也就成为文本结构化处理阶段需要解决的关键技术。在一个文本中，除了词汇外，每个词汇还有对应的词性。词性识别是预处理中的一个主要步骤，这是因为词性信息在上层的挖掘分析中尤为重要，如名词比介词更能反映一篇新闻报道的内容。

考虑到互联网大数据的特点，许多的新词不断地在网络空间中被创造出来，而且新词对于计算机理解内容含义起着重要作用，因此新词的识别判断也就成为结构化处理中一个必要的环节。

4. 大数据语义技术

对于大数据分析而言，传统的数据挖掘技术，如分类、聚类、相关性分析等技术都比较成熟，在关系型数据集的分析挖掘中也显示了很好的可行性。而针对互联网大数据而言，文本类型的数据占主要部分，词汇是文本型数据最基本的组成和运算单位。其他类型的互联网大数据，如视频、图片等最终也可以归结为词汇的运算。词汇之间的关系最重要的就是它们的语义关系，大数据语义技术是用于解决此类语义关系的技术。

首先是词汇级别的语义技术，主要包括词汇之间的语义关系类型划分，这种类型包括包含关系、修饰关系等。主要采用基于知识库资源的计算方法，具体而言是根据两个词汇在知识库中的位置关系来推断。当前，随着深度学习研究的深入，可以从大量的文本中推理出词向量，在应用中发现这种词向量具有一定的语义表达能力，因此也成为大数据语义分析的重要技术之一。

其次是句子级别的语义分析技术，有些做法是将其中的关键词按照一定方式进行组织，从而转换成为词汇的语义分析。另一类做法则是引入句法分析技术，对词汇在句子中的作用进行评价。

在语义技术方面，还有一类技术称为命名实体识别，是对词汇的属性进行进一步分析，包括判断词汇是否为人名、地名、机构名、时间等。这类属性显然对于在大数据中分析与关联人物的相关信息具有很大的作用。相关的方法主要是基于规则的方法、基于机器学习等方法。

5. 大数据分析的模型与算法

模型与算法是大数据分析技术的核心之一，涉及的模型主要有向量空间模型、概率模型等，这些模型作为数据分析中表示样本的基本模型，不但在关系型数据而且在非关系型数据中都是经典的方法。针对互联网大数据的特点，数据量大、类型多，导致模型的特征空间膨胀得很大，由此带来了特征属性值的稀疏性、特征之间的耦合性等问题，而这些问题都需要在模型训练过程中解决。

分析算法则包含分类算法、聚类算法、相关性计算、预测算法等，每种算法中都有一些经典的方法。对于分类算法而言，朴素贝叶斯(Naive Bayes)、最近邻居(KNN)、支持向量机

(SVM)、决策树(Decision Tree)等都是一些经典方法。而 K-means、DBSCAN、层次聚类则是聚类算法中的经典方法,这些算法是基于基本模型上的一种运算。针对大数据的分析,遇到的主要问题就是数据量巨大,比传统环境下所遇到的数据量要大得多,因此,就需要这些经典算法在设计和实现时要充分考虑对巨量数据运算的支持,分布式、集群计算环境下的分析算法实现则是解决问题的重点。

6. 隐私保护

在大数据时代,发现数据价值是最主要的目标。为了实现这个目标,其中一种途径就是充分利用不同来源的数据,通过数据共享与融合来实现数据利用率的最大化。与其他类型的大数据一样,互联网大数据的共享也存在潜在的隐私泄露风险。一个典型的例子是,在使用社交软件时,人们的位置信息很容易会被系统记录下来,一旦这种数据集被发布共享出去的时候,其他人包括熟人和陌生人都可能通过分析一定时间内的位置序列来推断个人。随着互联网与日常生活的关系越来越密切,每个人在互联网上保存的个人信息和行为信息越来越多,针对互联网大数据的隐私保护就变得非常必要。

隐私可以分为静态隐私和动态隐私两大类。前者是人的一些基本属性,如姓名、性别、身份证号等。后者则涉及面很广,如用户行为、用户兴趣等。在互联网时代,动态隐私更是每个人所应当关注的。

在互联网环境下,根据用户隐私数据的生成场景,除了一些针对关系型数据的隐私保护外,还有以下若干种典型的非关系型数据隐私保护需求。

(1) 位置隐私保护。在许多互联网应用中通过记录个人上网时的 IP 地址、使用移动设备时的经纬度坐标信息,来为用户提供个性化服务。此类数据反映了个人行为轨迹,具有一定的敏感性,需要受到保护。

(2) 社交网络隐私保护。在社交网络应用中,每个人的朋友关系都会被记录下来。当整个社交网络用户关系都可获得时,即使某个人没有填写自己的敏感信息,但是还有可能利用一些社交网络的基本理论,如六度联系、三度影响力、朋友相似性等,通过朋友属性来推断某个人的敏感信息。

(3) 评论信息隐私保护。评论型信息主要出现在网络论坛、微博、博客及电商商品评论页面中。用户在发表评论时,个人的评论时间、表达方式、情感因素等都体现在所写的评论信息中。因此,尽管没有实名,但很可能通过熟人攻击的方式来推断个人的敏感属性。

7. 大数据技术平台

由于数据存储量大、需要密集型计算与分析等原因,在大数据分析应用中就需要借助于一定的平台,以简化数据管理和维护工作,加快数据分析过程,实现大数据挖掘的价值。目前的大数据平台形式各样,开源的大数据技术平台也不少,所提供的功能也有所区别,根据平台所涵盖的技术可以分成以下 5 类。

(1) 存储平台。在大数据分析应用中,数据格式多种多样,提供大数据存储的平台有面向结构化数据、非结构化数据存储的平台。结构化数据存储平台具有较长的发展历史,Oracle、SQLServer、MySQL 等都比较早地提供了这类数据存储的支持。非结构化数据存储平台根据它所支持的数据形式又可以分为键值存储数据库、文档数据库、图形数据库和列式数据库。键值数据库常用的有 Redis、Memcached、VoltDB、Riak；文档数据库有 CouchBase、CouchDB、MongoDB；图形数据库有 HypergraphDB、InifiniteGraph、Neo4J、OrientDB 等；列式数据有 HBase、Cassandra 等。

(2) 计算平台。大数据的计算平台根据对数据的处理模式，可以分为批量式计算平台和数据流式计算平台。前者对收集到的数据进行一次性运算，对成批数据进行处理。后者则是将数据看成是一个动态的生成源，数据不断地流入到计算平台中，从而需要采用与批处理不一样的技术。前者典型的就是 Hadoop 中的 MapReduce，后者则是 Storm。而另一类则同时提供了批处理和流式处理的环境，典型的就是 Spark Core。

(3) 分析挖掘平台。分析挖掘技术是大数据处理的核心，针对不同的分析挖掘任务需要采用不同的算法和模型。而分析挖掘平台就集成了这些算法和模型，并提供给用户一个便于操作的界面或调用的 API。这类平台从大数据存储平台中获得输入数据，进行一些必要的数据处理，如特征选择、特征变换、分类、聚类、预测等。许多开源系统都提供对分析挖掘的支持，如 Weka、Mahout、oryx 等，它们并不一定都要依赖于计算平台。

(4) 数据可视化技术。大数据由于其维度甚高、数据量多、实体多、关系复杂等原因，在分析结果的展示上存在很大困难，但是对于终端用户来说一种易于理解的数据展示模式，并满足用户的交互和体验，这是非常必要的。大数据可视化技术就是用于解决此类问题，目前有针对文本数据、位置数据、网络数据等类型大数据的可视化技术和系统。这些可视化技术平台同样也有独立系统，也有的依赖于特定的计算平台。

(5) 集成平台。集成平台集成了上述相关平台的多种功能，一方面能够为用户进行大数据分析和应用提供方便，在一个集成环境中即可完成所有需要的步骤。另一方面，集成平台中通常会对各个集成部件进行优化配置，从而能够在整体上提升数据处理的性能。

集成平台有两种类型，即分布式集群环境和云大数据环境。分布式集群环境是利用一些支持分布式集群的开源系统构建运行环境，如 Hadoop、Spark 等就经常被用来搭建大数据集成平台，将数据存储、分析计算、挖掘、输出显示及开发部署等过程集成在一起。基于云的大数据环境则提供了一种扩展性更好的计算环境，它得益于云环境的优势，在云上部署大数据分析应用具有很好的发展前景。阿里云大数据平台(https://data.aliyun.com/)就是其中典型的代表。

1.4 互联网大数据技术的发展

当前，互联网技术应用正处于高速发展阶段，各种应用场景反过来对大数据分析技术提出了更高更多的需求，从而促进了互联网大数据分析技术的发展。基于未来若干年的技术和应用发展趋势，对互联网大数据分析技术的发展做如下判断，主要体现在互联网大数据采集、计算、分析模型、算法、技术平台等方面。

1. 互联网大数据采集与共享的新型途径

由于互联网具有开放性，数据几乎是暴露的，数据是一种资产的观点也得到认可，因此这两者之间的矛盾，会随着人们对大数据认识的加深而变得更加突出。这种矛盾可能会随着相关法律法规的制定而促进新型数据共享与采集途径的出现，而不局限于当前的爬虫、探针或 ETL 技术。

2. 互联网大数据分析的专业化

互联网应用的进一步发展，迫使人们从数据中去寻找价值和机会，对大数据分析和应用的需求越来越多。易用、可用的专业化服务可以使得用户将精力集中于大数据的价值分析和发现上，而不用去考虑大数据技术问题，因此，专业化的大数据技术平台和服务将成为互联网应用的一种主流。

3. 大数据语义挖掘能力的极大提升

今后可使用的互联网大数据会越来越多，从各种不同类型、不同来源和应用中的数据中去发现价值，最大的挑战来自于这些数据的异构性。内容的多义、同义、歧义、复杂模式等问题，无法通过现有数据挖掘方法来解决。深度数据挖掘，特别是具有语义能力的挖掘方法，通过数据单元的语义分析，在大数据集内外进行推理计算，这将是研究的核心。

4. 新型的大数据分析算法与模型

当前，用于大数据分析的模型和算法是早期针对数据仓库应用发展来的，较少考虑到互联网应用的特点。另一方面，互联网应用的进一步发展，物联网、车联网等与互联网深度融合，也将产生更多新型数据，对它们的语义分析和处理，也将促进新型的分析算法和模型的产生。

1.5 本书内容安排

本书共分 9 章，涵盖互联网大数据生命周期的主要阶段，各章的内容安排如下。

第 1 章对互联网大数据的基本特征、应用发展、技术体系和技术组成进行概述。

第 2 章对 Web 页面数据获取方法进行介绍，包括传统爬虫、主题爬虫、DeepWeb 数据以及反爬虫、反反爬虫技术等。

第 3 章针对 Web 页面信息介绍互联网大数据的提取技术方法，包括基本的页面提取、基于统计的提取方法等。

第 4 章针对文本这种互联网上最流行的数据形式，介绍其结构化处理技术，包括词汇切分、词性识别、新词识别及一些开源工具等。

第 5 章从词汇、句子级别进行大数据语义分析技术的介绍，还介绍命名实体的识别技术。

第 6 章对大数据分析的模型与算法及相关技术进行介绍，包括特征选择、特征提取、文本的表示模型及分类、聚类、回归等大数据基本算法，以及大数据分析算法的并行化处理方法。

第 7 章介绍大数据中的隐私保护，包括隐私保护的若干基本模型和算法，并针对互联网上广泛存在的位置型、社交型数据的隐私保护方法进行讲解。

第 8 章介绍大数据技术平台，包括存储平台、Hadoop、Spark 计算平台、可视化工具及阿里云大数据平台。

第 9 章描述一个基于阿里云大数据技术平台的个性化新闻推荐系统的分析设计，将本书所涉及的若干关键技术在一个系统和集成平台上进行实现。

思考题

1. 谈谈互联网大数据出现的必然性。
2. 互联网大数据有哪些典型的特点？
3. 什么是互联网大数据？
4. 互联网大数据处理技术包含哪些？
5. 举一个具体应用场景，谈谈你对图 1-2 所示的互联网大数据处理技术体系的理解。

第2部分

互联网大数据的获取

第2章 Web页面数据获取

本章描述互联网上各种典型应用中的页面获取方法，这些页面类型包括静态页面、动态页面，并着重对主题爬虫进行了讲解。除了基于页面之间超链接的数据获取方法以外，本章还介绍基于 API 函数调用的微博数据获取方法。由于爬虫技术的广泛应用，引起了服务器端的关注，出现了一些反爬虫技术，因此，本章对反爬虫技术和反反爬虫技术进行了阐述。

2.1 网络爬虫技术概述

关于什么是网络爬虫，目前并没有统一和确切的定义。网络爬虫是一种计算机自动程序，它能够自动建立到 Web 服务器的网络连接，访问服务器上的某个页面或网络资源，获得其内容，并按照页面上的超链接进行更多页面的获取。Web 页面链接指向的图片、各种类型的文档都是爬虫可以获取的网络资源。除了获取页面内容外，通常网络爬虫还需要提取页面中的超链接，再对这些超链接进行内容获取，由此不断地沿着页面链接展开出去。由于爬虫程序的这种执行过程就像是蜘蛛在蜘蛛网中沿着路线爬行，网络中的每个节点就相当于一个页面，因此网络爬虫还有一个很形象的名称，即网络蜘蛛(Web Spider)。当然，也可以在网络爬虫程序中执行 Web 页面的分析、正文识别和提取等动作，根据具体的应用场合设计，没有固定的设计模式。

网络爬虫技术最先是在搜索引擎系统中得到应用，特别是涉及从互联网上进行大量页面的自动采集时，基本上都离不开爬虫技术。以下列举一些典型的网络爬虫应用场景，除此以外，爬虫技术还可以在很多场合下使用。

1. 互联网搜索引擎

爬虫技术是互联网搜索引擎系统的关键技术。不管是通用的搜索引擎，还是垂直搜索引擎系统，其庞大的数据都是源自互联网上各种应用中的数据，通过爬虫技术，可以对互联网上的页面信息进行及时全面的采集，从而可以使得搜索引擎系统能够保持最新数据，更好地为用户提供查询服务。

2. 互联网舆情监测

互联网舆情监测是当前的应用热点，通过采集互联网上一些特定网站中的页面，进行信息提取、敏感词过滤、智能聚类分类、主题检测、主题聚焦、统计分析等处理之后，给出舆情态势研判的一些分析报告。当前典型的互联网舆情监控系统所能达到的监测效果都取决于其互联网信息的获取能力，包括监控系统在 Web 页面获取时的并发能力、对静态和动态等不同类型页面的获取能力、对实时页面数据的获取能力等。

3. 社交媒体评论信息监测

随着社交媒体在互联网上的广泛应用，出现了大量评论型页面，对这些 Web 页面进行及时完整的采集，能够获取到大量的用户偏好、用户行为信息，这是个性化推荐、用户行为研究和应用的关键基础。例如，目前对各种电子商务网站产品购买评论的自动采集、校园 BBS 页面采集等都属于这种类型。

4. 应用安全监测

应用层安全是网络信息安全的重要问题之一，这类安全与具体应用有密切关系，而随着部署在互联网的应用越来越多，应用安全问题变得越发突出。作为互联网应用的主流客户端——浏览器需要人为的点击和数据输入，并且所有的执行可能会对宿主计算机产生安全威胁，因此在应用安全监测方面的效率和及时性会受到很大影响。而基于网络爬虫技术，则可以在很大程度上改变这种情况。网页挂马的监测就是在爬虫获取页面后对页面中所包含的动态脚本进行特征分析。SQL 注入是另一种常见的应用安全问题，可以通过爬虫技术向所要监测的 Web 服务器发起查询命令。

5. 内容安全监测

内容安全是网络信息安全的最高层次，敏感信息、泄密信息等的监测需要从内容层面分析其安全属性，而对于这些信息的获取与监测需要在当事人不知情的情况下快速及时进行，因此，采用自动化的爬虫技术手段是合理的选择。

6. 学术论文采集

学术爬虫专门从互联网中爬行公开的学术论文，是构建学术搜索系统的关键基础。目前，国内外有许多类似的搜索，如 Google Scholar、Microsoft Academic Search、CiteSeer 及百度学术等。此类爬虫专门获取 PDF、Word、PostScript 及压缩文档。

7. 离线浏览

离线浏览允许用户设置若干个网站，将页面从服务器下载到用户硬盘中，从而可以在不连接互联网的情况下进行 Web 浏览。实现这种功能的是离线浏览器，典型的离线浏览器包括 Offline Browser、WebZIP、WebCopier 等。它们的核心技术就是爬虫技术，只是在执行时，离线浏览器需要限定爬行的范围，即所需要爬行的网站列表，以免爬虫漫无边际地沿着页面超链接下载其他网站的页面内容。

可以预计，随着互联网大数据在各个行业得到越来越多的关注，运用爬虫技术进行数据获取将变得更加普遍，应用领域和场景会越来越丰富。可以从多个不同的维度来对爬虫进行分类，这样有利于帮助人们在选择和运用爬虫技术时能更完整全面地进行分析。以下是关于爬虫程序的分类方法。

(1) 从爬虫抓取的链接范围看，可以分为基于整个 Web 的爬虫和基于局部确定范围的爬虫。前者以下载整个互联网中的所有页面为目标，后者则是由用户指定某个确定的抓取范围。对于搜索引擎系统而言,其所采用的方式是基于整个 Web 的爬虫。但是这种类型的 Web 信息获取方式,会受存储设施及 Web 页面数量动态增长的限制。从目前公布的数据来看,容量最大的搜索引擎也不过抓取了整个网页数量的 40%左右。

(2) 从爬虫抓取的页面内容看,可以分为无固定主题的爬虫和主题爬虫。前者不对爬行的页面内容进行分析,而直接将所访问的页面内容存储下来。主题爬虫则需要在人为事先设定好的某个主题限定下,对页面内容进行分析,只保存与主题相关的页面。无固定主题的爬虫主要在传统互联网搜索引擎等不关注页面内容的场合下使用,而主题爬虫主要在垂直搜索引擎、互联网舆情监测等与某个具体主题有密切联系的场合下使用。

(3) 从爬虫的执行模式看,可以分为批量型爬虫和增量型爬虫。批量型爬虫在设定爬行目标之后,就开始工作,当目标完成后即可停止页面的抓取。这种目标可以通过页面数量、爬行时间、爬行的站点数等具体特征来描述。而增量型爬虫需要能够一直持续不断地进行页面的抓取。相对而言,在实际应用中增量型爬虫的应用更加广泛。一方面互联网上的 Web 页面不断增加,页面内容也经常会更新,如一些列表式的新闻页面,总是不断地增加新闻条目; 另一方面,由于爬虫在运行中会受到机器性能、网络环境性能等的影响,可能会在没有完成爬行目标的情况下停止工作,因此也就要求爬虫具备增量型的功能,以便在重新开始时不会重新爬行已经获取的 Web 页面。

(4) 从爬虫的内部功能协调方式看,可以分为单线程爬虫和多线程爬虫。一般爬虫的内部功能可以分为网络连接、页面请求和接受、链接提取、内容提取和数据保存等多个部分。如果这些不同的功能在执行过程中,按照顺序执行方式进行协调,就称为单线程爬虫。而如果允许这些不同的功能可以同时执行或者同一个功能可以有多个实例,那么就称为多线程爬虫。显然多线程爬虫可以充分利用计算机的网络带宽、硬盘读写及 CPU 处理等资源,但是多线程的方式使得线程之间的任务分配和协调变得困难。因此,在爬行任务比较少的情况下,基于单线程方式可以快速构建出爬虫系统; 而在爬行任务比较多的情况下,可以优先考虑多线程爬虫; 而当爬虫任务非常多的情况下,就需要将这种多线程的协调结构拓展到分布式结构上了。例如,现有的互联网搜索引擎的爬虫系统实际上都是一种分布式的架构。

在实际进行互联网大数据的获取时,爬虫系统的设计就需要结合具体情况,考虑是否需要依赖于某个或若干个主题、是否在有限的链接或网站范围内等因素,比如针对财经新闻获取,可能最终选择的是一种增量型、局部、多线程的主题爬虫。

随着爬虫技术研究的发展,影响爬虫性能的关键技术已被逐步解决。在互联网应用的推动下,特别是大数据思维的指引下,人们在解决许多现实问题时都转向互联网寻求更丰富的数据。在这种背景下,一些独立于具体应用的爬虫系统被不断地设计开发出来,从而使得互联网大数据的获取和构建变得更加容易。从目前的一些独立爬虫系统看,典型的有以下两种。

(1) 八爪鱼(http://www.bazhuayu.com/)。这是一款网页采集软件,可以采集各种不同的网站或者网页,并提取规范化数据。

(2) Heritrix(http://www.wanwuyun.com/pages/news/312.html)。Heritrix 是一个由 Java 开发的、开源的网络爬虫,用户可以使用它来从网上抓取想要的资源。其最出色之处在于它良好的可扩展性,方便用户实现自己的抓取逻辑。Heritrix 采用的是模块化的设计,各个模块由一个控制器类(CrawlController 类)来协调,控制器是整体的核心。

2.2 爬虫的内核技术

根据上一节对爬虫类型的分析，可以看出，尽管爬虫类型很多，但是可以将爬虫要完成的功能分解成为两个层次。第一个层次是爬虫的基本功能，即获取页面所需要的功能模块构成，是每一种爬虫都需要实现的功能，通常包括建立网络连接、页面请求与解析、链接分析、爬行队列管理等基础性工作，主要针对的是简单的爬虫结构。第二个层次则是针对各种复杂类型爬虫所需要做的扩展，如 URL 范围控制、主题识别、支持增量式，这些并非是每种爬虫都需要实现的功能。

在爬虫的技术原理和实现上，从这两个层面来分析爬虫，能更清晰地理解爬虫的工作原理和关键技术。与功能分解相对应，本书把这两个层面的技术分别称为内核技术和扩展技术，如图 2-1 所示。本节主要介绍爬虫的内核技术，而各种关键的扩展技术将在本章后续部分中展开叙述。

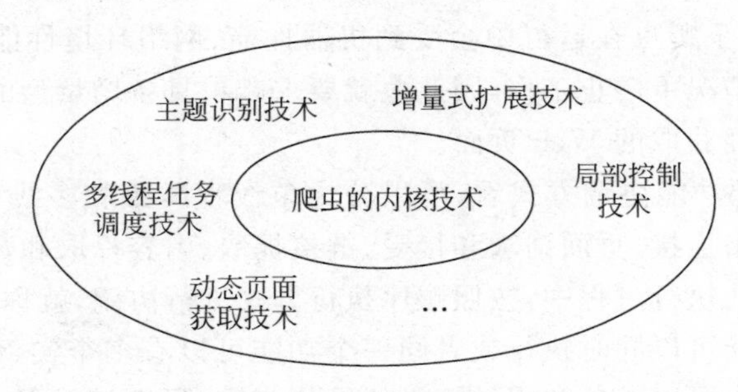

图 2-1　爬虫技术构成

网络爬虫的内核技术构成如图 2-2 所示，它们完成一个基本流程。首先是由 Web 服务器连接器向指定的 Web 服务器发起连接请求，在建立爬虫和 Web 服务器之间的网络连接之后，在该连接上向服务器发送 URL 页面请求命令，Web 服务器反馈页面内容，即 HTML 编码的文本信息，由页面解析器对 HTML 文本进行分析，提取其中所包含的 URL，对 URL 进行过滤，根据所设定的爬行策略，将每个 URL 放入到 URL 队列的适当位置。而当某个 URL 对应的页面爬行完毕后，连接器从队列中获取下一个 URL 作为新的爬行起点。上述过程不断地重复下去。当然在这个过程中，对页面进行保存等其他功能取决于具体应用，就没有体现在这个图中。

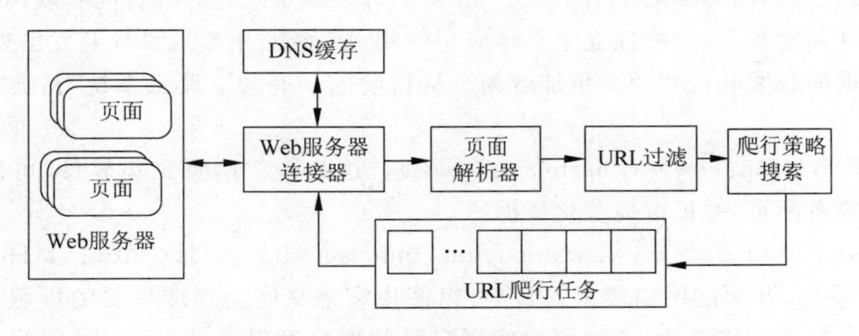

图 2-2　网络爬虫内核技术构成

2.2.1 Web服务器连接器

Web服务器是一种带有可执行框架的软件系统，在接收客户端的URL请求之后，它能够对该请求进行分析，提取出其中所包含的虚拟路径，并到服务器上对应的磁盘目录获得相应的文件。例如，假设请求的URL为：http://news.163.com/16/0607/09/BOURRBBN00014JB6.html，那么/16/0607/09将会被Web服务器提取并作为硬盘中某个目录下的子目录，从而在该子目录下将BOURRBBN00014JB6.html文件读取出来，并通过已经建立的网络连接发送给爬虫客户端，爬虫即可获得HTML文件内容。而对于动态页面，如JSP、ASP、PHP等，在读出这些文件后还需要解析和执行其中的代码，可能需要进行更多的操作，如数据库查询等，最后再生成HTML文本数据流。

这个过程可以用Java代码表示如下：

```
URL url = new URL (url);
HttpURLConnection httpconn = (HttpURLConnection)url.openConnection();
InputStream in = httpconn.getInputStream ();
⋮
```

实际上，对于客户端而言，它是看不到Web服务器是如何处理请求的，但是服务器的磁盘性能、网络带宽、并发能力等因素可能会影响文件读取和发送速度，从而对爬虫获取页面内容产生影响。因此，为了避免由于长期等待而导致爬虫性能降低，一个优秀的爬虫程序，需要进行连接超时时间和请求超时时间的设置，以确保自身运行的正确性。前者主要针对爬虫和Web服务器在建立网络连接的过程，后者则针对某个URL页面内容的获取过程。在读取方法getInputStream执行之前，需要先设置这两个过程对应的超时参数，用Java代码表示如下：

```
httpconn.setConnectTimeout(5000);      //设置连接超时为5秒
httpconn.setReadTimeout(30000);        //设置读取页面内容超时为30秒
```

从代码可以看出，在进行网络连接时，以URL作为参数。而从Socket编程的角度看，进行Web服务器的网络连接时，需要将URL中的域名转换成为IP地址。这个过程在互联网上是通过标准的DNS服务来完成，但是由于DNS解析时间比较耗时，因此可以在爬虫系统中设置自己的DNS缓存，以减少对标准DNS的查询。图2-2中的DNS缓存就是为了实现这样的功能。

2.2.2 页面解析器

静态型的Web页面随着互联网的出现而出现，虽然目前有大量的交互式动态页面能很好地提升用户体验，但是由于静态页面除了Web服务之外，不需要其他服务的支持，对服务器的资源消耗少，因此这种类型的页面现阶段仍然被广泛使用。动态型页面一般需要数据库等其他计算、存储服务的支持，因此，需要消耗更多的服务端资源。Web服务器在响应爬虫命令请求时，不管是静态页面还是动态页面，服务器返送给爬虫的信息一般都是封装成为HTML格式。因此，对于页面解析器而言，在处理Web服务器响应信息时，只要处理

HTML 格式的内容就可以了。

页面解析器的工作过程是基于 HTML 编码的文本信息。在获取 HTML 信息内容之后，由页面解析器进行解析，提取出其中所包含的所有 URL，作为后续爬行的新开始。而在爬虫的扩展部分，通过对这些 URL 进行域名检测，可以实现爬虫获取局部页面的目标。

对于 HTML 内容的解析涉及 HTML 编码，需要对 HTML 编码有所了解才能提取出所需要的内容。一般的页面解析器可以提取的页面内容包括很多种，在内核层，最主要的任务是从 HTML 中提取出 URL。URL 在 HTML 中是由标签 href 来标识的，但是可能存在两种情况，即绝对路径和相对路径。以下通过一个实例说明路径的提取方法。

假设在某个页面的 HTML 文本中包含以下 4 个超链接，该页面对应的 URL 是 http://www.fudan.edu.cn/2016/index.html，从这个 URL 可以看出，该文件是保存在磁盘虚拟根目录下的 2016 子目录中。

```
超链接 1:
<a href = "http://news.fudan.edu.cn/2016/0606/41661.html" target = "_blank">我校与清华大学构建新闻传播学术共同体</a>
超链接 2:
<li>
<a href = "../2015/users/guest/type_visitors.htm" class = "visitors">公众访客</a>
</li>
超链接 3:
<a href = "">
< img src = "images/fudan_logo.png" class = "ct1 - logo" />
</a>
超链接 4:
<li>
<a href = "../2016/channels/view/43">治理架构</a>
</li>
```

对于超链接 1，只需要把“href=”后面的字符串提取出来即可，这是一个绝对链接，由一个完整的 http 组成。对于超链接 2，并没有完整的 http，单纯从这个 href 所指定的链接无法知道其真正的结果。"../2015/users/guest/type_visitors.htm"中的“..”就是表示上级目录，即根目录，因此该超链接对应的文件位于根目录下的/2015/users/guest/子目录。超链接 3 是除了 href 外的另一个种存在形式，该链接指向一个图片文件，该文件是在当前目录下的 images 子目录中。超链接 4 与其他 3 个超链接主要的区别是没有指定对应的文件，根据 Web 服务器的默认规则，该文件是在当前目录的 channels/view/43 子目录下，文件名可以是 index.html、index.htm 等。

由于超链接通常具有固定的模式，因此在具体实现页面链接提取时，采用正则表达式匹配方法是比较简易的实现方法。例如，以下 Java 片段可以从双引号的< a >标签中提取 URL。

```
String pattern = "href = "([^"] * )"";
Pattern p = Pattern.compile(pattern, 2 | Pattern.DOTALL);
Matcher m = p.matcher(html_content);
if(m.find()) {
    System.out.println("提取出来的 url 是: " + m.group(1));
}
```

此外，考虑到爬虫在处理页面时通常也需要提取页面内容，特别是涉及页面内容分析的主题爬虫，因此，超链接的提取和页面内容的提取可以作为一个整体来处理，而能够完成这类任务的通常就不是简单的正则表达式匹配方法所能解决的。一些基于 DOM 树的页面解释器，如 HTMLParser，就具备这种功能。

上述 4 个超链接提取出来，分别是：

```
http://news.fudan.edu.cn/2016/0606/41661.html
http://news.fudan.edu.cn/2015/users/guest/type_visitors.htm
http://www.fudan.edu.cn/2016/images/fudan_logo.png
http://www.fudan.edu.cn/2016/channels/view/43
```

然而在解析出 URL 之后，通常需要对这些 URL 进行适当的过滤，如图 2-2 所示。这里进行过滤是考虑到两个因素：一是需要排除本次已经爬行过的 URL；二是遵守友好爬虫协议，将 robots.txt 文件中设定的不允许爬行的 URL 排除掉。

2.2.3 爬行策略搜索

对于互联网大数据的获取，通常需要面对海量的 Web 页面，如何对这些页面进行高效的获取是爬虫遇到的主要难点之一。所谓高效，最基本的要求就是要在尽可能短的时间内获取尽可能多的重要页面。对爬行过程中从每个页面解析得到的超链接进行合适的安排，即按照什么样的顺序对这些超链接进行爬行，这就是爬行搜索策略。

由于每个互联网上所有的 Web 页面可以抽象化成为一张有向图，图中的每个节点对应于一个 Web 页面，页面之间的链接则表示节点之间的有向边。在图理论中，图的遍历就是解决节点的访问顺序问题。图的遍历算法有两种，即深度优先算法和宽度优先算法。图 2-3 是一个页面链接的有向图，假如从节点 A 开始，则这两种遍历结果如下。

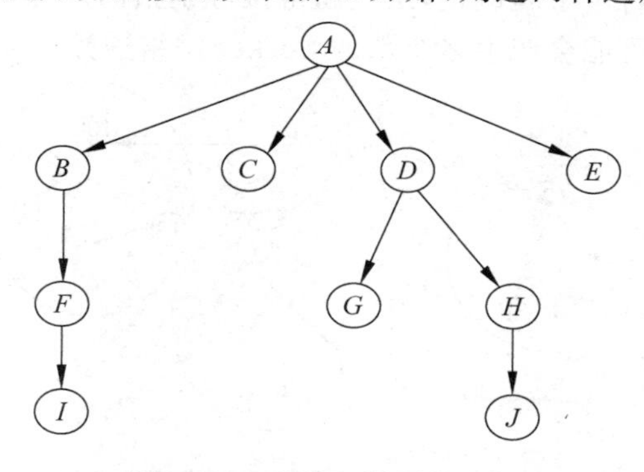

图 2-3 页面链接的有向图

深度优先：*A*—*B*—*F*—*I*—*C*—*D*—*G*—*H*—*J*—*E*。

宽度优先：*A*—*B*—*C*—*D*—*E*—*F*—*G*—*H*—*I*—*J*。

类似地，在爬虫的搜索策略中，也可以采用深度优先策略和宽度优先策略来决定URL的爬行顺序。在某个给定的初始页面情况下，深度优先策略优先搜索沿着该页面上的超链接一直走到不能再深入为止，然后返回到某一个页面，再继续选择相应的HTML文件中的其他超链接。宽度优先策略则优先搜索与某个页面有直接连接的所有页面。

Web页面链接图毕竟有自己独有的特点，因此设计爬行策略时，需要进行一定权衡，考虑多方面的影响因素。

首先，对于爬虫来说，爬行的初始页面一般是某个比较重要的页面，如某个公司的首页、新闻网站的首页等。根据网页设计部署的用户体验方面的原则，重要的链接大都会放在首页上，由此，可以做这样的假设，即与某个页面有直接连接的所有页面相对该页面而言，其重要性比与该页面没有直接连接的页面要大。此外，一般情况下，在网站页面结构部署时，会将越重要的页面放在离首页越近的层次上，这也是为了避免用户单击很多层页面之后才获得重要的内容。也就是说，在同一个站点内部，每深入一层，页面的价值或重要性就会有所下降。根据这两个合理的假设，采用宽度优先策略，就能快速获得重要页面。

其次，从爬虫管理众多页面超链接的效率来看，宽度优先策略可以通过简单的队列来实现，队列的操作非常简单。例如，在解析完页面*A*之后，可以得到*BCDE* 4个超链接，即可以将它们放入队列，然后由Web服务器连接器从队列的另一端逐个读出需要爬行的页面URL。当解析到页面*B*时，再把指向*F*的超链接放入队列。这种结构不需要复杂的爬行任务管理，实现方法较为简单高效，并且也有利于多个爬虫并行爬取方式的实现。而深度优先策略，则需要通过栈来实现，需要相对复杂的入栈和出栈操作。

再次，从页面优先级的角度看，爬虫虽然从某个指定的页面作为爬行的初始页面，但是在确定下一个要爬行的页面时，总是希望优先级高的页面先被爬行。对于上述宽度优先策略的例子，*BCDE* 4个页面其实并没有规定它们被爬行的顺序，在页面数量不大的情况下，这种爬行顺序的影响并不大。但是当页面数量很大时，如对于新闻门户网站，其第二层页面数量就很大，决定爬行顺序对于提高爬虫效率就变得很关键。

最后，爬虫在对某个Web服务器上页面进行爬行时需要先建立网络连接，占用主机和连接资源，适当对这种资源占用进行分配是非常必要的。如图2-4所示，假设爬虫在某个网站上的1页面中，解析出若干个超链接，这些超链接分别指向外部网站*A*、*B*、*C*，这样在执行宽度优先策略搜索时，就可能会产生多个新的Socket网络连接。而且随着这种外部链接数

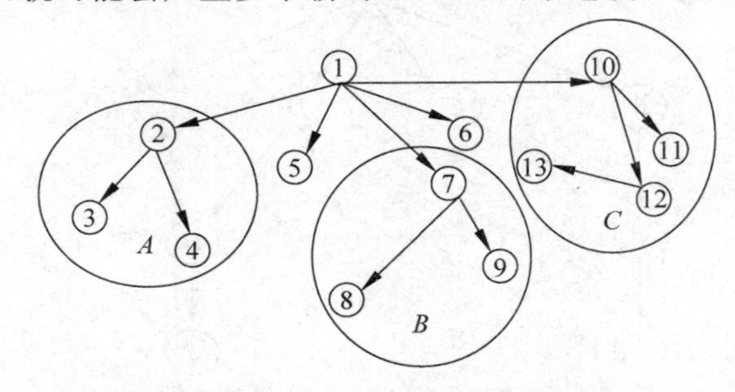

图2-4　外部链接所导致的网络连接资源消耗

量的增多,在同一个时间段内,这种爬虫端所需要的网络连接个数可能会剧增,从而严重影响爬虫的整体性能。

此外,由于页面之间的链接结构非常复杂,可能存在双向链接、环链接等情景,如图 2-5 所示,从页面 1 开始,采用宽度优先策略的爬行顺序为 1263451,而采用深度优先策略的爬行顺序是 123451。不管是宽度优先策略还是深度优先策略,都会在页面内部形成某种环状,称为爬虫陷入(Trapped)。因此,在遍历过程中,对路径上的每个页面节点都需要进行"是否爬行过"的检查。

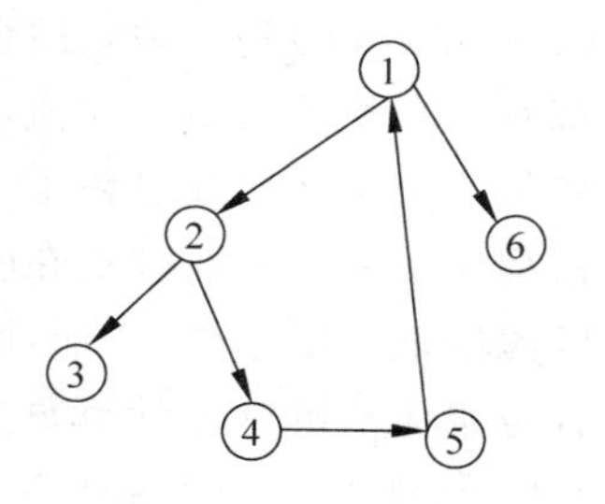

图 2-5 爬虫陷入问题

目前,宽度优先策略是常用的爬虫搜索策略,但是各种爬行策略并非只有优点而没有缺点,因此实际上采用混合策略的情况可能会更普遍。结合优先级排序就是关键的一种途径。而关于页面重要性的计算问题,在搜索引擎系统中是非常重要的。一方面用于搜索结果的排序,另一方面在爬虫爬行的过程中用来对页面的优先级估算。

PageRank 称为网页排名,又称为网页级别、Google 左侧排名或佩奇排名,是一种根据网页之间相互的超链接计算页面级别的方法。它由 Larry Page 和 Sergey Brin 在 20 世纪 90 年代后期发明。该算法简单介绍如下。

对于某个页面 u,B_u 表示指向 u 的所有页面集合,那么 u 的 PR 值可以按照式(2-1)计算:

$$\mathrm{PR}(u)=\sum_{v\in B_u}\frac{\mathrm{PR}(v)}{L(v)} \tag{2-1}$$

式中,$L(v)$为页面 v 所指向的页面个数,因此这个式子相当于把某个页面的重要性平均分配给它所指向的每个页面。

但是,实际上,某个页面除了可以通过指向它的超链接进入该页面外,还有其他途径可以直接访问该页面,如通过浏览器提供的收藏夹或直接输入网址等,因此页面的重要性应当还有一部分要留给这些直接访问方式,在 Page 和 Brin 的原始文章中,就引入了一个参数 d,称为阻尼因子。这样对于某个页面 u,其 PR 值就可以改写为:

$$\mathrm{PR}(u)=1-d+d\sum_{v\in B_u}\frac{\mathrm{PR}(v)}{L(v)} \tag{2-2}$$

式中,d 的取值一般设定为 0.85,这样可以认为其他途径的访问占 0.15。

后来有人认为,一个页面被访问的随机性应当来自其他所有页面,因此计算公式被修正为:

$$\mathrm{PR}(u)=\frac{1-d}{N}+d\sum_{v\in B_u}\frac{\mathrm{PR}(v)}{L(v)} \tag{2-3}$$

式中,N 为搜索引擎收录的页面总数,把这种随机访问平均分配给所有页面。

式(2-3)两边都含有 PR 值,这是一种迭代计算,而在 PR 算法的论文中已经证明了这种计算过程的收敛性,与每个节点的初始 PR 值没有关系,收敛时的 PR 值即为每个页面的 PR 值。但实际上,从爬虫获取页面的过程来看,并不是所有页面都获取完毕后再去计算它们的 PR 值,而是一个边爬行边进行计算的动态过程。这种动态计算可能产生一定偏差,特别是在爬行的初始阶段。

Abiteboul 等于 2003 年提出的在线页面重要性指数 OPIC(On-Line Page Importance Computation)是一种更适合于爬虫动态计算页面重要性的方法。在 OPIC 中,每一个页面都有一个相等的初始权值,并把这些权值平均分给它所指向的页面。这种算法与 PageRank 相似。在页面抓取过程中,通过前向链接将这种权值平均分给该网页指向的所有页面(分配过程一次完成),而爬虫在爬取过程中只需优先抓取权值较大的页面。但是,由于 Web 的实际深度最大能达到 17 层,网页之间四通八达,存在复杂的页面链接结构,因此,OPIC 在线计算仍无法准确地计算每个页面的优先级。如图 2-6 所示,采用宽度优先策略,爬虫从页面 1 开始,图 2-6(a)所示的是 t 时刻解析到的 4 个页面链接,这 4 个页面的重要性是相同的。图 2-6(b)所示的是 $t+1$ 时刻,爬虫解析到两个新的指向页面 5 的超链接,从而增加了该页面的重要性。

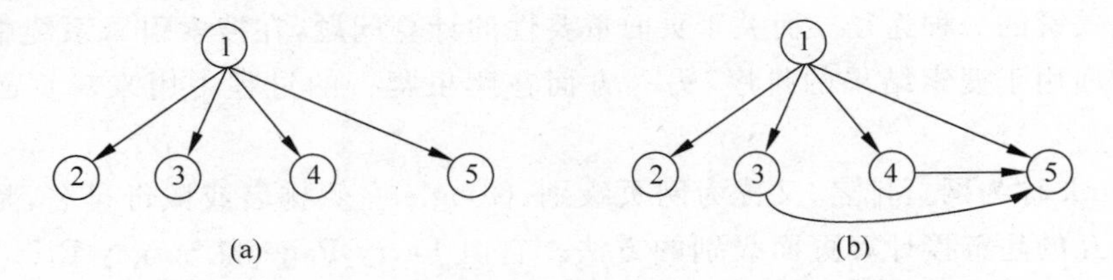

图 2-6 页面重要性动态更新的情况

除了上述提到的爬虫搜索策略外,还有一种称为合作抓取的策略也经常被采纳。这种方法是由站点主动向爬虫提供站点内各个页面的重要性信息。通过这种信息,网站中的新增加或经常更新的页面内容能及时地被前来爬行的爬虫所获取,提高爬虫的执行效率。

这种策略是通过 Sitemaps 协议[①]来实现的。该协议是由 Google 于 2005 年提出来的,目前已经得到 Yahoo、Bing 等搜索引擎系统的支持,比 Robots 协议更强大一些。Sitemaps 协议是一种网站和搜索引擎之间的网站页面结构共享协议,提供了一种网站告知搜索引擎爬虫系统可供爬行的网址列表,方便搜索引擎爬虫能够快速了解网站的目录结构。

基于该协议,首先由网站向搜索引擎提交 sitemap. xml 文件,它是一个包含了某网站所有页面的 XML 格式文件。搜索引擎在获得该文件后,就可以对文件中指定的每个 URL 进行分析,从而决定哪些应当被爬行。这样,搜索引擎的爬虫系统就不必对网站的页面逐一地分析抓取,提高了效率,也降低了对服务器资源的占用。

除了将该文件上传到搜索引擎系统外,也可以放在 Web 站点的根目录下面的,这样除了 Google 等大型搜索引擎的爬虫外,其他普通爬虫可以先到根目录下检查并解析该文件,从而可以发现站点管理员的意图。

sitemap. xml 文件是该协议最重要的部分,它是严格按照 XML 语言编写的。该文件中使用 6 个标签,其中关键标签包括 URL 地址、更新时间、更新频率和索引优先权。Google 提供了该文件的详细写法。一个样例如下:

---

① https://www. xml-sitemaps. com/about-sitemaps. html.

```
<?xml version="1.0" encoding="UTF-8"?><?xml-stylesheet type="text/xsl" href="http://www.uedsc.com/wp-content/plugins/google-sitemap-generator/sitemap.xsl"?>
<urlset xmlns:xsi="http://www.w3.org/2001/XMLSchema-instance" xsi:schemaLocation="http://www.sitemaps.org/schemas/sitemap/0.9
http://www.sitemaps.org/schemas/sitemap/0.9/sitemap.xsd"
xmlns="http://www.sitemaps.org/schemas/sitemap/0.9">
  <url>
    <loc>http://demo.nds.fudan.edu.cn/</loc>
    <lastmod>2013-06-13</lastmod>
    <changefreq>Always</changefreq>
    <priority>1</priority>
  </url>
  <url>
    <loc>http://demo.fudan.edu.cn/channels/view/108</loc>
    <lastmod>2013-06-13</lastmod>
    <changefreq>Always</changefreq>
    <priority>0.9</priority>
  </url>
</urlset>
```

在该文件中，<loc></loc>指定了 URL 地址，lastmod 指出了该页面文件上次修改的日期，采用 W3C Datetime 格式。changefreq 表示页面可能的更新频率，有效取值为 always、hourly、daily、weekly、monthly、yearly、never。priority 描述的是文件中指定的优先级，相对于网站上其他页面而言，有效值范围为 0.0～1.0。

sitemap.xml 文件创建好了之后，就可以提交给各个搜索引擎。例如，向 Google 提交(https://www.google.com/webmasters/tools/home? hl=zh-cn)需要申请 Google 账号登录后操作。向 Bing 提交的地址是 http://www.bing.com/toolbox/webmaster。

2.3 主题爬虫技术

主题爬虫也称为聚焦爬虫(Focused Crawler)，从功能上看，它主要爬行于某些预先设定好的主题的相关 Web 页面，各种面向特定领域的爬虫，如旅游领域爬虫、财经新闻爬虫等，都是属于这类。显然在互联网大数据分析中，此类爬虫目标明确，更有价值。从功能实现的角度看，主题爬虫在爬虫内核的基础上增加了主题定义、链接相关度估算和内容相关度计算三大技术实现。

2.3.1 主题爬虫模块构成

图 2-7 所示的是主题爬虫的技术构成，对比图 2-2 的爬虫内核构成，主题爬虫扩展了虚框中的 3 个部分。在扩展部分，由页面解析器提取得到的超链接需要经过链接相关度的估算，初步判断为可能是与主题相关的超链接之后，才进行爬行策略的搜索。同时，页面解析器在主题爬虫中，还需要完成一项重要的任务——提取页面中的正文部分。再由新增加的内容相关度计算模块对这些正文信息计算主题的相关度。最后将相关度符合要求的页面存储到本地系统。在内容相关度计算和链接相关度估算的过程中，都需要利用某个生成好的主题信息。

主题信息是主题爬虫中最为重要的部件,它为两个相关度计算提供衡量标准。因此,要求主题信息必须容易被用于相关度计算。在两个相关度计算过程中,实际上隐含了某种过滤过程,也就是把不符合相关度要求的页面过滤掉,这种决策通常由用户来执行,具体可体现为用户设定相关度阈值。因此,这种相关度计算方法要能为阈值的设置提供有效的参考。如果相似度能控制在一定范围内,那么用户在设定这些阈值参数时,就会心中有数。因此,图 2-7 左上角的"用户"需要完成两项工作,即主题的设定,包括链接相关度和内容相关度在内的主题相关度大小的阈值设定。

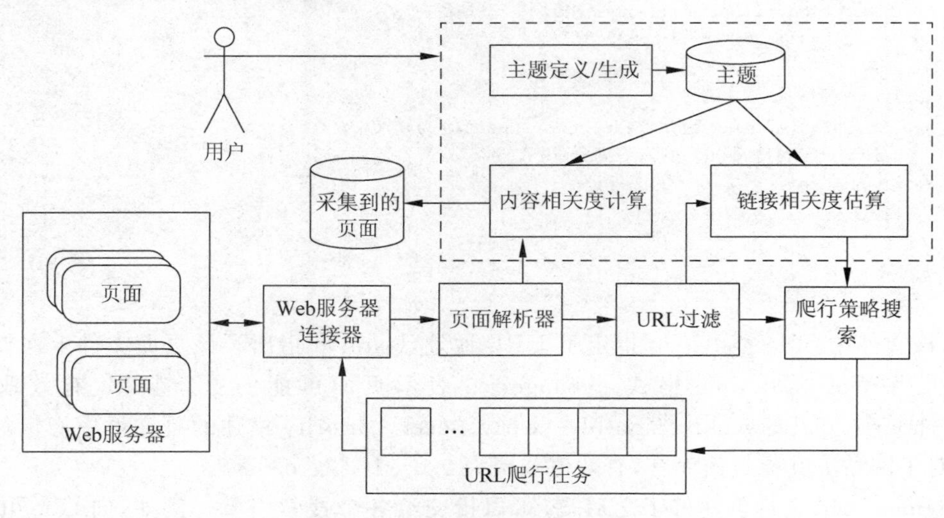

图 2-7　主题爬虫的技术构成

2.3.2 主题定义

主题代表着某种叙事范围,爬虫在这种范围内进行页面内容的检测。最大的问题也是最难的问题,就是如何定义主题,如何描述一个主题。从目前所使用的方法看,主要有以下几种方法。

(1) 采用关键词集来描述一个主题。如果想抓取与"大数据"有关的页面,最简单的方式就是用"大数据"这个词汇作为主题的定义,但是不含有大数据的页面也可能是与"大数据"相关的,如一些讨论数据挖掘技术的页面。因此,采用关键词集合描述主题时,需要尽可能完整地考虑到所关注的主题可能涉及关键词。

(2) 对关键词集进行某种划分,通过对子主题的描述来实现对整个主题的定义。例如,对于"大数据"这个主题可以按照应用领域来划分大数据,也可以按照技术构成来划分,从而可以产生不同的子话题。

主题的定义,最终目的是要能够方便链接相关度和内容相关度的计算,因此它必须有一种比较明确的数学表达形式。根据上述两种方式的叙述,它们所采用的数学表示方式分别叙述如下,具体的分析说明在本书的后续章节中会展开。

对于关键词集合的方式,在数学模型上,可以采用向量空间模型来表达。向量空间模型将词汇作为维度,将词汇的权重作为相应的坐标,因此,主题就可以表达成为向量空间中的一个点。而这种模型中,考虑一种特殊情况,即词汇的权重值只有两种取值,即 0 或 1,这种特殊的向量空间模型称为布尔模型。主题 T 用这类模型可以统一表述为：

$$T=(w_1, w_2, \cdots, w_n) \tag{2-4}$$

式中，n 为关键词的个数；w_i 为第 i 个关键词的权重。

对于子主题的描述方式，在数学模型上，则通常是采用概率模型，如高斯混合模型、主题模型（Topic Model）等。主题 T 用这类模型可以统一表述为：

$$P(T)=\sum_{i=1}^{K}\mu_i p(x \mid T_i) \tag{2-5}$$

式中，K 为子主题的个数；μ_i 为第 i 个子主题的成分系数；$p(x|T_i)$为第 i 个子主题在词汇空间上的分布；x 为词汇空间中的词汇向量。

上述是从数学模型表示的角度考虑主题定义的方法，但是从图 2-7 所描述的流程看，在主题爬虫中需要由用户（即使用者）来定义主题。然而要由用户给出上述模型，即式(2-4)、式(2-5)中的参数，这是一件非常困难的事。因此，在实际应用中，由用户提供一些能够代表主题的文本集，经过模型的推理后自动产生模型定义，而这个推理过程在第 6 章中会进行详细介绍。加入了这一过程，爬虫看起来具有一定自学习能力。

2.3.3 链接相关度估算

主题爬虫的目的在于爬取与设定主题相关的页面内容，但是在爬取过程中需要考虑其工作效率。在主题爬虫中，可能影响爬行效率的因素在于两个方面：一是内容相关度的计算，该计算涉及内容的处理，如 Web 页面提取、中文词汇的切分、向量空间的构建、相似度计算等，需要较多的计算量；二是对页面的爬取，页面的爬取涉及网络连接的建立、URL 命令的发送及 Web 页面内容的获取等，也需要较多的计算量。

如果能控制进入爬行任务列表的 URL，使得进入该任务列表的 URL 大都是与主题有一定相关的，就能有效地降低后续对内容处理所需要的计算量。因此，从提高爬虫系统性能的角度来说，不能把所有互联网页面下载之后再去筛选，而需要在 URL 识别阶段就能够判断某个 URL 对应的页面内容是否与主题相关。

在这个阶段，由于这时候 URL 刚被解析出来，其对应的 Web 页面并没有被获取，因此是无法从内容上进行相关度的分析。一些可以被利用的信息及它们对链接相关度估算的价值分析说明如下。

(1) 超链接的锚文本，即一个超链接上显示的文字。这种文本信息一般非常有限，但是锚文本中的关键词在反映真实内容方面通常具有很强的代表性。其缺点就是，锚文本一般很短，经过词汇提取之后，通常需要进行一定的词汇语义扩展，找到更多可能与主题相关的词汇，这样可以提升与已定义好的主题的链接相关度计算准确性。

(2) 超链接周围的其他超链接的锚文本，也就是某个超链接前后一定范围区域内所有锚文本所构成的文本信息。这种信息在进行相关度估算时也具有一定的参考价值，这是由于 Web 页面的设计者为了增加用户体验度，通常会把一些内容上相似或相关度比较高的超链接放在一起，把这种现象称为超链接的主题聚集性。如图 2-8 所示，互联网、IT 等相关的链接被组织在一起。可以用周围的文字来扩展某个超链接的锚文本。要使用此类信息，就必须对 HTML 结构进行一定分析，如都是同属于一个表格栏的，否则就不是很容易确定超链接的计算范围。

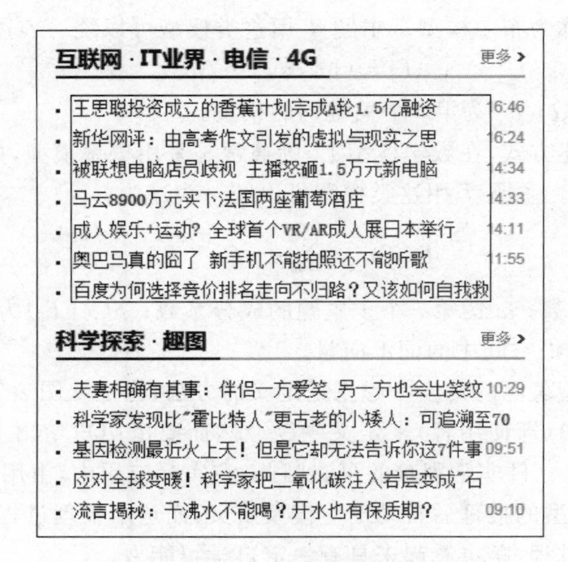

图 2-8　超链接的主题聚集性

（3）超链接结构信息。对于爬虫系统来说，页面超链接是不断累积的，因此在爬虫工作过程中，对于某个页面 P，可以通过已经爬行的页面中提取出来的指向该页面超链接来进行相关度的估算。例如，图 2-9 中，从页面 1 开始进行宽度优先搜索爬行，当解析出 2 和 4 的超链接后，就可以对页面 5 的相关度进行估算了。而且，这种估算会随着爬行的页面越多而越准确。基于这种链接结构的一般假设是主题相关高的页面通常也会比较密集地链接在一起，因此就需要在获取新的页面之后对所有页面的主题相关度重新评估。

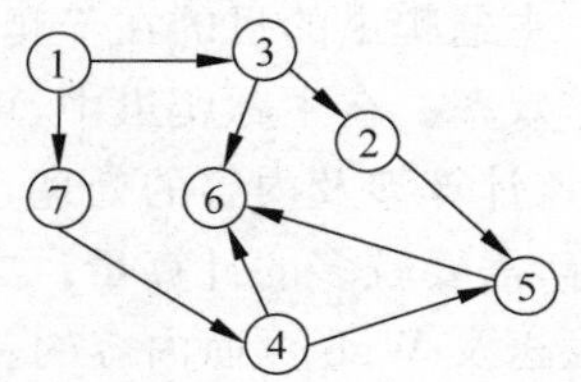

图 2-9　爬虫系统中超链接价值

2.3.4　内容相关度计算

内容相关度计算是在实际上已经获得页面内容之后，计算它与主题的相关度大小，是控制主题爬虫信息效率的第二个关口。要进行内容相关度的计算，需要有两个关键的环节。

（1）页面解析器要能正确地把页面的正文提取出来。由于一个 Web 页面通常包含了很多的导航条、广告等内容和超链接，而真正页面所要表达的主题内容并不会占据整个页面，因此为了避免由于无关词汇对后续内容相关度计算造成影响，也就要求在这个阶段正确地把页面的正文内容提取出来。所采用的技术在第 3 章的 Web 页面内容提取部分进行介绍。

（2）对提取出来的正文内容进行主题相关度的计算。如前所述，这种相关度计算与主题定义时所采用的模型有关。

对于式(2-4)所描述的向量空间模型，可以采用余弦相似度的计算公式：

$$\cos\theta = \frac{\sum_{i=1}^{n} a_i b_i}{\sqrt{\sum_{i=1}^{n} a_i^2}\sqrt{\sum_{i=1}^{n} b_i^2}} \tag{2-6}$$

式中，a_i、b_i 分别是主题向量和正文内容向量的第 i 个维度的权重值；n 是向量空间维数。具体的一些关于维度的选择、权重的计算在后续章节中将会深入展开介绍。

对于式(2-5)所描述的概率主题模型，最直接的方式就是将相关度用条件概率 $P(d|T)$ 来衡量，其中 d 表示页面内容。

上述的余弦相似性或条件概率，它们的取值都是在[0,1]内，因此用户在设定相似性阈值时就会比较方便。

2.4 动态 Web 页面获取技术

动态页面是相对静态页面而言的，静态页面以 html 文件的形式存在于 Web 服务器的硬盘上，其内容、最终的显示效果是事先设计好的，在环境相同的终端上的显示效果是一致的，并且这些内容、显示效果等由且仅由 HTML、JS、CSS 等语言控制。

动态页面的主要特征如下。

(1) 其最终展示的内容是根据用户的请求由服务器临时组织在一起，并形成 HTML 页面返回给用户。这种组织方式可以是由静态的模板加上部分动态内容，也可以全部是根据请求与数据库中的匹配完全动态生成。目前主流的 Web 开发框架 MVC 和 MVP 就是一种模板方式，完全动态生成的则更多见于框架网页或作为网页中嵌入的内容页面。

(2) 动态页面的交互与显示效果取决于发起页面请求的用户端，这是由于动态页面不仅使用了 HTML/CSS/JS 这 3 种 Web 常用语言，更是因为其后台采用了高级程序设计语言、数据库等技术，使得页面的内容、交互及显示效果能够根据用户当前操作，以及历史操作记录而动态变化。

从静态页面与动态页面的差别可以看出，获取及解析静态页面相对简单，获取动态页面则可能会因为终端、用户及操作不同而结果不同。简单使用传统的静态页面采集方法很可能根本采集不到动态信息，或者采集到无用的信息。采集动态页面需要分析动态页面生成时的输入输出格式和内容，然后在爬虫代码中实现这些输入输出信息的生成与组装。同时需要能够模拟一些必要的交互式动作，如表单的填写与提交、加载更多内容的按钮单击等。

当前，提供动态页面的服务端主要采用 ASP、JSP、PHP、CGI、WSGI 等动态执行技术。然而随着技术和应用的发展，为了增强搜索引擎的友好界面，需要尽量以静态页面内容存储展示。伪静态页面是以 HTML 静态页面展现出来，但实际上是用 ASP 之类的动态脚本来处理的。为了达到这个目的，伪静态页面技术通常采用 IIS 的 404 错误处理机制或 rewrite 技术来实现将静态的 URL 页面请求转换成内部的动态访问，再将结果以同样 URL 返回给用户。此外，还有使用纯 JS 框架结合数据库的动态页面技术。这两者虽然与单纯的传统的静态/动态页面不完全相同，但是因其本质还是动态页面，因此后文的动态页面获取技术的基本分析原理与采集思路也适用于这两者。

2.4.1 动态页面的分类

动态页面可以按照生成页面所需要的数据的传入方式进行分类，主要有 URL 参数输入、动态脚本交互及终端特征信息三大类。

1. 通过URL参数输入实现动态页面

通过这种方式实现动态页面的典型代表是各大论坛，这些论坛的内容组织方式是主题，而非用户，因此在其访问地址中经常可以看到包含了版块编号、帖子编号、帖子分页页面等信息，页面内容则根据访问者请求的URL中的参数动态返回。例如，某论坛A帖子URL地址如下：

```
https://bbs.A.cn/bbs/tcon?new = 1&bid = 56&f = 3043214797530204112
```

其中，"?"之后的部分即是获取当前页面内容所需要的参数，可以看出这个URL中的参数有new、bid、f 3个参数，具体的参数及其取值的含义需要根据不同的站点分析而定。

伪静态页面多用于需要进行搜索引擎优化(SEO)的站点，部分门户网站、购物商城等均支持带参数的URL和伪静态的URL，这些伪静态页面的URL本质上可以理解成不带"="的参数。例如，某论坛B同一个帖子的伪静态页面地址及其对应的动态页面地址如下：

```
http://****.com/htm_data/7/1607/1985527.html
http://****.com/read.php?fid = 7&tid = 1985527&toread = 1
```

其中，伪静态页面的"htm_data"后面的"7"及"1985527"分别与动态页面地址的"fid=7"和"tid=1985527"对应，"1607"为发帖的月份。这个转换过程是在服务器端进行实现的。

2. 通过动态脚本交互实现动态页面

这种方式实现的动态页面主要是一些包含有AJAX或其他脚本语言的页面(Java Applet除外)，如邮箱、包含多媒体信息的HTML5页面等。这些页面主要的特征是其数据以特定形式进行展示，页面的内容根据用户请求动态刷新。在刷新的过程中，页面中的脚本被执行从而完成内容请求的提交，后台根据请求对应的接口不同，返回不同的数据。其返回数据多为JSON格式或HTML内容，也可以是以Callback封装了的JSON等形式。

3. 使用终端特征信息来实现动态页面

利用终端特征信息实现的动态页面，它的生成过程是这样的，浏览器使用保存在本地的Cookie文件或者类似硬件信息等本地终端特征信息，向服务器端请求特定的信息内容，并以动态页面的形式展现给用户。

这类页面主要应用在需要用户登录，并且根据用户不同而提供不同的内容服务的场景，如微博、某些广告网站等。许多在线广告商都利用Cookie来实现用户在不同网站上页面的广告插入。

2.4.2 动态页面的获取方法

采集动态页面的基本思路是根据页面动态生成的输入和输出限制进行交互分析、输入模拟、输出数据获取与数据分析。大致的步骤是：首先需要对获取页面的请求内容或者本地的Cookies(输入)进行分析，找到生成动态页面所依赖的请求接口及其所需要的数据内容/格式，然后使用程序模拟组装数据并发送至特定接口，从接口获取到返回的数据(JSON

或 HTML)，最后对返回的 JSON、页面 HTML 信息进行分析以采集目标信息。

从获取动态页面的过程可以发现，输入模拟是其关键步骤之一。交互分析、输出数据的获取与分析等过程可以方便地使用 Python 脚本语言的 re、beautifulsoup、xml、json 等函数库对数据结构进行解析与数据提取。而输入模拟则需要考虑到后台服务平台的限制，如为一般用户和特定用户提供信息是否有差异，为手机浏览器、PC 浏览器提供的内容是否有差异，是否存在需要多步交互才能获取到最终的信息等。针对这些限制需要采用不同的策略和方法进行输入模拟，才能以此获得目标页面数据。输入模拟主要有模拟浏览器与脚本解析执行两大类方法，这两类方法的比较如表 2-1 所示。

表 2-1　两种输入模拟方式的比较

	模拟浏览器	脚本解析执行
可用的 Python 库	requests(使用 header 数据任意模拟) qtwebkit(模拟 webkit 内核浏览器)	pyv8(python 的 JS 解析执行引擎) PhantomJS(内嵌 JS 引擎的无 header 的 webkit 核)
支持方法	GET、POST、PUT、DELETE、HEAD 及 OPTIONS	GET、POST、PUT、DELETE、HEAD 及 OPTIONS
是否支持 Cookies	是	是
适用动态页面类型	URL 参数输入、终端特征信息、动态脚本交互	动态脚本交互(最优)
优点	允许灵活地构造输入数据并发送	无须解析请求地址、数据结构等
缺点	需要通过分析页面/JS 或通过网络探针抓包分析数据构造和请求接口地址	目前库的 JS 兼容性并不完善

2.4.3　模拟浏览器的实现

模拟浏览器有 3 种主流的实现方式，一种是以模拟特定浏览器的 header 信息方式实现对浏览器的模拟，一种是使用浏览器内核(主要是 webkit)，另外还可以直接在浏览器上开发组件(firefox/chrome)以实现动态页面的采集。

模拟 Header 信息在 Python 中有很多库可以方便地使用，常用的有 httplib/httplib2/requests，其中 requests 相对兼容性更好。以下的登录样例，使用 requests 模拟 header、获取 Cookies 及使用获取到 Cookies 继续获得页面，并使用 beautifulsoup 进行页面解析：

```
#登录进程
def log_in(session):
headers = {
    "Accept":"text/html,application/xhtml+xml,application/xml; " \
        "q=0.9,image/webp,*/*;q=0.8",
    "Accept-Encoding":"text/html",
    "Accept-Language":"en-US,en;q=0.8,zh-CN;q=0.6,zh;q=0.4,zh-TW;q=0.2",
    "Content-Type":"application/x-www-form-urlencoded",
    "User-Agent":"Mozilla/5.0 (X11; CrOS x86_64 6253.0.0) AppleWebKit/537.36 " \
    "(KHTML, like Gecko) Chrome/39.0.2151.4 Safari/537.36"
}                                        #组装 Header 信息
username = '测试用户'
```

```
username_encode = username.encode('gb2312')
login_info = {'cktime': '3600',
              'hideid': '0',
              'pwuser': username_encode,
              'pwpwd': ****,
              'forward': 'index.php',
              'jumpurl': 'index.php',
              'step': '2'}        # 组装 Login 信息
url = 'http://****.com/login.php'        # 登录页面
log_in_result = session.post(url, data = login_info, headers = headers)
_cookies = log_in_result.cookies         # 获取 Cookies
r = requests.get('http://****.com/u.php', cookies = _cookies)
soup = BeautifulSoup(r.content, "html.parser", from_encoding = "gb18030")
sys.stdout = io.TextIOWrapper(sys.stdout.buffer, encoding = 'gb18030')
return session
```

此过程中可以看到，使用 POST 方法提交 Header 和 Login 信息进行登录，并获取 Cookies，利用 Cookies 作为动态参量获得页面。

模拟浏览器一般可以使用 PythonWebKit、PyWebkitGtk、PyWebkitQt4、Ghost.py 等第三方 python 库实现，其中 PythonWebKit 相对后两种 webkit 模拟来说，它对 HTML5 的支持更好，但是 Ghost.py 的使用更加直接、简单。Ghost.py 是用 python 写的 webkit 的 Web 客户端(https://github.com/jeanphix/Ghost.py)。以下是使用 Ghost.py 进行模拟的样例。

在调用之前，先安装，即：

```
pip install pyside
pip install ghost.py -pre

from ghost import Ghost
ghost = Ghost()
with ghost.start() as session:
    page, extra_resources = session.open("http://jeanphix.me")
    assert page.http_status == 200 and 'jeanphix' in page.content
```

总之，当前在模拟浏览器进行页面采集方面已经有比较多的方法和库可以使用，特别是在 python 中，操作较简便。但是采集之前需要注意的是要能够准确地了解爬行 Web 页面的需求，同时能够把握和分析目标数据从请求到输出的生命周期，在这样的基础上，模拟浏览器能够更接近人工浏览的方式与服务器进行交互，并进行目标数据的采集。

2.4.4 基于脚本解析的实现

从本质上讲，脚本解析也是一种模拟浏览器的行为，只是这种方法更着重于对页面 js 等脚本功能的解析与(模拟)执行，以期能够通过与真实的浏览动作相同的方式执行页面的动态脚本，并获取其返回信息。当页面中 JS 功能较复杂或者 AJAX 交互较多时，采用动态脚本解析方法则更为现实。

常见的 python 脚本解析执行库有 pyv8、ScriptControl 及 SpiderMonkey，pyv8 这个外部函数库是现在比较活跃的库，并且相对 ScriptControl 仅能够运行在 Windows 平台上，pyv8 能够实现跨 Window、* nux 平台运行；除使用 python 的 JavaScript 解析引擎外，还可以通过 phamtonJs 之类的第三方 JS 解析工具进行 js 函数的调用与执行。

以下是简单的 PyV8 的执行 js 函数的样例：

```
import PyV8
def js(self):
        ctxt = PyV8.JSContext()
        ctxt.enter()
        func = ctxt.eval('''此处可以插入页面的 js 函数''')
        print(func())
```

2.5　微博信息内容获取技术

目前常见的 SNS 平台的信息采集途径主要可以分为如下 3 种：通过平台提供的开放 API 获取数据、通过模拟用户行为进行页面分析与数据采集、通过模拟移动终端客户端进行数据采集。

通过平台开放 API 获取数据的方式与后两者的差别在于，它需要注册平台开发者身份或签订一定的协议，在获取数据前使用平台约定的方式进行身份认证，如新浪微博开放平台使用的认证方式为 OAuth。后两种本质上都是模拟终端或者用户的方式，主要思路是通过平台公开的页面编码内容进行请求命令的构造，并对返回的数据进行分析。下面分别介绍这三种方式的基本原理和实现方法。

1. 通过开放的 API 获取数据

微博开放平台(http://open.weibo.com/development/datacenter)提供了当前可用的详细的接口说明(http://open.weibo.com/wiki/%E5%95%86%E4%B8%9A%E6%95%B0%E6%8D%AEAPI)，在这些接口中，采集数据需要用到的主要接口有以下几个。

(1) statuses/repost_timeline/all：其功能是返回一条微博的全部转发微博列表。

(2) place/user_timeline/other：其功能是获取某个用户的位置动态。

(3) comments/show/all：其功能是返回一条微博的全部评论列表。

其 API 中搜索最近数据、检索历史全量数据、微博内容数据三者属于商业数据接口，需要收费。除提供数据接口服务外，微博开放平台还提供数据中心服务，如图 2-10 所示，这些服务包括粉丝分析、内容分析、互动分析、行业趋势分析等数据分析处理功能。

因为采集数据存在收费的可能，并且会有一定的采集范围、采集间隔等限制，进行微博数据采集之前需要采集者先明确自身需求。之后，可以按照图 2-11 所示的流程进行数据采集操作。在该流程中，首先通过申请到的 ID 和 Secret Key，通过开放平台的认证接口进行 OAuth 认证。认证通过后，先使用免费的用户列表接口获取用户数据，通过活跃度等目标选定目标用户以剔除僵尸粉和专门营销号等垃圾信息。使用前序步骤中的数据，向平台发起数据请求，在平台准备好数据后客户端再进行数据的获取。但是要注意的是，为了缓解服

图 2-10 微博开放平台数据中心

务器压力，平台推送数据每 10 分钟会断开一次连接，数据采集客户端需要使用合适的连接方式与服务器进行连接。

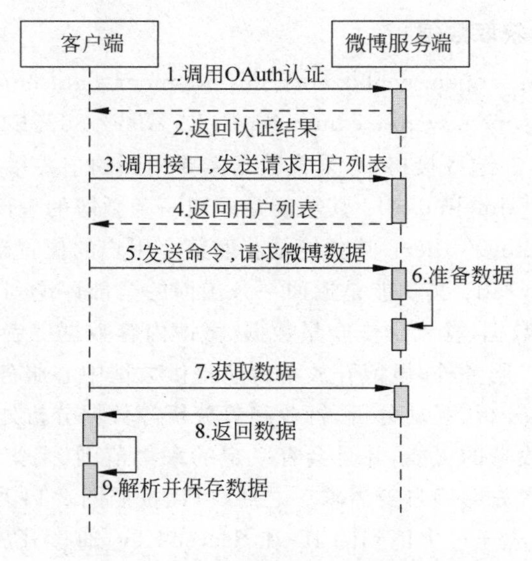

图 2-11 通过新浪开放 API 获取微博数据

2. 通过模拟用户行为进行页面分析与数据采集

基于模拟用户浏览行为进行微博页面采集，其本质是获取到微博平台返回的 HTML 编码内容后，对页面 HTML 结构进行分析，将其中的信息规格化。采用正则表达式、树形结构特征匹配等方法提取页面中所需要的数据，在具体实现上，则可以采用 lxml、BeautifulSoup 等 HTML 解析工具解析获取指定位置的数据。同时，可以根据页面内的超链接关系，进行更多页面的爬取与采集。从这点看，与传统爬虫技术的实现方法就很接近。

一个完整的流程如图 2-12 所示。模拟用户登录需要使用 weibo.cn，可以免除验证码，当然也可以通过显示验证码由人工/算法识别来实现验证码的解除。登录成功后的 Cookies 是本采集方法后续操作的重要基础。

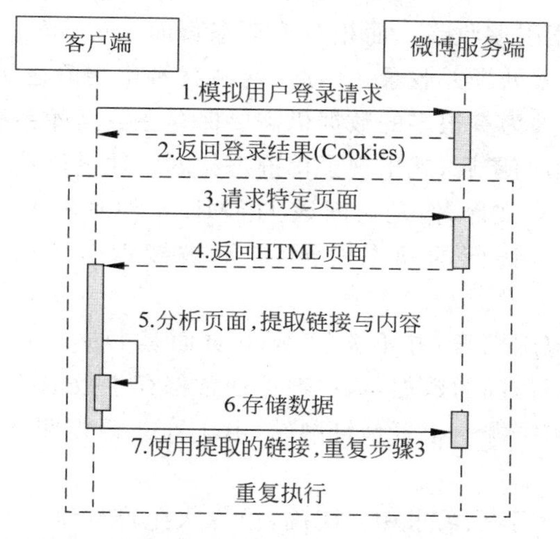

图 2-12 通过爬取 HTML 的方式采集微博信息

采集数据时可以从当前用户的主页或关注的人入手，获取到第一个页面后，通过内容解析，可以将页面内容分为帖子内容（信息、文字、图片）、用户关系与链接（关注、被关注、超链接）两大类，其中帖子内容还可以细分成包含 Tag、不包含 Tag、图片、文字、超链接等。基于获取到的超链接可以进一步爬取，获得更多信息。

本方法的缺点是爬虫线程容易受到限制，但是可以通过自动切换代理服务器方式解决。

3. 通过模拟移动终端客户端进行数据采集

本采集方法的前提和前一种方式相同，是通过模拟用户登录，再调用新浪提供给第三方客户端/移动网页访问的 API，可获取用户关注的用户（或有权限的）的数据信息，获取到的数据本身就是结构化的数据。

在实际使用中，可以通过 3 种方法综合使用，发挥优势，解决各自存在的一些问题。当然，由于客户端登录在新浪的管理/技术策略上还存在一些不确定的因素，如果有可能通过与新浪公开合作进行数据采集分析应该是最佳的方案。

2.6 DeepWeb 数据获取技术

2.6.1 相关概念

DeepWeb 这一概念最初由 Dr. Jill Ellsworth 于 1994 年提出。DeepWeb 是 Web 中那些未被搜索引擎收录的页面或站点，也可称为 Invisible Web、Hidden Web。与其相对的是 Surface Web，指的是静态页面。

随着互联网技术和应用的发展，当前互联网与早期的互联网已经呈现了一些差异，尤其是适应搜索引擎和移动终端的快速增长这两个变化导致了当前 DeepWeb 与其诞生之时的定义或者表现稍有差异。由于搜索引擎在技术和业务推广之间起到了有力的推动，许多网站都希望其网页能被搜索引擎收录。而相对于动态页面来说，静态页面由于不需要处理动态脚本，更易于被搜索引擎处理并收录。因此，网站就希望用静态页面来代替动态页面，但是这种途径显然不可行，因为有很多的数据仍需要保存在数据库系统中，并通过动态网页来访问。为了平衡这两方面的矛盾，就出现了伪静态技术。通过该技术，展现给用户或搜索引擎的是一个静态的 HTML 文件，但是访问该 HTML 文件时由 Web 站点进行后台的动态化访问。通过伪静态技术访问的动态网页，能够被搜索引擎收录，因此就不能归属为 DeepWeb 了。

对于互联网大数据应用而言，并不关注 Web 页面是 DeepWeb 还是 SurfaceWeb，而更关注的是动态页面所需要访问的数据，这些数据通常保存于数据库服务器（或专门的文件系统）中，是一种重要的大数据源。很多预订网站、电子商务销售网站的动态页面所访问的数据都是属于这种类型。

数据库中的数据由于用户、需求相对明确，由专人生产和维护信息，并且难以被复制采集，因此相对 SurfaceWeb 中的数据来说其数据质量往往比较高。但是由于其背后的数据库由不同的组织或个人开发维护，数据库的结构和特性千差万别，不同数据之间的关联也是错综复杂，与行业的业务流程息息相关，因此也难以直接使用数据库技术管理和查询这些数据。进行互联网大数据获取时，无法忽视这个庞大、高质量的数据源。

与一般的动态网页稍有区别的是，DeepWeb 的页面除了内容动态生成之外，往往还要有特定的业务过程或者状态机进行触发，如成功登录、关键字组合等，因此，相较普通的动态网页，在进行 DeepWeb 的数据采集时还需要考虑到数据产生的过程、业务流程限制及数据语义。

2.6.2 DeepWeb 数据获取方法

DeepWeb 数据库的获取方法中的重点是通过页面表单来实现与后台的数据交互，而表单数据处理可以使用图 2-13 来总结表示，主要分为 3 个功能步骤：表单搜寻、表单处理（包括分析、填写与提交）与表单结果处理。总体流程从左到右执行，而在每个环节，又有内部的处理流程。

前面已经阐述了 DeepWeb 与一般动态网页的最大区别在于其页面数据的产生与业务流程的紧密相关，而互联网上业务流程是用户与站点通过各种表单进行交互的结果。在

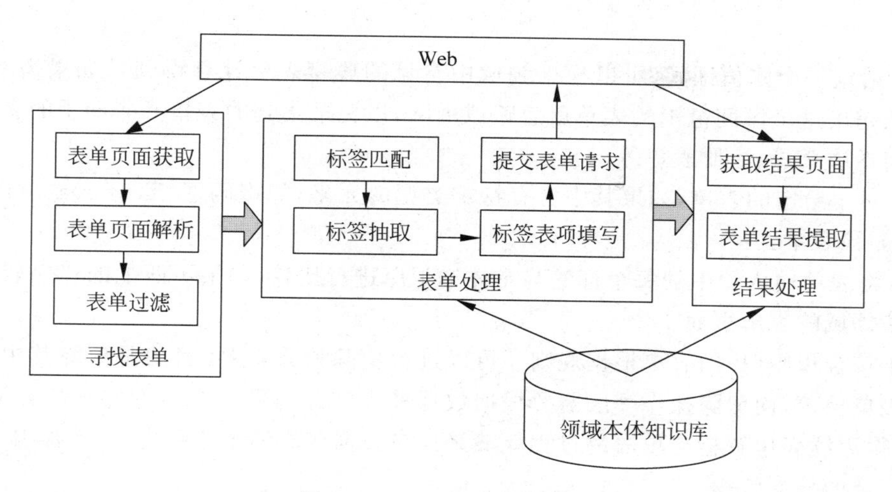

图 2-13 DeepWeb 数据采集

DeepWeb 数据采集过程中通过这样的交互获取到隐藏在后台数据库中的有效信息资源。所需的具体模块主要包括待采集领域的本体知识库模块、表单爬取模块、表单处理模块及结果分析模块。这些模块之间以待采集领域的本体知识作为采集的知识基础，通过表单交互的方式深入挖掘领域的数据，并更新知识、存储数据到领域本体知识库。

1. 构建待采集领域的本体知识库

领域本体主要包括 5 个基本的建模元语(Modeling Primitives)：类、关系、函数、公理和实例。其中类也可以理解为概念的集合，关系则是领域之中各概念之间的关联关系，基本的关系有 kind-of、part-of、instance-of 和 attribute-of 4 种，函数可以视为关系中的特殊一种，函数也可以看作流程的一种固化表达，公理是领域中公认的真理，实例则是对象。

以图书领域为例，可以进行简单的对应起来一些基本概念及其之间的关系，如存在图书分类、作者、编者、图书名称、ISBN、出版社、出版时间、版次、页数、开本、印次、包装、纸质、丛书、摘要、内容简介、目录等基本概念，在机票预订领域则这些本体范畴又不同。因此在采集之前对领域及其中的本体需要有基本的概念，并且根据本体的建模结果进行知识库构建。

对于概念之间的关系及包含流程的函数需要在厘清本体概念之后进行模型构建，在本章节中主要包括字段之间的关系，字段标签与字段之间的关系，字段填充的限制与规则，表单填写的顺序规则等，甚至还包括某些字段是如何通过其他字段计算得来的函数关系。

2. 通过表单爬取模块获得表单

本体知识库的构建描述了大量的概念和事实及它们的关系，但同时也需要了解领域内的常见站点及这些站点的表单内容，因而在前序步骤中已经人工采集分析过的 URL 可以作为本步骤的输入之一，放入 URL 集合之中。

通过爬虫采集 URL 集合中的页面，可以得到表单页面的集合，同时也可以通过 URL 进一步爬取其他未被收集进来的表单。在 URL 集合变成表单集合后，首先需要做的是表单的清理与过滤，如同大数据分析的原始数据一样，未被清理的表单存在诸多问题，如采集到的表单中会存在蜜罐，因为未登录或登录失败导致的表单实际为重复的登录表单等。

在清理过滤这一步骤中，可以使用启发式规则去除不符合要求的表单，一些可用的规则如下。

(1) 给定一个阈值区间(可以根据领域中常见的典型表单计算得到),如果需要填写的字段个数超出这个区间范围的表单就忽略或剪除,以免采集到的表单并非期望的表单,如一些调查问卷或登录、注册表单等。

(2) 对于给定的表单,如果其中含有特定类型的元素,如密码框、Textarea(可以排除问卷)则忽略该表单。

(3) 将表单输入项中的每个标签与本体知识库进行比较,如果不匹配的比例较大,一般也不是该领域的表单页面。

对于符合规则(1)的表单根据规则还可以进行剪除操作,主要目的是剪除其中的蜜罐、非必需表单项等,而剪除操作一般需要根据数据采集任务的目标及对方站点的领域属性等确定,使得后续表单解析与填写的过程能够聚焦在数据获取的主流程之中,不被引入蜜罐或者更为复杂的分支流程。

3. 表单处理

表单处理模块的技术要点有两个,一个能够识别表单字段内容,另外一个是能够匹配的填写表单的字段,也即能够与领域本体知识库中对象属性之间的映射关系产生匹配。

当前的站点为了便于用户使用,在界面、表单元素等交互上均采取了简洁、易懂的模式,同时,大部分表单会有对应的文本标签、简要的说明等信息与表单填写项目进行匹配,同时可能还会有键盘顺序自动化等人性化的提示、帮助信息。因而表单识别可以在领域本体知识库的参与下进行。爬虫对表单项的标签、HTML 编码中的 id、name 进行模式识别,一旦发现与库中的概念相同或者接近的,则可以先与概念关联起来。具体的识别过程可以使用启发式规则,规则依赖于当前中英文的 Web 表单。按照从上往下、从左往右的阅读习惯,可以在表单字段域的左边或者上面获得提示信息和字段标签,当然也会存在字段标签即是字段域的默认内容的情况。

表单内容填写则是在前述的关联的基础上进行的。在填写的时候,可以按照字段与领域本体知识库中概念相似程度进行匹配,将本体知识库中的属性值作为表项值。由于表单项一般会不止一个,因此在填写表单时应当考虑到,优先选择哪个表单项进行填写。这里需要考虑到领域中知识的分类体系,主要的目的是要确保提交的表单查询次数尽量少,并且查询到数据记录之间避免重复。例如,对于图书领域,属性有出版社、ISBN、著者、出版日期等,显然在这些属性中,出版社是最有效的属性,通过知识库中保存的有效的出版社列表逐个提交,来达到有效查询的目的。

4. 结果处理

HTTP 的返回内容则需要进行格式、结构、关键字校验,如果当前提交的表单预期结果是一个包含搜索结果的页面,那么包含有登录信息的表单页面,或者不包含有预期的结果关键字的页面,或者包含无结果等信息的页面均可认为是当前提交表单错误的表现。

如当前表单提交的期望结果是 JSON 或 XML,那么则其返回数据的格式与内容均需要进行校验,以免采集到的是无效的信息。对于待采集目标需要通过较为复杂的多步流程才能获取的情况,每一步骤中与业务相关知识进行比较分析,以免因某步骤表单错误,导致后续采集失败或获取的数据并非期望值。对返回的结果进行自动提取时,需要将每个记录的内容与字段对应起来。可能存在以下的处理情况。

(1) 记录集的样式判断,记录集可以按照横向、纵向来组织,需要分析字段名称是显示在第一行或第一列。

(2) 结果集中的字段名称与表单项可能不完全一致,也可能出现新的字段名称,需要对字段标签进行再分析。

2.7 反爬虫技术与反反爬虫技术

随着互联网的高速发展,提供公众服务的站点越来越多,能够被公开访问到 Web 页面倍速增加,这些页面中所包含的信息是普通搜索引擎和其他爬虫采集的目标。由此,互联网上采集数据的爬虫越来越广泛,对于某个 Web 站点来说,每天可能经常会有不同的爬虫光顾。

通常情况下,Web 站点会在其根目录下放置一个 Robots. txt 文件,以提醒爬虫遵守 Robots 协议(Robots Exclusion Protocol)的约束。例如,哪些页面可以抓取,哪些页面不能抓取。然而并非所有的采集者都能够遵循该协议。其原因可能是爬虫程序设计得很糟糕,也可能这种爬取本身就是恶意的,统称此类爬虫为“不友好”的爬虫。不友好的爬虫往往会导致 Web 站点服务压力陡增,严重时导致类似的 DDoS 攻击。因此,对于 Web 站点的管理者往往需要提防不友好爬虫所导致的各种问题。

从目前常见的站点对待爬虫的策略来看,一般有两种,一种是顺从(如允许搜索引擎、开放 API 接口等),另外一种则是使用各种技术手段进行反爬虫。然而有趣的是,随着反爬虫技术的升级,反反爬虫技术也在不断进步,双方的博弈每时每刻都在互联网上上演,反爬虫与反反爬虫技术就好像是安全领域的破解与反破解一样,相互矛盾,相互克制,同时也相互促进。

2.7.1 反爬虫技术

面对不友好的爬虫时,站点需要主动拿起盾牌,进行反爬虫。反爬虫主要的工作包括两个方面,即不友好爬虫的识别与爬虫的阻止。识别爬虫主要是识别不友好爬取行为与正常浏览行为的差异。而阻止爬虫则是阻止恶意的爬取,同时能够在识别错误时为正常用户提供一个放行的通道。

友好的爬虫通常是遵守 Robots 协议的,并且爬取频率和策略比较合理,给站点带来的资源压力和安全风险较小,而不友好爬虫则会在其爬取的行为上存在不遵守协议及爬取频率高等问题,这两个问题会对站点服务造成比较恶劣的影响。不遵守协议的爬虫往往意味着不读取 Robots. txt,无视协议内容,对站点内的敏感信息肆意攫取;这些不遵守协议的爬虫同样可能会存在全站爬取的行为,除敏感信息泄露外,还会导致站点的服务器压力增加,如果是使用动态网页的站点,则会产生大量的服务器资源消耗。更有甚者,还有的爬虫会伪装成用户或利用漏洞获取站点内的非公开信息,带来的安全隐患远甚于对资源的消耗。

与友好爬虫的合理爬取间隔设置不同,不友好的爬虫会通过较高的并发,以期在短时间内获取到更多的内容,但是这样的行为不仅会导致服务器负荷增加,更容易导致正常用户的体验受到影响,严重的情况下,可以认为站点受到了 DDoS 攻击。不过这样的爬虫往往是技术能力较差导致的，毕竟数据采集的目标是采集数据而非攻击对方服务器，杀鸡取卵的事情不是本意。

正常情况下，用户通过浏览器与服务器进行 HTTP 访问的过程中，用户访问站点的行为从发送 Request 请求开始，到获取到服务器返回的 Respone 结束。一个完整的 HTTP Request 请求包括 Request Line 和 HTTP Headers，前者包括请求的类型、目标地址与协议类型，后者则包含一系列客户端的信息，可以看作浏览器与服务器之间交互的头数据(Header)和桥梁。

一个 Request Line 结构的示例如下：

```
GET /bigdata/20160700/ HTTP/1.1
```

而 HTTP Request 的 Headers 可以包含很丰富的信息，通常包括以下几种。

(1) Host(访问请求的目标主机)。

(2) User-Agent(浏览器名、版本号、操作系统名、版本号及默认语言)。

(3) Accept-Language(用户的默认语言，如果有多个则第一个为首选语言，其余语言以 0～1 的 q 值表示喜好程度)。

(4) Accept-Encoding(对数据压缩的支持，一般包括 gzip、deflate)。

(5) If-Modified-Since(仅在本地缓存过的页面有此选项，表示最后文件的修改日期)。

(6) Cookie(记录 Cookies 信息，包括 session id 及站点自定义的各类信息)。

(7) Referer(访问的来源地址，如从搜索引擎访问的，则 refer 是搜索引擎的某个检索页面)。

(8) Authorization(对于登录等认证请求动作，一般包含有 Authorization 字段)。

下面是一个在 python 中使用 requests 库构建、发送 HTTP 请求的示例。

```
import requests
headers = {
    "Host":"net.tutsplus.com",
    "Accept":"text/html,application/xhtml + xml,application/xml; " \
        "q = 0.9,image/webp, * / * ;q = 0.8",
    "Accept - Encoding":"text/html",
    "Accept - Language":"en - US,en;q = 0.8,zh - CN;q = 0.6,zh;q = 0.4,zh - TW;q = 0.2",
    "Keep - Alive": "300",
    "Connection": "keep - alive",
    "Content - Type":"application/x - www - form - urlencoded",
    "User - Agent":"Mozilla/5.0 (X11; CrOS x86_64 6253.0.0) AppleWebKit/537.36 " \
    "(KHTML, like Gecko) Chrome/39.0.2151.4 Safari/537.36",
    "Pragma": "no - cache",
    "Cache - Control": "no - cache",
    "Referer": "http://localhost/test.php"


}
proxies = {
    'http': 'http://127.0.0.1:8087',
    'https': 'http://127.0.0.1:8087',
}
```

```
worker_session = requests.Session()
r = worker_session.get(url, proxies = proxies, cookies = _cookies, verify = False, stream =
True, headers = headers, timeout = 5000)
```

其中的 headers 为 HTTP 请求的头,在 request 的 session 中被送给目标 URL,同时发送的还包括 cookies。requests 还支持 proxies(代理)、stream(数据流方式)、timeout(超时时间)、verify(认证)等参数。

为了识别不友好爬虫,需要先了解爬虫与正常用户行为的差别,然后再根据爬虫特征的异常值来检测。在请求过程中,正常用户与爬虫行为相比主要的区别如表 2-2 所示。

表 2-2 正常用户与爬虫行为的比较

	正常用户	爬虫行为
客户端 IP 地址	同一时间段内不同用户之间的 IP 区别比较大,IP 地理分布和请求量分布也比较随机	可能通过单一 IP 或者代理 IP 访问,简单的爬虫往往是通过单一 IP 进行访问,导致单一 IP 的请求量很高
HTTP 请求 Headers 数据的完整性	使用流行的浏览器或者站点的客户端,Headers 数据由浏览器/客户端自动生成,主要包括 User-Agent、允许的字符集及本地文件的过期时间等	可能会使用无 Header 浏览器,或者模拟浏览器进行访问,访问请求存在无 Headers 数据和数据内容异常的情况。由机器生成的 Header 往往内容相对固定,替换部分参数,但是同一个爬虫的请求可以发现差别很小
Headers. referer 数据合法性	HTTP 请求的 Headers. referer 是本站点内的页面或者友好网站,如搜索引擎	HTTP 请求的 Headers. referer 可能不存在或随意填写的,不在合法范围内
请求中特定的 Cookies 数据的合法性	每次访问使用相同的浏览器,也自然会调用相同的 Cookies	不一定会使用 Cookies,如果采用代理访问的方式,简单爬虫每次上传的 Cookies 可能会不同
请求时间间隔规律性	花费一定时间浏览完页面内容后跳转至下一页面,或者同时打开少量的页面进行预缓存	采集页面后分析处理即进行下一步采集,每次访问间隔相对固定(有的爬虫采用增加随机延时的方式模拟自然人访问)
能否通过验证码	能够在页面出现异常显示时及时进行干预,如输入验证码或者单击指定的按钮等	难以处理复杂的验证码或验证操作
页面资源加载特征	加载页面时会加载相关的所有 JS/CSS 等脚本文件和静态资源	大部分会只获取 HTML 文件(但使用模拟浏览器的也会加载 JS/CSS 等)
页面 JS 执行特征	会访问页面的所有资源,即使是页面上对自然人是不可见的	只会执行页面可见的 JS,访问可见的页面内容

目前主流的反爬虫技术的爬虫识别方法也是针对上述区别而进行的,并不只是针对恶意爬虫的识别,这些方法主要包括以下几种。

(1) 通过 IP 与访问间隔等请求模式的识别。通过对短时间内出现的大量访问的请求 IP 地址(段)进行分析,对异常的请求 IP 的访问请求要求进行验证或临时封禁 IP 地址(段)。这种方法主要是阻挡大量的请求,减少服务器压力,一般是作为反爬虫组合拳的第一步。

识别出访问请求IP与时间间隔的异常后，可以采用更多的方法进一步确认是否为爬虫，也可以为破坏正常访问的情况留一个处理途径。

(2) 通过Header内容识别。对访问请求的Headers信息进行分析，主要是分析来源页面(referer)与客户端类型(User-Agent)是否在合法范围之内，也可以分析Hearders内的其他数据，如页面有效期、HOST地址等信息的有效性。

简单的爬虫一般会使用Hearders-Less浏览器或伪造Hearders信息来发送页面请求，前者是无Headers，后者可以根据其Headers的内容判断是否为伪造信息，如复用相同的Header或Header中来源页面数据并非指定的来源页面(通常一个站点内页面被访问，其请求中的来源页面往往是本站点的其他页面或友好的站点)。爬虫的Header设置比较简单，一般不会根据访问页面不同而专门切换，因而可能会出现重复等情况，一旦发现Header异常，则可以识别为爬虫。

(3) 通过Cookies信息识别。通过在Cookies中加入多组身份信息，每次请求要求进行验证，可以拦截无Cookies的爬虫及采用了随机代理且未正确获取Cookies的爬虫。但是Cookies的验证也有可能导致正常用户在登录和请求时速度较慢。

具体的做法通常有：在每次访问站点时更新Cookies中的密钥，下次访问对双方约定好的数据使用密钥加密，并对双方的加密结果进行校验；指定下次请求需要哪些Cookies值，对于非指定的值，页面的JS代码中予以忽略，爬虫的开发者若不仔细分析页面JS逻辑，就会出现发送了Cookies但依然被识别出是非法请求的情况。

(4) 通过验证码识别。验证码的形式多种多样，主要的意图是通过验证码的方式判断请求者是人还是机器，也能够通过验证码增加采集的难度、降低采集的频度。通常采用的有图形文字验证码、行为动作验证、声音验证或第三方验证等方式。

(5) 通过对客户端是否支持JS的分析来识别。客户端的JS支持情况可以使用< noscript >标签判断，可以用于拦截不支持JS或者不进行JS解析的爬虫。通常的浏览器会加载JS脚本，并不会触发< noscript >标签，而非浏览器模拟的爬虫由于不加载JS脚本，因此会导致< noscript >标签被触发，进而使得服务器能够判定访问非法。

(6) 通过是否遵循Robots协议来识别是否友好。当客户端请求识别为爬虫发起之后，可以根据其对Robots. txt协议的遵守情况判断是否友好的爬虫。具体方法比较简单，即在Robots文件内配置Disallow策略。例如“Disallow: /admin/”，当爬虫不访问Robots. txt文件或者访问了文件后仍然访问“/admin/”中的文件，则可以判断爬虫为不友好的爬虫。

在通过前述的方法识别并标记爬虫后，可以通过禁止访问、增加采集难度等方式进行阻止或反制，主要的方法有如下几种。

(1) 通过非200/304的Response Status禁止访问。例如，返回表示异常的HTTP Status Code：404/403/500等，相当于直接告知爬虫已经被封禁。

本方法的实现比较简单，在大部分的服务端代码中只需要对标记为爬虫的访问线程的请求return相应的status code即可。例如，python的django框架中只需一句：return Http 404。

(2) 封禁IP(或IP段)的访问权限。目前，服务器的防火墙及软件环境大部分均具有防止恶意攻击的功能，可以实现在一定时间段内限制特定的 IP(或 IP 段)的访问，或永久禁止某 IP(或 IP 段)的访问。其结果是，使用特定 IP 地址段的客户端访问服务器时，提示无法连接或连接拒绝。

(3) 使用验证码增加采集难度。图 2-14 所示的是在被检测为爬虫的情况下，访问某论坛时出现的页面，要求输入验证码。

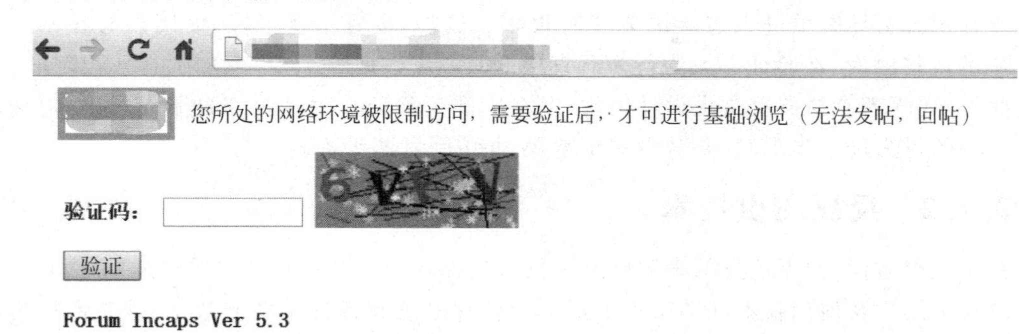

图 2-14　输入验证码的控制方式

(4) 使用页面异步加载增加采集难度。页面异步加载一般采用 AJAX 方式，同时采用异步加载的方式能够在页面端进行一些内容混淆等操作。这样的方式可以使得不支持 JS 的爬虫全部无效，而支持 JS 的爬虫需要解析 AJAX 的代码和执行逻辑，并进行进一步交互，获取展示的数据信息，才能还原出数据。这种方式实际上是通过增加采集过程的复杂度变相降低爬虫采集的频率。

对于服务端的设计，则可以通过 AJAX 架构的 JS 框架进行前端页面的架构渲染，再通过异步加载向服务器请求需要展示的数据，以下是前端的 JS 样例代码：

```
(function() {
    var s = document.createElement('script');
    s.type = 'text/javascript';
    s.async = true;
    s.src = 'http://www.fudan.edu.cn/script.js';
    var x = document.getElementsByTagName('script')[0];
    x.parentNode.insertBefore(s, x);
})();
```

(5) 动态调整页面结构。动态调整页面结构的作用是增加采集者进行 Web 页面分析处理的难度，而非禁止爬虫。当存在较高爬虫访问的情况出现时，可以通过动态改变 HTML 页面的文档结构来使得采集者设置好的解析策略失效，进而影响其采集进程。

最简单的实现是通过改变、更换 HTML 中的 tab/div/ul 等标签或者其 ID、CSS 属性等内容，使得爬虫的页面分析逻辑失效。以下是随机生成 DIV 的 id 的样例。

```
import random
div_id =  "r_div_" + str(random.randint(0, 65535))
```

(6) 设置蜜罐。设置蜜罐的目的是吸引并使用蜜罐干扰采集者,让采集者误以为是采集到了数据,而实际上可能采集到的是大量的垃圾数据,这个方法需要有蜜罐服务器的资源和带宽开销。引导爬虫进入蜜罐的方式有很多。例如,设置干扰字段、使用放置在不可见DIV中的链接触发、在验证非人为行为后直接返回垃圾数据等。

此外,还不断有新的反爬虫设计出现,但本质都是验证行为是否来自于人,进而对访问者非人类的行为进一步限制,并减少对正常Web访问者的干扰。

2.7.2 反反爬虫技术

在大数据时代,数据信息的来源已经不仅仅是那些门户网站和其中的超链接,而是切切实实的每个用户及他们在不同的站点上留下的各种痕迹和各种类型的数据,这些数据之间有着复杂的逻辑关系,同时还在不断地更新变化之中。在这样的环境和前提下,依赖数据提供商提供数据很难满足用户对数据的需求,主动使用爬虫技术进行数据的采集和深入的探索是十分必要和重要的。

数据采集的目标站点众多,它们的数据隐藏深度、方法不尽相同,服务种类、能力和策略也都不尽相同,在爬取数据时不免会碰到各种反爬虫技术,尤其是某些信息隐藏在站点比较深的地方。例如,涉及社交网络上用户的个人信息或社会关系等方面的内容、某些商业站点上的评论信息等。因此,对于采用了反爬虫技术的站点的数据,需要在了解了反爬虫的基本技术和思路前提下,进行数据采集时通过有针对性的技术手段进行反反爬虫,以获得期望的目标数据。

目前常见的反反爬虫的技术核心是尽可能真实的模拟用户访问。主要有如下几种方法。

1. 针对IP与访问间隔限制

不使用真实IP,可以代理服务器或者使用云主机等方式进行IP的切换,需要注意的是,当前有一些站点对云服务或代理的IP端已经进行了限制。此外,还要在需要登录的情况下,准备多个账号,以便进行切换。在python中使用request的session.get方法调用proxies实现通过代理进行采集的基本代码如下:

```
import random
import requests
proxies = {
    'http': 'http://8.8.8.8:8888',
    'https': 'http://4.4.4.4:8484',
    #... 可以随机为 session 分配绑定一个代理服务器
}
worker_session = requests.Session()
r = worker_session.get(url, proxies = proxies, cookies = _cookies, verify = False, stream =
True, headers = headers, timeout = 5000)
```

2. 针对 Header 的内容验证

使用 Selenium 或其他内嵌浏览器进行浏览器的访问和模拟，同时构造合理的 Headers 信息，主要包括 User-Agent 和 Hosts 信息。使用 Selenium 则会调用浏览器，下面示例中是调用 Chrome 进行访问。浏览器的调用可以实现 Headers 信息的自动完成，当然也可以根据规则自行组装 Headers 信息。

```
# coding:utf-8
from selenium import webdriver
from selenium.webdriver.common.action_chains import ActionChains #引入 ActionChains 鼠标操作类
from selenium.webdriver.common.keys import Keys #引入 keys 类操作
import time

def s(int):
    time.sleep(int)
browser = webdriver.Chrome()
browser.get('http://www.*****.com')
browser.maximize_window() #最大化浏览器
browser.find_element_by_id('r_div').send_keys(u'zeng')
browser.find_element_by_id('r_div').get_attribute('uid')
browser.find_element_by_id('r_div').size #打印输入框的大小
browser.find_element_by_id('r_div').click()
time.sleep(3)
```

自行组装的 Headers 信息可以通过 python 的 requests 库发送给服务器。

3. 针对 Cookies 验证

使用不同的线程来记录访问的信息，如 python 中的 requests.session，为每个线程保存 Cookies，每次请求的 Header 均附上正确的 Cookies，或者按照站点要求正确使用 Cookies 内的数据（如使用 Cookies 内的指定密钥进行加密校验）。

```
    #每个线程均保留 Cookies 信息
    worker_session = requests.Session()
    log_in_result = worker_session.post(url, data = login_info, headers = headers)
    _cookies = log_in_result.cookies
    r = worker_session.get(url, proxies = proxies, cookies = _cookies, verify = False, stream = True, headers = headers, timeout = 5000)
```

4. 针对验证码

目前主流的验证码破解主要有两种：机器图像识别与人工打码，此外还可以使用浏览器插件绕过验证码的类似技术。机器图像识别可以基于 python 中的 PIL（Python Imaging Library）库。PIL 支持多种格式的图像编码方式，并且可以做一些变形等图像处理。然后结合其他函数库，如 pytesseract，这是一个基于 google's Tesseract-OCR 的独立封装包，它能够识别图片文件中的文字，并作为返回参数返回识别结果。

5. 针对页面异步加载与客户端JS支持判断

可以使用Selenium或PhantomJS进行JS解析，并执行页面内容获取所需要的正确的JS方法/请求。当然，也可以使用真实的浏览器作为采集工具的基础。例如，自定义封装一个自定义的Firefox浏览器，以插件的形式实现采集工具。

6. 针对动态调整页面结构

对于这种方式的反爬虫技术，最好的办法是首先采集页面，而后根据采集到的页面再进行分类处理，在爬虫程序中异常的捕获更是不能少。如果一个页面的HTML毫无规则，那么其显示也将是一个问题，因此对于动态调整结构的页面可以采用Selenium加载浏览器，按照信息的区域进行采集的方式进行尝试采集；此外还可以尝试使用正则表达式，将结构中随机因子摒除。

7. 针对蜜罐方式的拦截

这种情况下，只有一个策略，不要着急进入超链接。首先分析蜜罐的结构，判断是使用表单隐藏字段、使用隐藏的页面，或者是使用其他方法的蜜罐，分析到异常之后，在提交表单和采集页面时绕过蜜罐。

2.8 爬虫技术的展望

信息时代的核心是信息，而随着互联网规模的扩张，以及信息的生产、组织形式的变革，信息的量和维度也在不断增加，爬虫技术将要面对的是数据的更高的维度，反爬虫技术同样也要在更多的维度上面对爬虫的爬取。同时云服务的广泛应用及基础硬件(如计算能力、网络带宽等)的提升，爬虫的爬取能力，或者说不友好爬虫的破坏能力也会得到提升，双方的相互博弈如同生态中的捕食者与被捕食者一样，都将会与时俱进。

由于页面数量大、页面处理量大，互联网大数据的采集难度较大，可靠高性能的爬虫对于实际应用很重要。爬虫的体系结构除了引入简单的多线程、分布式技术外，结合云计算技术的发展，更多地依赖于云平台所提供的集群、分布计算能力，将会是一个大规模爬虫的主要部署形式。

目前看来信息资源的拥有者具有如下两个优势，有可能在一定程度改变互联网大数据应用中针对Web数据的获取。

1. 变被动为主动

信息资源的拥有者可以主动开放API，通过引导数据采集者使用合理的数据采集渠道，获取新的利润增长点，实现双赢。目前遍地开花的开放平台基本都是这样的思路，已经呈现出初步的转变思路。

2. 政策法律的完善

如同安全领域的破解与反破解，秩序的破坏者会受到更多的约束，而信息时代的法律法规也在不断地随着时间的推移而完善，不仅有技术范围内的协议准则(Robots)，更会有法律效应的限制约束爬虫及其背后的数据采集者的行为。

从长远来看，爬虫与反爬虫及反反爬虫将会保持相互矛盾、相互克制的状态，同时也相互促进乃至相互包容，共同为最终的用户提供有价值的服务和信息。

思考题

1. 网络爬虫需要完成的基本功能有哪些，分别采用什么样的技术手段来实现？

2. 归纳分析主题爬虫的链接相关估算时可以使用的信息，并提出使用这些信息来估算的方法。

3. 动态 Web 页面获取方法有哪几种实现方式，分析并比较它们的优缺点。

4. 以汽车销售领域为例，说明 DeepWeb 数据获取所需要的本体知识库中的知识构成，以及这些知识在 DeepWeb 数据获取中的作用。

5. 基于现有的爬虫开源系统或函数库，编写一个主题爬虫，实现从新闻网站爬取证券类新闻。

第3章 互联网大数据的提取技术

本章描述了从 Web 页面上提取感兴趣信息的方法，包括基于特征模板、基于页面解析树的方法，以及基于统计的方法等。同时考虑到互联网大数据来源的多样性，除了 Web 页面外，也简单介绍了 Web 日志信息和 ETL 信息提取方法，并结合阿里云公众趋势分析介绍了 Web 信息提取的应用效果。

3.1 Web 页面内容提取技术

Web 页面中包含有丰富的信息内容，对于互联网大数据分析有用的信息可能是某个新闻报道页面中的正文部分，也可能是某网络论坛中的帖子信息、人际关系信息等。在进行 Web 页面内容提取时，一般是针对特定的网站，因此，可以假设页面结构特征是已知的。在这种条件下，页面内容的提取就是根据结构和内容特征进行提取，在方法上大同小异。这里主要介绍两大类目前使用的主要方法，即基于 HTMLParser 的解析和基于 Jsoup 的页面内容提取。

3.1.1 Web 页面内容提取的基本任务

从 Web 页面中提取内容，首先要对 Web 页面的各种常见版面进行整理归纳。目前 Web 页面版式各式各样，但可以归结为以下 3 种。

(1) 新闻报道型页面。页面上尽管可能会有导航区、外部链接区、版权声明区等区域，但是作为新闻正文文字一般是占主要的位置。典型的如图 3-1 所示的参考消息网站的新闻报道，页面的最上面是一些广告、导航条，右边是一些信息推荐。对于这种类型而言，目标就是提取正文部分的内容。

(2) 列表型页面。这类页面为用户提供一种列表式的阅读，一般是作为聚集信息的访问入口。比较常用于新闻列表、网络论坛中的讨论区入口等。对于这种类型，通常会遇到翻页，即上一页、下一页等链接，允许用户在不同的列表页面上跳转。图 3-2 所示的是两种典型的列表型页面，左右两边分别来自网络论坛和新闻网站。对于这种类型而言，目标就是提

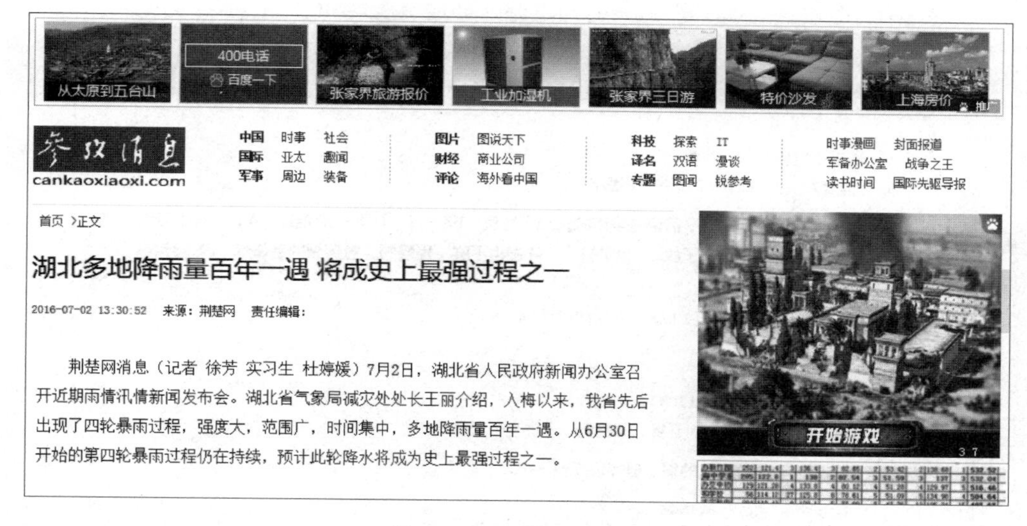
从太原到五台山　400电话　百度一下　张家界旅游报价　工业加湿机　张家界三日游　特价沙发　上海房价

参考消息
cankaoxiaoxi.com

中国　时事　社会
国际　亚太　趣闻
军事　周边　装备
图片　图说天下
财经　商业公司
评论　海外看中国
科技　探索　IT
译名　双语　漫谈
专题　图闻　锐参考
时事漫画　封面报道
军备办公室　战争之王
读书时间　国际先驱导报

首页 ›正文

湖北多地降雨量百年一遇 将成史上最强过程之一

2016-07-02 13:30:52　来源：荆楚网　责任编辑：

荆楚网消息（记者 徐芳 实习生 杜婷媛）7月2日，湖北省人民政府新闻办公室召开近期雨情汛情新闻发布会。湖北省气象局减灾处处长王丽介绍，入梅以来，我省先后出现了四轮暴雨过程，强度大，范围广，时间集中，多地降雨量百年一遇。从6月30日开始的第四轮暴雨过程仍在持续，预计此轮降水将成为史上最强过程之一。

图 3-1　新闻报道的版面

取列表部分的所有内容。

全部　热帖　股友会　新闻　研报　公告　排序：

阅读	评论	标题	作者
874098	2889	话题 中鑫富盈、吴峻乐操纵特力A等股票案罚没金额超	财经评论
372146	156	话题 证监会三大配套措施加强对重组上市监管	财经评论
623217	315	话题 证监会：最近36个月内受到环保刑事处罚的公司不	财经评论
578547	367	话题 央行："人民币市场异常波动后入市干预"报道不	财经评论
34979832	699	话题 东方财富证券万2.5佣金开户，享5.99%融资利率，	东方财富网
116973171	0	话题 活期宝申赎0费用 7日年化收益达3-25%	东方财富网
2330	6	股友 CCTV朝闻天下王恩东：认准一条道，认真走到底	博纳BBS
6615	6	股友 金额近亿，份额第一！浪潮成国家电网2016集采	博纳BBS
1136	1	关注:万科复牌之日可能是地产股启涨之时 万科涨	龙头板块

- **史上最严手游新规7月起实施 中小公司或遇清洗**
  未审核手游不得上线　或致更多手游出海　"好生意"正崛起
- **武汉突发特大洪水：溃口70米 万人转移**
- 武汉围墙疑因暴雨倒塌8人遇难 团山隧道山体滑坡
- 京九线多辆列车因暴雨被困 安徽桐城挂渡河多处决口
- 湖北多地降雨量百年一遇 江苏等6省区将有大暴雨
- 媒体：省委书记上任先去看望老同志有啥玄机
- 中石油提西伯利亚天然气一体化开发 俄方拒绝
- **载30人大客车天津爆胎后坠河 致26人死亡**
- 南极臭氧层破洞缩小 或因人类禁用氟利昂
- 兰州安宁城管粗暴执法 追打围殴欲拍照男子(图)

图 3-2　两种列表型页面

（3）评论型页面。用户在页面对某个事物、话题发表自己的观点。这种页面整体上看可以是一种列表型的，但是设计者更加关心每个评论中的具体信息。一般每个评论会有评论人、评论内容、评论时间、评论对象及评论的一些量化信息等。图 3-3 所示的是大众点评网上针对某个菜馆的评论信息。对于这种类型而言，目标就是提取每个评论的各个具体信息。

以上是从界面的角度来看页面内容提取，设计者关心的是从程序处理角度的 Web 页面信息提取。

与浏览器界面所输出的效果不同，程序所看到的是 Web 页面对应的 HTML 编码文件。例如，对于上面的股票网络论坛的列表型页面，其对应的 HTML 编码文件内容如下（其中列出了前面两个记录）：

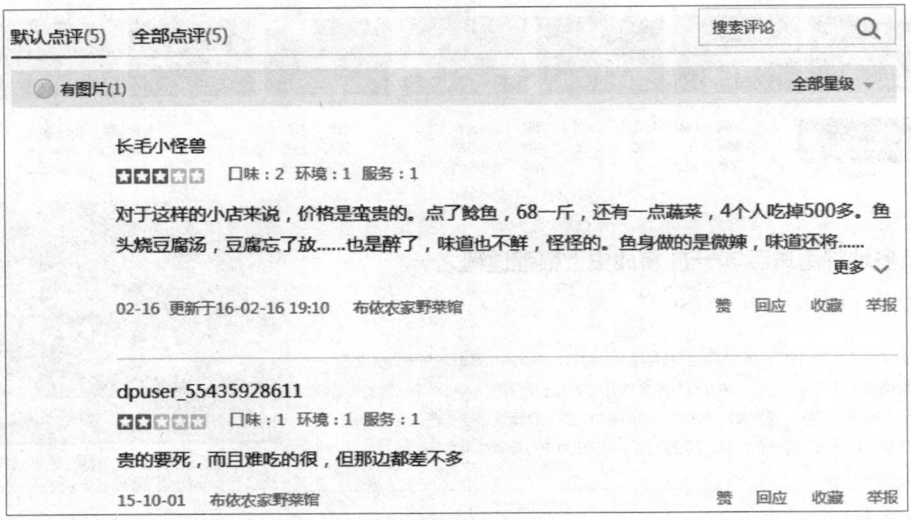

默认点评(5) 全部点评(5) 搜索评论

有图片(1) 全部星级

长毛小怪兽

口味：2 环境：1 服务：1

对于这样的小店来说，价格是蛮贵的。点了鲶鱼，68一斤，还有一点蔬菜，4个人吃掉500多。鱼头烧豆腐汤，豆腐忘了放……也是醉了，味道也不鲜，怪怪的。鱼身做的是微辣，味道还将……

更多

02-16 更新于16-02-16 19:10 布依农家野菜馆 赞 回应 收藏 举报

dpuser_55435928611

口味：1 环境：1 服务：1

贵的要死，而且难吃的很，但那边都差不多

15-10-01 布依农家野菜馆 赞 回应 收藏 举报

图 3-3 评论型页面

```
<!DOCTYPE html>
<html lang="zh-CN">
<head>
    <meta http-equiv="X-UA-Compatible" content="IE=edge,chrome=1">
    <meta name="renderer" content="webkit">
    <meta name="viewport" content="width=device-width, initial-scale=1">
    <meta charset="utf-8">

    <title>浪潮信息(000977)_浪潮信息股吧_000977股吧_股吧_东方财富网股吧</title>
    <meta name="keywords" content="浪潮信息_000977_股吧">
    <meta name="description" content="浪潮信息(000977)_东方财富网股吧">
</head>
<body class="hlbody">

...
<div class="articleh">
  <span class="l1">885737</span><span class="l2">2890</span><span class="l3">
<em class="settop">话题</em><a href="news,600258,432898335.html" title="中鑫富盈、吴峻乐操纵特力A等股票案罚没金额超过10亿元">中鑫富盈、吴峻乐操纵特力A等股票案罚没金额超</a></span><span class="l4"><a href="http://iguba.eastmoney.com/9313013693864916" data-popper="9313013693864916" data-poptype="1" target="_blank">财经评论</a></span>
<span class="l6">07-01</span><span class="l5">07-02 16:41</span>
  </div>

  <div class="articleh">
  <span class="l1">386824</span><span class="l2">157</span><span class="l3">
<em class="settop">话题</em><a href="news,cjpl,433467336.html" title="证监会三大配套措施加强对重组上市监管">证监会三大配套措施加强对重组上市监管</a></span><span class="l4"><a href="http://iguba.eastmoney.com/9313013693864916" data-popper="9313013693864916" data-poptype="1" target="_blank">财经评论</a></span><span class="l6">07-02</span><span class="l5">07-02 16:42</span>
```

```
    </div>
    …
</body>
</html>
```

可以看出，两个帖子记录都是由 HTML 的 Tag <div class="articleh">所界定，Web 内容提取就需要寻找能够定位记录的这种 Tag 标记。当然，这种特征标记也未必存在，这就要求采用一些程序上的技巧了。

3.1.2 Web 页面解析方法概述

可以看出，为了提取出在浏览器上所看到的格式化的记录信息，在程序处理中，就必须在相应的 HTML 编码文件中寻找所要提取的记录，并进行提取。

虽然页面类型很多，但无论是针对哪种类型的页面，在信息提取方面的基本思路是一致的，一般有以下 3 个步骤。

(1) 分析所处理的 HTML 源文件的特征。由于 HTML 文件中包含了大量的标记(Tag)，这些标记描述了 Web 浏览器在页面上如何显示文字、图形等内容，因此需要事先分析所要提取的信息内容所具有的标记特征。

(2) 先根据某种特征在 HTML 源文件中定位要提取的内容所在的块(Block)。

(3) 在 Block 内再利用块内特征提取具体内容。

现有方法都比较成熟，主要在于第(2)个步骤可以采用不同的定位方法。

最简单的定位方法是采用字符串匹配，以下是 Java 的一个片段，用于提取评论型页面的“楼层”信息。

```
//p1 是楼层在 HTML 中的开始位置
p1 = html.indexOf("<div class = louceng>");
//s 是<div class = louceng>之后的字符串
s = html.substring(p1 + new String("<div class = louceng>").length);
//得到楼层字符串
p2 =  s.indexOf("</div>");
louceng = s.substring(1,p2);
```

这种字符串分析方法虽然实现起来很简单，但是该方法存在很多问题，主要是扩展性不好、适应能力很差、缺乏代码的复用能力。

高级的 Web 信息内容抽取方法主要有以下几种。

(1) 基于正则表达式的信息抽取技术。正则表达式是用一种用来标识具有一定信息分布规律的字符串。在网页信息抽取过程中，首先把网页作为一个字符流的文件来处理，通过配置合理的正则表达式去匹配(定位)待抽取的信息，然后抽取其中的信息。

例如，以下片段采用一个正则表达式提取页面中<date>标记的所有日期。

```
import java.util.regex.Matcher;
import java.util.regex.Pattern;
public static void findhtml(String htmlstr){
```

```
        //匹配<date>开头,</date>结尾的字符串
        Pattern pat = Pattern.compile("<date>([^</date>]*)");
        //对 Web 页面数据串 htmlstr 进行匹配
        Matcher m = pat.matcher(htmlstr);
        while (m.find()) {
          String tmp = m.group();
          if (!"".equals(tmp)) {
              tmp = tmp.substring(6);
              System.out.println(tmp);
          }
        }
        return ;
    }
```

这种方法的优点是：通过正则表达式可以高效地抽取具有固定特征的页面信息，准确性很高，而且由于现今的主流编程语言基本上都提供了操作正则表达式的封装 API，因此可以很方便快捷地构建基于这种模式的 Web 信息抽取系统。

其缺点是：不能抽取那些未知特征的网页；必须为每种类型的页面信息编写相应的正则表达式；正则表达式的编写比较复杂，需要有一定的水平，特别是要有很强的观察能力，才可以编写出高效的正则表达式，即对编写者的要求较高。

(2) 基于 HTML 结构的信息抽取技术。该方法的基本思路是，根据 Web 页面的结构组织形式定位待提取的信息。基于 HTML 结构的信息抽取过程如下。

首先通过 HTML 解析器将 Web 文档解析成 DOM 树(Document Object Model，文档对象模型)，这是由于 HTML 的标签是可以嵌套的。

然后结合一定的规则抽取相关信息，这些规则可以自动或半自动方式得到，从而将信息抽取转换为对 DOM 树的操作。

这类技术的典型代表信息抽取系统有 LIXTO、XWRAP、RoadRunnert 和 W4F 等，其中 LIXTO 抽取系统允许用户以可视化、交互式方式对样本页面中的信息位置进行标识，从而生成抽取规则，实现对具有相似结构的 Web 页面进行内容抽取。

(3) 基于统计的信息抽取技术。基于统计的网页信息抽取技术与基于 HTML 结构的信息抽取方法类似，都是先获得 Web 页面对应的 DOM 树。但这个方法是基于统计信息。其基本思路是：该方法先利用解析器把网页按照 HTML 标记的结构生成对应的 DOM 树，然后基于某种统计信息来获得正文内容。这里的统计信息要求能够把 Web 页面中需要提取的内容和其他内容区分开来，由若干个统计量组成。

基于统计的网页信息抽取方法具有一定的适用性。但此种方式对网页正文信息的抽取依赖阈值，阈值设定得好坏，将影响信息抽取的准确性，抽取的结果还可能含有噪声。

3.1.3 基于 HTMLParser 的页面解析

HTMLParser 是一个 Java 开源系统，一种基于 DOM 树的页面内容提取方法。

文档对象模型(Document Object Model，DOM)以面向对象的方式描述文档。它是

W3C组织(即万维网联盟,World Wide Web Consortium)推荐的处理可扩展标志语言的标准编程接口,DOM是W3C制定的标准,该标准包含了通过DOM方式访问HTML和XML文档的方法,分别称为HTML DOM和XML DOM。在Web页面提取的应用中就是基于前一种标准。

图3-4所示的是下面HTML编码的页面对应的DOM树,最底层结点就是文本信息结点。

```
<!
DOCTYPE html PUBLIC " - //W3C//DTD XHTML 1.0 Transitional//EN" "http://www.w3.org/TR/xhtml1/DTD/xhtml1 - transitional.dtd">
<html xmlns = "http://www.w3.org/1999/xhtml">
< head >< meta http - equiv = "Content - Type" content = "text/html; charset = gb2312"><title>标题 - www.XXXYYY.com</title></head>
<body>
<div id = "top_frame" class = "name">
<div id = "logoindex">
    样例
    <a href = "http://www.baidu.com">样例 - www.baidu.com</a>
</div>
</div>
</body>
</html>
```

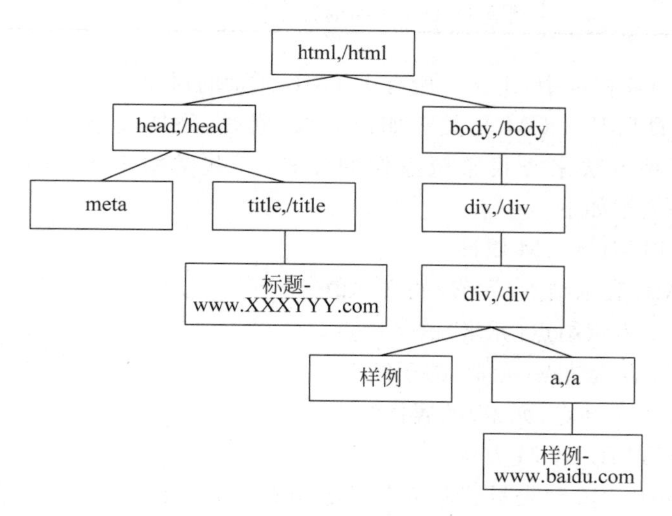

图3-4 DOM树

在HTML DOM树中,每个结点都拥有包含着关于结点某些信息的属性。这些属性是nodeName(结点名称)、nodeValue(结点值)和nodeType(结点类型)。特别地,在基于DOM树的结点信息提取中,通常需要对结点类型进行判断。W3C标准中定义了如表3-1中所列出的12种结点类型。

表 3-1 HTML DOM 树中的结点类型

结点类型		描述	子结点
1	Element	代表元素	Element、Text、Comment、ProcessingInstruction、CDATASection、EntityReference
2	Attr	代表属性	Text、EntityReference
3	Text	代表元素或属性中的文本内容	None
4	CDATASection	代表文档中的 CDATA 部分(不会由解析器解析的文本)	None
5	EntityReference	代表实体引用	Element、ProcessingInstruction、Comment、Text、CDATASection、EntityReference
6	Entity	代表实体	Element、ProcessingInstruction、Comment、Text、CDATASection、EntityReference
7	ProcessingInstruction	代表处理指令	None
8	Comment	代表注释	None
9	Document	代表整个文档(DOM 树的根结点)	Element、ProcessingInstruction、Comment、DocumentType
10	DocumentType	向为文档定义的实体提供接口	None
11	DocumentFragment	代表轻量级的 Document 对象,能够容纳文档的某个部分	Element、ProcessingInstruction、Comment、Text、CDATASection、EntityReference
12	Notation	代表 DTD 中声明的符号	

在 HTML DOM 标准中,定义了所有 HTML 元素的对象和属性,以及访问它们的方法(接口)。换言之,HTML DOM 是关于如何获取、修改、添加或删除 HTML 元素的标准。因此,可通过若干种方法来查找希望操作的元素,一些常用于 Web 信息提取的 HTML DOM 属性和方法列举如下。

(1) 常用的 HTML DOM 属性。

① innerHTML 表示结点(元素)的文本值。

② parentNode 表示结点(元素)的父结点。

③ childNodes 表示结点(元素)的子结点。

④ attributes 表示结点(元素)的属性结点。

(2) 常用的 HTML DOM 方法。

① getElementById(id)表示获取带有指定 id 的结点(元素)。

② getElementsByTagName 表示获得指定 Tag 的结点(元素)。

③ appendChild(node)表示插入新的子结点(元素)。

④ removeChild(node)表示删除子结点(元素)。

例如,可以通过使用一个元素结点的 parentNode、firstChild 及 lastChild 属性,getElementById()和 getElementsByTagName()这两种方法,可查找整个 HTML 文档中的任何 HTML 元素或结点,从而完成整个 Web 页面的遍历。

HTMLParser是一个开源项目，集成了对HTML DOM树的支持。这是一个在SourceForge. net上比较活跃的项目之一，该软件包可以进行DOM树的生成、遍历等一系列操作。同时，HTMLParser还具有更多的功能，是一个对现有的HTML文本进行分析的快速实时的解析器。其中的Parser类可以从互联网上获取HTML文档或处理本地文件，这是获取网络资源和处理文件的入口。

基于HTMLParser解析页面的原理与思路如下。

(1) 提供一种途径对HTML(树)进行遍历。一棵DOM树只要知道这棵树的根结点就可以通过结点的父子关系遍历出整棵树，因为node本身保存有它的父结点和子结点信息。

(2) 提供一种接口，允许程序员在遍历的过程中对结点的属性和结点关系进行检查，从而判断是否为提取内容所需要的结点。

通常情况下，只需要获取某些特定的内容，也就是DOM树中某些结点的值，而不是整个页面的数据。因此，就需要在提取的过程中对HTML页面的标签(结点)进行一些筛选，如可以采用Filter、Visitor。

以Visitor方式访问HTML文档的解析过程如下。

(1) 用一个URL或页面对应文本String创建一个Parser。

(2) 定义一个Visitor。

(3) 使用Parser. visitAllNodeWith(Visitor)来遍历树中的结点。

(4) 获取Visitor遍历后得到的数据(或在遍历的过程中进行数据处理)。

使用Parser类来解析，从程序实现的角度看，包含如下两个过程。

(1) 定义解释器。

```
try {
    NodeVisitor visitor = new ContentVisitor (title, contentList);

    if (html ! = null) {
        Parser parser1 = Parser.createParser(html,"GBK");
        parser1.visitAllNodesWith(visitor);
    }
} catch (ParserException e) {
    e.printStackTrace();
}
```

(2) 定义结点访问器。在树的遍历中进行结点判断，这种判断方法是基于一定的规则，通过结点的属性、标签等信息来指定规则。例如，针对某个网络论坛的帖子回帖信息提取部分代码片段如下。

```
private class ContentVisitor extends NodeVisitor{

  private Title title;
  private List < Content > contentList;

  private Content content  =  null:

  public ContentVisitor(Title title,List < Content > contentList){
```

```
        this.title = title;
        this.contentList = contentList;
    }
    public void visitTag(Tag tag){
        Tag tag1,tag2,tag3,tag4,tag5;
        int p1,p2;
        //以下获得回帖记录
        if(tag)! = null&&((tag.getTagName().toLowerCase().equals(("div")) && "zwlist".equals
(tag.getAttribute("id"))) )) (
        try(
            string text = "";
            string author = "";
            string date = "";
            int num;

            NodeList list = tag.getChildren();
            for (int i = 1;i<= list.size();i++) (
                if (list.elementAt(i) instanceof TagNode == false) continue;
                tag1 = (Tag) list.elementAt(1);
                if (tag1.getTagName().toLowerCase().equals("div") * * ("zwli clearfix").equals
(tag1.getAttribute("class"))) (
                    tag2 = (Tag)(tag1.getChildren().elementAt(3));  //从 1 开始.  div class
= "zwlitx"
                    tag3 = (Tag)tag2.getChildren().elementAt(1);    //<div class = "zwliext">
                    NodeList list2 = tag3.getChildren();
                    content = new Content();
```

3.1.4 基于 Jsoup 的页面解析

Jsoup(https://jsoup.org/)是一个基于 MIT 协议的开源软件，与 Python 中的 beautifulsoup 功能相似，是 Java 中常用的 HTML 处理库。Jsoup 支持 HTML5 规范，并且针对相同的 HTML 内容与主流浏览器解析出的 DOM 相同，支持 DOM/CSS/JQUERY 方法。

Jsoup 主要的功能有：支持从 URL、文件或字符串中抽取与解析 HTML；支持使用 DOM 树方法或 CSS 选择器方法查询与提取数据；支持 HTML 元素、属性与文本的修改；支持对用户提交的表单内容进行防注入攻击处理；支持输出整理并格式化的 HTML。

Jsoup 工作流程如图 3-5 所示。

(1) 通过 URL、HTML 文件或字符串的方式采集到包含 HTML 标签的 HTML 文本内容。

(2) 将 HTML 内容转换成 Document 对象，在这个过程中支持解析不完整、有错误的 HTML。例如，标签未封闭、某些必要结构标签缺少及其他常见的 HTML 语法错误。

(3) 获取到 DOM 之后即可进行 Document 对象操作。操作主要有提取结点集合、选中指定结点、读取选中结点与修改选中结点几大类。

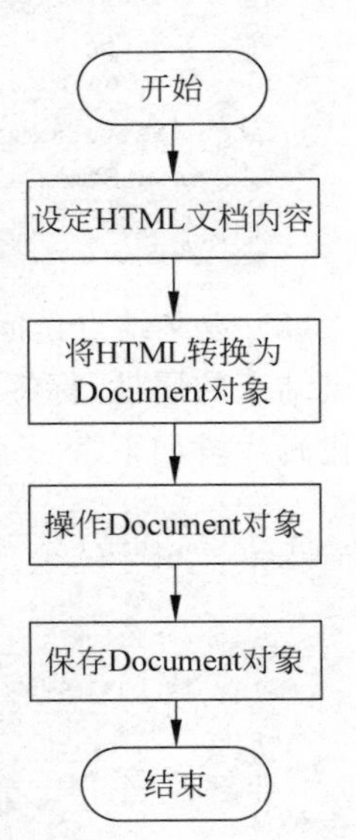

图 3-5 Jsoup 的工作流程

与 HTMLParser 的基本工作原理相似，Jsoup 也支持以 DOM 方法遍历网页内容。但是 Jsoup 还支持 CSS 标签选择器、类 Jquery 的方式获取指定样式的标签、属性、内容。

（4）对象操作完毕后可以进行保存与输出。

Jsoup 支持对象操作的主要方法如表 3-2 所示。

表 3-2　Jsoup 支持对象操作的主要方法

大类	类别	方法名称	含　义
DOM 方法	查找元素	getElementById(String id)	按 ID 查找
		getElementsByTag(String tag)	按 Tag 查找
		getElementsByClass (String className)	按 CSS 类查找
		getElementsByAttribute (String key)	按属性查找
		siblingElements(), firstElementSibling(), lastElementSibling(); nextElementSibling(), previousElementSibling()	查找同胞元素
		parent(), children(), child(int index)	查找结点层级
	元素数据	attr(String key) /attr(String key, String value)	获取属性与设置属性
		attributes()	获取所有属性
		id()	获取 ID
		className()/classNames()	获取 CSS 类
		text()/text(String value)	获取文本内容/设置文本内容
		html()/html(String value)	获取元素内的 HTML/设置元素内的 HTML 内容
		outerHtml()	获取元素外的 HTML 内容
		data()	获取数据内容（如 script 和 style 标签）
		tag()/tagName()	获取 Tag 与名称
	操作 HTML 和文本	append(String html) prepend(String html)	在元素前后增加 HTML
		appendText(String text) prependText(String text)	在元素前后增加文本
		appendElement(String tagName) prependElement(String tagName)	在元素前后增加元素
		html(String value)	修改 HTML 内容
CSS/Jquery 选择器语法	查找元素	Element. select(String selector) Elements. select(String selector)	选择器的功能非常丰富，支持 Document/Element/Elements 的选择，并且与上下文相关，可实现指定元素的过滤与链式选择访问

在使用Jsoup采集一个页面之前首先需要分析页面结构组成，以东方财富网的页面(http://guba.eastmoney.com/news,000977,444182485.html)为例。

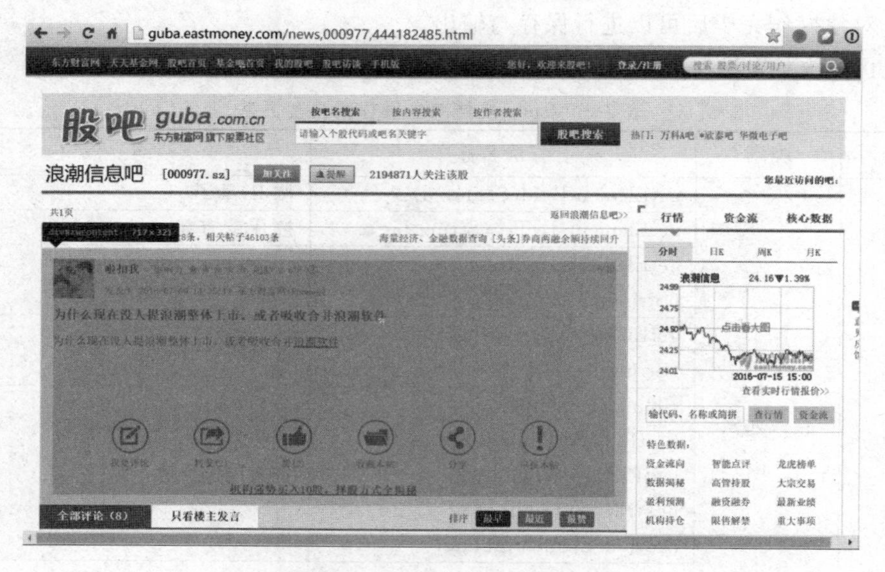

图 3-6　目标页面的目标元素

从图3-6的目标页面可以看出页面主要的内容分为主题帖与回复帖两个大类型，而要提取的目标元素是帖子部分。对于页面中相应的部分使用浏览器的调试功能(开发人员工具)，从图3-7的目标页面的结构分析可以发现，两者均在id为mainbody的DIV结点下，其CSS类为zwcontentmain和zwli clearfix，因此可以使用从DOM树选取结点的方式，也可以

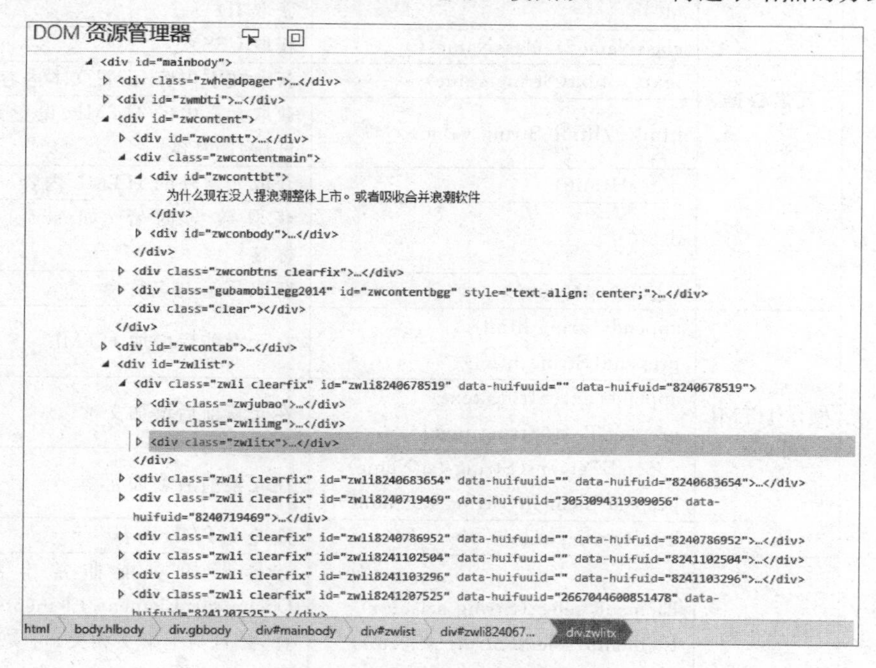

图 3-7　目标页面的结构分析

使用 CSS 类选择的方式实现主题帖和回复帖的内容提取。

经过页面结构分析之后，可以给出提取主题内容和回帖内容的主要代码。方法 article 和 article_2 是两种不同的选择方法，执行后的结果一致，均为在屏幕打印输出当前页面的主题帖子的标题与内容。Dialog 方法在执行后则会在屏幕打印输出所有回复帖子的 DIV 的 HTML 内容，具体实践中还可以进一步对回复帖子的 HTML 内容进行分析，以提取更多信息。

```
package com.fudan.Jsoup;
import java.io.IOException;
import org.jsoup.Jsoup;
import org.jsoup.nodes.Document;
import org.jsoup.nodes.Element;
import org.jsoup.select.Elements;

public class JsoupTest {
    static String url = "http://guba.eastmoney.com/news,000977,444182485.html";
    /**
     * 获取指定URL的帖子内容
     */
    public static void Dialog() {
        Document doc;
        try {
            //通过指定的URL,使用Get方法获取HTML内容,并转换为Document对象
            doc = Jsoup.connect(url).get();
            //通过getElementsByAttributeValue方法选择指定的回帖的Div内容
            Elements ListDiv = doc.getElementsByAttributeValue("class","zwli clearfix");
            for (Element element :ListDiv) {
                //输出DIV
                System.out.println(element.html());
            }
        } catch (IOException e) {
            e.printStackTrace();
        }
    }
    /**
     * 获取页面的文章标题和链接
     */
    public static void article() {
        Document doc;
        try {
            doc = Jsoup.connect(url).get();
            //通过getElementsByAttributeValue方法选择指定的主题帖(zwcontent)的Div内容
            Elements ListDiv = doc.getElementsByAttributeValue("class"," zwcontent");
            for (Element element :ListDiv) {
                //通过指定的ID获取到标题(zwconttbt)与正文(zwconbody)
                Elements content_title = element.getElementsByID("zwconttbt");
                Elements content_body = element.getElementsByID("zwconbody");
                //解析标题与正文文本,并输出
                String contentTitleText = content_title.text().trim();
```

```
                    System.out.println(contentTitleText);
                    String contentText = content_body.text().trim();
                    System.out.println(contentText);
                }
            } catch (IOException e) {
            //TODO Auto - generated catch block
            e.printStackTrace();
        }
    }
    /**
     * 获取页面的文章标题和链接
     */
    public static void article_2() {
            Document doc;
            try {
                doc = Jsoup.connect(url).get();
                //使用 Select 方法取得主题帖(zwcontent)的 Div 内容
                Elements ListDiv = doc.select("div.zwcontent");
                for (Element element :ListDiv) {
                    Elements content_title = element.getElementsByID("zwconttbt");
                    Elements content_body = element.getElementsByID("zwconbody");
                    String contentTitleText = content_title.text().trim();
                    System.out.println(contentTitleText);
                    String contentText = content_body.text().trim();
                    System.out.println(contentText);
                }
            }
            } catch (IOException e) {
                // TODO Auto - generated catch block
                e.printStackTrace();
            }
        }
    }
```

从前文可以看出，Jsoup 最重要的优点有两处，一处是能够处理不完整、不规范甚至结构异常的 HTML，另外一处则是支持功能强大的选择器。因而，与 HTMLParser 的单纯 DOM 树查找相比 Jsoup 的兼容性更好，并且能够更快速地选择到目标内容。而 Jsoup 与 Python 中的 BeautifulSoup 相比功能各有千秋，BeautifulSoup 额外支持正则表达式搜索与 XML 解析。实际工作中可以根据项目技术选型进行与生产环境的情况具体决策，当然选择一种开源架构还要看它是否得到了及时的维护和更新。

3.2 基于统计的 Web 信息抽取方法

对于 Web 爬虫而言，能爬取到各种各样的页面，大部分可能是事先并不知道的 Web 站点，因此在后续的提取过程中，并无法事先为这些站点上的页面设定正文的特征标志(Tag)，由此就不能直接利用前述所提到的方法。另外一种场景是，尽管爬虫爬取固定的某些网站页面，但是网站也会经常升级改版，由此导致写好的程序针对新版失效了。

在处理这些场景下的页面内容提取，提取程序就需要有一定的智能性，能够自动识别某个 Web 页面上的正文位置，其前提是在没有人工参与的情况下。一种典型的方法是基于统计的页面信息提取，其基本步骤如下。

(1) 构建 HTML 文档对应的 DOM 树。

(2) 基于某种特征来构建基于 DOM 树的信息提取规则。

(3) 按照规则，从 HTML 中提取信息。

在这个处理流程中，最重要的是信息提取规则。规则的制定或生成方法有以下两种。

(1) 启发式方法。一般通过人工对 HTML 页面进行观察和总结，以 DOM 树所确定的基本组成单位为规则中的特征，人工估计其对应的特征值，从而形成启发式规则。常用的特征包括如下几点。

① 每个结点(Node)所包含的文本信息内容多少(TextSize)。

② 每个结点所包含的标签个数(tagCount)。

③ 每个结点内，有链接与无链接文本条内字符总个数的比值(LinkTextCountRatio)。

④ 链接锚文本的平均字符个数(LinkAvgCount)。

除此以外，还可以找到更多特征。根据这些特征，制定启发式规则来对页面上的内容进行识别和提取。例如，“IF LinkTextCountRatio(Ni)＞2 AND LinkAvgCount(Ni)＜＝6 THEN Ni 为导航区”，这个规则对 DOM 树中的结点 Ni 从 LinkTextCountRatio 和 LinkAvgCount 两个特征做了限定，如果符合这个条件，则认为该结点对应于一个导航区。

类似的，考虑到页面中的正文区内通常会有较多的字符个数，即 TextSize 较大，并且所包含的超链接比较少，因此，可以根据这些特征制定判断规则。

显然，这种方法的有效性取决于规则的合理性，主要是特征值的具体取值。为了避免启发式规则中的人为因素，另一种方法就是采用机器学习的方法来计算最佳的特征值。

(2) 机器学习方法。这种方法通过人工选择大量的 HTML 页面，并对页面中的正文区域进行标注，再由程序计算正文结点中各种特征对应的特征值，以及其他类型结点对应的特征值。从而将正文结点的判断转换成为一个分类问题，即根据某些特征及特征值，判断结点是否为正文。这样的问题显然适合用机器学习方法来解决。

这种方法的优点是可以通过样本和机器学习的方法获得最佳的特征值，从而能避免在判断上的主观性，提升判断的准确性。其缺点是需要有一定量的人工标注样本。

要注意的是，前面提到的基于 HTML 结构的信息抽取方法中也涉及抽取规则，但是这些是比较简单的规则，如信息块的位置等，因此其适应性比这里所讨论的基于统计的方法要差一些。

3.3　其他互联网大数据的提取

互联网大数据除了来自 Web 页面外，还有其他一些来源，包括 Web 日志、网络探针、各种关系型和非关系型数据库等。

IIS、Tomcat、Apache 等知名的 Web 服务器软件，都允许对用户访问服务器的行为进行记录，并生成相应的日志文件。不同的 Web 服务器日志文件格式并不完全相同，但都记录了用户访问的日期、时间、客户端IP、请求方法、使用的协议、URI、状态等。这些日志中的内容提供了很多Web页面上无法获得的用户访问行为信息,如用户什么时候登录了服务器、使用FTP下载了什么文件、上传了什么内容、访问行为是否成功等。因此,这些日志文件也是互联网大数据中的一种与用户访问行为相关的数据源。

这种日志数据本身被组织成为一个文本文件,可以当作是关系型数据库来访问。但是由于该文件是按照用户访问网站的时间先后来写入日志的,因此不同用户的访问会混杂在一起。在进行提取时就需要进行用户的识别,通常可用的信息有客户端IP、用户名及客户端Agent信息。此外,还应当对同一个用户在不同时间段的访问记录进行分割。图3-8所示的是部分来自apache-tomcat-7.0.54的日志文件内容,该文件在安装目录下的logs子目录中。

```
175.186.146.152 - - [09/Dec/2015:10:32:16 +0800] "GET /sqlinjection/Login.asp HTTP/1.1" 404 995
175.186.146.152 - - [09/Dec/2015:10:32:17 +0800] "GET /favicon.ico HTTP/1.1" 200 21630
175.186.146.152 - - [09/Dec/2015:10:32:29 +0800] "GET /sqlinjection/Login.jsp HTTP/1.1" 200 535
175.186.147.10 - - [09/Dec/2015:10:32:29 +0800] "GET /sqlinjection/results.jsp?username=ygs&passwor
175.186.147.10 - - [09/Dec/2015:10:32:34 +0800] "GET /sqlinjection/Login.jsp HTTP/1.1" 200 535
175.186.147.10 - - [09/Dec/2015:10:32:47 +0800] "GET /sqlinjection/results.jsp?username=ul&password
175.186.146.152 - - [09/Dec/2015:10:32:50 +0800] "GET /sqlinjection/results.jsp?username=rr&passwor
```

图3-8 apache-tomcat-7.0.54的日志文件

对这种数据源的处理一般需要3个步骤,即数据清理、用户识别、会话识别。特别要注意的是数据清理环节,一般需要涉及以下几方面。

(1) 图片、脚本和样式:从第2章介绍爬虫原理可以知道,页面上所包含的图片等资源需要一次独立的Web访问,因此它们也会在日志中生成一条记录。

(2) 弹出式广告:在用户打开网页时自动弹出,并不能反映用户主观访问意图,应当删除。

(3) 用户访问失败时的记录:返回代码会保存在记录中,错误如果是由服务器引起的,也无法反映用户意图。

(4) 类爬虫应用:有时客户端会有类似于爬虫功能的应用程序,根据一定规则自动在客户端后台抓取页面,从而产生了Web日志记录,显然这些也非用户主动发起的访问。

基于这些日志文件可以开展的研究包括用户行为聚类、Web浏览服务预取、页面推荐、恶意行为检测等。

另一种数据源是数据库中的数据,这部分数据主要是存储在互联网应用的相关业务数据库中。对此,数据的提取广泛采用ETL技术,其最初是用于从OLTP抽取数据到数据仓库中。目前有很多流行的ETL工具可用,有利于提高工作效率。Kettle就是一款开源的Java编写的ETL工具,提供了一个图形化的用户环境,来管理来自不同数据库的数据,它同时也提供了很多控件,可以在程序中调用集成。4.3以上版本的Kettle也针对Hadoop中的Hbase、NoSQL数据进行了支持。

而从网络探针获得的数据进行内容提取要复杂得多。这种数据格式与网络协议有很大关系,图3-9所示的是一个来自WireSHARK分析器截获的网络流量数据。图中最下面部分就是原始数据,上面是经过该软件解析出来的协议字段,显示的是一个HTTP请求的头部信息。

显然,在程序自动处理这种类型数据时,需要从原始的网络数据流开始。首先应当把这些数据进行协议还原,这里是指针对TCP、UDP等标准协议的还原,提取出数据包的相关信息,如时间戳、源地址、目的地址、源端口和目的端口等。由于来自所有的访问、所有应用、所有不同客户端的网络访问都混杂在同一个数据流中,因此,接下来,就应当对解析出来的格式化流量再进一步区分,按照源地址、目的地址、源端口和目的端口来标识一个访问的连接,将所有同类型的连接的数据包进行整合,才能恢复出连接上所传输的数据。当然这些数据是属于应用层的编码,因此最后需要对判断应用层的应用程序,根据相应的协议对所恢复出来的数据进行内容上的解码,获得用户可以理解的信息内容。

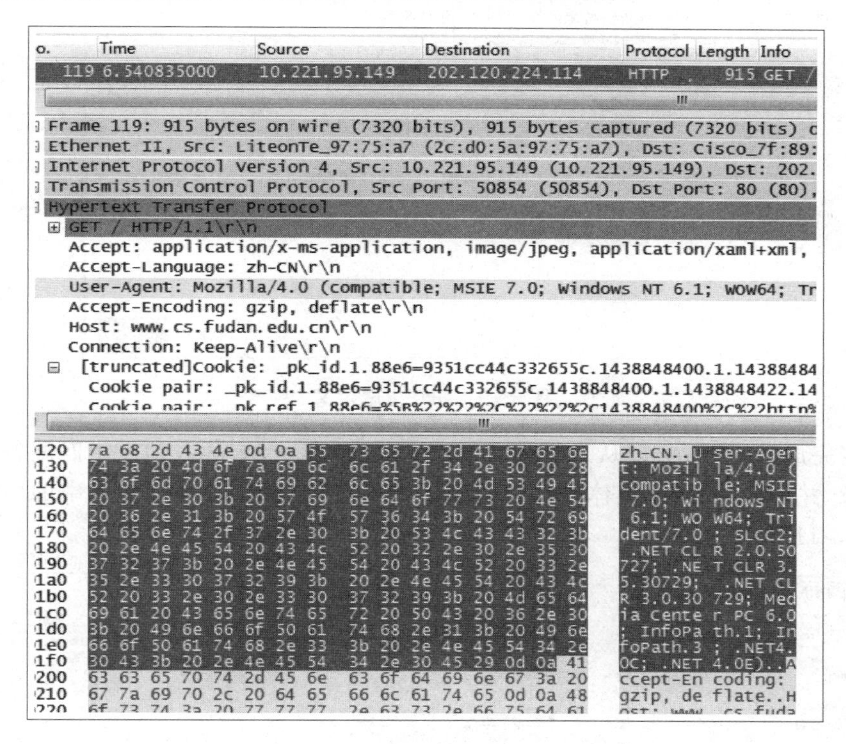

图 3-9　网络探针获得的流量数据

3.4　阿里云公众趋势分析中的信息提取应用

以 Web 信息内容的提取方法为基础的应用,在实际中有很多种,如搜索引擎系统,下面以阿里云大数据平台中的"公众趋势分析"服务(https://data.aliyun.com/product/prophet)为例构建一个以 G20 峰会为主题的互联网信息提取应用。"公众趋势分析"服务是一个类似于定义网络舆情服务的在线系统,其数据源是基于全网公开数据,每天更新 20 亿网页,覆盖各类网站、论坛、贴吧、微博、微信、自媒体等,用户还可以定义特殊站点,由该服务系统负责爬行。

在这个简单的应用中,要利用"公众趋势分析"服务提供的功能,构建一个关于 G20 的网络舆情信息监测应用。主要功能包括舆情的关键词、转发关系、涉及的媒体等。

首先定义 G20 的相关主题,这与第 2 章介绍主题爬虫提到的第一种方式相同。在该服务中,提供了一个如图 3-10 所示的主题定义界面,其中指定该主题的相关关键词,可以通过"与"、"或"

两种方法来设定关键词，此外，从图中也可以看出，还可以指定信息来源，即网站类型。

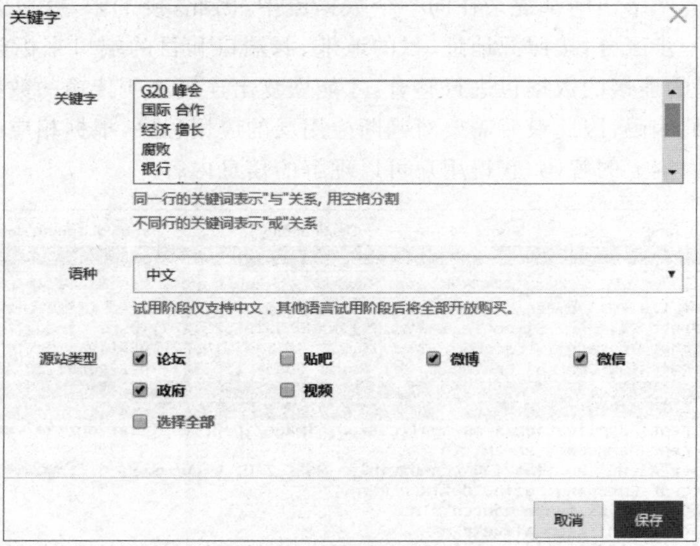

图 3-10　G20 主题定义

在设定完成后，该服务即从最近的 Web 信息及新生成的 Web 信息中匹配符合关键词要求的结果，并按照关键词、媒体（网站）类型进行聚合，显示各种聚合结果中的匹配到的记录数，如图 3-11 所示。

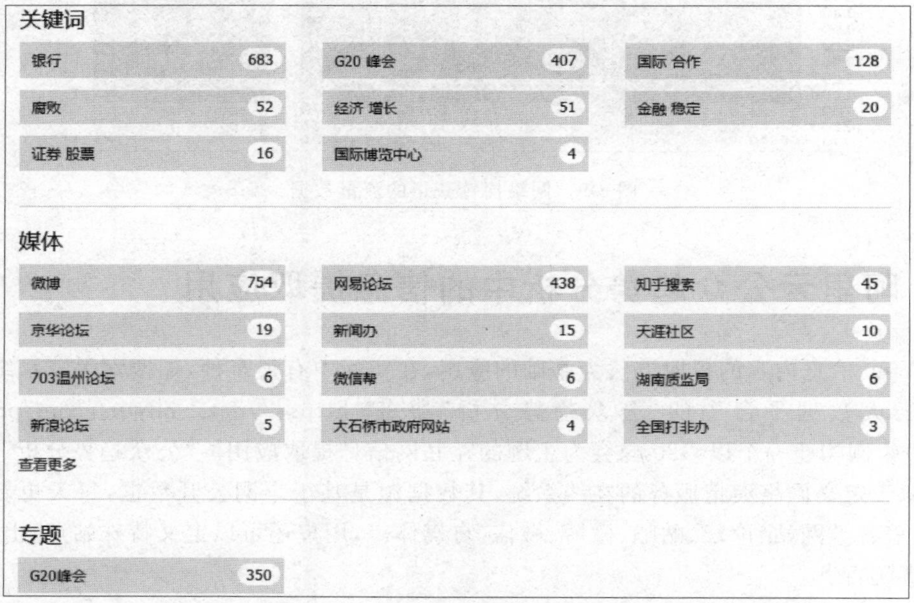

图 3-11　G20 主题聚合的统计结果

通过浏览相应的结果，可以发现匹配 G20 主题的相关关键词存在于页面的标题或主体内容中。显然在匹配之前，该服务对获取的 Web 页面信息进行了分析和提取。一些匹配的

Web 页面，如 https://zhuanlan.zhihu.com/p/22359398、http://bbs.money.163.com/bbs/kgu/616063378.html、http://bbs.money.163.com/bbs/kgu/616096706.html。

特别地，对于 Web 信息提取来说，也不局限于对内容的提取。针对各种不同类型网站所提供的信息不同，还可以获得更加丰富的信息。例如，对于微博而言，除了博文信息外，还有微博的转发、评论、朋友关系等信息，而此类信息的提取在技术手段上与本章所叙述的基本原理是一致的。“公众趋势分析”服务就对微博的转发行为信息进行了提取，从而可以在此基础上进一步提供诸如微博转发关系的可视化信息。图 3-12 所示的是 G20 中某个博文的转发关系图。

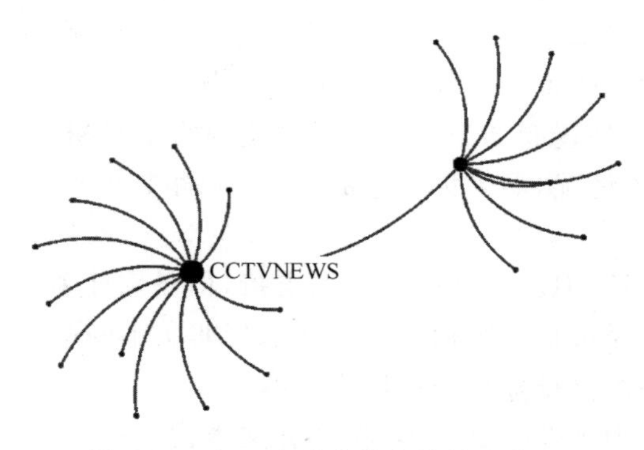

图 3-12　G20 中某个博文的转发关系

除了通过用户界面进行主题定制和阅读外，该服务系统也提供了 API 调用的方式，允许用户进行二次开发，从而可以更加灵活地集成到应用系统中。开发者可以通过 API 数据接口进行：关键词专题配置、关键词配置、接收实时抓取数据、微博传播路径分析。每种功能对应一种接口(Interface)，而 API 执行结果返回的是 JSON 格式的数据集，这些信息正是基于 Web 信息提取的结果。图 3-13 所示的是舆情数据 GET 的结果。


```
"messages":[],
    "result":{
        "records":[{
            "id":11175897,
            "monitorKeywords":"*",
            "monitorKeywordId":12359,
            "monitorTopicId":0,
            "subject":"《疯狂动物城》尼克狐的·····",
            "translateSubject":null,
            "translateDescription":null,
            "description":"*文章为作者独立观点，不代表虎嗅网立·····",
            "url":"http://www.huxiu.com/article/147005/1.html?f=index_feed_article",
            "createdAt":"2016-04-28T04:53:05.000Z",
            "pubTime":"2016-04-28T04:51:04.000Z",
            "from":"虎嗅网",
            "langType":"ch",
            "filterStatus":1,
            "wbType":2,
            "wbFansCount":0,
            "wbRepostCount":0,
            "wbCommentCount":0,
            "wbLikeCount":null,
```


图 3-13　舆情数据返回结果示例(部分)

3.5 互联网大数据提取的挑战性问题

Web 页面内容提取是获取 Web 上海量信息的基础，然而随着技术的不断发展，以及站点的防范意识的增强，Web 页面信息内容提取也面临着多种多样的挑战，需要在不断的研究中提出新的解决办法。

由于传统的 Web 页面提取可以认为是在相同的或者相似的站点，使用规则的模板进行内容提取与过滤。例如，同样的 Discuz 论坛，可以使用相似的模板规则进行论坛帖子链接采集与帖子内容提取。但随着动态页面技术的不断发展、移动终端的广泛使用，以及 HTML5 的逐步推广，目前页面信息内容存在两个趋势：一是页面动态加载内容的增多；二是多媒体内容的增加。此外还有部分站点为了防止内容信息被采集或自身的技术升级，也会导致其页面结构改变等情况，对采集者造成困扰，从而要求 Web 内容提取技术不断升级。

具体的情况如下。

(1) 多媒体内容在 HTML5 中已经是原生支持，但是对于其源地址和源文件的保护各网站实现方式不一，如何通过页面数据进一步获取到非文本的内容需要费一番力气，如从爱奇艺获取视频连接，但是需要排除其中的广告部分。

此外，还有部分网站为了保护其内容，将部分文本内容以非文本内容的方式展示，这样本文内容的解析也是一大难点。例如，Docin、百度文库等站点的内容信息均以嵌入的多媒体方式展示。

(2) 网站页面布局不断改版升级是频繁发生的，虽然基于统计的提取方法中引入了机器学习来自动学习提取规则，但是规则所涉及的特征仍是事先定义好的，因此，在适应性方面的能力也有待进一步提升。

(3) 基于 DOM 树的各种提取方法对于程序员来说还是非常方便，但是前提是需要对 DOM 树的结构和编码组成要了解得很清楚，如何以一种更加直观可视化特征来定义所要提取的内容及其位置，对于提高编程效率是十分重要的。这将是 HtmlParser、Jsoup 之后的提取架构需要考虑和突破的方向。

除了来自 Web 页面提取的挑战外，在提取通过网络探针方式获取的网络大数据时也面临较大的挑战。其主要问题在于，随着各种互联网应用的发展，未知的协议数据格式将会增加，流量越来越高，使得从流量中进行内容提取变得更加困难。

而对于 ETL 的挑战则在于，在大数据处理要求下，越来越多的大数据应用将会迁移到云环境中，从 ETL 抽取到的海量业务数据传输到云环境，将是对此类应用的很大障碍。但是这个问题的解决应当延伸到 ETL 提取阶段，而不能仅仅看作是一个数据迁移的问题。在 ETL 中根据业务中的数据关系逻辑，通过一些推理计算决定 ETL 的最小数据集，可以避免冗余的数据抽取出来。

思考题

1. 什么是 DOM 树，它的逻辑结构是怎样的？W3C 中定义的对这棵树的操作都有哪些？

2. 比较 HTMLParser 和 Jsoup 在 Web 页面提取方法上的差异。

3. 比较基于 HTML 结构的信息抽取方法和基于统计的 Web 信息抽取方法中的规则，说说它们的相同点和不同点。

4. 为了基于新浪微博构造某个博文的转发关系图，应当进行哪些信息提取？

5. 选择一个新闻 Web 页面，用 Jsoup 编写一个程序，实现对其中的新闻正文内容进行提取。

第3部分

互联网大数据的结构化处理与分析技术

第4章 结构化处理技术

结构化处理是指对采集到的大数据在分析挖掘之前所进行的处理，取决于具体的数据类型和应用等因素。针对互联网大数据而言，特别是文本类型等非结构化数据，进行结构化处理是分析计算的前提。本章主要介绍文本这种互联网信息的结构化处理方法，即对中文文本和英文文本信息的结构化处理任务进行讲解。在中文文本信息处理方面，主要是词汇的切分、词性识别等；而对于英文文本信息而言，主要是进行词根还原。由于在文本的结构化处理中，通常以词汇为中心，因此新词的识别也是这个阶段的一个重要任务。

4.1 互联网大数据中的文本信息特征

中文文本广泛存在于互联网的各种典型应用中，由于各种应用的特征或限制使得互联网大数据中的文本信息表现出各种不同的特征。以下从语言规范化、口语化、文本长短方面对这些文本信息进行简要叙述。

第一种是语言使用规范，在叙述上会比较严格地遵守语言规范，很少存在口语化的现象，通常文本也比较长。这种文本一般出现在比较正式的场合，如新闻报道文本、政府官方网站。

第二种是语言的规范性不是很好，口语化的情况比较普遍，文本通常也比较短。这类也就是通常所称的短文本。这种典型的应用就是微博、网络论坛、电商网站上的评论文本。语言的非规范化主要体现在，没有严格按照语法、句法和用词的规定，可能在文本中会插入一些网络表情符号或超链接，网络语言的使用也比较普遍。

第三种是语言的使用比较规范，但是以独立的词汇、短语描述居多。一些标签类的信息通常就是属于这种情况，比如微博中用户的个人标签信息、电商网站中产品的标签信息等。

以上 3 种类型的文本信息在互联网大数据分析中都是使用得非常频繁的数据源，但是不管是规范或非规范文本，在进行分析之前都需要进行结构化处理。目的就是将这些文本转换成为一种结构化信息，这样就可以利用已经研究得比较透彻的结构化方法来分析和挖掘。这里所需要进行的结构化处理包括网络语言的替换、网络表情的提取、超链接的提取或过滤、词汇的切分、词性的识别、新词识别、命名实体识别等。而这些处理中，词汇的切分、词性的识别和新词识别是 3 个关键而且具有一定难度的问题，因此，本章主要叙述这 3 个问题的解决方法，而命名实体识别具有一定语义处理倾向，因此在下一章讲解。

4.2 中文文本的词汇切分

词汇的切分对于中文文本数据来说尤为关键，它是文本处理挖掘的基础。其目的就是对给定的一段文本，将词汇逐个切分开来。目前这方面的研究也比较成熟，已经形成了两大类主要方法，即基于词典的分词和基于统计的分词。这两种方法对定义词的角度完全不同，基于词典的分词方法认为只要将一个字符串放入词典就可以当作词，而基于统计的分词方法认为若干个字符只要它们结合在一起的使用频率足够高，就可以认为是一个词。这两种截然不同的分词观点，也就导致了两种方法的实现有很大差异。

4.2.1 词汇切分的一般流程

词是理解句子的基础，如果需要以词汇作为基础对文本做进一步的分析，则需要进行分词处理。例如，在文本分类、文本聚类、话题分析等应用中，分词都是一项基础工作。

分词的任务是对输入的句子进行词汇切分，这是对中文而言。基本的分词工作是切分出每个词汇，但是词对应的属性，如词性、语义选项等与词汇关系密切，因此也经常把此类处理在分词处理中一起完成。由于分词过程中会存在一定的歧义，因此也需要在切分过程中解决这些歧义问题。总体上，句子词汇的切分流程包括三大步骤，如图 4-1 所示。

其中句子切分，即对输入的中文文档进行预处理，得到单个中文短句的集合。这一步主要通过标点符号（如逗号、句号、感叹号、问号等），将中文文档进行切分，缩小中文分词的句子长度。

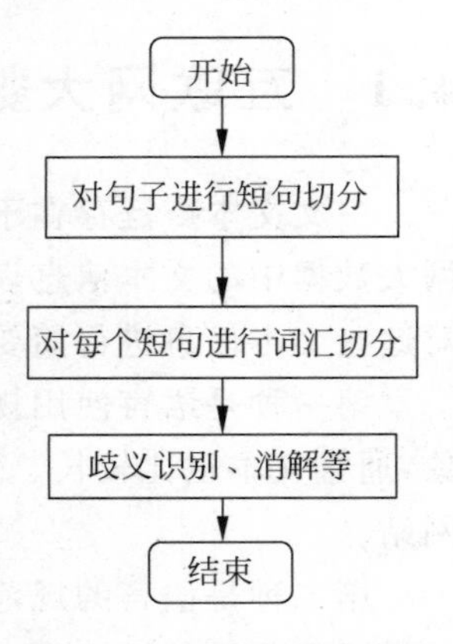

图 4-1 句子词汇的切分

第二个步骤对每个短句进行词汇切分，则是运用一定的分词算法将其中的词汇切分开来。在这个过程中，需要考虑到短句中除了汉字以外，可能存在英文单词（或缩写）、由连字符连接的不同单元、由斜线连接的不同单元、数字等。因此，需要考虑这些非词汇信息的判断。词汇的切分方法关键的基础问题是要解决怎么定义一个词。基于词典的分词方法认为凡是定义在词典中的字符串都是一个词，而基于统计的分词方法则认为若干个字符组合的概率只要足够大就可以看作是一个词。显然这是两种截然不同的处理思路和方法。

第三个步骤是进行分词结果的优化，主要是考虑到分词中可能存在错误，对此类错误进行识别、纠正。主要任务之一就是歧义消解。

同时，在大数据背景下，文本变得更加复杂，文本中会包含大量非中文字符，如中文英文混合文本、包含有 HTML 语言文本、新词、繁体简体混合等。所以在文档预处理阶段，要将含有 HTML 语言的文本从原始文档中提取出来；将繁体简体字统一转化为简体字等操作，才能够更好地提高分词算法的性能。常用的中文字符编码为 GB 2312、Unicode、UTF-8 等，其中 GB 2312、Unicode、UTF-8 的编码原理不再详述。目前有很多工具实现了字符编码之间的转换，比如可以采用文本编辑器 notepad＋＋，其中具有 ASCII 码、GB 2312、Unicode、UTF-8 等编码转换的功能。

4.2.2 基于词典的分词方法

基于词典的分词方法，即通过设定词典，按照一定的字符串匹配方法，把存在于词典中的词从句子中切分出来。该方法有3个基本要素，即分词词典、文本扫描顺序和匹配原则。由于词典中的每个项都是词汇，因此一般分词词典的项数会非常大，称为充分大的词典；文本的扫描顺序有正向扫描、逆向扫描和双向扫描；匹配原则主要有最大匹配、最小匹配、逐词匹配和最佳匹配。因此，基于文本扫描顺序和匹配原则，可以组合出多种方法，如正向最大匹配、正向最小匹配、逆向最大匹配、逆向最小匹配等。本节将详细介绍正向最大匹配法，并简单介绍逆向最大匹配法。

所谓最大匹配，就是优先匹配最长词汇，即每一句的分词结果中的词汇总量要最少。正向最大匹配分词在实现上又可以分为增字法和减字法两种。

正向减字最大匹配法，首先需要将词典中词汇按照其长度从大到小的顺序排列，然后对于待切分的中文字符串，做如下处理。

(1) 将字符串和词典中的每个词汇逐一进行比较。

(2) 如果匹配到，则切分出一个词汇，转步骤(5)执行。

(3) 否则，从字符串的末尾减去一个字。

(4) 如果剩下的字符串只有一个字，则切分出该字。

(5) 将剩下的字符串作为新的字符串，转步骤(1)执行，直到剩下的字符串长度为0。

以字符串“今天是中华人民共和国获得奥运会举办权的日子”为例来说明上述过程。假设词典充分大。每次与词典相比较的字符串s依次如下，可见在第20次比较时获得词汇“今天”，在第39次时无法匹配而输出单字“是”。

```
[1]s="今天是中华人民共和国获得奥运会举办权的日子"
[2]s="今天是中华人民共和国获得奥运会举办权的日"
[3]s="今天是中华人民共和国获得奥运会举办权的"
⋮
[20]s="今天"
[21]s="是中华人民共和国获得奥运会举办权的日子"
[22]s="是中华人民共和国获得奥运会举办权的日"
⋮
[39]s="是"
[40]s="中华人民共和国获得奥运会举办权的日子"
⋮
[51]s="中华人民共和国"
[52]s="获得奥运会举办权的日子"
⋮
[61]s="获得"
⋮
```

显然，算法在性能上还有很多需要改进的地方。如果考虑到词典中的词条有一定长度，即可以假设最长词包含的汉字个数是len，则最大正向匹配算法过程中就可以每次取len长度的字符串来比较。因此，每次与词典相比较的字符串s依次如下(假设len=7)。

```
[1]s = "今天是中华人民"
⋮
[6]s = "今天"
[7]s = "是中华人民共和"
⋮
[13]s = "是"
[14]s = "中华人民共和国"
[15]s = "获得奥运会举办"
⋮
[20]s = "获得"
[21]s = "奥运会举办权的"
⋮
```

除了正向减字最大匹配法，还有正向增字最大匹配法，算法思路上基本类似，只是采用逐步增加字符的方法构成新的字串，再去匹配。如果词典中的词汇长度大部分都比较短的话，采用增字法可以在一定程度上减小算法复杂度。

逆向最大匹配法是另一类基于词典的切分方法，该方法的分词过程与正向最大匹配法类似，不同的是从句子末尾开始处理，每次匹配不成功时去掉的是前面或左边的一个汉字。同样也有增字法和减字法两种实现方式。

按照目前一些语料的词汇切分实验结果，逆向最大匹配的切分方法得到的错误率是1/245，而正向最大匹配的切分方法的错误率是1/169，切分中的错误源于词汇之间字符的重叠。例如，对于"局长的房间内存储贵重的黄金"这句文本，采用正向最大匹配扫描得到的结果是"局长|的|房间|内存|储|贵重|的|黄金"，得到错误的结果，而采用逆向最大匹配扫描得到的结果是"局长|的|房间|内|存储|贵重|的|黄金"，则能得到正确结果。

尽管目前在中文文本的切分方面已经能够取得99%以上的正确率，但是由于词汇切分并不是数据分析的最终结果，因此，词汇切分识别中的错误会在上层应用中得到放大，而造成更大的错误。例如，上面的句子如果切分出"内存"这个词汇，那么在上层的分析挖掘应用中，就可能通过语义拓展发现该句子与"计算机"类的主题相关。因此，目前还有不少研究在试图提升词汇切分的准确性。

在基于词典的分词方法中，词典对于分词算法有着重要的影响。词典中词汇的完整性，词汇在词典中的排列顺序、专业词汇与大众词汇、词汇的长度、新词，以及词典中词汇的使用频率、词汇的索引结构等都会对分词算法的准确性和效率产生很大影响。特别地，这些因素的影响及处理说明如下，可以进一步探讨。

(1) 针对互联网大数据，网络上的新词频繁出现，一些领域专业词汇也都是典型的新词，如果没有及时更新，就会产生很多的单字切分或错误。因此，词典的及时更新就变得很重要。

(2) 词典中的词汇排列顺序除了前面按照词汇的长度排序外，还可以按照词汇的使用频率来排序，这就是最佳匹配的方法。统计每个词汇在实际使用中的频率，按照从高到低的顺序排序词典。这样在进行切分时，经常使用的词汇能够快速被匹配到，而不必扫描整个词典。但是使用频率的统计本身也是需要有一定的语料，这些语料可以是来自人工切分结果，或语言学的研究成果。

(3) 考虑多种排序规则相结合的可能性，根据语言学的Zipf定律，大部分的词汇长度并不长。例如,长度为 2 的词汇在实际使用中就很多,这部分词汇如果单纯按照长度来决定其在词典中的位置,显然是不合适的。因此,可以同时考虑其使用频率,在长度等同的条件下,按照使用频率进行排序。

在词典的实现层面,需要考虑到更多因素,如词典很大以至于无法一次性装载到内存等问题。这里就需要采用适当的索引结构。常用的词典结构有有序线性词典结构、基于整词二分的分词词典结构、基于 TRIE 索引树的分词词典结构等若干种组织方式。

有序线性词典结构是最简单的词典结构,词典正文是以词为单位的有序表,初始化时读取到内存中,词典正文中通过整词二分进行定位。这种词典结构算法简单、易于实现、有效空间使用率高;缺点是查找效率低,删除或插入的更新代价高。在添加新词时需要移动词典中的词条来保证有序性,在词典相当大时,需要花费很长的时间。

基于整词二分的分词词典结构是一种常用的分词词典结构。其结构分为 3 级,前两级为索引,如图 4-2 所示,除了存储词汇字符串外,还需要一些额外的标志信息。

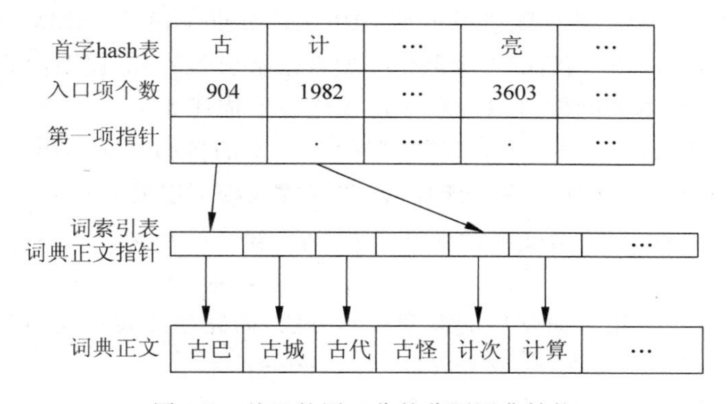

图 4-2 基于整词二分的分词词典结构

词典正文是以词为单位的有序表,词索引表是指向词典正文中每个词的指针表。通过首字散列表的哈希定位和词索引表确定指定词在词典正文中的可能位置范围,进而在词典正文中通过整词二分进行定位。

基于词典的分词算法具有方法简单、易于实现等优点,同时还存在着较多缺点,如匹配速度慢、存在歧义和错误切分、没有统一标准的词集、没有自我补充自我学习的能力及不同词典会产生不同的歧义。

4.2.3 基于统计的分词方法

基于统计的分词方法,其主要思想为:词是稳定的组合。在统计分词中,采用了各种方法来衡量这种稳定性。只要这种稳定性达到一定程度就可以认为是一个词,这是该方法区别于前一种方法的主要地方。在上下文中,相邻的字同时出现的次数越多,就越有可能构成一个词。因此,字与字相邻出现的概率或频率能较好反映成词的稳定性,因此,在统计分词中就需要有一种途径来计算这种概率的大小。

基于统计的分词方法的实现过程如图 4-3 所示。总体上看,包含了建立统计模型和词语切分判断两大步骤,两者之间的联系是统计模型。可见,统计模型是该方法的核心。这两个步骤的执行是可以分开的,通常先对给定的训练文本建立对应的统计模型,然后基于该统计模型就可以给任意输入的文本进行词汇切分。因此，采用这种方法时对于最终用户来说，更关注的是第二个步骤的复杂度。

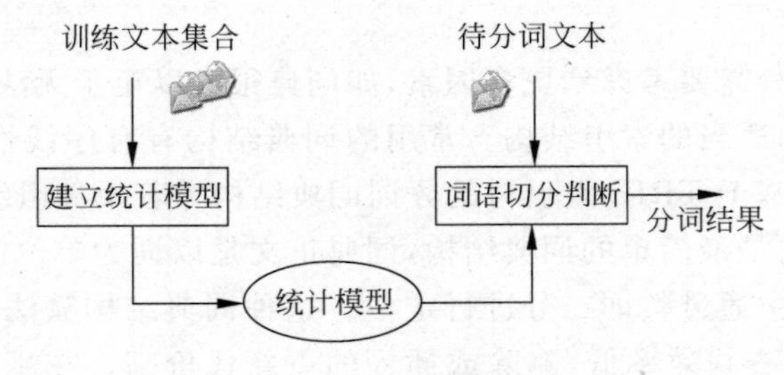

图 4-3 统计分词方法

统计模型，也称为语言模型。在统计模型中，自然语言被看作是一个随机过程，其中每一个语言单位，包括字、词、句子、段落和篇章等都可被看作是有一定概率分布的随机变量。分词方法中所应用的统计模型有条件随机场模型 CRF、隐 Markov 模型(HMM)和最大熵模型，同时还有经典的 N-gram 模型，随后的神经网络模型就是基于 N-gram 模型构造出来的。

对于分词来说，基本的问题可以用数学形式化表示描述如下。

给定一个字符串 $w_1, w_2, \cdots, w_t$，计算它是语言词汇的概率 $p(w_1, w_2, \cdots, w_t)$，根据概率大小来决定是否为词汇。而该概率的计算，按照链式法则可以展开如下：

$$p(w_1, w_2, \cdots, w_t) = p(w_1) \times p(w_2 \mid w_1) \times p(w_3 \mid w_1, w_2) \times \cdots \times p(w_t \mid w_1, w_2, \cdots, w_{t-1}) \tag{4-1}$$

要注意的是，这里采用了简化后的概率表示方法，而完整的表示应当是：

$$p(x_1 = w_1; x_2 = w_2; \cdots; x_t = w_t)$$

式中，x_i 表示随机变量 x 在第 i 个时刻的取值。

然而，要对式(4-1)进行计算并不是一件简单的事。主要体现在以下两方面。

(1) 参数空间过大，难于实用化；式右边的每个因子都是一个参数，当词汇数量很大时，这些参数的个数急剧增多。例如，对于含有 100 个不同字的训练文本来说，$p(w_2|w_1)$表示任意两个字之间的跳转概率，就需要有 100×100 个参数，而 $p(w_3|w_1, w_2)$则需要 100×100×100 个参数。因此随着词汇长度的增加，模型的参数个数会急剧增多。

(2) 数据稀疏严重，即虽然有很多参数，但是这些参数值很多都是 0 值，特别是那些高阶参数，这是由于实际用于计算这些概率的文本数量有限，同时语言学的 Zipf 定律也决定了这个结果。而这些概率为 0 的参数导致了在实际进行分词概率计算时结果都为 0，这就很不合理。

为了解决以上问题，可以引入马尔科夫假设，即一个词的出现仅依赖于它前面出现的一个或者有限的几个词。这种假设，就是限定 n 值的一种模型，在实际中 n 可以是大于等于 1 的整数。这种限定之后的计算方法就是 N-gram 模型。这种模型在文本数据分析挖掘中有广泛的应用，而不仅仅局限于这里的统计分词。

把式(4-1)写成与 n 相关的等式：

$$p(w_1^n) = p(w_1)p(w_2 \mid w_1)p(w_3 \mid w_1^2)\cdots p(w_n \mid w_1^{n-1}) \tag{4-2}$$

此处，用 w^n 表示 n 个字/词组成的字符串。

根据 n 的不同取值，N-gram 模型还有一些专有的称呼，当 $n=1$、$n=2$、$n=3$ 时，N-gram 模型又分别称为 Unigram、Bi-gram、Tri-gram。不同的 n 所需要的模型参数也是有很大差别。例如，对于一个有 2000 个不同字的文本，N-gram 需要的参数数量如表 4-1 所示。

表 4-1　N-gram 的参数数量

模 型 名 称	模型参数个数
Unigram（一元）	2000
Bi-gram（二元）	2000×2000
Tri-gram（三元）	$2000^2 \times 2000$
Four-gram（四元）	$2000^3 \times 2000$

从表 4-1 中可以看到，随着 n 值增长，模型的参数空间呈指数增长，训练需要更加庞大的语料，数据稀疏更加严重，时间复杂度更高。所以，在实际应用中，通常采用低阶模型，应用最多的为 Bi-gram 和 Tri-gram。

如果一个词或字的出现仅仅依赖于它前面出现的两个词或字，即 Tri-gram 模型，相应的概率计算如下：

$$
\begin{aligned}
p(w_1^n) &= p(w_1)p(w_2 \mid w_1)p(w_3 \mid w_1^2)\cdots p(w_n \mid w_1^{n-1}) \\
&\approx p(w_1)p(w_2 \mid w_1)p(w_3 \mid w_2 w_1)\cdots p(w_n \mid w_{n-1} w_{n-2})
\end{aligned} \tag{4-3}
$$

利用统计模型进行词语切分，最基本的任务是计算出一定长度的字符串出现的概率，当其大于一定阈值或满足一定条件时，可以得到切分的词汇。对于输入的文本串，首先要决定取多少个字的组合来计算概率值，这就要依赖于一个参数，即词汇的最长长度 len。假设 len=4，则针对“计算机机房”，假如采用从正向扫描，第一轮需要计算 p(计算)、p(计算机)、p(计算机机)3 个概率值，按照概率值最大并且大于一定阈值的原则，选择这轮应当切分出来的词汇。如果输入的是“的计算机机房”，则会因为概率值都达不到阈值要求，而切分出单字“的”。

由上述例子和式(4-2)可知，在进行概率计算之前，需要先将公式右边的参数先求出来，这个过程就是建立统计模型，是一个类似于训练的过程。

下面以 Bi-gram 模型为例，介绍统计分词方法的统计模型建立方法。

假设训练语料如下（其中< BOS >和< EOS >表示句子开始和结束，也当作一种随机变量处理）：

```
< BOS >我喜欢读书< EOS >
< BOS >他喜欢在复旦学习< EOS >
< BOS >她喜欢在图书馆读书< EOS >
```

通过 Bi-gram 模型训练，部分参数如下。

$$p(\text{我} \mid <\text{BOS}>) = \frac{c(<\text{BOS}>\text{我})}{c(<\text{BOS}>)} = \frac{1}{3} \tag{4-4}$$

$$p(\text{喜} \mid \text{我}) = \frac{c(\text{我喜})}{c(\text{我})} = 1 \tag{4-5}$$

$$p(\text{欢} \mid \text{喜}) = \frac{c(\text{喜欢})}{c(\text{喜})} = 1 \tag{4-6}$$

$$p(\text{在} \mid \text{欢}) = \frac{c(\text{欢在})}{c(\text{欢})} = \frac{2}{3} \tag{4-7}$$

…

假如词汇的最长长度为2,那么对文本串"你喜欢在哪里学习?"进行分词时,分别计算概率:p(<BOS>你)、p(你喜)、p(喜欢)等二元概率,如果假设词汇的最长长度为3,除了二元概率外,还需要计算概率p(<BOS>你喜)、p(你喜欢)等三元概率。这些数值对于Bigram来说需要展开转换成为二元概率。例如:

$$p(喜欢你)=p(你\mid欢)p(欢\mid喜)p(喜)$$

最终根据计算出来的概率大小,决定最合适的切分结果。

从这个例子可以看出,模型训练时的二元概率准确性对分词结果有直接影响。一般来说,需要有充足的语料,才能确保概率计算的准确性。否则就会出现"我喜"这种概率为1的组合,以及"看书"这种概率为0的词汇。也可以看出,相比于基于词典的分词方法,基于统计的分词方法具有一定的优势,它不受待处理文本的领域限制,只要有相应的训练文本即可;能够通过上下文识别新词、消除歧义等。

基于统计的分词方法也存在着不足,统计模型需要大量的语料进行训练,用以建立统计模型的参数;计算量非常大;对常用词的识别精度差,并且分词精度与训练文本的选择有关;经常抽取出一些贡献频度高,但是不是词的常用字组,如"这一""有的"等。

所以,基于统计的分词方法在实际应用中,会使用一部分基本的常用词典进行匹配分词,能够利用匹配分词的速度快、效率高的优点,同时消除一些不是词的常用字组。

4.2.4 歧义处理

在文本分词的结构化处理过程中,可能会产生一些歧义的字符串,而歧义处理就是识别出这些歧义字符串并进行消除的过程。

对于歧义处理,一般就是先对歧义问题进行归类,再针对每个类别提出相应的解决方法。中文中的歧义问题通常分为三类,即交集型歧义、组合型歧义和真歧义。

(1) 交集型歧义是指汉字字符串具有AJB形式,并且AJ和JB都是一个汉语词汇,此时的汉字子串J称为交集串。汉字串中所包含的交集串个数,称为交集型歧义的链长。例如,"正方形"中的"正方""方形"都可以成词,其链长为1;"结合成分"中"结合""合成""成分"都可以成词。"结合成""合成分"是其中的两个交集歧义串,因此链长为2。

(2) 组合型歧义是指如果汉字字符串AB是一个词汇,但是在文本中至少存在一个前后语境C,使得在语境C的约束下,切分后的A、B在语法和语义上都成立,那么称汉字串AB为多义组合型歧义字段。目前研究人员总结出来一些典型的会引起组合型歧义的词汇,如"将来""一起""才能""书写""马上""正当""中将""把手"等。一般认为,组合歧义字段的出现都依赖于特定的语境,切分开与不切分开的词义不同。"将来的社会""他明年将来上海"这两个句子中的"将来"两个字是否切开与语境有关。此外,像"一起网络违法案件"和"我们一起高歌吧"中的"一起"也是类似的问题。"别把手伸进别人的口袋里"这里的"把手"也是应当切分的。

(3) 真歧义,即如果某一歧义字段,不结合其他信息,人们也无法判断出其正确的切分方式,则称其为真歧义字段。典型的例子是"乒乓球拍卖完了"这个句子,它可以切分成"乒乓/球拍/卖/完/了""乒乓球/拍卖/完/了"。没有结合其他信息,显然我们无法知道正确的切分方式。

目前,歧义处理主要集中在对交集型歧义字段和组合型歧义字段的处理上,据统计,交集型歧义占到总歧义字段的86%，所以在歧义发现和歧义消除工作中的重点是如何识别并消除交集型歧义。常用的交集型歧义字段发现算法包括双向最大匹配扫描法、逐词扫描的最大匹配算法，以及最长词次长词算法、正向最大匹配＋回退一字算法等。每种算法都有其各自的发现原理，并且对歧义字段的发现效果也不相同。

双向最大匹配扫描法是对同一字符串，分别采用正向最大匹配和逆向最大匹配两种方法来切分文本，如果得到的结果一样，则认为切分正确，否则认为存在歧义字段。

例如："局长的房间内存储黄金"。

正向匹配结果："局长/的/房间/内存/储/黄金"。

逆向匹配结果："局长/的/房间/内/存储/黄金"。

这样就发现了歧义字段"内存储"的存在，但该算法只能识别出交集型歧义。对于组合型歧义，则需要在语法和语义层面上，根据语法规则进行歧义的发现，即组合字段切分后词性发生变化。

例如，"才能"是名词或副词，而切分后"才"是副词，"能"是动词；"一起"常常作为副词，切分后"一"为数词，"起"是量词。"他的才能得到了最大发挥"句子中，由于"才能"前面是"的"，从语法上看后面需要一个名词，就不能切分。而"努力学习才能进步"也需要从语法上分析。总之，通过组合字段切分后词性发生变化是发现组合型歧义的一种方法。

发现歧义后，接下来就是要进行歧义消解工作。歧义消解主要分为两种方法：一种是基于规则的分词消歧；另一种是基于统计方法的分词消歧，也可以是这两种方法的组合，即基于规则消歧无效时，使用基于统计的方法进行消歧。

基于规则的分词消歧，采用语义、语法或者词性等规则对歧义字段进行消歧。这是一种启发式方法，需要先验知识。

常用的消歧规则有以下几条。

(1) 语言规则：词性的结合顺序。例如，"将来"的前驱为人名或人称代词时，切分开。

(2) 语料库中词频越高的越易于成词。

(3) 尽量不切分长词。

(4) 逆向最大匹配优先。

基于统计方法的分词消歧，通过求歧义字段中某些词出现的概率，某种切分方式的概率等一些概率值，来对歧义进行划分。常用的方法如概率消除法、t信息等方法，能够对歧义进行消解。这种消除歧义方法，需要选择一个合适的语料。

以下是基于频次的消歧算法。

由m个汉字组成的歧义切分字段$C=c_1c_2\cdots c_m$，有两种切分结果，即$W=w_1w_2\cdots w_n$和$V=v_1v_2\cdots v_k$。若$\prod_{i=1}^{n}\mathrm{frq}(w_i)>\prod_{j=1}^{k}\mathrm{frq}(v_j)$，则选择切分结果为$W$。若$\prod_{i=1}^{n}\mathrm{frq}(w_i)<\prod_{j=1}^{k}\mathrm{frq}(v_j)$，则选择切分结果为$V$。

其中，$\mathrm{frq}(w)$表示词w的频率；$\mathrm{frq}(v)$表示词v的频率。

单纯使用词频信息，对于低频字则不会正确切分。例如，"他/的/确切/菜/了"中，"的"为高频词汇，并且"的/确切"的频次高于"的确/切"，则会错误切分。

该算法仅用词频，没有考虑词性、词义及不同词性之间的概率转移关系，所以可以将其改进为：用词性标注方法分别对两种切分计算概率值，选择最大。

以下是基于互信息的消歧算法。

互信息可以反映汉字之间结合关系的紧密程度，对有序汉字串 xy，汉字 x、y 之间的互信息定义为：

$$I(x;y)=\log_2\left[\frac{p(x,y)}{p(x)p(y)}\right] \tag{4-8}$$

式中，$p(x,y)$是 x、y 的邻接同现频率；$p(x)$、$p(y)$分别表示 x、y 的独立概率。

(1) 当 $I(x;y)\gg 0$ 时，则 $p(x,y)\gg p(x)p(y)$，此时 x、y 之间具有可信的结合关系，并且 $I(x;y)$越大，结合度越强。

(2) 当 $I(x;y)\approx 0$ 时，则 $p(x,y)\approx p(x)p(y)$，此时 x、y 之间的结合关系不明确。

(3) 当 $I(x;y)\ll 0$ 时，则 $p(x,y)\ll p(x)p(y)$，此时 x、y 之间基本没有结合关系，并且 $I(x;y)$越小，结合度越强。

传统利用互信息进行歧义切分，可以找到两个字之间结合力的绝对度量，但在 $I(x;y)\approx 0$ 时，两个字的结合很难仅依靠互信息得到，必须参照一定的上下文。对于组合型歧义来说，目前研究人员已经总结出了一些经常出现的组合型歧义字符串，因此对于此类问题的识别判断也起到了一定作用。

在中文分词的研究中，人们在歧义处理的方法上已经有了很大的进步，分词的精度和速度都有了一定的提高。可以看出，在切分过程中考虑歧义问题，需要对汉字串进行多次扫描，产生了很大的计算复杂度。但是目前还没有一种方法能够完全解决所有种类歧义消解的任务，并且不同算法也各有优劣。

4.3 词性识别

词性是用来描述一个词在上下文中的作用，词性标注就是根据句子上下文中的信息给句子中每个词一个正确的词性标记，即要确定每个词是名词、动词、形容词或其他词性。词性标注是文本处理的重要基础，在大数据语义、语言合成、语料库加工、信息检索等领域中，词性标注是一个重要部分。例如，在信息检索中，能够利用词性标注实现词义消歧，减少模糊查询，提高搜索引擎的效果和效率。在网络舆情分析中，名词、动词、形容词等实词所起到的作用更大。

词性标注作为文本处理领域中的基础，目前进行词性标注的方法主要有基于规则的方法、基于统计的方法及规则和统计相结合的方法。

4.3.1 词性标注的难点

词性标注的难点是由词性兼类引起的，词性兼类是自然语言中的一个词语的词性不只有一个的语言现象。例如，“他在医学院学习”，“他的学习成绩逐步提高”，第一个句子“学习”是一个动词，而第二个句子中“学习”是一个名词。

词性兼类在中文文字中很突出，据不完全统计，常见的词性兼类有多种表现形式，它们具有的特征如下。

(1) 兼类词的数量不多，占总词条的 5%～11%。

(2) 兼类词的使用频率很高,占总词次的40%～45%。

(3) 兼类词现象分布不均,经常出现于动名兼类、形动兼类等中。在清华大学孙茂松教授等人的统计中,动名兼类占全部兼类现象的49.8%,而在哈尔滨工业大学张民博士的统计中,动名兼类和形副兼类就占全部113种兼类现象的62.5%。

词性兼类除了在中文中很普遍外,在英文中也很普遍。一些典型的词汇,如time、like都具有两个词性,DeRose对Brown语料库进行统计,发现只有一个词性的词有35 340个,具有两个词性的词有3764个,具有3个词性的词有264个,4个以上的有76个。

可以看出,虽然兼类词出现的比例并不高,但是它们在常用词中出现的比例很高,因此实际中常用词的词性兼类现象很严重。所以,词性标注的难点和挑战就在于给兼类词正确地标注词性。

4.3.2 基于规则的方法

基于规则的方法的核心思想是根据具体的上下文结构框架,套用语言学家总结的语言学规则来判定兼类词词性。该方法是一种传统的方法,获取的规则集精度直接影响标注结果的优劣,并且它能充分利用现有的语言学成果,总结出许多有用的规则。基本做法是:先利用词典对语料进行基本切分和标注,列出该对象所有可能的词性,然后根据上下文信息,结合规则库排除不合理的词性,最终保留唯一合适词性。

基于规则的方法既可以适用于英文,也可以适用于中文。对于英文来说,英语语法规则包含两类,即词汇信息规则和上下文规则。前者用于对未知词的处理,后者用于初始标注后的进一步标注处理。例如,以下是两条规则。

(1) 如果单词以"ly"结尾,则标记为Adverb。

(2) 如果单词出现在"Mr."的右边,则标记为Proper noun(专有名词)。

对于中文而言,也有大量此类规则,主要是在词性的层面上考虑。例如,常见的词性搭配规则有形容词+名词(adj+n)、动词+名词(v+n)、量词+名词(m+n)、副词+动词(adv+v)等。

例如,对于"专心学习"和"学习知识"中"学习"的词性标注。

步骤1:"专心"根据词典判定为单性词——副词,"知识"根据词典判定为单性词——名词。

步骤2:"学习"根据词典判定为兼类词——名词、动词。

步骤3:根据预设语言学规则a:adv+v,判断"专心学习"中的"学习"为动词。

步骤4:根据预设语言学规则b:v+n,判断"学习知识"中的"学习"为动词。

在中文和英文中运用基于规则的方法进行词性识别,看起来简单、容易实现,但是决定其性能的关键要素是规则库的构成。与一般规则系统存在的问题一样,规则的完整性、一致性都是这种方法面临的问题。例如,前面示例的步骤4,也同能会匹配到规则n+n,因此有两种结果。此外,规则的粒度粗细也是要考虑的因素。如果规则描述过细,词性标注的正确率可提高,但是规则的覆盖面就会大大减小;如果使覆盖面增大,必然要以降低正确率为代价。

上例为简单的基于规则的词性标注方法,而基于规则的词性标注表达清晰,应用范围较广,但是不能通过机器学习来自动获取规则,人工构造规则是非常耗时的,所以实际应用中常常采用基于统计的方法或统计与规则相结合的方法进行词性标注。

在规则系统中，一般要考虑规则的优先级，可以充分利用统计方法来进行优先级的设置。例如，利用统计的方法找出搭配频率出现较高的规则，赋予高优先级，避免不经常出现的搭配规则一直不被采用；不常出现的规则，也适当赋予较高的优先级。

4.3.3 基于统计的方法

最大概率标注法就是一种简单的统计标注方法，它将兼类词赋予可能性最大的词性，而这种可能性是通过对大量语料统计得到，反映了词汇作为某一种词性来使用的程度。这种方法没有考虑到词汇的上下文，自然标注准确率不高。也即基于统计的方法是取大概率事件，并没有考虑小概率的特殊事件，必然会降低标注的正确率，这也是此类方法最主要的问题，因此才会有统计与规则相结合的思路。

在基于统计的方法中，所选择的统计模型不同，所能得到的标注准确性也有很大差异。在词性标注中，常用的统计模型有 N-gram 模型、隐马尔科夫模型（Hidden Markov Model，HMM）等，本节在此详细介绍隐马尔科夫模型。

基于统计的方法的基本步骤如下。

(1) 制定词性标记集。

(2) 选取部分自然语料进行人工词性标注。

(3) 利用统计理论进行运算建立统计模型。

(4) 根据统计模型进行词性标注。

马尔科夫模型用来描述随机过程，假设存在一个随机变量序列，满足条件：每个随机变量取值之间并非相互独立；每个随机变量的值只能依赖序列中前面的数值变量。则可以做出假设：可以基于现在的状态预测将来的状态而不需要考虑过去的状态，即假设 $X=\{x_1, x_2, \cdots, x_t\}$ 是一个取值为 $S=\{s_1, s_2, \cdots, s_N\}$ 的随机变量序列，马尔科夫模型的性质如下。

(1) $t+1$ 时刻的状态分布只与 t 时刻有关，即 $P(x_{t+1}=s_k \mid x_1, x_2, \cdots, x_t)=P(x_{t+1}=s_k \mid x_t)$

(2) 状态转移概率与时间无关，即 $P(x_{t+1}=s_k \mid x_t)=P(x_2=s_k \mid x_1)$

随机变量序列 X 称为一个马尔科夫链，该模型为马尔科夫模型。并且随机转移矩阵 $A=\{a_{ij}\}(i,j=1,2,\cdots,N)$ 可以用来描述马尔科夫链，即

$$a_{ij} = P(x_{t+1} = s_j \mid x_t = s_i)$$

其中 $a_{ij} \geqslant 0, \forall i,j$，并且 $\sum_{j=1}^{N} a_{ij} = 1, \forall i$。

同时，马尔科夫链中不同初始状态公式可以表示为：

$$\pi_i = P(x_1 = s_i) \tag{4-9}$$

在马尔科夫模型中，每个状态都是可见的，而将马尔科夫模型中的状态变为对外界不可见时，则转化为隐马尔科夫模型。隐马尔科夫模型可以理解为这个马尔科夫模型的内部状态，外界是不可见的，而外界只能看到各个时刻下每个不可见状态上的输出值。因此，隐马尔科夫模型可以由一个五元组来表示，即 $(S, V, \prod, A, B)$。

其中，$S=\{s_1, s_2, \cdots, s_N\}$ 表示状态集合；$V=\{v_1, v_2, \cdots, v_M\}$ 表示输出值的集合；$\prod$ 表示初始状态；$A=\{a_{ij}\}(i,j=1,2,\cdots,N)$，$a_{ij}=P(x_{t+1}=s_j \mid x_t=s_i)$ 表示状态转移概率；

$B=\{b_{jk}\}(j=1,2,\cdots,N,k=1,2,\cdots,M)$，$b_{jk}=P(o_t=k_k\mid x_t=s_j)$表示输出字符概率。

这里，$X=\{x_1,x_2,\cdots,x_t\}$为状态序列；$O=\{o_1,o_2,\cdots,o_t\}$为输出序列，后者为可见状态。

在词性标注中，假设W是分词后的词汇序列，T是W的某个可能的词性序列，其中T^*为最终的标注结果，即概率最大的词性序列，也就是选择最可能的词性序列。

$W=(w_1,w_2,\cdots,w_m)$，$T=(t_1,t_2,\cdots,t_m)$，则要求解的词性序列满足下面的式子。

$$T^*=\mathrm{argmax}P(T\mid W) \tag{4-10}$$

然而，由于词性个数比较大，当词汇序列比较长的情况下，通过组合各种词性来构造词性序列，解空间太大，显然不是解决问题的方法。

对式(4-10)的求解，首先根据贝叶斯(Bayes)公式展开：

$$P(T\mid W)=\frac{P(T)P(W\mid T)}{P(W)} \tag{4-11}$$

则有

$$T^*=\mathrm{argmax}\frac{P(T)P(W\mid T)}{P(W)} \tag{4-12}$$

由于对于给定的词序列，其词序列概率$P(W)$对于任意一个标记序列都是相同的，则

$$T^*=\mathrm{argmax}P(T)P(W\mid T) \tag{4-13}$$

利用N-gram假设，则有

$$P(T)P(W\mid T)=p(t_1)p(w_1\mid t_1)\prod_{i=2}^{m}p(w_i\mid t_1\cdots t_{i-1}t_i)p(t_i\mid t_1\cdots t_{i-1}) \tag{4-14}$$

基于Bi-gram模型，则有

$$p(w_i\mid t_1\cdots t_{i-1}t_i)=p(w_i\mid t_i) \tag{4-15}$$

$$p(t_i\mid t_1\cdots t_{i-1})=p(t_i\mid t_{i-1}) \tag{4-16}$$

所以

$$T^*=\mathrm{argmax}\ p(t_1)p(w_1\mid t_1)\prod_{i=2}^{m}p(w_i\mid t_i)p(t_i\mid t_{i-1}) \tag{4-17}$$

式中，$p(w_i\mid t_i)$为词性t_i的词w_i的概率；$p(t_i\mid t_{i-1})$为词性t_{i-1}到词性t_i的转移概率；$p(t_1)$是句子中第一个词性概率；这些称为模型参数，分别对应于五元组中的$\boldsymbol{A}$、$\boldsymbol{B}$矩阵和$\prod$。这些参数需要基于含有人工词性标注的语料，利用最大似然估计从相对频率角度计算这两个概率，即

$$p(w_i\mid t_i)=\frac{c(w_i,t_i)}{c(t_i)} \tag{4-18}$$

$$p(t_i\mid t_{i-1})=\frac{c(t_{i-1},t_i)}{c(t_{i-1})} \tag{4-19}$$

$$p(t_i)=\frac{c(<\mathrm{BOS}>,t_i)}{c(t_i)} \tag{4-20}$$

式中，$c(w_i,t_i)$为词w_i词性t_i在语料中出现的次数；$c(t_i)$为词性t_i的出现次数；$c(t_{i-1},t_i)$为相邻两个词性t_{i-1}、t_i的次数；<BOS>表示句子开始标志。

HMM模型理论中给出了一个著名的Viterbi算法来求解这个最优的隐状态序列，即式(4-17)的解。

下面的示例给出了利用统计方法来确定最终的词性，假设词汇序列和词性序列如下，其中“要求”有两个词性需要进行选择。

人民(n,非兼类词)的(u,非兼类词)要求(n/v,兼类词)与(c,非兼类词)愿望(n,非兼类词)

假设，从训练语料中得到 HMM 模型的部分参数如下。

$$p(\mathrm{n} \mid \mathrm{u}) = \frac{c(\mathrm{u},\mathrm{n})}{c(\mathrm{u})} = 0.43$$

$$p(\mathrm{v} \mid \mathrm{u}) = \frac{c(\mathrm{u},\mathrm{v})}{c(\mathrm{u})} = 0.07$$

$$p(\text{要求} \mid \mathrm{n}) = \frac{c(\text{要求},\mathrm{n})}{c(\mathrm{n})} = 0.0011$$

$$p(\text{要求} \mid \mathrm{v}) = \frac{c(\text{要求},\mathrm{v})}{c(\mathrm{v})} = 0.0022$$

这种情况下，相当于有两条词性序列，即 nuncn 和 nuvcn。按照 HMM 的思路，就是判断两条序列的概率大小，在这里只要计算子序列的概率：

$$p(\mathrm{n} \mid \mathrm{u}) \times p(\text{要求} \mid \mathrm{n}) = 0.000473$$

$$p(\mathrm{v} \mid \mathrm{u}) \times p(\text{要求} \mid \mathrm{v}) = 0.000154$$

由于 $p(\mathrm{n}|\mathrm{u}) \times p(\text{要求}|\mathrm{n}) > p(\mathrm{v}|\mathrm{u}) \times p(\text{要求}|\mathrm{v})$，则最后“要求”标注为名词。

词性标注是文本处理中的基础，在大数据背景下文本分类、语言合成、语料库加工、信息检索等领域中，词性标注是一个重要部分，基于词的词性能够更好地进行语义上的理解，所以词性标注工作很重要。本节介绍了词性标注的基本算法，基于规则的词性标注方法和基于统计的词性标注方法，在实际应用中，还会有基于规则和统计的词性标注方法，目的在于能够快速、高效地进行词性标注工作。

4.4 新词识别

随着时代发展和技术进步，新词的大量出现已经成为不可避免的语言现象，尤其在互联网大数据下的文本分析中，新词识别成为一个重要部分，新词识别的性能影响着文本分析的效果。例如，在中文自动分词技术中新词识别结果已经成为提高分词效果的瓶颈。

新词，即未登录词，指未在词典中出现过的词。新词识别主要包括两项具体任务：候选新词的提取、新词的词性预测。目前研究较多的为候选新词的提取方法，而新词的词性预测将简略介绍。

候选新词提取的方法总体上分为两种，即基于规则的方法和基于统计的方法。

基于规则的方法利用构词学原理，配合语义信息或词性信息来构造模板，然后通过匹配来发现新词。目前，基于规则的候选新词提取方法的研究不多，并且方法的适用性有限。例如，采用通过构词规则来提取词头、词缀及特殊字符的集合，用来识别专有名词和数字，帮助提高分词效果，但该方法只对简单的命名实体识别有效。

基于统计的方法则是主要方法，它通过对语料中的词条组成或特征信息进行统计来识别新词。基于统计的方法，即在大规模语料的支持下，将候选新词提取问题转化为分类或标注问题，通常采用统计模型进行识别。常用的统计模型有：隐马尔科夫模型(HMM)、决策树模型(DT)、支持向量机模型(SVM)、神经网络模型、N-gram 模型、最大熵模型等。例如，采用隐马尔科夫模型来进行新词识别中，将新词识别看作标注问题，先训练隐马尔科夫模型，然后用 Viterbi 算法标记字符，最后通过对标记的解码来获得新词。在 NLPIR 分词工具中，首先使用未登录词角色标记语料训练模型参数；然后在分词基础上，使用 Viterbi 算法对句子进行角色标注；最后使用最大匹配方法，依据标记的组合原则，得到候选新词。

基于统计的候选新词提取方法中，还可以采用基于普通重复串统计方法，该方法思路为：直接进行字串的串频统计，频率高于阈值的字串作为候选新词，最后将候选新词中的垃圾串过滤后，剩下的为新词。该方法常采用的统计模型为 N-gram 模型，其与上文中隐马尔科夫模型的区别为：基于隐马尔科夫模型的方法需要有先验知识来训练模型，即为有监督方法；而基于普通重复串统计方法不需要先验知识，为无监督方法。

有监督方法在候选新词提取中产生的垃圾串较少，识别准确率较高，对于低频词有更好的识别效果，适用于在线的新词识别，但在大规模训练语料中，前期的准备工作比较复杂。无监督方法对新造词的识别效果好，并且新词不受长度限制，无需大规模语料支持，但是低频词的识别效果较差，效率不高，不适合在线新词抽取。

新词的词性预测与普通词性标注不同，其难点在于没有词典和统计数据的支持。目前，新词的词性预测的方法多为基于统计或统计与规则相结合的方法。从汉语词性分类角度看，可分为实词和虚词两大类。实词是意义比较具体的词，包括名词(含方位词)、动词、形容词(含颜色词)、数词、量词、代词六大类。虚词主要指没有完整的词汇意义，但有文法意义或功能意义的词，包括副词、介词、连词、助词、叹词、象声词六大类。新词一般是有实际含义的词汇，这缩小了词性预测的范围。

基于统计的方法所统计的特征包括外部特征和内部特征。其中，外部特征包括上下文信息(相邻词、相邻字和相邻标记)、整篇文档的信息等；内部特征包括字串的长度、字串前缀、字串后缀、字串中每个字符的具体特征(位置、词性)等。

新词的词性预测方法包括基于单类特征的词性预测方法和基于组合特征的词性预测方法。其中，基于单类特征的词性预测方法只使用内部特征或外部特征训练模型，预测词性；而基于组合特征的词性预测方法首先使用多个特征训练标注模型，然后根据被标注新词的内部特征直接对其进行词性预测。

只用单类特征的词性预测方法，效果相对较差，将内部特征和外部特征相组合来训练统计模型，会取得较好的词性预测方法。同时，目前的研究表明内部特征对词性预测更为重要。

新词识别工作包括候选新词的提取和新词词性预测。其中，候选新词的提取已经有了比较成熟的解决方案；而新词词性预测目前的研究工作表明，还没有比较成熟的方法来解决这个问题。同时在实际工作中，部分新词的词性是由人工标注来完成的。

4.5 停用词的处理

停用词在不同的文本分析任务中有着不同的定义，在基于词的检索系统中，停用词是指出现频率太高、没有太大检索意义的词，如“的、是、太、the、of”等；在文本分类中，停用词是指没有实际意义的虚词和类别色彩不强的中性词；在自动问答系统中，停用词因问题不同而动态变化。所以，给定一个目的，任何一类词语都可以被选为停用词。

在文本分析任务中，通常会去除停用词。例如，在信息检索任务中，对于功能词和一些使用频率高的词，其应用十分广泛，导致搜索引擎无法保证能够给出真正相关的搜索结果，难以帮助缩小搜索范围，还会降低搜索效率，所以去除停用词能够节省存储空间、提高搜索效率。在文本分类任务中，停用词由于出现频率高会导致统计模型选择的特征词难以表示该类别的特征，导致分类结果变差。

目前，停用词表有通用停用词表和专用停用词表之分，其生成方法有人工构造和基于统计的方法两种方式。而实际工作中所采用的停用词表通常为通用停用词表或在其基础上进行增减的停用词表，除非是专门研究停用词获取方法，否则很少采用基于统计的方法。目前网络上有一些公开的停用词表，中文停用词表有哈工大停用词表、百度停用词表及一个较全面的公开停用词表。其中，哈工大停用词表为通用停用词表，其停用词比较全面；百度停用词表为专门进行信息检索的停用词表；而公开停用词表中停用词比较全面，同时包括各种符号，具有一定参考价值。在英文停用词表中，可以到 http://www.ranks.nl/stopwords 网站去查找，该网站中有多种语言的停用词表，但只有英文停用词表较全面。

停用词处理在文本分析任务中是基础部分，能够提高分析效率与分析结果的准确性。而停用词表要根据文本分析任务的特性来进行选择，同时在实际应用中，还要根据任务的特性进行停用词表的增删工作。

4.6 英文中的词形规范化

英文单词一般由 3 部分构成，即词根、前缀和后缀。其中，词根决定单词意思；前缀改变单词词义；后缀改变单词词性。在英文文本处理中，需要对一个词的不同形态进行归并，提高文本处理的效率。例如，词根 run 有不同的形式 running、ran、runner 等，词根处理就是将词根 run 的不同形式 running、ran、runner 还原成词根 run。

词形规范化是指将一个词的不同形式统一为一种具有代表性的标准形式(词干或原型)的过程。它有两种处理方式，即词形还原和词干提取。

词形还原是把一个任何形式的语言词汇还原成一般形式(能够表达完整语义)。例如，did 还原成 do；cats 还原成 cat。词形还原的方法有：基于规则的方法、基于词典的方法、基于统计的方法，其中基于词典的方法为目前应用中的主流方法。

基于词典的方法主要利用词典中的映射查找对应的词形的原型。其原理较简单，但词形还原时需要更复杂的形态分析，如需要词性分析和标注。目前大量的词形还原工具均是采用基于词典的方法，借助现有词典进行词性识别、词形和原形映射。但基于词典的方法最大的缺点在于受限于词典收录词汇数量，对于词典未收录的词无法处理。

词干提取是抽取词的词干或词根形式，不要求一定能表达完整语义。例如，fishing 抽取出 fish；electricity 抽取出 electr。词干提取的方法同样分为基于规则的方法、基于词典的方法及基于统计的方法。其中，基于规则的方法中经典的算法有 Porter 算法、Lancaster 算法、Lovin 算法、Dawson 算法；基于词典的方法则与上文中词形还原中基于词典的方法原理相同；基于统计的方法主要用于解决对词典中未收录的词进行词形规范的问题，采用的模型有 N-gram 模型、HMM 模型等。本节则介绍基于规则的方法中的 Porter 算法。

Porter 算法主要用于信息检索中的术语标准化。在 Porter 算法中，任何词都可以表示为：

$$[c](vc)^m[v]$$

其中，c 为辅音，v 为元音，[]表示内容可选项出现，m 被称为对任意词的测度，表示 vc 重复了 m 次。m 的值可以取任何大于或等于 0 的值，用于决定是否需要删除一个已知词缀。

算法规则的表现形式为：

$$(\text{condition})\text{S1} \rightarrow \text{S2} \tag{4-21}$$

式(4-21)表示：若满足条件，词缀 S1 则被替换为词缀 S2。

Porter 算法将若干词干提取划分为一系列线性步骤，主要步骤如下。

(1) 处理名词复数(删除词缀或对复数形式重新编码)，处理动词 ed 或 ing 结尾的单词，并对词干重新编码。

(2) 当词干中包含元音，并以 y 结尾时，将 y 改为 i。

(3) 双后缀结尾的词，将双词缀映射为单词缀，如将 ization 映射为 ize，iveness 变为 ive 等。

(4) 处理 ic、full、ness 等后缀。

(5) 在[c]vcvc[v]情况下，处理 ant、ence 等后缀。

(6) 当 m>1 时删除最后的 e。

词形还原和词干提取均为将词简化或归并为基础形式，都是一种对词的不同形态统一的过程，但词形还原主要是采用“转化”的方法，将词转化为原形；而词干提取主要是采用“缩减”的方法，将词转换为词干。同时在实际应用中，词形还原多用于文本挖掘、自然语言处理，以及用于更为细粒度、更为准确的文本分析与表达；词干提取被应用于信息检索，以及用于扩展检索、粒度较粗。

词形规范化是信息检索系统及文本分析过程中的必要的基础操作。例如，在信息检索系统中，对文本中的词进行词干提取，能够减少词的数量，缩减索引文件所占空间，并使检索不受输入检索词的特定词形的限制，扩展检索结果，提高查全率。例如，在英文文本分类任务中，词形还原是一项基本任务，如名词的单复数变化、动词的时态变化、形容词的比较级变化等会导致词义相同但词形不同的情况，而这些词不应该作为独立的词来进行存储和参与计算，所以词形还原是进行分类任务中数据预处理的基本操作。

4.7　开源工具与平台

4.7.1　开源工具及应用

这里主要介绍分词、词性标注、词形规范化的开源工具。

目前常用的中文开源分词工具有 IK Analyzer、NLPIR、“结巴”中文分词等。

IK Analyzer 是一个开源的，基于 Java 语言开发的轻量级中文分词工具包。它采用特有的“正向迭代最细粒度切分算法”，具有 60 万字/秒的高速处理能力，同时采用多子处理器分析模式，支持英文字母(包括 E-mail、URL)、数字(包括 IP 地址、日期、常用中文数量词、罗马数字、科学记数法)、中文词汇(姓名、地名处理)等分词处理，同时支持用户词典扩展。

NLPIR，即原 ICTCLAS 分词工具，为基于多层隐马尔科夫模型的汉语分词系统，主要功能包括中文分词、词性标注、命名实体识别、用户自定义词典功能，以及关键词提取等，还支持 GBK 编码、UTF8 编码、BIG5 编码等。

“结巴”分词工具是一个 Python 的中文分词组件，是基于 Trie 树结构实现高速的词图扫描，生成句子中汉字所有可能成词情况所构成的有向无环图，然后采用动态规划查找最大概率路径，找出基于词频的最大切分组合。其功能包括支持中文分词、用户自定义词典、关键词提取、词性标注、并行分词等。

下面详细介绍 NLPIR 的调用方法，NLPIR 能够支持 Java、Python、C 语言等的调用。本节将介绍 Java 调用 NLPIR 中 API 进行文本处理。

NLPIR 下载地址：http://ictclas.nlpir.org/downloads。

(1) 定义继承自 com.sun.jna.Library 的接口 CLibrary。

```
CLibrary Instance = (CLibrary) Native.loadLibrary(
                "D:\\code\\ICTCLAS2014\\lib\\win64\\NLPIR", CLibrary.class);
```

其中，路径中“D”为存放 NLPIR 的磁盘符，然后初始化模型。

```
int init_flag = CLibrary.Instance.NLPIR_Init(argu
                .getBytes(system_charset), charset_type, "0"
                .getBytes(system_charset));
```

其中，参数 argu 为 ICTCLAS2014 文件夹路径。

(2) 进行分词调用。

```
CLibrary.Instance.NLPIR_ParagraphProcess(sInput, 0);
```

其中，参数 sInput 为需要分词的字符串；第二个参数 0 表示不进行词性标注，1 表示需要进行词性标注。

运行结果如下。

假设 sInput 具体内容为“据悉，质检总局已将最新有关情况再次通报美方，要求美方加强对输华玉米的产地来源、运输及仓储等环节的管控措施，有效避免输华玉米被未经我国农业部安全评估并批准的转基因品系污染。”

```
String sInput = "据悉,质检总局已将最新有关情况再次通报美方,要求美方加强对输华玉米的产地来源、运输及仓储等环节的管控措施,有效避免输华玉米被未经我国农业部安全评估并批准的转基因品系污染.";
nativeBytes = CLibrary.Instance.NLPIR_ParagraphProcess(sInput, 0);
```

分词结果为：

```
据悉 , 质检 总局 已 将 最新 有关 情况 再次 通报 美方 , 要求 美方 加强 对 输 华 玉米 的 产地 来源 、运输 及 仓储 等 环节 的 管控 措施 , 有效 避免 输 华 玉米 被 未经 我国 农业部 安全 评估 并 批准 的 转基因 品系 污染 .
```

进行词性标注分词结果如下：

```
String sInput = "据悉,质检总局已将最新有关情况再次通报美方,要求美方加强对输华玉米的产地来源、运输及仓储等环节的管控措施,有效避免输华玉米被未经我国农业部安全评估并批准的转基因品系污染.";
nativeBytes = CLibrary.Instance.NLPIR_ParagraphProcess(sInput, 1);
```

分词结果为：

```
据悉/v ,/wd 质检/vn 总局/n 已/d 将/d 最新/a 有关/vn 情况/n 再次/d 通报/v 美方/n ,/wd 要求/v 美方/n 加强/v 对/p 输/v 华/b 玉米/n 的/ude1 产地/n 来源/n 、/wn 运输/vn 及/cc 仓储/vn 等/udeng 环节/n 的/ude1 管/v 控/v 措施/n , /wd 有效/ad 避免/v 输/v 华/b 玉米/n 被/pbei 未经/d 我国/n 农业部/nt 安全/an 评估/vn 并/cc 批准/v 的/ude1 转基因/n 品系/n 污染/vn ./wj
```

关键词提取的调用方法如下：

```
CLibrary.Instance.NLPIR_GetKeyWords()
String nativeByte = CLibrary.Instance.NLPIR_GetKeyWords(sInput, 10,false);
```

可以得到如下的关键词提取结果：

```
农业部、评估、仓储、污染
```

接下来介绍词形规范化工具。目前，词形还原和词干提取已有一些实现工具，集成了词形还原和词干提取功能的工具有 NLTK、Standford CoreNLP 等。

NLTK 最初是宾州大学计算语言课程的一部分，其后不断发展成为一个基于 Python 的自然语言处理工具包，能够进行字符串处理、词性标注、分类、解析等大量文本分析任务，同时在字符串处理中能够进行词形还原和词干提取。

NLTK 下载地址是 http://www.nltk.org/，安装好 NLTK 后，还需要下载 NLTK 的数据集 nltk_data，NLTK 数据集的下载地址为 http://nltk.github.com/nltk_data/。

以下是采用 NLTK 进行词形还原的示例：

```
>>> from nltk.stem import WordNetLemmatizer
>>> lemma = WordNetLemmatizer()
>>> lemma.lemmatize('running')
'running'
>>> lemma.lemmatize('women')
'woman'
>>> lemma.lemmatize('had')
'had'
```

其中，NLTK 能够将 women 转换为 woman；而不能将 running 转换为 run；had 转换为 have。

用 NLTK 实现词干提取任务的过程如下：

```
>>> from nltk.stem import PorterStemmer
>>> porter = PorterStemmer()
>>> porter.stem('running')
'run'
>>> porter.stem('lying')
'lie'
>>> porter.stem('had')
'had'
```

其中，Porter 算法能够处理将 lying 转换为 lie；将 running 转换为 run；但不能将 had 转换为 have。

NLTK 中的词形转换和词干提取工具能够完成部分词的转换工作，但由于其词典的不足，一些词不能很好完成转换。

Standford CoreNLP 是 Standford 大学的自然语言处理团队编写的基于 Java 语言的、用于自然语言处理的工具包，Standford CoreNLP 能够完成分词、分句、词性标注、词形还原、命名实体识别、语法解析、情感分析等任务。

Standford CoreNLP 的下载地址是：http://stanfordnlp.github.io/CoreNLP/。

在 Standford CoreNLP 中，词形还原与词干提取是同时完成的，具体过程如下：

```
//创建一个对象
Properties props = new Properties();
//7 种 Annotators
props.put("annotators", "tokenize, ssplit, pos, lemma, ner, parse, dcoref");
//依次处理
StanfordCoreNLP pipeline = new StanfordCoreNLP(props);
//输入文本
String text = "Fudan University was established in 1905 as Fudan Public School. ";
//利用 text 创建一个空的 Annotation
Annotation document = new Annotation(text);
//对 text 执行所有的 Annotators(7 种)
//遍历获取分析结果
for(CoreMap sentence: sentences) {
    for (CoreLabel token: sentence.get(TokensAnnotation.class)) {
        //获取分词
        String word = token.get(TextAnnotation.class);
        //获取词性标注
        String pos = token.get(PartOfSpeechAnnotation.class);
        //获取词形还原结果
        String lemma = token.get(LemmaAnnotation.class);
        //获取命名实体识别结果
String ne = token.get(NamedEntityTagAnnotation.class);
}
}
```

分析结果如下(word为词、pos为词性、lemma为原形、ner为命名实体)：

```
word          pos     lemma         ner
Fudan         NNP     Fudan         ORGANIZATION
University    NNP     University    ORGANIZATION
was           VBD     Be            O
established   VBN     establish     O
in            IN      In            O
1905          CD      1905          DATE
as            IN      As            O
Fudan         NNP     Fudan         ORGANIZATION
Public        NNP     Public        ORGANIZATION
School        NNP     School        ORGANIZATION
.             .       .             O
```

可以看到，Stanford CoreNLP能够将was转换为be、将established转换为establish等，其词形还原与词干提取较NLTK有一定的优势。

4.7.2　阿里分词器

阿里分词器AliWS(Alibaba Word Segmenter，https://help.aliyun.com/document_detail/42747.html#SplitWord)是阿里云大数据平台上的一个组件，能够对输入的文本进行分词。与目前大部分分词相关的开源工具不同，AliWS能够在云环境下进行调用，为云环境下的应用开发提供了支持。

AliWS分词器支持自定义的词典，命名实体识别等功能。它的使用很简单，以下是使用步骤的介绍。具体一些涉及阿里云环境的MaxCompute(ODPS)等技术将会在第8章和第9章详细说明。

(1) 使用阿里云的大数据计算服务MaxCompute管理控制台将包含文本的记录导入到MaxCompute表。例如stocktxt，其中包含一些来自网络论坛的帖子信息，共有465个帖子，306K的文本信息。具体有以下步骤。

① 创建MaxCompute表stocktxt。这个表可以有一个或多个字段。加入帖子包含了帖子的发帖人和帖子内容，那么该表就需要有两个字段，名称分别设定为id、txt；数据类型均为String。

表的创建可以在“大数据开发套件”中的“数据管理”中通过向导式方法输入表的字段和类型等信息，如图4-4所示。

也可以直接通过“数据开发”提供的SQL建表界面进行建表，如图4-5所示，直接输入以下的SQL语句执行即可。

```
create table if not exists stocktxt(
        id string comment'帖子 ID',
        name string comment'帖子内容'
  ) partitioned by(dt string);
```

② 准备好上传的文件内容。按照要求将一个记录(发帖人和帖子内容)作为一行写到文件中，如a.txt。两个字段之间的间隔符号可以是逗号(',')、空格(' ')或制表符('\t')。

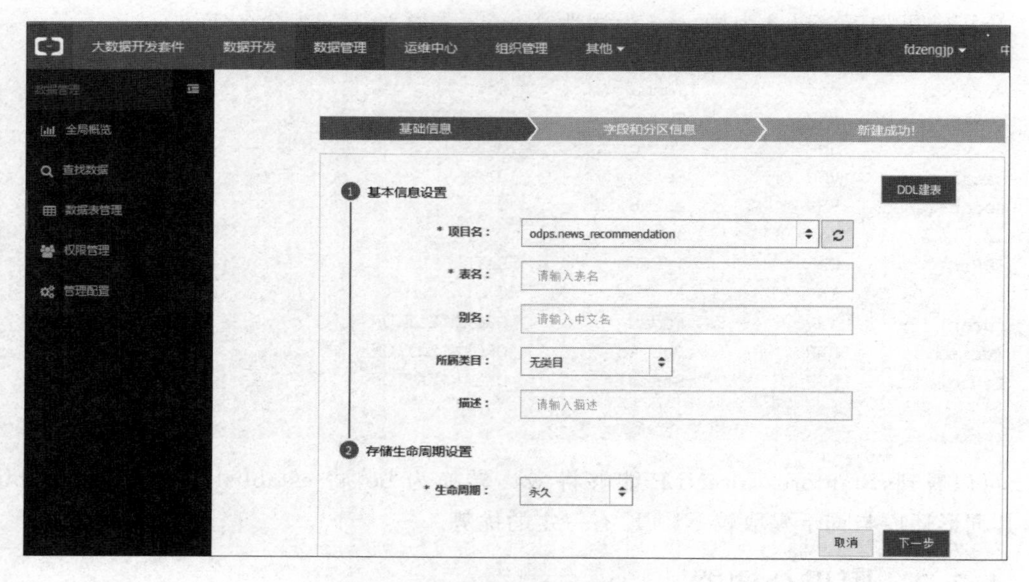

图 4-4　向导式的建表方法

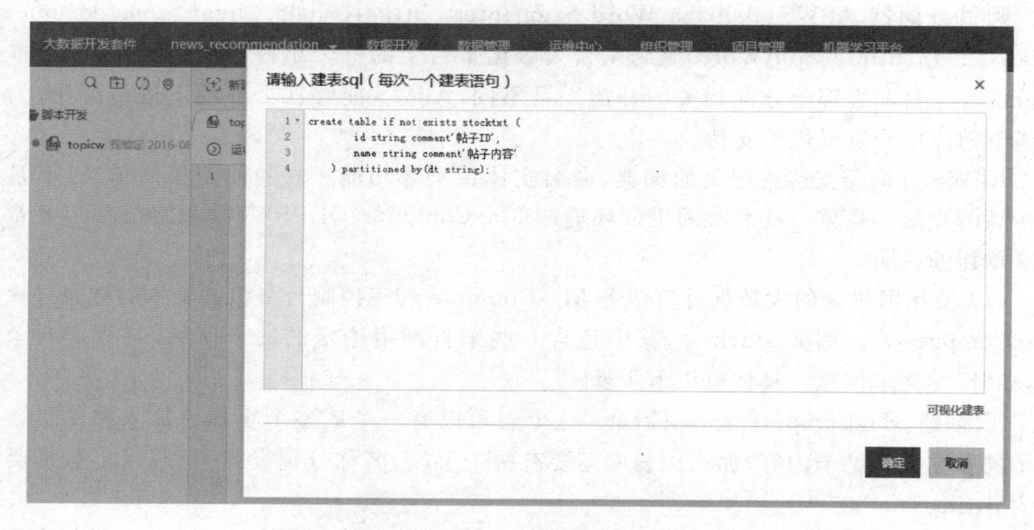

图 4-5　SQL 建表

由于帖子内容中含有逗号和空格，因此这里可以选择制表符为字段分割符。此外，要注意的是，目前允许的最大文件是 10MB。

③ 上传文件。选择已经创建好的表 stocktxt，单击其对应的“导入”链接，出现如图 4-6 所示的导入窗口，选择本地的 a.txt 文件及分割符即可。

(2) 构建一个实验流程。进入数加控制台的机器学习模块中，创建一个实验，实验流程中添加两个节点，在第一个节点指定数据源为 stocktxt 表中的帖子内容字段，第二个节点即为分词器。分词器组件提供了较多的参数可以配置，包括识别选项、合并选项、分割标识、词性标注和语义标注的选择。其中，识别选项提供了对人名、机构名、电话号码、日期等实体信息的识别；合并选项则允许合并中文数字、合并阿拉伯数字等。一般情况，选择为合并阿拉

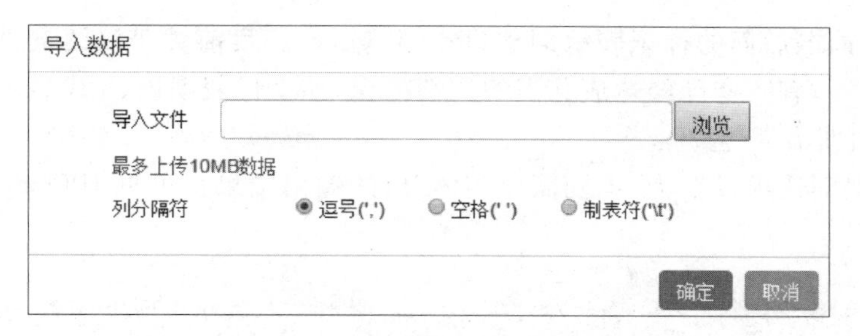

图 4-6 导入数据窗口

伯数字。具体可配置的界面如图 4-7 所示。

经过上述设置,就构造完成一个实验流程,如图 4-8 所示。

图 4-7 阿里分词器的配置项

图 4-8 阿里分词器的实验流程

(3) 执行该流程。执行完毕后,可以从分词器的输出中看到切分结果,词性标注分割符号是"/"。同时在图 4-8 中可以看到,分词器的处理时间是 53 秒,而同样的文本量在海量科技的分词器(单机:主频 2.90GHz、双核、8 GB 内存)中进行分词需要 85 秒。

以下是切分及词性标注的输出结果示例。

输入以下内容:

国际板或将一年后推出,明年 A 股市场将在上半年迎来一波行情,国际板或将在一年后推出,虽然技术层面不存在困难,但是舆论反对扩容,所以国际板推出时间会延迟.2012 年 A 股市场的 IPO 活动将继续保持活跃,预计上半年将由于国家政策利好

以下是按照图 4-5 所示的设置得到的输出结果。

国际/n 板/ng 或/c 将/p 一年/t 后/f 推出/v ,/w 明年/t A 股/n 市场/n 将/d 在/p 上/f 半年/mq 迎来/v 一/m 波/nrg 行情/n ,/w 国际/n 板/ng 或/c 将/d 在/p 一年/t 后/f 推出/v ,/w 虽然/c 技术/n 层面/n 不/df 存在/v 困难/a ,/w 但是/c 舆论/n 反对/v 扩/vg 容/v ,/w 所以/c 国际/n 板/ng 推出时间/n 会/vu 延迟/v ./wj 2/m 0/n 1/m 2/m 年/qt A 股/n 市场/n 的/ud I/nx P/n O/n 活动/vn 将/d 继续/v 保持/v 活跃/a ,/w 预计/v 上/vq 半年/mq 将/d 由于/p 国家/n 政策/n 利好/a

其中,每个词汇后面的标识表示词性(Pos Tagger)。目前关于汉语词性标识有北大标准、中科院标准等,有一些已经达成共识的词性标识,如v代表动词、n代表名词、a代表形容词、ng表示名词性语素等。

以下是将识别选项设置为"识别简单实体"后的输出结果。可见IPO、2012年就能正确切分。

```
国际/n 板/ng 或/c 将/p 一年/t 后/f 推出/v ,/w 明年/t A股/n 市场/n 将/d 在/p 上/f 半年/mq 迎来/v 一/m 波/nrg 行情/n ,/w 国际/n 板/ng 或/c 将/d 在/p 一年/t 后/f 推出/v ,/w 虽然/c 技术/n 层面/n 不/df 存在/v 困难/a ,/w 但是/c 舆论/n 反对/v 扩/vg 容/v ,/w 所以/c 国际/n 板/ng 推出时间/n 会/vu 延迟/v ./wj 2012年/t A股/n 市场/n 的/ud IPO/n 活动/vn 将/d 继续/v 保持/v 活跃/a ,/w 预计/v 上/vq 半年/mq 将/d 由于/p 国家/n 政策/n 利好/a
```

如果是采用语义标注选项,得到的结果如下(部分),指出了每个词的类型,包括基本词及其具体类别。

```
国际|基本词-中文|产品类型修饰词 板|产品类型-简单|基本词-中文 或|基本词-中文 将|基本词-中文 一年|新词未知类型 后|产品-品牌 推出|基本词-中文 , 明年|基本词-中文|文体娱乐类-书文课程类|文体娱乐类-报纸杂志类 A股|基本词-中英混合 市场|基本词-中文|产品类型修饰词 将|基本词-中文 在|基本词-中文|文体娱乐类-Flash作品 上|基本词-中文|产品类型修饰词半年|基本词-中文|文体娱乐类-戏剧歌曲类 迎来|基本词-中文|机构-机构特指一|基本词-中文|文体娱乐类-游戏类|文体娱乐类-戏剧歌曲类|文体娱乐类-书文课程类|文体娱乐类-影视类|体育-独立无后缀球队 波|基本词-中文 行情|基本词-中文|网站-频道名|文体娱乐类-报纸杂志类
```

对照以下两个其他的分词结果,一是海量科技分词的结果:

```
国际/n 板/n 或/c 将/d 一年/mq 后/f 推出/v ,/w 明年/t a股/n 市场/n 将/d 在/p 上半年/t 迎来/v 一/m 波/n 行情/n ,/w 国际/n 板/n 或/c 将/d 在/p 一年/mq 后/f 推出/v ,/w 虽然/c 技术/n 层面/n 不/d 存在/v 困难/a ,/w 但是/c 舆论/n 反对/v 扩容/v ,/w 所以/c 国际/n 板/n 推出/v 时间/n 会/v 延迟/v ./w 2012年/t a股/n 市场/n 的/u ipo/nx 活动/v 将/d 继续/v 保持/v 活跃/a ,/w 预计/v 上半年/t 将/d 由于/c 国家/n 政策/n 利好/n
```

二是中科院计算所的分词(http://ictclas.nlpir.org/nlpir/)结果:

```
国际/n 板/ng 或/c 将/p 一年/nr2 后/f 推出/v,/wd 明年/t A/rzv 股/n 市场/n 将/d 在/p 上半年/t 迎来/v 一波/nr 行情/n,/wd 国际/n 板/ng 或/c 将/d 在/p 一年/nr2 后/f 推出/v ,/wd 虽然/c 技术/n 层面/n 不/d 存在/v 困难/an ,/wd 但是/c 舆论/n 反对/v 扩容/v ,/wd 所以/c 国际/n 板/ng 推出/v 时间/n 会/v 延迟/v ./wj 2012年/t A/rzv 股/n 市场/n 的/BCDE IPO/n 活动/n 将/d 继续/v 保持/v 活跃/a,/wd 预计/v 上半年/t 将/d 由于/p 国家/n 政策/n 利好/a
```

可以看出,不同分词系统所使用的词汇标签还存在一些差异,阿里分词能够识别"A股",而中科院的分词系统在"上半年"及数字的处理方面得到更符合实际的结果。两个分词系统都无法处理"国际板"之类的领域词汇,这就需要由用户自定义词典。

思考题

1. 为什么要进行文本的结构化处理？文本结构化处理主要包含哪些过程？

2. 用形式化语言描述基于词典的正向最大匹配分词方法。

3. 基于统计的分词方法中是如何使用 N-gram 模型的？

4. 比较基于词典的分词方法和基于统计的分词方法的优劣，并提出一种两者结合的新方法。

5. 描述利用隐 Markov 模型进行词性识别的过程，分开训练过程和词性识别过程。

6. 下载本节所介绍的开源系统，选择新闻报道文本进行实验，并对比不同工具的输出结果。

第5章 大数据语义分析技术

语义分析是大数据处理的核心技术之一，大数据中的数据类型多种多样。一方面，语音、图片、视频通常可以转换为文本后再处理，因此，在大数据语义中最主要的是文本的语义；另一方面，文本内容在互联网应用中广泛出现，在互联网大数据处理与应用中，可以预见将会普遍遇到文本信息，因此本章主要针对文本的语义分析技术进行阐述。本章内容主要包括词汇和句子级别的语义分析、命名实体识别技术，同时也涉及语义分析中的一些知识库。

5.1 语义及语义分析

在现实世界中，各种事物所代表的概念的含义，以及这些概念之间的关系，可以被认为是语义。现实中的事物是用某种符号来表示，当符号被赋予某种具体含义时，符号数据就转换为信息。例如，“猫”作为字符串本身并没有什么意义，而当人们将它与现实中的猫联系起来，再通过关于猫的一些知识，“猫”就具有了充足的语义信息。而没有关联能力、没有知识库的计算机程序，只能将“猫”作为一个简单的字符串，而无法进行更深入的分析。可见，语义对于促进数据含义的理解是非常关键的，语义分析也就成为大数据分析挖掘中最核心的技术问题之一。

从语言学角度来看，语义是语言的意义，是语言形式和语用形式所表现出来的全部含义，包括语言意义和言语意义两大类型。语言意义是音义结合的语言系统固有的意义，包括词语意义和语法意义；言语意义则是指具体的人在具体的语境中，对语言意义具体运用的结果。因此，语义是个含义较为广泛的概念，既可以指词语的意义，也可以指话语内容的含义。

理解语义所具有的特征，对于设计算法或计算模型具有一定的指导意义，简要归纳如下。

1. 语义的客观性和主观性

语义作为人们对词语所指事物或现象的一种指代，它最终来源于客观世界，具有一定的客观性。但是语义也是人们认识事物或现象的结果，在认识过程中也必然存在主观性。例如，花、草、树、木等都是一种客观存在，而长、短、胖、瘦所指代的语义就具有主观性。

2. 语义的概括性和具体性

语义是人们对事物的认识，这种认识是对事物的一种概括。词语的意义概括了它所指的各个具体对象的共同特征。这就好比面向对象程序设计中的类、对象和属性，属性是不同对象共同特征的一种概括。

3. 语义的稳固性和变异性

语义的稳固性是为了保证交际的顺利进行。语义具有变异性，是因为语义是人们认识客观事物的一种反映，而客观事物总是在不断地变化，从而人们的认识也在不断变化。例如，古代的学士和现代的学士就具有不同含义。

4. 语义的清晰性和模糊性

语义的客观性和主观性，也决定了语义具有清晰性和模糊性。模糊性主要体现在语义边界上，如"胖"所具有的语义是一个模糊概念，边界并不清晰，用简单的判断逻辑是无法定义的。

5. 语义的领域性

对于一些词语含义的理解，需要在某个具体的领域中才有确定的结果，也可能存在同一事物在不同领域中有不同理解的情况。例如，"苹果"在水果食品领域和手机通信领域就具有不同的含义。通常所说的语义异构是指对同一事物在解释上所存在的差异，具体在语言学中的体现就是一词多义。

汉语中的实词在进入句子后，词与词之间有多少种语义关系及各种语义关系的名称，目前汉语语法学界还没有统一的说法。目前经常提到的主要语义关系有施事、受事、与事、工具、结果、方位、时间、目的、方式、原因、同事、材料、数量、基准、范围、条件、领属等。而所谓语义分析，是指分析句子结构中实词与实词之间的语义关系。例如，"这本书降价了"这个句子，"书"和"降价"之间存在主谓关系，前者是后者的施事。语义分析对于计算机进一步分析语法结构、正确理解句子的意义有着重要的作用。

正是由于语义关系的多样性，也使得语义分析研究任务丰富多彩。但是由于计算机处理和推理能力的限制，目前，在该领域研究中只针对很少部分的语义关系分析。不管怎么样，最根本的目的是要把句子中的语义关系识别出来。然而为了实现该目标，有一些更基本的任务需要先完成，具体任务如下。

(1) 语义关系中的基本单元分析识别，如时间信息、地点信息等。

(2) 分析句子的主谓宾结构。

(3) 分析句子中的词语修饰关系。

综合这些语义分析任务及前述关于词语和语法的意义，本章关于文本的语义分析主要讲解词汇级别的语义技术、句子级别的语义技术和命名实体识别 3 个重要的分析方法。

5.2　词汇级别的语义技术

词汇级别语义分析的基本任务通常包括对两个词汇的语义关系进行判断，对两个词汇的语义相关度进行计算。在互联网大数据中，有大量的数据以独立的词汇存在，标签就是最典型的代表。用户的标签反映了用户的偏好和特征，商品的标签反映了商品的属性。在许多网站上都存在大量的标签,如豆瓣网让用户用标签进行图书、电影、音乐等的标注,美味书签(https://delicious.com/)是目前最大的书签站点,提供了一种简单共享网页的方法,为互联网用户提供共享及分类他们喜欢的网页书签。

由于词汇本身所能提供的信息量非常少,因此在词汇级别上进行语义分析,通常需要借助一定的语义知识库或语料库。

5.2.1 词汇的语义关系

20 世纪 70 年代中期英国著名语言学家利奇(G. Leech)在《语义学》一书中,给出了以下 7 种类型的语义关系。

(1) 概念意义(Conceptual Meaning):关于逻辑、认知或外延内容的意义。

(2) 内涵意义(Connotative Meaning):通过语言所指事物传递的意义。

(3) 社会意义(Social Meaning):关于语言运用的社会环境的意义。

(4) 感情意义(Affective Meaning):关于说话人或作者的情感或态度的意义。

(5) 反映意义(Reflected Meaning):关于词汇所表现出来的意义。

(6) 搭配意义(Collocative Meaning):反映了词汇与其他词汇之间联合使用的意义。

(7) 主题意义(Thematic Meaning):反映了词汇表达一定主题的意义。

而根据语义场的定义,语义关系可以分解为类属关系、部分与整体、组成关系、包含关系、同义关系、反义关系。

其中同义关系可以分为绝对同义(即等义词)和相对同义(即近义词);反义关系可以分为互补对立关系(即没有中间状态,如生死)、两极对立关系(有中间状态,如大小)、关系对立(指行为活动或社会关系,如买卖)。

词汇之间的语义关系是独立于具体句子的,如计算机和屏幕之间体现为组成关系,教师和人之间则体现了"是一种……"的类属关系。同样在其他语言中,也有类似的语义关系描述,如英文中的 is of、one of、part of 等关系。

上述提到的"施事"、"受事"、"与事"等语义关系,和这里所描述的词汇之间的语义关系,便构成了计算机语义分析的主要对象。可以看出,在语言学中这些语义关系实际上已经被分得很详细,而当前的计算机算法只能处理其中少数的语义关系。尽管如此,这些语义分析研究在人工智能新的理论支持下,仍在不断地发展中。如何识别、提取和分析这些语义关系成为在大数据中寻找细节的关键技术之一,是大数据实现价值挖掘的重要问题。

具体而言,目前基于词汇语义关系的相关研究主要体现为以下 4 个方面。

1. 词汇之间的语义相关度

词汇之间基本的要求就是对给定的两个词汇计算它们之间的语义相关度,这两个词通常是指实词,典型的包含名词、动词、形容词等。考虑到一个词汇可能具有多种词性,在计算词汇之间的相关度时,就有两种具体任务。一种是假设这两个词汇具有相同的词性;另一种则没有这个限制,实际上就是不考虑词汇的词性。

2. 词汇之间的语义关系类型判断

如前所述,词汇之间的语义关系有很多种划分方法,也导致多种不同的语义关系,它们之间可能重叠交叉。对于在语义关系判断方面的研究,目前主要侧重于类属关系、部分与整体、组成关系和包含关系等。

3. 词汇属性判断

语言学家利奇所提出的语义关系，实际上是词汇自身的属性，其中也有不少已经成为当前的研究范畴。主要的属性有以下几种。

(1) 词汇的情感意义，具体可能再分为情感极性、类别、情感程度等。它引申出来的相关研究就是情感分析，是人工智能的一个研究前沿课题。

(2) 词汇的概念意义，一个词汇本身所表达的概念，以及用于描述这种概念的相关词汇。概念的建立除了描述概念的核心词汇之外，还有与该概念相关的词汇、描述概念的属性词汇。例如，“手机”与“颜色”、“屏幕”、“电池”等的关系。

(3) 主题意义，从主题层面来看词汇。对于这些属性的判断方法，会有较大的区别。可能与具体语境无关，也可能依赖于具体语境。

4. 词汇之间的同义或反义关系判断

如前所述，这两种语义有互补对立关系等更加详细的类型划分，但目前在计算机的自动判断方面，尚没有对这两种关系的细分关系进行判断，一般就是针对同义或反义本身。

由于词汇自身所具有的信息量非常少，从计算机的角度来看，只有词汇字符串，因此在词汇级别上进行语义分析判断，就需要引入一些外部的知识库或上下文信息，根据词汇语义计算所依赖的不同外部信息。下面围绕着外部的语义知识库和上下文信息进行运算时的一些做法和基本原理做详细介绍。

5.2.2 知识库资源

为了支持词汇级别的语义分析，目前已经有一些开放的知识库资源可供使用。在这些资源中，最重要的是语义知识库，它又可以分为英文、中文等不同语言的版本。各国都致力于可用于自然语言处理的大规模语义词典或大规模知识库的建设。例如，普林斯顿大学的英语 WordNet，微软的 Mindnet，欧洲有基于 WordNet 的 Eurowordnet，日本的日语和英语的概念词典，韩国的 Koreanwordnet，中国有以 WordNet 为框架而研制的现代汉语概念词典——中文概念辞书(CCD)和董振东、董强的 HowNet(知网)。

除此之外，还有一些其他专门的资源，包括同义词库、反义词库、情感信息库、程度词列表等，都是经常用于词汇语义分析的知识库。

本节主要讲解 WordNet 和 HowNet。

1. 英文语义知识库

WordNet 是一种英文词汇组成的语义网络，它不仅是一种单词的集合，而且按照单词的意义将它们之间的关系进行了归类描述，从而组成了一张逻辑上能体现词汇语义关系的网络。WordNet 的核心是词汇语义关系的描述，当然它是一种实际存在的知识库系统，允许开发人员或一般使用者利用其提供的界面进行词汇语义关系分析。可见，它需要由多学科的人员共同完成，WordNet 就是由 Princeton 大学的心理学家、语言学家和计算机工程师联合设计的一种特殊英语词典。但它与传统词典的主要区别在于词汇信息组织的新方式，而不是在词义及覆盖面方面。

WordNet 的发展经历了很长的历史，在 20 世纪 70 年代，随着基于义素分析的词汇语义学(Componential Lexical Semantics)和基于关系的词汇语义学(Relational Lexical Semantics)逐渐成为受关注的研究,George A. Miller 与 Philip N. Johnson-Laird 在 1976 年合作的《语言与感知》一书中探索了义素分析的语义描述方法。1978 年,Miller 描述了一种自动化词典(Automated Dictionary)的想法,直到 1984 年,Miller 在 IBM PC 上做出了 45 个名词的小型语义网络,他将这个网络称为“word net”。他的多位好友,包括 Michael Lesk、Roy Byrd 等都鼓励他继续做下去,并在技术上给予了许多指导。

1985 年,Miller 在加拿大滑铁卢大学新牛津英语词典中心的第一次会议上提交了一篇报告,其题目为“WordNet: A Dictionary Browser”。从题目上可以看出,作者试图将 WordNet 设想为词典浏览器,显然这种浏览器所浏览的词典肯定不是简单的基于字母顺序,否则就没有研究的必要了。在报告中,他解释了使用同义词集合(Synset)来代表词汇概念,从而实现词的形式和意义映射的思想。也就是意味着词典中的词是基于其具体意义来组织的,这种复杂的意义关系就需要特定的浏览器来查阅了。实际上在 WordNet 的后续发展中,这种思想一直是其重要的指导。

在 WordNet 逐步成型时,Miller 和他的同事在普林斯顿发起了一个认知研究计划,并得到了一些科研基金的支持。由此,WordNet 开始成为普林斯顿认知科学实验室的计划,并开始运作。

1987 年春,心理学家 Philip N. Johnson-Laird 从剑桥应用心理学研究所到普林斯顿大学访问,发现 WordNet 中缺乏一种手段来区分形容词在修饰不同名词时所发生的变化,利用反义形容词修饰名词的适合度来区分出名词的次类,并构成了名词的基础分类,从而推动了 WordNet 的发展。1987 年夏,认知科学家 Christiane Fellbaum 加盟 WordNet,并完成对动词的分类。此后,不断有各个领域的研究人员加入 WordNet 的研究和应用中。

WordNet 在发展的过程中,几个主要的历史版本如下。

1991 年 7 月,WordNet 1.0 版,包含 44 983 个同义词集合,13 688 个注释。

1992 年 4 月,WordNet 1.2 版。

1993 年 8 月,WordNet 1.4 版。

1995 年 3 月,WordNet 1.5 版。

1997 年,WordNet 1.6 版(支持 Windows、UNIX、Mac)。

2001 年,WordNet 1.7.1 版(支持 Windows 和 UNIX)。

2005 年,WordNet 2.1 版(支持 Windows,这是目前 Windows 平台上最新版)。

2006 年,WordNet 3.0 版(支持 UNIX、Linux、Solaris 等)。

2012 年 11 月,WordNet 3.1 版,包含 155 287 个词汇,117 659 个同义词,206 941 个 word-sense,整个压缩数据库有 12MB。

最新版本可以在 WordNet 的网站上下载(http://wordnet.princeton.edu/wordnet/download/current-version/),可下载的文件包括 WordNet 词汇知识库及相关的支持工具,如 WordNet 浏览器、命令行工具等。除此以外,目前该网站也提供了部分历史版本的下载。

WordNet 可以被认为是一种英文词汇的语义知识库,这些知识库中记录了词汇之间的各种语义关系,这种关系是经过人为精心编排的,历时 20 多年。其中的词汇主要来自于以下语料或词典。

(1) Brown 语料库。

(2) Laurence Urdang(1978 年)的《同义反义小词典》。

(3) Urdang(1978 年)修订的《Rodale 同义词词典》。

(4) Robert Chapmand(1977 年)的第 4 版《罗杰斯同义词词林》。

(5) 美国海军研究与发展中心的 Fred Chang 的词表(1986 年)[与 WordNet 原有词表只有 15%的重合词语]。

(6) Ralph Grishman 和他在纽约大学的同事的一个词表,包含 39 143 个词,这个词表实际上包含在著名的 COMLEX 词典中(1993 年)。WordNet 当时的词表与该词表重合率为 74%。

根据这样的词汇来源的选择,可以清楚地看出,WordNet 实际上所收录的词汇都是一些比较正规的词汇,而对于目前互联网中新产生的词汇或网络用词并没有被收录,这也就决定了 WordNet 的使用范围。此外,WordNet 中所收录的词汇类型主要是名词、动词、形容词及少量副词。例如,在 WordNet 2.1 版中,各种类型的词汇数量如表 5-1 所示。

表 5-1　WordNet 2.1 版中收录的词汇统计信息

POS	唯一的字符串	Synsets	Word-Sense pairs
名词	117 097	81 426	145 104
动词	11 488	13 650	24 890
形容词	22 141	18 877	31 302
副词	4601	3644	5720
总计	155 327	117 597	207 016

WordNet 的构建设计基于的心理语言学假设可分为以下 3 种。

(1) 可分离性假设(Separability Hypothesis):认为语言的词汇成分可以被单独提取出来并专门针对它加以研究。

(2) 可模式化假设(Patterning Hypothesis):一个人不可能掌握他运用一种语言所需的所有词汇,除非他能够利用词义之间存在的系统的模式和关系。

(3) 广泛性假设(Comprehensiveness Hypothesis):计算语言学如果希望能像人那样处理自然语言,就需要像人那样储存尽可能多的词汇知识。

基于这些假设,WordNet 所能提供的语义计算与分析功能,分别针对名词、形容词、动词和副词,介绍如下。

1) 对于名词而言

(1) 同义词的判断,这是基于 WordNet 的同义词集合(Synset)。

(2) 词汇层级关系分析(Lexical Hierarchy)。用层级来表示词汇的关系具有一定心理学和语言学证据,在 Collins & Quillian(1969 年)提到的 distance in hierarchy,以及 Smith & Medin(1981 年)的 typicality or prototypicality theory。基于这种关系,在 WordNet 中,能够表达{robin, redbreast}是一种{animal, animate_being},而动物是一种{ organism, life_form, living_thing}的语义关系。在名词的层级关系中,一个名词通常只有一个直接上位词,而可能拥有不止一个的下位词。图 5-1 所示的是 WordNet 中层级关系的片段,其中虚线表示省略其中一些中间节点。

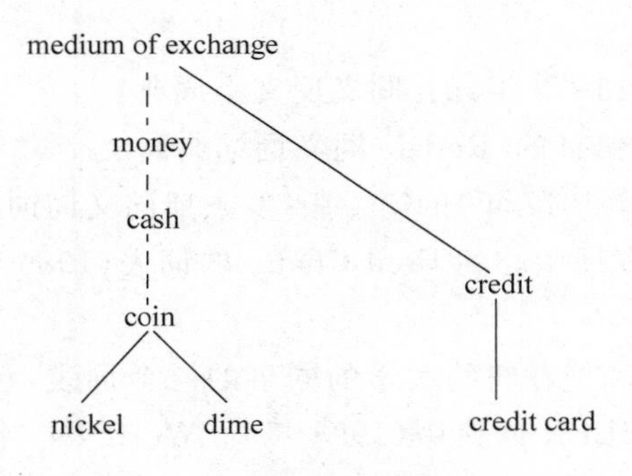

图 5-1 WordNet 中层级关系片段

(3) 词汇类别归属。在 WordNet 中,将名词所表达的类别归纳为 25 个基本类别,在进行词汇的概念化等分析中,通常都需要这样的信息。这 25 个基本类别如下。

```
{act,activity}                动作行为
{food}                        食物
{possession}                  所有物
{animal,fauna}                动物
{group,grouping}              团体
{process}                     过程
{artifact}                    人工物
{location}                    处所
{quantity,amout}              数量
{attribute}                   属性
{motivation,motive}           动机
{relation}                    关系
{body}                        身体
{natural_object}              自然物
{shape}                       外形
{cognition,knowledge}         认知、知识
{natural_phenomenon}          自然现象
{state}                       状态
{communication}               通信
{person,human_being}          人类
{substance}                   物质
{event,happening}             事件
{plant,flora}                 植物
{time}                        时间
{feeling,emotion}             情感
```

这 25 个类也可以进一步归结为 11 个基本类,即 entity(实体)、abstraction(抽象物)、psychol feature(心理特征)、natural phenomenon(自然现象)、activity(行动)、event(事件)、group(团体)、location(处所)、possession(所有物)、shape(外形)、state(状态)。其中,实体又分解为 organism 和 object。

(4) 部分与整体关系(Meronymy)的判断。部分与整体关系包括 A 是 B 的组成部分、A 是 B 的成员、A 是 B 的构成材料。例如,wing 是 bird 的组成部分,tree 是 forest 的成员,而 aluminum 是 plane 的构成材料。

2）对于形容词而言

英语中修饰成分的句法类主要是形容词和副词，形容词修饰名词。

WordNet把形容词分为两类：描写型形容词（Descriptive Adjectives）和关系型形容词（Relational Adjectives）。前者如big、beautiful、interesting、possible、married……后者因其与名词的关系而得名，如electrical engineer中的electrical实际与名词electricity相关。值得注意的是，这两类形容词应该能代表英语形容词中的绝大多数，但并不是说就覆盖了所有的英文形容词。

描写性形容词的基本语义关系包括以下几种。

（1）反义关系（Antonymy）。心理学上的证据是，当一个人听到一个描写性形容词时，如果问关于这个形容词的最熟悉的词的第一反应是什么，首先反映出来的通常就是它的反义词。图5-2所示的是形容词之间的相似和反义关系。

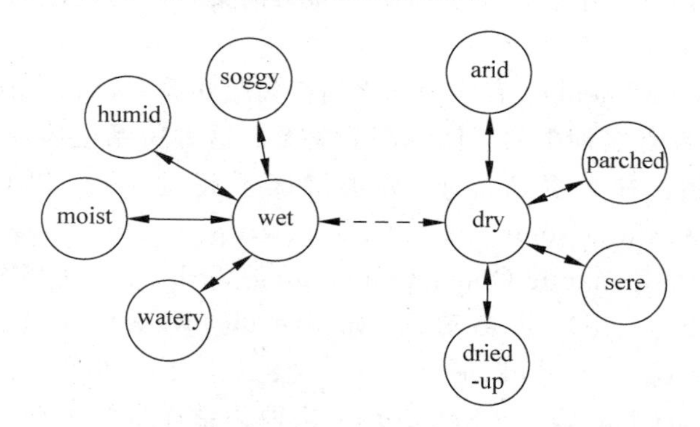

图5-2 形容词之间的相似和反义关系

（2）等级/序关系（Gradation）。一个有等级的形容词可以被定义为能被程度副词修饰的形容词，这些程度副词包括very、decidedly、intensely、rather、quite、somewhat、pretty、extermely等。大多数形容词的等级或序关系是通过形态变化规则来实现的，即形容词的比较级和最高级。

（3）标志性（Markedness）。某些形容词使用时存在非对称性，如"这块石头有100克"意味着"100克重"而非"100克轻"，"重"是缺省，"轻"具有标志性。类似的例子还有不少。

（4）多义性，选择优先（Polysemy and Selectional Preferences）。

关系型的形容词（Relational Adjectives）是形容词中的另一个大类。这种形容词只能出现在定语位置，其作用和名词很像，如dental hygiene（牙齿卫生）。在WordNet中，一个关系型形容词的同义词集合包含一个相应的名词指针。例如，{stellar, astral, sidereal, noun. object: star}，表示关系性形容词stellar、astral、sidereal与名词star相关。

3）对于动词而言

动词在大数据分析中作用是很重要的，通常是一个事件的核心。在WordNet中，动词被分为15个基本语义类，具体如下。

（1）身体动作动词（Verbs of Bodily Functions and Care），含有275个同义词集合。

（2）变化动词（Verbs of Change），含有约750个同义词集合。

（3）通信动词（Verbs of Communication），含有710个以上的同义词集合。

（4）竞争动词（Competition Verbs），含有200个以上的同义词集合。

（5）消费动词（Consumption Verbs），含有130个同义词集合。

(6) 接触动词(Contact Verbs),含有 820 个同义词集合。

(7) 创造动词(Creation Verbs),含有 250 个同义词集合。

(8) 运动动词(Motion Verbs),含有 500 个同义词集合。

(9) 状态动词(Stative Verbs),含有约 200 个同义词集合。

(10) 感知动词(Perception Verbs),含有约 200 个同义词集合。

(11) 领属动词(Verbs of Possession),含有约 300 个同义词集合。

(12) 社会交互(Verbs of Social Interaction),含有约 400 个同义词集合。

(13) 气象动词(Weather Verbs),含有约 66 个同义词集合。

(14) 情感心理动词(Emotion or Psych Verbs)。

(15) 认知心理动词(Cognition Verbs)。

除此以外,在 WordNet 中还定义了动词和同义词集合中的词汇与语义关系,具体有以下几种。

(1) 继承/蕴含(entailment):有些动词之间存在蕴含关系,如 snore(打鼾)蕴含了 sleep(睡觉)。这种关系有些像名词中的整体和部分关系。这种关系也体现在动词的分类树中,即动词层级分类体系。在大多情况下,分类层级不超过 4 层,如 Communicate -talk -[babble / -mumble / -slur / -murmur / -bark] -write。

(2) 语义相反关系(Semantic Opposition Among Verbs):又可以分为没有共同的上位词或蕴含动词(如 buy/sell)、状态动词(如 live/die、wake/sleep),以及变化动词(如 lengthen/shorten、strengthen/weaken)。

(3) 致使语义关系(The Cause Relation):这种关系连带两个动词概念,一个是因(如 give),另一个是果(如 have)。英语中致使语义关系的动词的例子有 show -see(展现—看见)和 say -listen (说—听)等。

其他情景下的语义关系还包括多义词(Polysemy)等。

4) 对于副词而言

副词修饰名词之外的其他语言成分,包括动词、形容词、其他副词、小句或整句,它们的语义关系表达也类似于形容词。

根据以上的叙述,总结一下 WordNet 在表达词汇语义方面的优缺点。

(1) WordNet 提供了丰富的名词、形容词、动词和副词的语义关系,这些语义关系具有很好的心理学和语言学的理论基础,语义关系有较详细的划分。

(2) WordNet 针对的是正规的词汇,对于常用的英文单词具有很好的参考价值。

(3) 它缺乏对新词,特别是互联网新词的支持。往 WordNet 中增加新的词汇需要对现有的词汇语义网络做适当修改,而这种修改的专门知识要求比较严格。

(4) WordNet 没有关于词语的句法结构信息,它不是在文本和篇章结构上描述词语和概念的含义。

(5) 没有不同类词语之间的关系,如(scholar -teacher -/-teach)。

(6) 不区分"is a kind of"和"is used as a kind of"的关系,没有"is not a kind of"的关系表示。

2. 中文语义知识库

知网(HowNet)是一个以汉语和英语的词语所代表的概念为描述对象的,以揭示概念与概念之间的关系，以及概念所具有的属性与属性之间的关系为基本内容的常识知识库。类似于英文知识库 WordNet，它把概念与概念之间的关系，以及概念的属性与属性之间的关系形成一个网状的知识系统。

类似于 WordNet，知网者认为世界上一切事物(物质的和精神的)都在特定的时间和空间内不停地运动和变化。因此它运算和描述的基本单位是万物，其中包括物质的和精神的两类，部件、属性、时间、空间、属性值及事件。关于这些基本部件之间关系的基本假设如下。

(1) 一切事物都可以分解为部件，每个事物可能是另一个事物的部件。例如，房子可以分解为地板、门、窗等部件，而房子本身是小区的一个部件。即使是空间和时间也可以进行分解。空间可以分解为上下左右；时间可以分解为过去、现在和未来。

(2) 任何事物都包含多种属性。例如，人有年龄、肤色、学历、身高、体重等多种属性，这些属性有各自的取值，不同的取值就构成了形形色色的人。

这两个基本假设与计算机科学中的面向对象的思想有很多相似之处，都是认识世界的方法。

知网作为一个知识系统，所要反映的是概念的共性和个性，描述概念与概念之间和概念的属性与属性之间的各种关系，以网络的形式来描述了整个知识系统。图 5-3 所示的是知网知识体系的一个典型示例，描述了医生、患者、医院所构成的知识体系。在这个知识体系中，表达了场所(医院)、工具(医药)等关系。

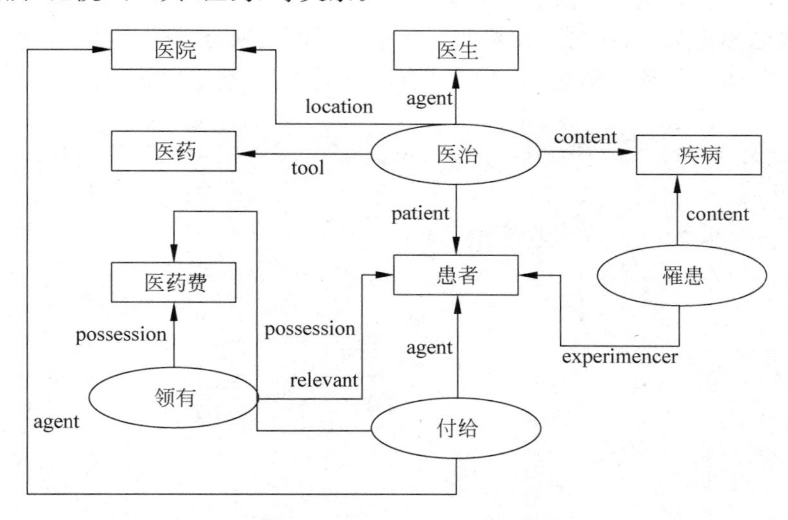

图 5-3　知网的知识体系

总体来说，知网描述了下列各种概念关系，这些关系是词汇各种典型语义关系的具体表达。

(1) 上下位关系(由概念的主要特征体现)

(2) 同义关系(可通过《同义、反义以及对义组的形成》获得)

(3) 反义关系(可通过《同义、反义以及对义组的形成》获得)

(4) 对义关系(可通过《同义、反义以及对义组的形成》获得)

(5) 部件—整体关系(由在整体前标注“%”体现，如“心”、“CPU”等)

(6) 属性—宿主关系(由在宿主前标注“&”体现，如“颜色”、“速度”等)

(7) 材料—成品关系(由在成品前标注"?"体现,如"布"、"面粉"等)

(8) 施事/经验者/关系主体—事件关系(由在事件前标注"*"体现,如"医生"、"雇主"等)

(9) 受事/内容/领属物等—事件关系(由在事件前标注"$"体现,如"患者"、"雇员"等)

(10) 工具—事件关系(由在事件前标注"*"体现,如"手表"、"计算机"等)

(11) 场所—事件关系(由在事件前标注"@"体现,如"银行"、"医院"等)

(12) 时间—事件关系(由在事件前标注"@"体现,如"假日"、"孕期"等)

(13) 值—属性关系(直接标注无须借助标识符,如"蓝"、"慢"等)

(14) 实体—值关系(直接标注无须借助标识符,如"矮子"、"傻瓜"等)

(15) 事件—角色关系(由加角色名体现,如"购物"、"盗墓"等)

(16) 相关关系(由在相关概念前标注"#"体现,如"谷物"、"煤田"等)

HowNet 的建设方法的一个重要特点是采用自上而下的归纳的方法。通过对全部的基本义原进行观察分析并形成义原的标注集,然后再用更多的概念对标注集进行考核,据此建立完善的标注集。

在 HowNet 中,义原是最基本的、不易于再分割的意义的最小单位。所有的概念都是由各种各样的义原组成的。在构造义原时,所用方法的一个重要特点是对大约 6000 个汉字进行考查和分析来提取这个有限的义原集合。

词语的概念称为义项,如"曹"在普通词典中主要的义项是"姓"。基于义项、词语和上下文可以进行一些语义计算。例如,关于"打"有两个义项,分别描述如下。

```
NO. = 000001
W_C = 打
G_C = V
E_C = ~酱油,~张票,~饭,去~瓶酒,醋~来了
W_E = buy
G_E = V
E_E =
DEF = buy|买

NO. = 015492
W_C = 打
G_C = V
E_C = ~毛衣,~毛裤,~双毛袜子,~草鞋,~一条围巾,~麻绳,~条辫子
W_E = knit
G_E = V
E_E =
DEF = weave|辫编
```

假如要判定的歧义语境是"我打的酒很香"。通过对"酒"与"饭"等的语义距离的计算及与"毛衣"等语义距离计算的比较,就会得到一个正确的歧义判定结果。

知网对概念的描述是要着重体现概念与概念和概念的属性与属性之间的相互关系,因此,知网对于概念的描述必然是复杂的。总体来看,HowNet 包含了事件类概念、数量类概念、单位类概念、事物类概念、部件类概念等主要概念。一些概念的描述示例分别说明如下。

（1）事件类概念：以事件为中心的复杂概念。

```
扭亏为盈：DEF = alter|改变,StateIni = InDebt|亏损,StateFin = earn|赚
```

（2）数量类概念：

```
味道：DEF = attribute|属性,taste|味道,&edible|食物
```

（3）单位类概念：

```
公里：DEF = unit|单位,&length|长度
```

（4）事物类概念：

```
男士：DEF = human|人,male|男
高手：DEF = human|人,able|能,desired|良
```

（5）部件类概念：

```
心脏：DEF = part|部件,%AnimalHuman|动物,heart|心
CPU：DEF = part|部件,%computer|计算机,heart|心
```

相比 WordNet 而言，HowNet 选择词语的依据是建立于 4 亿字汉语语料库按出现频率形成的词语表的，而不是仅仅依据某一部现有的词典。知识词典很注意收集已经流行又有较固定可能的词语，如“因特网”“欧元”“二噁英”“下载”“点击”“黑客”等。

整个知网系统包括了若干个数据文件和程序，主要有中英双语知识词典、知网管理工具、知网说明文件等。其中说明文件包含动态角色与属性、词类表、同义、反义，以及对义组的形成、事件关系和角色转换、标识符号及其说明。知网的规模主要取决于双语知识词典数据文件的大小。由于它是在线的，修改和增删都很方便，因此它的规模是动态的。它的规模通常以词语的条数及由词语所表述的概念的条数计算。作为 2.0 版，它现有规模如表 5-2 和表 5-3 所示。

表 5-2　HowNet2.0 中的词汇数量

语种	词语总数	N	V	A
汉语	50 220	26 037	16 657	9 768
英语	55 422	28 876	16 706	10 716

表 5-3　HowNet2.0 中的概念数量

语种	概念总数	N	V	A
汉语	62 174	29 787	20 468	11 173
英语	72 994	36 770	21 203	14 339

严格来讲，知网是一个以上述各类概念为描述对象的知识系统，而不是一部义类词典。知网是把概念与概念之间的关系，以及概念的属性与属性之间的关系形成一个网状的知识

系统。这是它与其他的树状的词汇数据库的本质不同。只不过是利用这种知识库,结合其他的工具,可以更加有效地让计算机进行语义分析,揭示多重语义关系网络。

根据上述的介绍,下面简单比较一下 WordNet 和 HowNet 两种知识库。

(1) WordNet 是一套英语词汇数据库,而 HowNet 是一个以汉语和英语的词语所代表的概念为描述对象,以揭示概念与概念之间及概念所具有的属性与属性之间的关系为基本内容的常识知识库。在内部结构上,WordNet 是一种层次结构,而 HowNet 是一种网状结构。

(2) 两者都以一种"模式假设"(Patterning Hypothesis)为前提和理论基础。但两者的理论基础不同之处也很多。WordNet 的一个较主要的理论基础是"可分离性假设"(Separability Hypothesis),即语言的词汇成分可以被分离出来并专门针对它加以研究。HowNet 的最重要的理论基础是它的哲学,关于世界构成的看法。

(3) 两者的建设方法最明显的相同之处就是自上而下的方法。具体来说,WordNet 是以同义词集合作为基本构建单位进行组织的。HowNet 则是先提取义原,以它为基本构建单位进行组织。WordNet 的基本设计原理是它的"词汇矩阵模型",当某个词有多个同义词时,通常同义词集合足以满足差异性的要求。语义关系就用同义词集合之间的一些指针来实现描述。而 HowNet 是以概念及其属性为基础,描述它们所构成的一种网状知识系统。

(4) 从描述的关系来看,两者都描述了上下位关系,WordNet 是词义之间的语义关系。HowNet 的上下位关系由概念的主要特征体现,也具有继承关系。同义关系在两个知识库中都有,只是 WordNet 的同义关系是显性的,而 HowNet 的同义关系是隐性的。对于反义关系来说,WordNet 采取了直接反义和间接反义两种关系都包括的方法。但是,HowNet 中的反义关系比 WordNet 中定义的要宽泛一些。

(5) 从应用角度来看,两者都在进行语义排歧、语义分析、语料库语义标注、信息过滤和分类、机器翻译等方面有着十分广泛的应用。

3. 其他专门资源

其他的专门资源针对同义词、情感词等。

《同义词词林》按照树状的层次结构把所有收录的词条组织在一起,把词汇分成大、中、小三类,大类有 12 个,中类有 97 个,小类有 1400 个。每个小类中都有很多词,这些词又根据词义的远近和相关性分成了若干个词群(段落)。每个段落中的词语又进一步分成了若干个行,同一行的词语要么词义相同,要么词义相关。

情感词汇类主要有 2007 年知网发布的《情感分析用词语集(Beta 版)》和台湾大学的《简体中文情感极性词典》等。在这些情感词语集中,一般对词汇的情感标签进行了标注,主要的类别有以下 6 种。

(1) 体现"正面情感"的词语,如赞赏、快乐、喜欢、好奇、喝彩、魂牵梦萦等。

(2) 体现"负面情感"的词语,如悲伤、半信半疑、鄙视、不满意、后悔、大失所望等。

(3) 体现"正面评价"的词语,如不可或缺、才高八斗、沉鱼落雁、催人奋进、动听等。

(4) 体现"负面评价"的词语,如超标、华而不实、荒凉、混浊、畸轻畸重、价高、空洞无物等。

(5) 体现"程度级别"的词语,如十分、轻微、特别、比较等。

(6) 表达"主张"的词语,如认为、提倡等。

情感词汇集规模一般不大，但是在文本情感分析中通常作为一种基础知识，使词汇能够表达出其情感特征。

5.2.3 词向量

对于基于知识库的词汇语义分析方法，其准确性依赖于知识库的质量和构建方法。此外，目前的知识库并没有收录完整的所有词汇，因此对于互联网大数据处理而言，可能会遇到很多的新词，这样基于知识库就无法进行分析了。

词向量（Word Embedding），顾名思义，就是采用向量来表示词。它是一种基于语义的词汇表示方法，是最近若干年发展起来的一种词汇语义表示和处理方法。它的特点是将每个词汇表示为一个固定长度的向量，从目前的一些例子来看，不同的向量之间具有一定的三角不等性关系。

从研究发展历史来看，词向量起源于 Hinton 在 1986 年发表的论文，后来在 Bengio 的 ffnnlm 论文中，被得到更进一步的研究，但它真正被人们所熟知，应该是 word2vec 作为一个应用开发系统的开源。

词向量的构造方式有两种，即 One-hot Representation 和 Distributed Representation。

One-hot Representation 表示方法是把每个词表示成一个很长的向量，这个向量的维度是整个语料库中词的总数，每一维代表语料库中的一个词，因此每个向量中只有一个元素为1，其他的为 0。假设语料库包含以下 3 个文档：

```
Ilike deep learning.
I like NLP.
I love Fudan.
```

则该语料库的词表为{I, like, deep, learning, NLP, love, Fudan}，其对应的 One-hot Representation 的表达方式为：

```
[1 0 0 0 0 0 0] -> I
[0 1 0 0 0 0 0] -> like
[0 0 1 0 0 0 0] -> deep
[0 0 0 1 0 0 0] -> learning
[0 0 0 0 1 0 0] -> NLP
[0 0 0 0 0 1 0] -> love
[0 0 0 0 0 0 1] -> Fudan
```

很容易看出，One-hot Representation 的表示方法存在很多问题，它只能说明词是否出现，而不能表达词与词之间的关系，即任意词之间都是独立的，上文中 like 和 love 就是如此；One-hot Representation 还会导致“维数灾难”，在语料库规模不断增大的情况下，该语料库的词表就不断增长，从而导致词向量的维度不断增加，带来“维数灾难”。

而采用 Distributed Representation 表示方法来将词汇表示成为一种低维实数向量，避免了稀疏矩阵带来的“维数灾难”，并且可以通过语义生成向量。其基本思想是通过训练将每个词映射成一个固定维度的向量，通过词之间的距离（欧氏距离、余弦相似度）来判断两个词之间的语义相似度，一般该向量的维度远小于该语料库词表的大小。

到目前为止，所有词向量的训练方法都是在训练语言模型过程中得到词向量的。语言模型是根据客观事实进行的一种数学建模，是一种对应关系；语言模型在机器翻译、语音识别等领域中的作用非常大，如在机器翻译中得到若干供挑选的结果后，可以用语言模型挑选出最合适的结果。

语言模型的数学表示为：给定一个字符串 $w_1, w_2, \cdots, w_t$，计算它是自然语言的概率 $p(w_1, w_2, \cdots, w_t)$，即

$$p(w_1, w_2, \cdots, w_t) = p(w_1) \times p(w_2 \mid w_1) \times p(w_3 \mid w_1, w_2) \times \cdots \times p(w_t \mid w_1, w_2, \cdots, w_{t-1})$$

采用神经网络训练语言模型的思想最早由徐伟在 2000 年提出，他提出采用神经网络构建一种二元语言模型。而最经典的用神经网络训练语言模型的算法由 Bengio 在 2001 年提出，Bengio 采用三层神经网络模型来构建语言模型，神经网络语言模型（Neural Network Language Mode，NNLM）比普通的 N-gram 模型效果要好 10%～20%。Andriy Mnih 和 Geoffrey Hinton 在 2007 年建立了 Log-Linear 模型，随后他们不断改进该模型并参考 Bengio 的神经网络语言模型，最后建立了层次的 Log-Bilinear 模型，该模型较 Bengio 的神经网络语言模型效果有一定的提升。目前，主流的训练词向量和语言模型的方法是基于 Log-Bilinear 模型的，包括连续词袋模型（CBOW）和 Skip-Gram 模型这两个最常用的模型，这两个模型均采用层次 Softmax 和 Negative Sampling 算法进行近似求解，从而降低模型的复杂度，让两个模型能够大规模地进行词向量的训练。

连续词袋模型（Continuous Bag-of-Words Model，CBOW）是一种与神经网络语言模型类似的模型，不同点在于连续词袋模型去掉了神经网络模型中的隐藏层，将模型变成了一个线性的模型。该模型如图 5-4 所示。

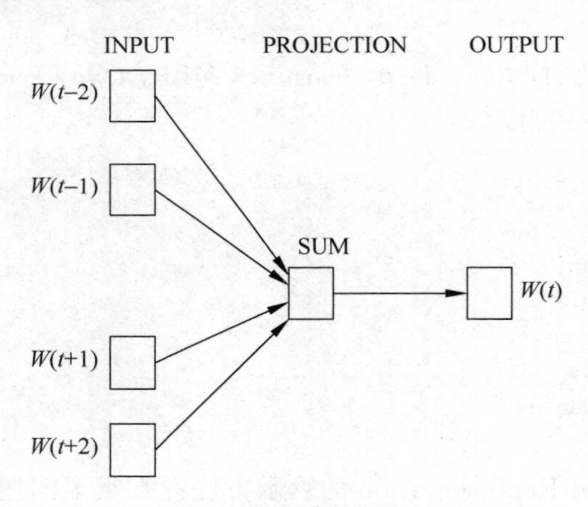

图 5-4 连续词袋模型

关于该模型中的参数，INPUT 为输入层，PROJECTION 为投影层，OUTPUT 为输出层，$w(t)$ 为当前要预测的词，$w(t-2)$、$w(t-1)$、$w(t+1)$、$w(t+2)$ 为当前词的上下文，SUM 为当前词上下文向量的累加和。

连续词袋模型的目标是给出下面的预测值：

$$p(w_t \mid w_{t-k}, w_{t-k+1}, \cdots, w_{t-1}, w_{t+1}, w_{t+2}, \cdots, w_{t+k})$$

在连续词袋模型中，求解梯度时的计算量与词表的大小成正比，十分耗时，所以采用两

种算法：层次 Softmax 和 Negative Sampling 近似求解，这里将详细介绍层次 softmax 算法。该算法的详细模型如图 5-5 所示，模型的 3 个层次说明如下。

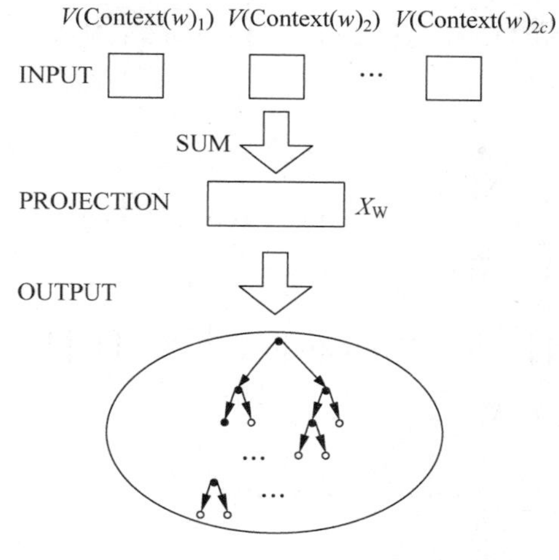

图 5-5　层次 Softmax 算法模型

（1）**输入层（INPUT）**：包含 Context(w)中的 $2c$ 个词的词向量 $V(\text{Context}(w)_1)$，$V(\text{Context}(w)_2),\cdots,V(\text{Context}(w)_{2c})\in R^m$，其中 m 为词向量的维度。这里的 Context(w)是指 w 的上下文，c 为一个窗口，即在 w 的上下文中选出 $2c$ 个词，用来预测 w。

（2）**投影层（PROJECTION）**：将输入层中 $2c$ 个向量求和，即

$$X_w = \sum_{i=1}^{2c} V(\text{Context}(w)_i) \in R^m \tag{5-1}$$

（3）**输出层（OUTPUT）**：对应一棵二叉树，是以语料中出现的词为叶子结点，以词在语料中出现的次数为权值构造出的 Huffman 树，树中叶子结点共有 N 个，分别对应词表中出现的词，非叶子结点为 $N-1$ 个（即图中黑色结点），非叶子结点为逻辑回归（Logistic Regression）分类器。

Word2vec 的重要技术就是针对词频进行 Huffman 编码，使得词频相似的词汇隐藏层激活的内容基本一致。这样，出现频率越高的词语，激活的隐藏层数目就越少，通过这种方式有效地降低计算的复杂度。Word2vec 能够准确并快速地训练词向量，使用者不需要像使用如神经网络语言模型训练词向量一样等待很长时间。

下面详细描述层次 Softmax 的连续词袋模型的数学表示。在层次 Softmax 算法中引入 Huffman 树来进行优化计算，所以可以设定父结点左子结点编码为 1，表示负类；右子结点编码为 0，表示正类。

假设参数：

d_j^w：从树根到叶子结点 w 的路径中，第 j 个结点对应的编码 0 或 1，分别表示正类和负类。

θ_j^w：非叶子结点向量，同时在分类中表示类别向量。

则正类概率为：

$$\sigma(X_w^T\theta) = \frac{1}{1+\mathrm{e}^{-X_w^T\theta}} \tag{5-2}$$

负类概率为：　　　　$1-\sigma(X_w^T\theta)$

假设对于词典中的每个词 w，路径中有 l^w 个结点，那么

$$p(w \mid \text{Context}(w)) = \prod_{j=2}^{l^w} p(d_j^w \mid X_w, \theta_{j-1}^w) \tag{5-3}$$

其中

$$p(d_j^w \mid X_w, \theta_{j-1}^w) = \begin{cases} \sigma(X_w^T\theta_{j-1}^w), & d_j^w = 0 \\ 1-\sigma(X_w^T\theta_{j-1}^w), & d_j^w = 1 \end{cases} \tag{5-4}$$

对于 S 个句子组成的语料库 C 有：

$$L(X,\theta) = \prod_{s\in C}\prod_{w\in s} p(w \mid \text{Context}(w)) = \prod_{s\in C}\prod_{w\in s}\prod_{j=2}^{l^w} p(d_j^w \mid X_w, \theta_{j-1}^w) \tag{5-5}$$

取对数似然函数，其中参数为 X_w 和 θ_{j-1}^w。

$$\begin{aligned}\log L(X,\theta) &= \sum_{s\in C}\sum_{w\in s}\sum_{j=2}^{l^w}\log p(d_j^w \mid X_w, \theta_{j-1}^w) \\ &= \sum_{s\in C}\sum_{w\in s}\sum_{j=2}^{l^w}[(1-d_j^w)\log\sigma(X_w^T\theta_{j-1}^w) + d_j^w\log(1-\sigma(X_w^T\theta_{j-1}^w))]\end{aligned} \tag{5-6}$$

采用梯度下降法进行求解，令损失函数为：

$$f(w,j) = -((1-d_j^w)\log\sigma(X_w^T\theta_{j-1}^w) + d_j^w\log(1-\sigma(X_w^T\theta_{j-1}^w)))$$

$f(w,j)$关于 θ_{j-1}^w 和 X_w 的梯度为：

$$\frac{\partial f(w,j)}{\partial\theta_{j-1}^w} = -[1-d_j^w-\sigma(X_w^T\theta_{j-1}^w)]X_w \tag{5-7}$$

$$\frac{\partial f(w,j)}{\partial X_w} = -[1-d_j^w-\sigma(X_w^T\theta_{j-1}^w)]\theta_{j-1}^w \tag{5-8}$$

连续词袋模型采用层次 Softmax 算法进行计算，大大提升了模型的求解规模，若不采用二叉树而是直接采用传统的 Softmax 算法进行计算，算法的复杂度为 $O(n)$，采用层次 Softmax 算法计算后，复杂度降低为 $O(\log n)$。

Skip-Gram 模型是第二种训练词向量和语言模型的方法。

连续词袋模型中输入层可以为若干个词向量，中间的隐层为词向量的累加，而输出层为累加和的一个向量，Skip-Gram 模型与连续词袋模型正好相反。

Skip-Gram 模型如图 5-6 所示。

Skip-Gram 模型是预测 $p(w_i|w_t)$，其中，$t-c\leqslant i\leqslant t+c$ 且 $i\neq t$，c 为上下文中词的数量，是决定上下文窗口大小的常数，c 越大则需要考虑的上下文语境就越多，一般能够带来更精确的结果，但是训练时间也会增加。针对一个 $w_1, w_2, \cdots, w_T$ 的词序列，Skip-Gram 的目标是寻找参数集合来最大化 $\frac{1}{T}\sum_{t=1}^{T}\sum_{-c\leqslant j\leqslant c, j\neq 0}\log p(w_{t+j} \mid w_t)$ 的值。

采用 Softmax 回归将 $p(w_i|w_t)$，$t-c\leqslant i\leqslant t+c$ 且 $i\neq t$ 转化为基本的 Skip-Gram 模型：

$$p(w_O \mid w_I) = \frac{\exp({v'}_{w_O}^T v_{w_I})}{\sum_{w=1}^{W}\exp({v'}_{w_O}^T v_{w_I})} \tag{5-9}$$

式中，v_{w_I} 和 v'_{w_O} 为 w 的输入、输出向量表示，W 为词表中词的数量。

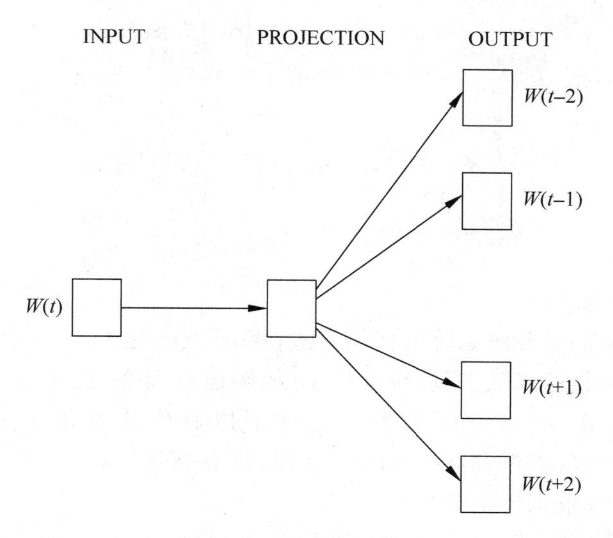

图 5-6　Skip-Gram 模型

从式(5-9)可以看出,Skip-Gram 模型是一个对称的模型,即 $p(w_O|w_I)=p(w_I|w_O)$。

Skip-Gram 模型同样有两种算法：层次 Softmax 和 Negative Sampling 近似求解,这里详细介绍层次 Softmax 算法。其详细模型图与上文中连续词袋模型相似,这里做简单描述：每个词可以从树的根结点沿着唯一的一条路径被访问到,假设 $n(w,j)$为该路径上的第 j 个结点,并且 $L(w)$为该路径长度,即 $n(w,1)=\text{root},n(w,L(w))=w$。

则层次 Softmax 定义的概率为：

$$p(w \mid w_I) = \prod_{j=1}^{L(w)-1} \sigma\{[[n(w,j+1) = \text{ch}(n(w,j))]]v'^{T}_{n(w,j)} v_{w_I}\} \tag{5-10}$$

其中,$[[x]]=\begin{cases}1, & \text{如果 } x \text{ 为真}\\ 0, & \text{如果 } x \text{ 为假}\end{cases}$,并且 $\text{ch}(n(w,j))$是 $n(w,j)$的左子结点或右子结点,而 $\sigma(x)=\dfrac{1}{1+\exp(-x)}$。

对式(5-10)取对数似然函数得到：

$$\log(p(w \mid w_I)) = \sum_{j=1}^{L(w)-1} \log\{\sigma\{[[n(w,j+1) = \text{ch}(n(w,j))]]v'^{T}_{n(w,j)} v_{w_I}\}\} \tag{5-11}$$

假设为第 j 层,则对应该层的损失函数为：

$$f(v'_{n(w,j)},w_I) =- \log\{\sigma\{[[n(w,j+1) = \text{ch}(n(w,j))]]v'^{T}_{n(w,j)} v_{w_I}\}\} \tag{5-12}$$

可分以下两种情况讨论。

(1) 如果$[[n(w,j+1)=\text{ch}(n(w,j))]]$为真,则损失函数为：

$$f(v'_{n(w,j)},w_I) =- \log(\sigma(v'^{T}_{n(w,j)} v_{w_I})) \tag{5-13}$$

梯度为：

$$\frac{\partial f(v'_{n(w,j)},w_I)}{\partial v'_{n(w,j)}} =- (1-\sigma(v'^{T}_{n(w,j)} v_{w_I}))w_I \tag{5-14}$$

$$\frac{\partial f(v'_{n(w,j)},w_I)}{\partial w_I} =- (1-\sigma(v'^{T}_{n(w,j)} v_{w_I}))v'_{n(w,j)} \tag{5-15}$$

(2) 如果$[[n(w,j+1)=\mathrm{ch}(n(w,j))]]$为假，则损失函数为：

$$f(v'_{n(w,j)},w_I)=-\log(1-\sigma(v'^{T}_{n(w,j)}v_{w_I})) \tag{5-16}$$

梯度为：

$$\frac{\partial f(v'_{n(w,j)},w_I)}{\partial v'_{n(w,j)}}=(\sigma(v'^{T}_{n(w,j)}v_{w_I}))w_I \tag{5-17}$$

$$\frac{\partial f(v'_{n(w,j)},w_I)}{\partial w_I}=\sigma(v'^{T}_{n(w,j)}v_{w_I})v'_{n(w,j)} \tag{5-18}$$

至此，完成模型训练。

本节最后介绍词向量开源系统的使用方法，Word2vec 是 Google 在 2013 年开源的一款将词表示为实数值向量的高效工具，Word2vec 能够通过训练，把文本内容的处理转化为向量空间中的向量运算，向量空间上的相似度可以看作文本语义上的相似度。同时，Word2vec 采用连续词袋模型和 Skip-Gram 模型，具有高效性，其作者 Mikolov 实现了一个优化的单机版本，一天能训练上千亿个词。

Word2vec 下载地址为 http://word2vec.googlecode.com/svn/trunk/，如果无法在 Google 下载，也可以在 github 上找到 Word2vec 的开源代码。

将 Word2vec 开源代码解压到文件夹中，用 cd 命令进入到该文件夹目录下。在 src 文件夹下执行 make 命令进行编译。

在 Word2vec 中自带了训练数据 test8，test8 中为一些空格隔开的单词，共有 160 多万个单词。同时，Word2vec 中自带了一些脚本供其使用，可以直接执行脚本程序来了解 Word2vec。

例如，执行“demo-word.sh”脚本程序，完成训练后就可以调用“distance”命令，查找距离最近的词。例如，训练完毕后，输入“beijing”，就会返回训练集中距离 beijing 最近的词，以“cosine distance”作为距离度量方法，如图 5-7 所示。

```
Enter word or sentence (EXIT to break): beijing

Word: beijing  Position in vocabulary: 3882

                                              Word       Cosine distance
------------------------------------------------------------------------
                                        kaohsiung               0.697947
                                         shanghai               0.680416
                                          nanjing               0.647371
                                            wuhan               0.632353
                                         jiaotong               0.620387
                                         helsinki               0.611257
                                           penang               0.605074
                                          bangkok               0.602830
                                           ningbo               0.600389
                                           taipei               0.599854
```

图 5-7　distance 的相关测试示例

执行“demo-analogy.sh”脚本程序，训练完毕后可以进行向量加减工作，例如，计算“paris”+“france”−“berlin”的结果，显示出最接近的词，如图 5-8 所示。

下面介绍 Word2vec 中的超参数。

(1) -size：向量维数。

(2) -window：上下文窗口大小。

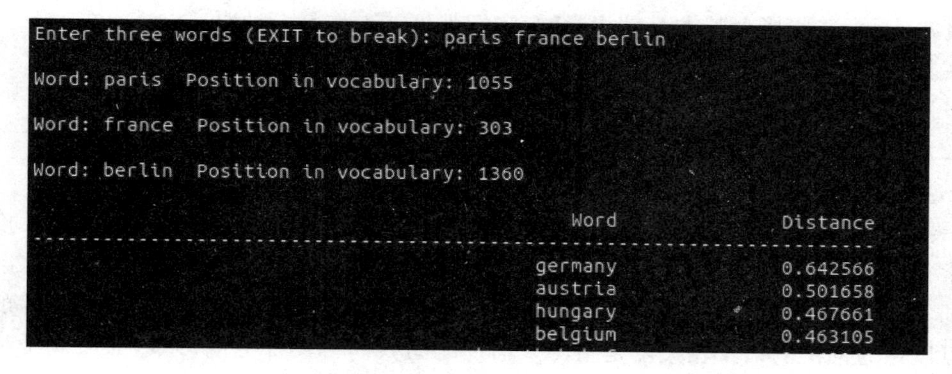

图 5-8　相关测试结果

(3) -sample：高频词亚采样的阈值。

(4) -hs：是否采用层次 softmax。

(5) -negative：负例数目。

(6) -min-count：被截断的低频词阈值。

(7) -alpha：开始的学习速率。

(8) -cbow：使用 CBOW 算法。

同时，Word2vec 遵循 Apache Licence2.0 开源协议，所以可以找到多种编程语言的 Word2vec 版本，进行再次开发或接口调用。

目前，词向量的常见用法列举如下。

(1) 直接用于神经网络模型的输入层。如将词向量作为输入，用递归神经网络完成文本情感分析的任务。与潜在语义分析(Latent Semantic Index，LSI)、潜在狄立克雷分配(Latent Dirichlet Allocation，LDA)的经典过程相比，Word2vec 利用了词的上下文，语义信息更加丰富。

(2) 作为辅助特征扩充现有的模型。如将词向量作为额外特征添加到 SVM 模型中进行文本情感分类工作或普通的文本分类，也可以用于 POS、CHK、NER 等任务的模型中。

(3) 用来挖掘词与词之间的关系，如同义词、词汇类推(analogy)运算等。

利用 Word2vec 计算得到的词可以称为近义词或同义词，相似度较高的词在语义、语法和语用层面都与给定词有着较高的相似度。词汇类推是给定 3 个词汇 a、b、c，计算 $a+b-c$ 之类的结果词汇。

(4) 用于机器翻译。分别训练两种语言的词向量，再通过词向量空间中的矩阵变换，将一种语言转变为另一种语言。

(5) 可以用于图像理解，将图像和句子关联起来。DeViSE 就是这个应用方面的一个模型。

5.2.4　词汇的语义相关度计算

从语义关系的角度量化词汇的相关性是一项基本工作，从而可以利用这种量化结果来衡量词汇之间的联系强弱。在应用领域中，涉及衡量两个对象之间的关系，通常用相关度或相似度来表示，这些概念基本上是相同的，它们都可被看作是一种距离。

在数学上，作为一种距离度量 d，两个对象 x、y 应当满足以下 3 个要求。

(1) 对称性，即 $d(x,y)=d(y,x)$。

(2) 非负性，即 $d(x,y)>=0$。

(3) 三角不等性，即 $d(x,y)+d(y,z)>=d(x,z)$。

一些经典的距离度量方法，如欧氏距离能满足这 3 个条件。但是针对语义相关度的距离通常很难保证三角不等性，因此大部分的相关度度量方法设计侧重于满足(1)和(2)要求。

词汇的语义相关度是一个模糊概念，无法像欧式距离或余弦函数一样具有很好的可视化。可以认为词汇的语义相关度是指两个词汇之间共同含义部分的多少，如果两个词汇之间的共同含义越少，它们的语义相关度就越小。

计算词汇之间的语义相关度有两种途径：一是获得词汇的语义表示，再基于一些现有距离度量来计算；二是采用语义知识库，根据词汇在知识库中的结构来计算。基于 Word2vec 的相关度是属于第一种方式，只要通过开源的 Word2vec 进行词汇语义训练后就可以计算，当然其计算准确性取决于训练语料的规模。本节主要介绍第二种方法，基于 WordNet 语义知识库，根据其知识组织结构，目前有以下 4 种相关度计算方法。

(1) 路径长度。该方法主要依据 Rada 提出的基于最短路径的相似度度量方法，将两个词义概念在 WordNet 层次结构树上最短路径长度的倒数作为两者的相似度。其直观含义在于，如果两个词汇在 WordNet 的分层关系树中的路径越短，那么它们在语义上的关系就越相似。层次树中的某个结点的词汇与其父结点或兄弟结点的词汇之间的相关度应该比远离它的其他结点词汇的要大。因此，其计算方法定义为：

$$\text{pathlen}(w_1, w_2) = w_1 \text{ 和 } w_2 \text{ 之间的最短路径中的边数}$$

图 5-9 所示的是 WordNet 中的部分层次关系，pathlen(nickel，coin) = 1，pathlen(nickel，dime)=2，nickel 与其他词汇的语义路径长度标注在图中。

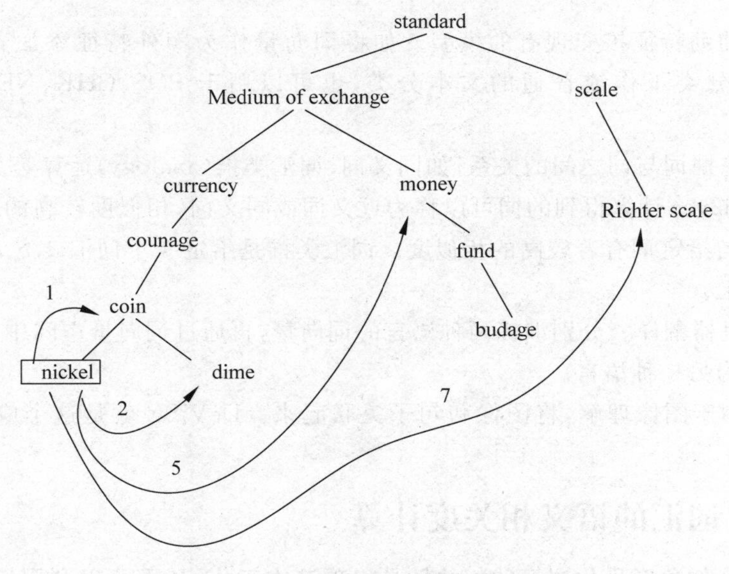

图 5-9 基于路径长度的语义相关度

而基于路径长度的语义相关度则定义为路径长度的对数值：

$$\mathrm{Sim}_{\mathrm{path}}(c_1, c_2) = -\log \frac{\mathrm{pathlen}(c_1, c_2)}{2D} \tag{5-19}$$

式中，D 表示层次树的最大深度。

(2) Resnik 方法。Resnik 方法由 Resnik 提出，是一种基于概念结点信息量的相关度计算方法，该方法通过估计两个词汇之间的共同信息量来实现，对两个概念的相关度按下面的公式计算：

$$\mathrm{Sim}_{\mathrm{Resnik}}(c_1, c_2) = -\log P(\mathrm{LCS}(c_1, c_2)) \tag{5-20}$$

式中，LCS 是 Lowest Common Subsumer 的缩写，是两个概念 c_1 和 c_2 在层次树上最近的共同上位词(父结点)。

式(5-20)中的 $P(c)$的计算方法如下：

$$P(c) = \frac{\sum_{w \in \mathrm{words}(c)} \mathrm{count}(w)}{N} \tag{5-21}$$

式中，words(c)是指被纳入概念 c 的词汇所构成的集合，N 是语料库中的所有词汇数。因此，有 $P(\mathrm{root})=1$，即所有的词汇都被纳入 root 所指示的概念，这里 root 是指分层关系树的树根结点。

(3) Lin 方法。Lin 方法从信息论的角度来考虑词义概念的相关度，认为相关度取决于不同词义概念所包含信息的共有性(Commonality)和辨别性(Difference)。该方法将相关度定义为如下公式。

$$\mathrm{Sim}_{\mathrm{Lin}}(c_1, c_2) = \frac{2 \times \log P(\mathrm{LCS}(c_1, c_2))}{\log P(c_1) + \log P(c_2)} \tag{5-22}$$

其中，分子表示两个概念的共有性，分母表示两个概念的辨别性。

(4) JCN 方法。JCN 方法由 Jiang 和 Conrath 提出，它将词义概念层次结构与语料统计数据相结合，将基于最短路径的方法和基于概念结点信息量的方法融合，计算公式如下：

$$\mathrm{Sim}_{\mathrm{JCN}}(c_1, c_2) = \frac{1}{2 \times \log P(\mathrm{LCS}(c_1, c_2)) - (\log P(c_1) + \log P(c_2))} \tag{5-23}$$

除了上述提到的方法外，还有许多针对 WordNet 的语义相关度计算方法。

(1) Hso 方法，即 Hirst 与 St-Onge 所提出的基于词汇链的相关度计算方法，其依据是两个词义概念之间的词汇链越长，发生的转向次数越多，则相关度越低。

(2) Lesk 方法是一种基于释义重叠的相关度计算方法，它将两个词义概念的释义的重合词语数量作为两者的相关度。

(3) Wup 方法是由 Wu 与 Palmer 提出的基于路径结构的相关度度量方法。

(4) Vector_pairs 方法是由 Patwardhan 与 Pedersen 提出的基于 WordNet 层次结构信息和语料库共现信息的相关度计算方法。对每个词义概念，根据语料库统计信息，得到其释义中词语的共现词语，为其构建释义向量(Gloss Vectors)；根据不同词义的释义向量之间的余弦夹角来衡量两者的词义相关度。

上述的语义相关度是针对两个概念，这是由于 WordNet 中的上下位、同义、反义等语义关系是表示在两个概念之间。但由于 WordNet 的概念实际上是一个同义词集合(Synset)，因此上述计算方法也适用于两个词汇。

在具体实现上，有一些开源系统可以进行调用。JWS(Java WordNet Similarity)是由

University Of Sussex 的 David Hope 等开发的基于 Java 与 WordNet 的语义相关度计算开源项目。其中实现了许多经典的语义相关度算法，是一款值得研究的语义相关度计算开源工具，它的使用方法如下。

(1) 下载 WordNet(Win、2.1 版)：http://wordnet.princeton.edu/wordnet/download/。

(2) 下载 WordNet-InfoContent(2.1 版)：http://wn-similarity.sourceforge.net/或 http://www.d.umn.edu/～tpederse/Data/。

(3) 下载 JWS(现有版本，Beta.11.01)：http://www.cogs.susx.ac.uk/users/drh21/。

(4) 安装 WordNet。

(5) 解压 WordNet-InfoContent-2.1，并将文件夹复制至 WordNet 的安装目录中，如：D:/Program Files/WordNet/2.1。

(6) 将 JWS 中的两个 jar 包(edu.mit.jwi_2.1.4.jar 和 edu.sussex.nlp.jws.beta.11.jar)复制至 Java 的 lib 目录下，并设置环境变量。

在程序中，格式如下：

```
import edu.sussex.nlp.jws.*;
String dir = "D:/Program Files (x86)/WordNet";
JWS ws = new JWS(dir, "2.1");           //指定所使用的 WordNet 版本
JiangAndConrath jcn = ws.getJiangAndConrath();
scores1 = jcn.jcn(w1, w2, "n");
Lin lin = ws.getLin();
scores2 = lin.lin(w1, w2, "n");
```

5.3 句子级别的语义分析技术

相比于词汇级别的语义，句子级别的语义分析技术在大数据分析挖掘中就更为常见。典型的应用场景包括在新闻报道的文本中寻找事件的组成要素及其关系，在评论文本中识别评论信息。例如，“手机的屏幕很大”这句话中“手机”和“屏幕”、“大”和“很”都是一种修饰关系，“屏幕”和“大”则是一种陈述关系。又如 5.1 节所述，句子中的词汇能够表达更丰富的语义，包括施事、受事、与事、工具、结果、方式、原因、条件、领属等。而这些关系正是在大数据中挖掘更深层次知识的必要基础。

在句子级别上的语义分析，要区分句法结构和语义结构。

句法结构关系是从语法的角度出发，对句子中的词与词之间的关系进行概括和分类，句法结构的成分为句法成分，如主语、谓语、述语、宾语等，成分之间的结构关系则是这些成分之间所构成的关系，包括主语—谓语、述语—宾语等。因此，所谓句法结构关系就是通常所说的诸如主谓关系、述宾关系、述补关系、定中关系等。有时，也称句法结构关系为语法意义。例如，“小明大声呼喊”这个结构，“小明”和“呼喊”之间是一种主谓关系，用于陈述说明。又如，“小明在吃苹果”中“吃”和“苹果”是一种述宾关系，反映了支配与被支配关系。而“可以吃的苹果”中“吃”和“苹果”是一种定中偏正关系，用于表达修饰限定关系。

语义结构关系是从语义角度出发,对所要分析的句子进行构成成分和结构关系的判断。不同于句法结构分析,在语义结构中,构成成分是一种语义成分,包括动作行为、性质状态、施事、受事、工具、处所等。结构关系是这些语义成分之间的关系,包括动作—受事、施事—动作、动作—处所、动作—结果等关系。在"小明大声呼喊"中,如果将"小明"分析为"呼喊"的施事,"小明在吃苹果"中的"苹果"和"可以吃的苹果"中的"苹果"都分析为"吃"的受事,这就是语义结构关系分析。

从上述介绍可以看出,在句法结构中,句法关系是一种显性关系,只要对句子进行结构上的分析就可以得到,较容易标注出来;而语义关系是一种隐性关系,并不太容易看出来,需要在理解句子含义的基础上才能标注出来。句法结构关系和语义结构关系之间不是一一对应的关系,表5-4所示的是若干个简单的语义关系的示例。

表5-4　语义关系的例子

例　　句	句法关系	语义关系
写文章	述宾	动作行为——结果
写毛笔	述宾	动作行为——工具
吃米饭	述宾	动作行为——受事
吃食堂	述宾	动作行为——处所

总之,一个名词在进入句子以后是充当主语、宾语还是其他成分,取决于这个名词在句子中所处的位置,而一个词具有什么样的语义则取决于它和动词的关系。汉语中的实词在进入句子后,词与词之间有多少种语义关系及各种语义关系的名称,目前汉语语法学界还没有统一的说法,少的十几种,多的达到六七十种。语法学界经常提到的一些主要语义关系有施事、受事、与事、工具、结果、方位、时间、目的、方式、原因、同事、材料、数量、基准、范围、条件、领属等。这些多样化的语义关系,它们之间的边界也并不清晰,也使得句子级别的语义分析变得更加复杂。

这十几种语义关系在每一个具体的句子中可能只存在几种,如何把每个具体句子中的语义关系找出来?就要用到语义的框架分析。语义框架分析就是用形式化的表述方式将具体句子中的动词与名词的语义结构关系表示出来。例如,"老师批评了学生。"这个句子中,"批评"是句子的谓语动词,是句子的核心,"老师"是发出"批评"这个动作行为的,是施事,它们的语义结构关系是施事—动作;"学生"是"批评"这个动作行为的对象,是受事,它们的语义结构关系是动作—受事。因此这个句子的语义框架为施事—动作—受事。

由此可见,在分析句子的语义框架时,首先要找出这个句子中的谓语动词,其次要找出与动词发生联系的各个名词及其与动词的语义关系,最后是描写出这个句子的语义结构框架,对于有语义关系标志的,写出相应的标志。

在计算机自动处理方面,Stanford Parser是一个典型的依存关系分析工具。依存语法通过分析语言单位内成分之间的依存关系得到其句法结构,Stanford Parser是由StanforsNLP Group开发的基于Java的开源NLP工具,支持中文、英文、法文、德文等多国语言的语法分析,当前最新的版本为3.6.0,开发语言上支持Java等,下载地址为http://

nlp.stanford.edu/software/lex-parser.shtml，下载后解压。以下介绍利用该开源工具进行句子依存关系的分析方法。

下载相关文件并解压执行文件，然后下载模型文件，这些模型文件是经过特定语言训练过的模型，可以在网站上选择合适的语言。例如，对于中文来说，最新的模型文件是 stanford-chinese-corenlp-2016-01-19-models.jar，解压后，可以在 edu\stanford\nlp\models\lexparser 的目录中找到若干个模型文件，有 chineseFactored.ser.gz、chinesePCFG.ser.gz、xinhuaFactored.ser.gz、xinhuaFactoredSegmenting.ser.gz、xinhuaPCFG.ser.gz。其中，factored 的文件包含词汇化信息，PCFG 是更快更小的模板，xinhua 是根据《新华日报》训练的语料，而 chinese 同时包含香港和台湾的语料，xinhuaFactoredSegmenting.ser.gz 可以对未分词的句子进行句法解析。

Stanford Parser 的运行方式有两种，一种命令行方式，另一种是图形界面方式。

1. 命令行方式

编写一个文件 chinese-test.txt，文件中写一个句子(经过词汇切分)，如“浦发 银行 要 继续 涨停”。

在控制台上执行以下命令：

```
java - mx200m edu.stanford.nlp.parser.lexparser.LexicalizedParser - retainTMPSubcategories
- outputFormat " typedDependenciesCollapsed " chineseFactored.ser.gz chinese - test.txt
```

可以看到，该解析器输出了以下的依存关系：

```
nn(银行 - 2, 浦发 - 1)
nsubj(涨停 - 5, 银行 - 2)
mmod(涨停 - 5, 要 - 3)
mmod(涨停 - 5, 继续 - 4)
root(ROOT - 0, 涨停 - 5)
```

输出的每一行中，表示两个词汇之间的关系，关系名称是第一个字符串，上述输出中，nn 表示名词组合形式(noun compound modifier)、nsubj 表示名词主语(nominal subject)、mmod 表示情态动词(modal verb)，而 root 是根结点，关系的开始。

画成依赖关系图就能更清楚地表达出这种依存关系，句法分析树如图 5-10 所示。

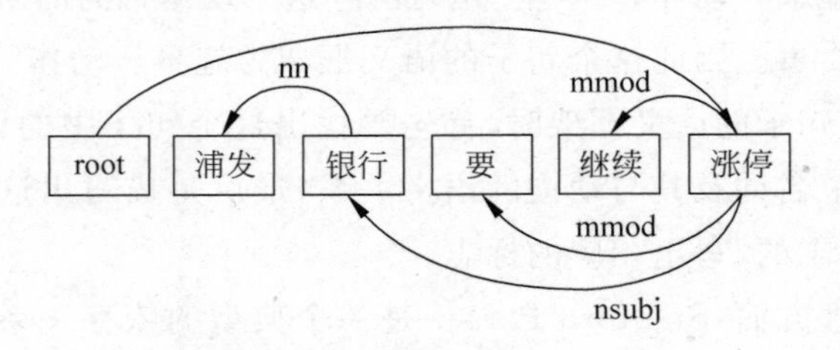

图 5-10 依赖关系图

例如，“中国 经济 的 基本面 决定 了 人民币 不 存在 长期 贬值 的 基础”的依存关系如下：

```
nn(经济-2, 中国-1)
assmod(基本面-4, 经济-2)
case(经济-2, 的-3)
nsubj(决定-5, 基本面-4)
root(ROOT-0, 决定-5)
asp(决定-5, 了-6)
nsubj(存在-9, 人民币-7)
neg(存在-9, 不-8)
ccomp(决定-5, 存在-9)
advmod(贬值-11, 长期-10)
relcl(基础-13, 贬值-11)
mark(贬值-11, 的-12)
dobj(存在-9, 基础-13)
```

除了上面示例中输出的词汇关系外，在 Stanford Parser 的解析输出中还有以下的关系：

```
subj: 主语
obj: 宾语
dobj : 直接宾语(direct object)
pobj : 介词的宾语(object of a preposition)
attr: 属性(attributive)
cc: 并列关系(coordination)
csubj : 从主关系(clausal subject)
poss: 所有形式、所有格、所属(possession modifier)
ref : 指示物、指代(referent)
tcomp: 时间补语(temporal complement)
lccomp: 位置补语(localizer complement)
tmod: 时间修饰(temporal modifier)
rcmod: 关系从句修饰(relative clause modifier)
numod: 数量修饰(numeric modifier)
amod: 形容词修饰(adjetive modifier)
advmod: 副词修饰(adverbial modifier)
neg: 否定词(negation modifier)
```

2. 图形界面方式

直接运行 lexparser-gui. bat 文件，选择 Load Parser 模型文件，如果语句未分词应该选择具有分词功能的模型文件，然后 Load File 或者直接在空白区域内输入语句。

输入“今年 即将 步入 职场 的 财经 毕业生们 期望 月薪 也 提高 了”得到解析后的句法分析树如图 5-11 所示。可以看出，在这个句子的句法关系分析中“提高”是核心词。

句法分析树中的主要标注及其含义列举如下：

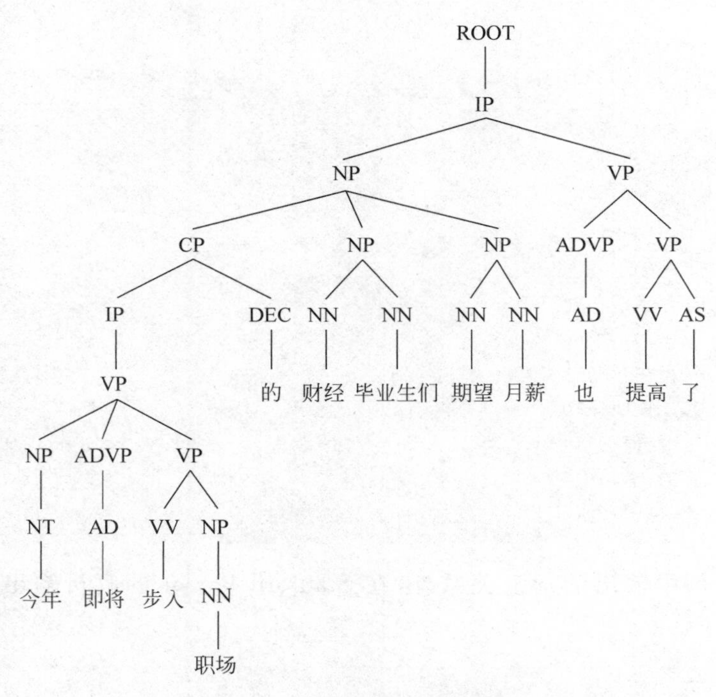

图 5-11 解析后的句法分析树

```
ROOT: 代表文本语句
IP: 简单从句
NP: 名词短语
VP: 动词短语
CP: 由"的"构成的表示修饰性关系的短语
ADVP: 副词短语
ADJP: 形容词短语
PN: 代词
VV: 动词
NN: 常用名词
NR: 固有名词
NT: 时间名词
VC: 是
CC: 表示连词
PU: 断句符,通常是句号、问号、感叹号等标点符号
LCP: 方位词短语
PP: 介词短语
DNP: 由"的"构成的表示所属关系的短语
DP: 限定词短语
QP: 量词短语
VE: 有
VA: 表语形容词
VRD: 动补复合词
CD:表示基数词
```

除了上述两种使用方式外,也可以在程序中调用解析。以下片段就是完成这个功能的

大体过程，主要有以下 4 个步骤。

（1）指定模型文件，如果输入的文本还没有分词，应当选择支持分词功能的模型。

```
String grammars = "edu/stanford/nlp/models/lexparser/chinesePCFG.ser.gz";
```

（2）加载模型文件，初始化用于句法分析的类 LexicalizedParser。

```
LexicalizedParser lp = LexicalizedParser.loadModel(grammars);
```

（3）调用 parse()方法对输入的文本 s 进行解析。

```
Tree t = lp.parse(s);
```

（4）后续处理，根据需要生成不同的处理格式。

```
//Language pack for Chinese treebank
ChineseTreebankLanguagePack tlp = new ChineseTreebankLanguagePack();
//A general factory for GrammaticalStructure objects
GrammaticalStructureFactory gsf = tlp.grammaticalStructureFactory();
//Construct a new GrammaticalStructure from an existing parse tree
ChineseGrammaticalStructure gs = new ChineseGrammaticalStructure(t);
Collection<TypedDependency> tdl = gs.typedDependenciesCollapsed();
```

5.4 命名实体识别技术

从句子、篇章中识别命名实体，将会使词汇的具体含义更加明确，赋予具体的语义信息。对非结构化的文本信息进行结构化处理，获得结构化要素，就能运用成熟的结构化数据分析方法，因此这种思路也是互联网大数据分析的一种重要基础性工作。除了词汇的切分外，为词汇赋予更具体的语义标签，就更加有实际意义。而命名实体的识别就是这样的一种技术，本节介绍若干种典型的命名实体识别方法。

5.4.1 命名实体识别的研究内容

命名实体是指以名称为标识的实体，包括人名、地名、国家和机构的名称等，更广泛的命名实体也可以包括时间、地址、数字等。命名实体可以大致分为数字类、时间类和实体类（名称），具体细分包括人名、地名、机构名、时间、日期、货币和百分比。

命名实体的识别即为在整段的文字信息中识别出属于上述范围内的命名实体，将其提取出来（即边界识别），或者识别该实体的类型，即属于上述实体的哪一种类型。命名实体的识别是文本形式分析和语义分析的重要基础，其识别结果可作为基础数据应用至自然语言处理、信息检索、舆情分析等多个领域。

对于英文或拉丁语系的文字，通常可以通过首字母大写的方式来判断命名实体的位置（边界），则问题的主体是判断命名实体的类别。而对于中文及日文等象形文字，由于没有明确的单词分割，首先需要通过分词确定命名实体的边界，然后再进行进一步的处理。

命名实体的识别方法大体可分为两类，一类是基于规则的方法，概括了某类命名实体在语言文字上的构成规则，将制定的规则形式化成模板，通过字符串匹配的方法进行命名实体的识别。另一类是基于统计的方法，以统计信息为基础计算某个字符串是某种命名实体的概率，根据其概率值来具体判断是否接受其为一个特定类型的命名实体。

以下分别对人名、地名和时间类的识别方法进行介绍。

5.4.2 人名识别方法

由于人名信息的特殊性，人名用字具有一定的统计规律，可以基于此首先进行预处理，根据统计信息提取出人名在姓氏和名字中常用字并整理出其对应出现概率。这些信息在基于统计的人名识别中有较好的区分作用，在计算一个字符串为姓名的概率时，人名与其他字符串之间的计算结果会有明显的差别。

基于统计的人名识别即利用贝叶斯定理，根据已知的先验知识确定文本中人名出现的概率 $P(N)$，之后对于一个字符串 $s_1 s_2 s_3$，则可以根据贝叶斯公式计算：

$$P(N \mid s_1 s_2 s_3) = \frac{P(s_1 s_2 s_3 \mid N)P(N)}{P(s_1 s_2 s_3)} \tag{5-24}$$

式中，$P(s_1 s_2 s_3)$表示某个给定字符串的概率（=1），$P(s_1 s_2 s_3 \mid N)$表示命名实体 N 中包含字符串 s 中字符的概率，这个概率可以利用统计信息的整理来计算，在用字独立的条件下，可以通过下式计算，即：

$$P(s_1 s_2 s_3 \mid N) = P(s_1 \mid N)P(s_2 \mid N)P(s_3 \mid N) \tag{5-25}$$

之后可以设定一个阈值 ε，当概率 $P(N \mid s_1 s_2 s_3) > \varepsilon$ 时，则可认定字符串 $s_1 s_2 s_3$ 是一个人名。阈值 ε 的设定可以根据已知人名信息来确定。

如果对人名进行进一步的划分，可以得到更为精确的结果。可以根据人名的结构将人名划分为姓氏、名字前半、名字后半这 3 个部分，则一个人名至少有其中的两个部分（当遇到单字名时，可以直接理解为姓氏+名字后半的形式）。对于统计结果也需要再次细化，分别统计出语料中每个字在姓氏中及名字各个部分中出现的概率。此时判断一个字符串 $s_1 s_2 s_3$ 为人名的方法是：

$$P(s_1 s_2 s_3 \mid N) = P(s_1 \mid \mathrm{surN})P(s_2 \mid \mathrm{midN})P(s_3 \mid \mathrm{endN}) \tag{5-26}$$

两个字的人名的计算方法：

$$P(s_1 s_2 \mid N) = P(s_1 \mid \mathrm{surN})P(s_2 \mid \mathrm{endN}) \tag{5-27}$$

其中 surN、midN、endN 分别表示姓名的 3 个部分（姓氏+名字前半+名字后半）。

在基于规则的统计方法中，可以通过一些特殊的词汇辅助进行人名的识别，具体如下。

(1) 特定称谓：常用于人名之后的称呼，如先生、小姐、阁下等。

(2) 特定词汇：常用于人名之前的名词或形容词，如青年、演员、运动员等。

(3) 身份词指示词：常用于人名前后的修饰词，如同学、老师、记者、市长等。

(4) 特定动词：常用于人名后面的表示人物行动的动词，也可用于帮助确定人名识别的边界，如认为、指示、建议、谈到等。

下面给出一些例子，斜体的词汇即为可用于命名实体识别的辅助词语。

国家主席江泽民今天下午在中南海会见了香港特别行政区行政长官董建华。江泽民主席对香港一年来社会、经济形势的良好发展表示高兴。江泽民希望香港各界人士要十分珍惜和维护香港的社会稳定，继续支持董建华先生和特区政府依法施政，为香港的长期稳定繁荣打下更坚实的基础。（新华社 2000.10.27）

7月18日，BTV体育台《足球100分》节目中，前国安球员邓乐军、北京体育广播王异、特约评论员朱煜明担任嘉宾，和主持人魏翊东一起谈到本轮中超的焦点话题。（新浪体育 2016.7.18）

根据上面这些总结出的特定词汇，可以很快确定人名的位置或缩小人名查找范围，从而可进行人名信息的提取。提取时可以根据人名用字词典进行简单的字符串匹配，也可以根据概率方法提取。

此外，利用上下文信息可以提高人名识别的准确度。上下文信息即考虑全部文本中的文字集合的统计信息，如果某些具有人名统计特征的字符串在文本中反复出现，则很可能是人名。上下文信息在人名的命名实体识别环境下的分词可以用于消除歧义，正确地进行人名切分与识别。

5.4.3 地名识别方法

地名的识别方法与人名的识别方法类似，同样可以利用基于规则的方法和基于统计的方法来解决。

对于基于规则的方法，可以参考人名识别的方法，利用地名命名的特征辅助判断，包括地名常用字及常用规律，以及地名中的指示词（一类是地名单位，如省、市、县、乡等，另一类为表示地点的名词，如广场、大厦、街道等），为这些特征字建立字典并进行频率统计。由此可以构建以“命名＋指示词”为基础的模板（在此之上进行扩展）进行基于规则的识别，或者直接通过扫描指示词进行地名的提取，在指示词前再根据模板或统计方法判断地名命名实体的边界。

对于基于统计的方法，可以根据统计信息在单独的判断字符串属于地名命名实体概率的基础上按照地名实体的构成规则进行更加精确的概率计算，即

$$P(\vec{W} \mid C) = \prod_{i=1}^{k-1} P(w_{ji} \mid C = \text{NLE}) P(w_k \mid C = \text{LE}) \tag{5-28}$$

式中，LE表示指示词，用于指示地名的边界；NLE为非指示词。

基于规则的方法可以与基于统计的方法相结合进行改进。首先细化地名的表示规则，将地名命名实体的组成分成更加细分的部分，单独统计实体首尾用字进行明确的命名实体边界的划分，再把命名实体的中间部分进行多段划分，对这些部分之间的上下文关系进行进一步的规则规约，制定更为详细的地名命名实体组成规则，用以规约各个地名部分的限制及相邻组成之间的联系。之后对于输入的字符串，先根据基于统计信息建立的词典分割出命名实体的各个部分，再对切分出来的各个部分通过统计方法计算出现概率，通过各个部分联合概率与阈值的比较来确定是否将细分的地名部分合并为一个更大规模的完整地名命名实体。

基于统计的方法中也可以利用隐Markov模型（HMM）来进行识别。在HMM模型中以是否为命名实体为标记，或者标记为是哪一种命名实体（作为隐藏状态），以词性标注作为观测值，或者直接输入词语序列。HMM模型中的状态转移概率、输出概率和初始概率可以通过对训练文本集的学习得到。之后利用Viterbi算法求解最优序列。HMM模型标记命

名实体的过程中同样可以结合基于规则的判定进行算法优化与修正。

5.4.4 时间识别方法

由于时间的表达模式相对有限,因此对于时间短语的识别多采用基于规则的识别方法。在基于规则的时间识别方法中,需要对时间的表达形式进行归类,整理成对应的时间短语模板,然后可以通过字符串匹配的方法进行识别。

时间短语大致分为以下几种类型,可以据此建立初步的模板和字典。

(1) 表示时间点:x 时(点)y 分 z 秒,如 10 点、2 时 28 分 22 秒等。

(2) 表示日期:x 年 y 月 z 日,如 2016 年 7 月 15 日。

(3) 时间词:包括时段、节日、表示时间点的词语等,如早上、元旦、昨天、将来等。

(4) 表示一段时间:可以看作是前面(1)、(2)的衍生模式,如 15 分钟、3 天等。

上面的(1)、(2)、(4)三类需要同时考虑到数字和汉字文本表达的两种情况。

基于上面的时间短语划分,可以引申出复杂时间短语的识别模式。复杂时间短语包括复合时间短语和时间介词短语两种。

复合时间短语是指多个基本时间短语的组合,包括日期+时间(2016 年 7 月 15 日 14 时 44 分 05 秒)、日期+时间词(7 月 15 日下午)、时间词+具体时间(今天下午、今天下午 3 点)、时间词+段时间(昨天一天、过去 24 小时)。

时间介词短语是指利用一些介词表示时间段之间的关系或者时间段与上下文之间的关系,如截至今天、自从 2013 年以来、直到 8 月 13 日等,其中截至、自从、直到这些词即为表示时间关系的介词。时间介词短语一般有介词+时间短语(上面 4 种基本短语及其组合的复合时间短语),以及介词+时间短语+助词(从……到……,到……为止,自从……以来)两种形式。

基于上述的时间短语分类可以确定时间短语模板的集合,之后便可以根据时间短语模板集合进行时间短语的匹配工作。

时间短语的匹配可以利用正则表达式进行,通过利用给定的模板集合进行匹配,识别出符合模板集合给定形式的时间短语。这种识别方法易于编程,实现也比较简单,其准确度依赖于模板集合的容量和模板设定的精确度。正则表达式下的时间模板可以写为:

```
[0-9]{1,2}点[0-9]{1,2}分[0-9]{1,2}秒
```

能够识别"**点**分**秒"的时间格式,但会匹配到 25 点之类的错误格式,因此精确表示可以表示成下面的形式,最多能表示 24 点 59 分 59 秒。

```
((0?[0-9])|([1][0-9])|([2][0-4]))点([0-5]?[0-9])分([0-5]?[0-9])秒
```

同样,对于日期的一般形式为[0-9]{1,4}年[0-9]{1,2}月[0-9]{1,2}日,这个简单的形式能识别日期格式,但是一些非日期的写法也会被提取出来。这个问题可以留到后续环节处理,也可以写更加精确的正则表达式。但精确表示的正则表达式就要复杂得多,因为要考虑大月、小月、平年、闰年等多种情况,可以写为:

```
^((((1[6-9]|[2-9]\d)\d{2})-(0?[13578]|1[02])-(0?[1-9]|[12]\d|3[01]))|(((1[6-9]|[2-9]\d)\d{2})-(0?[13456789]|1[012])-(0?[1-9]|[12]\d|30))|(((1[6-9]|[2-9]\d)\d{2})-0?2-(0?[1-9]|1\d|2[0-8]))|(((1[6-9]|[2-9]\d)(0[48]|[2468][048]|[13579][26])|((16|[2468][048]|[3579][26])00))-0?2-29-))$
```

也可以在设定模板的基础上再设置一个时间词词典，里面包含一定数量(或尽可能多)的时间词短语，以及用于时间短语上下文的前缀介词和后缀介词。在实际进行时间短语识别时，可以根据时间词词典提取出文本中的时间词，简单的时间、日期和时间段短语可以直接通过上文的时间模板进行识别，这样可以提取出给定文本中的时间短语。对于相邻的时间短语，检测其组合及所在位置的上下文文字是否符合上下文相关的模板(利用前缀词和后缀词词典的复合时间短语的模板)，如果符合则作为一个复合时间短语进行处理。

5.4.5 基于机器学习的命名实体识别

基于机器学习方法将命名实体的识别看作是一个序列标注问题，即给定词汇序列，求解其对应的最佳命名实体序列。在这样的思想下，各种命名实体的识别方法就可以统一起来，只要把各种命名实体看作是一种标签符号即可。条件随机场、HMM 模型等都是用于序列标注的经典模型，模型的训练需要充足的命名实体标注语料。

1. 条件随机场简介

条件随机场(Conditional Random Field, CRF)，也称为 Markov 随机域或条件随机域。用于对于已知的观测序列进行自动标注，即对于一组已知分布的随机变量序列，根据这些随机变量的分布，为这些随机变量标注出另一组随机值，产生一个新的用于标注的随机变量序列。CRF 也可以用于命名实体类型的标注，其与上文提到的 HMM 模型的区别在于序列中的随机变量可以有依赖关系，即条件概率的来源。

条件随机场的数学模型可以用无向图表示，图中每个结点表示一个随机变量，每条边表示该边连接的两个结点所表示的随机变量之间存在依赖关系，这两个结点表示的随机变量即称为条件随机场。对于两组随机变量 X 和 Y，如果在给定 X 的条件下，对应的 Y 的集合中的随机变量满足 Markov 特性：

$$P(Y_v \mid X, Y_w, w \neq v) = P(Y_v \mid X, Y_w, w \sim v) \tag{5-29}$$

其中，$w \sim v$ 表示 w 和 v 之间存在边，式(5-29)对 $\forall\, w, v \in Y$ 恒成立时，若随机变量集合 Y 与 X 相关(在 X 的条件下)，则称(X,Y)为条件随机场。

常用的 CRF 结构为一阶链式结构，即线性链式结构，每个 Y 中的随机变量只与它前面的一个随机变量产生依赖。CRF 的链式结构如图 5-12 所示，图中设集合 X 产生了所有的 Y。

在 CRF 的链式结构中，根据随机场理论有：

$$P(Y \mid X, \lambda) \propto \mathrm{e}^{\sum_j \lambda_j t_j (y_{i-1}, y_i, x, i) + \sum_k \mu_k s_k (y_i, x, i)} \tag{5-30}$$

其中，$t_j(y_{i-1}, y_i, x, i)$表示特征转移函数，描述在位置 i 的情况下 y_{i-1} 和 y_i 的转移关系；$s_k(y_i, x, i)$表示位置 i 的状态特征函数，即描述 y_i 的特征。这两个特征函数可以统一为特征函数 $f_j(y_{i-1}, y_i, x, i)$，则上式可以表示为：

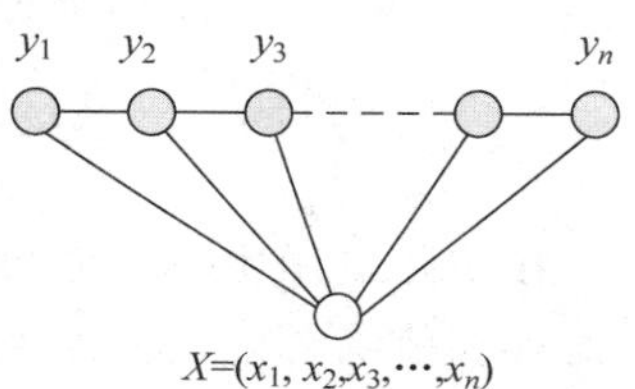

图 5-12 CRF 的链式结构

$$P(Y \mid X,\lambda) = \frac{1}{\sum_{j} g(x)} g(x) \tag{5-31}$$

其中

$$g(x) = e^{\sum_{i=1}^{n} \sum_{j} \lambda_j f_j (y_{i-1}, y_i, x, i)} \tag{5-32}$$

在标注序列 Y 中，在序列的开头和结尾分别增加初始状态和结束状态两个结点，就可以把链式结构 CRF 中的标注序列的条件概率表示为矩阵的形式：

$$M_i(x) = [M_i(y', y \mid x)] = g(x) \tag{5-33}$$

从而可以得到标注序列的条件概率：

$$P_\theta(Y \mid X) = \frac{\prod_{i=1}^{n+1} M_i(y_{i-1}, y_i \mid x)}{\left(\prod_{i=1}^{n+1} M_i(x)\right)_{\mathrm{st,ed}}} \tag{5-34}$$

其中，$\left(\prod_{i=1}^{n+1} M_i(x)\right)_{\mathrm{st,ed}}$ 表示矩阵乘积结果的初始状态和结束状态对应的项。

2. 条件随机场在命名实体识别中的应用

CRF 应用于命名实体识别时，将原文中的词语序列作为观测值，词语的命名实体类型作为隐藏变量求解，为文本序列中的词语标注命名实体类型。

在实际应用中，将原文中的词语直接分割成单字或词汇进行命名实体识别效果相对更优，对应的标注命名实体类型也需要在原有的命名实体类型(如人名、地名等)再分出人名、地名的首字、中间部分、结尾字等类型的标签。

利用 CRF 进行命名实体的标注需要经过 3 个步骤，即根据文本特征进行特征函数选取、根据文本特征通过机器学习进行参数估计、根据学习的参数估计结果进行模型推断，得到最终的标注序列。下面介绍这些步骤。

1) 特征函数选择

特征函数用于表示状态特征函数和转移特征函数的统一化。在这里，特征函数取一个二值函数 $b(x,i)$，表示在 i 位置时对于条件 x 下的观测值，取值为 0 或 1。真实特征函数 $b(x,i)$ 需要反映训练数据的分布情况及模型分布的情况，其值根据文本情况确定，当出现某些特定观测值时取值为 1，否则取值为 0，即：

$$b(x,i) = \begin{cases} 1 & (\text{观测值为特定情况}) \\ 0 & (\text{else}) \end{cases} \tag{5-35}$$

通过上面的定义式就可以得到所有时刻观察值的特征，进而可以计算特征函数。特征函数 $f_j(y_{i-1}, y_i, x, i)$ 的取值在满足一定转移条件时取函数 $b(x,i)$ 的值，即表示为：

$$f(y_{i-1}, y_i, x, i) = \begin{cases} b(x,i) & (y_{i-1} \text{ 与 } y_i \text{ 取值为一定条件}) \\ 0 & (\text{else}) \end{cases} \tag{5-36}$$

在实际应用中，i 的观测值不一定只是 i 位置上的观测值，可以选择在 i 附近一定范围内的观测值综合生成特征函数的值。特征函数通常可以选择的特征包括单字特征(单字观测值)和上下文特征(一定范围内的序列的观测值)，此外当输入序列包括词语的词性标注信息时，也可以生成词性特征(基于词性条件下得到的观测值)，特征函数的观测值的取值需要根据训练文本集的情况来决定。

2）参数估计

在 CRF 应用中，参数估计用于计算特征函数的权重。参数估计通常使用极大似然估计的方法。对于训练文本集有样本集合 $D=\{(X,Y)\}$，且有根据训练文本集的经验概率 $P(X,Y)$，则对于条件模型 $P(Y|X,\lambda)$，可以得到其极大似然函数：

$$L(\lambda)=\sum_{x,y}\log P(y\mid x,\lambda)p(x,y)\text{（对数化）}$$

在 CRF 模型中，极大似然函数的具体表现形式为：

$$\begin{aligned}L(\lambda)&=\sum_{x,y}p(x,y)\sum_{i=1}^{n}\Big(\sum_{j}\lambda_j f_j(y_{i-1},y_i,x,i)\Big)-\sum_{x}p(x)\log\sum_{j}g(x)\\&=\sum_{x,y}p(x,y)\sum_{i=1}^{n}\lambda f(y_{i-1},y_i,x,i)-\sum_{x}p(x)\log\sum g(x)\end{aligned}\tag{5-37}$$

参数估计的目的就是为求极大似然函数的最大值，因此对式(5-37)求关于 λ 的导数，即为：

$$\begin{aligned}\frac{\partial L(\lambda)}{\partial\lambda_j}&=\sum_{x,y}p(x,y)\sum_{i=1}^{n}f_j(y_{i-1},y_i,x)-\sum_{x,y}p(x)p(y\mid x,\lambda)\sum_{i=1}^{n}f_j(y_{i-1},y_i,x)\\&=E_{p(x,y)}[f_j(x,y)]-\sum_{k}E_{p(y|x^{(k)},\lambda)}[f_j(x^{(k)},y)]\end{aligned}\tag{5-38}$$

其中，$E_p[f(x)]$表示 $f(x)$在分布 p 下的期望，$p(x,y)$表示训练数据的经验分布[(x,y)在联合概率空间中出现的频率]，$x^{(k)}$表示序列 x 的第 k 项。求式(5-38)在值为 0 时 λ 的取值即可得到极大似然函数的最优解。

极大似然函数中参数 λ 的估计值有两种求解方法，一种是迭代梯度算法，另一种为近似二阶方法（L-BFGS 算法）。迭代梯度算法的过程是在初始的 λ 取值的基础上，生成一组新的参数 $\lambda+\Delta$ 使结果更优，最后在似然函数趋于收敛的时候结束算法得到最大似然值。

这里有：

$$\begin{aligned}L(\lambda+\Delta)-L(\lambda)&=\sum_{x,y}p(x,y)\log p(y\mid x,\lambda+\Delta)-\sum_{x,y}p(x,y)\log p(y\mid x,\lambda)\\&=\sum_{x,y}p(x,y)\Big[\sum_{i=1}^{n}\sum_{j}\delta\lambda_j f_j(y_{i-1},y_i,x)\Big]-\sum_{x}p(x)\log\frac{\sum g_{\lambda+\Delta}(x)}{\sum g_{\lambda}(x)}\end{aligned}$$

并定义辅助函数

$$\begin{aligned}A(\lambda,\Delta)=&\sum_{x,y}p(x,y)\Big[\sum_{i=1}^{n}\sum_{j}\delta\lambda_j f_j(y_{i-1},y_i,x)\Big]+1\\&-\sum_{x}p(x)\log p(y\mid x,\lambda)\Big[\sum_{i=1}^{n}\sum_{j}\frac{f_j(y_{i-1},y_i,x)}{T(x,y)}\mathrm{e}^{\delta\lambda_j T(x,y)}\Big]\end{aligned}$$

其中

$$T(x,y)=\sum_{i=1}^{n}\sum_{j}f_j(y_{i-1},y_i,x)$$

迭代梯度算法的过程，即首先为 λ 赋一组初值，然后计算使得 $\frac{\partial A(\lambda,\Delta)}{\partial \delta\lambda_j}=0$ 的 $\delta\lambda_j$ 值，并用 $\lambda+\delta\lambda$ 更新 λ，直到似然函数收敛。

迭代梯度算法的具体实现分为 GIS 算法和 IIS 算法两种。

GIS 算法中假设有 $T(x,y)=\max\{T(x,y)\}=C$，且条件随机场选择的特征数总和总保持为 C。在 GIS 算法中按照下面的方式进行迭代更新：

$$\delta\lambda_j=\frac{1}{C}\log\left(\frac{E_{p(x,y)}[f_k]}{E_{p(y|x,\lambda)}[f_k]}\right) \tag{5-39}$$

$$E_{p(x,y)}[f_k]=\sum_{x,y}p(x,y)\sum_{i=1}^{n}f_j(y_{i-1},y_i,x) \tag{5-40}$$

$$E_{p(y|x,\lambda)}[f_k]=\sum_{x}p(x)\sum_{y}p(y\mid x,\lambda)\sum_{i=1}^{n}f_j(y_{i-1},y_i,x)\mathrm{e}^{\delta\lambda_j T(x,y)} \tag{5-41}$$

而在 IIS 算法中，定义下面的近似关系：

$$T(x,y)\approx T(x)=\max_{y}T(x,y) \tag{5-42}$$

对应的更新方法是

$$E_{p(y|x,\lambda)}[f_k]=\sum_{m}a_{k,m}\exp\{(\delta\lambda_j)^m\}$$

$$a_{k,m}=\sum_{x}p(x)\sum_{y}p(y\mid x,\lambda)\sum_{i=1}^{n}f_k(y_{i-1},y_i,x)\delta(m,T(x)) \tag{5-43}$$

近似二阶方法的 L-BFGS 算法在似然函数的微分方程基础上增加了一个惩罚函数来抵消直接使用对数似然函数进行参数估计带来的过度学习的情况，即有：

$$\frac{\partial L(\lambda)}{\partial\lambda_j}=\sum_{x,y}p(x,y)\sum_{i=1}^{n}f_j(y_{i-1},y_i,x)-\sum_{x,y}p(x)p(y\mid x,\lambda)\sum_{i=1}^{n}f_j(y_{i-1},y_i,x)-\frac{\lambda_k}{\sigma^2} \tag{5-44}$$

式中的参数 σ 用于训练文本集规模较小时的平滑作用。L-BFGS 算法同样需要根据上式中求出修正之后的 λ 值并更新，反复迭代至似然函数收敛。

3）模型推断

模型推断的内容即为利用上面选择的特征函数及参数估计方法，计算最有可能的输出序列作为输出结果。这个过程中涉及边际概率分布的求解，在上文中已经给出了求解的公式；对于模型期望和经验分布期望的求解，以及求出极大似然函数中的参数 λ 的值后进而进行最终的标记序列的求解，可以通过 Viterbi 算法来进行计算。

3. CRF 应用实例

CRF++是著名的条件随机场开源工具，也是目前综合性能最佳的 CRF 工具，可以利用该开源工具进行命名实体（地名、人名、机构名等）的识别。

根据前述 CRF 原理的介绍，识别过程主要分为 CRF++训练、CRF++测试（推断）两部分。

CRF++的训练包括训练语料的生成、模板制定及参数学习的训练方法，如图 5-13 所示。其中训练语料可以利用现有的，或者自行构造。这里的训练语料采用词汇为单位进行人工标注，语料生成后是一个类似以下格式的文本文件。

```
天津市 ns LOC
烟花 n O
爆竹 n O
安全 an O
管理 vn O
办法 n O
…
```

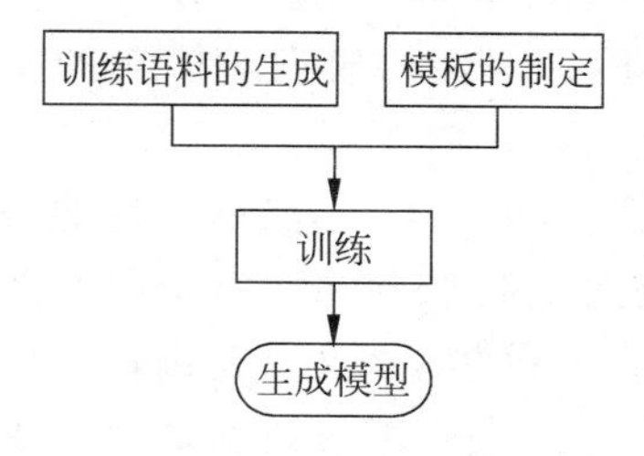

图 5-13　CRF++的训练

其中，第一列为词汇，第二列为词性，第三列为标注结果，LOC、PER、ORG 分别标注了地名、人名和机构名，其余词语的标注为“O”。整个训练语料文件由若干个句子组成，即训练样本，实际应用中这些样本数量应当尽可能大。为了处理上的方便，不同句子之间通过换行符分隔。

当然，训练语料也可以是以单字为单位进行人工标注，以下是针对 CRF++训练的单字训练语料样例，其中需要对命名实体的标签进行细分，体现出命名实体的开始，如 B-LOC 表示地名的开始。

```
交    B-LOC
通    I-LOC
大    I-LOC
学    I-LOC
在    O
上    B-LOC
海    I-LOC
的    O
西    O
南    O
…
```

接下来是模板 template 的制定，模板定义了从训练语料中提取特征的方法。具有以下形式：

```
U00:%x[-2,0]
U01:%x[-1,0]
U02:%x[0,0]
U03:%x[1,0]
…
```

每个模板都是由%x[row,col]来指定输入数据中的一个 token。row 指定到当前 token 的行偏移,col 指定列位置。

在 CRF++中支持两种类型的特征模板:第一种以字母 U 开头,属于 Unigram 类型的模板。当模板前加上 U 之后,CRF++会自动生成一个特征函数集合;第二种特征模板以 B 开头,即 Bigram 类型的模板。

最后,执行“crf_learn template train.data model”命令即可生成相应的模型文件,将该模型文件保存起来,以供后续的测试(推断)任务使用。

CRF++的测试(推断)是利用训练好的模型对输入的文本进行命名实体的提取,其处理流程如图 5-14 所示。

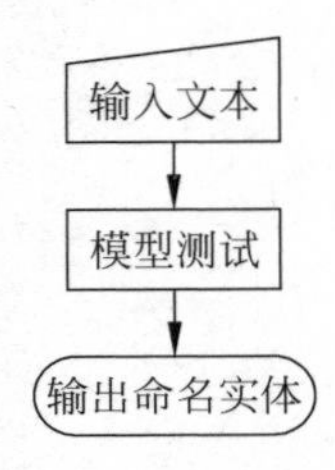

图 5-14 CRF++的测试

将输入的文本保存于测试文件(test.txt),测试文件的格式与训练文件的格式类似,只是没有第三列的标注。由于前面训练语料采用的是词汇形式,因此图 5-14 中的输入文本在进行模型测试前需要先经过中文分词处理,并且应当使用与训练语料生成时一样的分词方法。

执行“crf_test -m model test.txt”命令,获取 CMD 数据流,进行筛选即可获得命名实体。图 5-15 显示了一个测试结果示例,将含有命名实体的词汇挑选出来。

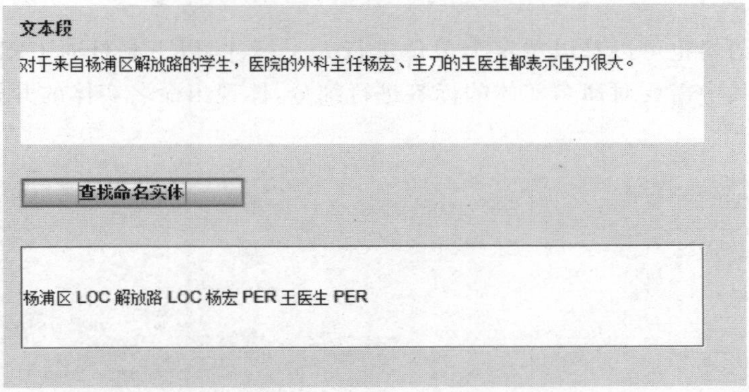

文本段

对于来自杨浦区解放路的学生,医院的外科主任杨宏、主刀的王医生都表示压力很大。

查找命名实体

杨浦区 LOC 解放路 LOC 杨宏 PER 王医生 PER

图 5-15 CRF++的测试结果示例

5.5 大数据语义分析技术的发展

大数据语义分析所覆盖的技术很广泛,特别是针对互联网大数据,其中的数据类型多样,新型应用也不断出现,所产生的语义分析需求有的可以用本章提到的方法来解决,而有的需要发展新的语义分析技术。

互联网大数据语义分析技术研究还存在很多挑战性问题,以下列举了一些目前关注越来越多的问题。

1. 基础知识库构建技术

本章介绍了 WordNet、HowNet 两种经典的语义知识库,它们是进行词汇和句子语义分析的关键基础，但是针对互联网具体特点和语境的语义知识库目前并不完善，专业领域的语义知识库就更加匮乏。为了能进行完整的语义分析计算，基础知识库构建技术成为研究发展的重要方向。

2. 粗粒度语义分析技术

从文本分析的粒度看，除了词汇、句子外，还有篇章级、事件级、主题级等更粗粒度的描述单元，而针对这些粒度的分析中，也存在大量的语义问题。对于事件或主题来说，所涉及的可能并非是一篇文档。事件所涉及的语义包括事件时间、地点、人物及关键过程等。虽然已经知道如何从文本中提取时间、人物等实体信息，但是在文档中，通常会遇到多个时间、多个地点，而它们描述了事件发生的不同阶段。因此，需要在细粒度语义分析的基础上，进一步研究这些实体和事件的关系。

3. 概念建模技术

在许多研究和应用需求中，通常并不停留在把实体提取出来，而是有更多的要求。概念建模就是其中一个典型的需求，从文本信息中识别各种概念，并提取描述该概念的属性、属性值，更进一步对文本中的不同概念之间的关系进行判断。例如，涉及复旦大学的一篇介绍文本中，可能会包含复旦大学、校长等概念，复旦大学拥有地点、学生人数等属性，而校长有其名字、出生年月等属性，同时这两个概念之间又有紧密的联系。显然，这种语义关系的识别是概念建模的核心，目前这方面的相关技术还很不成熟。

4. 混合类型数据的语义分析技术

大数据的主要特征之一就是数据源多，对不同数据源的数据进行融合计算是大数据计算分析的主要方向，在一些面向单一类型数据的应用中，其相应的数据融合技术就相对比较简单。例如，对于关系型数据，可以通过关键字段、元组配对等方式实现。但是，针对不同类型数据，如文本类型和位置型的混合数据环境下，如果想知道预测移动用户在下一个位置的信息行为，那么结合位置趋势和文本的语义分析技术就成为核心。而此类问题的技术手段，目前并没有引起重视，预计将在应用需求的推动下得到快速发展。

总之，互联网大数据语义分析技术是大数据处理中一项很重要的核心技术，也是难点技术，今后将在应用推动和人工智能技术的支持下，得到越来越多的研究者关注。

思考题

1. 什么是语义？语言学中的语义有哪些，计算机语言学中处理的语义有哪些？
2. 简述 WordNet 和 HowNet 的知识表示方法。
3. 分析说明 Resnik 方法和基于路径长度的词汇语义相关度计算方法的优缺点。
4. 学习使用 Stanford parser 分析工具。
5. 学习使用 CRF++工具，并对一段句子进行命名实体识别。

第6章 大数据分析的模型与算法

在互联网大数据的各种应用中，通常都会涉及针对分类、聚类、回归分析等技术。虽然分类和聚类在传统的结构化数据中已经有较长的应用历史，也有较多的文献和著作中都有详细的叙述，而对文本内容的分析是随着互联网应用而发展起来的，也具有与结构化数据不同的特征。本章除了介绍经典的数据挖掘算法外，还着重针对文本内容的一些相关处理方法和模型进行了叙述。

6.1 大数据分析技术概述

随着互联网的发展，结构化和非结构化信息内容迅速增加，成为了一种重要的信息来源。进行数据分析挖掘时，数据的分类、聚类等基本算法就显得尤为重要。数据挖掘的任务分为描述任务和预测任务，描述任务包括相关分析、聚类、序列分析等，预测任务包括回归和分类。描述任务的目标是导出概括数据中的潜在联系的模式（如相关、趋势、聚集、轨迹和异常等），本质上，描述任务通常是探查性的，需要后处理技术验证和解释结果。预测任务的目标是根据其他属性的值，预测特定属性的值。由于算法较多，本章主要介绍分类、聚类和回归分析这 3 种基本算法和相关模型。

分类任务就是确定对象属于哪个预定义的类，具体来说，就是将数据对象自动归入一个或多个事先定义好的类中。数据分类是一个有监督的学习过程，根据一个已经被标注的训练数据集合，找到对象特征和类别之间的关系模型，然后利用这种学习得到的关系模型对新的对象进行类别判断。图 6-1 所示的是一个基本的分类过程表示，其中常用的分类模型包括决策树、朴素贝叶斯、支持向量机（SVM）、神经网络、K-近邻算法（kNN）和模糊分类法等。

图 6-1　基本的分类过程

聚类任务是根据数据的不同特征，将其划分为不同的数据类。其目的为使得属于同一类别的个体之间的距离尽可能小，而不同类别之间的距离尽可能大。数据聚类的主要依据为：同类对象的相似度较大，而不同对象的相似度较小。不同于分类过程，聚类是一个无监督的学习过程，它在给定的某种相似性度量方法下，把对象集合进行分组，使彼此相近的对象分到同一个组内，而不需要事先对这些组进行定义。常用的聚类方法包括 K-means，层次聚类法、基于密度的方法、基于模型的方法。

回归分析是研究现象之间是否存在某种依存关系，并对具体有依存关系的现象探讨其相关方向及相关程度，是研究变量之间不确定性关系的一种统计方法。在大数据分析中，通常要寻找不同变量或对象之间的关联性，就需要通过相关分析技术。

分类和聚类两个过程是有一定的区别与联系的。

分类是一种有监督的学习过程，有监督学习是指对有类别标记的训练样本进行学习，以尽可能对训练集样本外的数据进行准确标记。而聚类是一种无监督的学习过程，无监督学习是对没有类别标记的训练样本进行学习，以发现训练样本集中的结构知识。

分类的类别是已知的，其任务是将数据对象自动归入一个或多个事先定义好的类中，同时，数据分类通常需要预先进行特征提取，利用提取出来的特征进行分类。聚类是把没有类别标签的数据，在不知道分为几类的情况下，根据数据内在的差异性大小，合理地划分成几类，并确定每个数据对象的所属类别。

从应用场景看，分类作为组织和管理数据的有效手段，可以应用于用户的个性化分析、文本内容过滤、个性化新闻推荐、垃圾邮件过滤、文本情感分类、自动嵌入广告等应用中。聚类则是根据数据对象的不同特征，将其划分为不同的类。文本聚类是聚类中的一种典型特例，可以作为多文档自动文摘等自然语言处理应用的预处理步骤；可以应用于信息过滤、主题推荐、信息检索等服务中。

当然，除了数据挖掘算法原理本身外，在大数据分析应用中，还需要面对的一个问题是海量数据。数据量大所带来的问题是在单台计算机上的处理速度无法满足业务的需求，针对这个问题，也产生了很多的分布式算法。分布式算法广泛采用数据分片处理的思路，但早期算法由于分布式技术平台在可靠性、编程接口等方面的局限，使得这种算法的实现并不太容易。近年来，随着 Hadoop、Spark 等大数据技术平台的逐步成熟，提供了简单易入门的编程接口、集群计算和分布式协调控制技术，使得分布式算法设计和部署成为解决大数据分析挖掘问题的主要途径。

6.2　特征选择与特征提取

在大数据分类问题中，数据对象的属性数量通常都很大，特别是文本数据。特征空间是决定如何对一个文本或数据对象进行表示的关键因素之一。这种影响体现在以下两个方面。

(1) 特征空间的大小。特征空间越大，表示一个对象所需要的维数就越多，在对数据对象进行运算时所需要的各种计算量就相应地增加。特别是在文本中，其维数是不同词汇的个数，对于长文本来说，这种特征空间都很大。

(2) 特征空间中各个维度所存在的相关性。大数据中数据对象的各个属性之间通常会存在一定的相关性，如描述个人偏好的性别与兴趣主题，女生更喜欢化妆品之类的主题信息，类似地，在文本信息中各个词汇也会存在很大的相关性。这种相关性的存在使得后续的数学模型表达变得更加复杂，也容易导致分析中的不准确。

特征空间的研究和构建经历了较长的发展历史，并且还在不断发展中。在这个过程中，出现了多种经典的特征选择方法，也出现了特征提取这种从另一个角度构建特征空间的思路。同时，随着近年来深度学习研究的深入，深度学习神经网络也被用于作为数据对象，特别是文本信息的特征选择。特征选择与特征提取是在处理特征时的两种不同思路。

(1) 直接选择法。当实际用于分类的特征数据 d 给定后，直接从已获得的 n 个原始特征中选出 d 个特征 $x_1, x_2, \cdots, x_d$，使判据 J 满足：

$$J(x_1, x_2, \cdots, x_d) = \max\{J(x_{i1}, x_{i2}, \cdots, x_{id})\} \tag{6-1}$$

式中，$x_{i1}, x_{i2}, \cdots, x_{id}$ 为 n 个原始特征中的任意 d 个特征，即直接寻找 n 维特征空间中的 d 维子空间。

(2) 变换法。在使判据 J 取得最大的目标下，对 n 原始特征进行变换降维，即对原 n 维特征空间进行坐标变换，再取子空间。

6.2.1 特征选择

在大数据应用系统中，数据样本所包含的属性特征数量一般会很大，特别是文本这种类型的数据。由于构成文本的词汇数量很大，中文文本经过分词、停用词的处理之后，直接选取所得到的词作为文本的特征项是不可取的。因此需要进行的处理是样本的特征选择，即在不削弱样本主要特征或文本内容表示准确性的前提下，从大量的属性或词条中选取那些最能区别不同样本的属性作为特征项，从而降低向量空间的维数、简化计算、提高分类准确性。即在获得实际若干具体特征后，再由这些原始特征产生对分类最有效的、数目最少的特征。所以，特征选择的目的是对样本进行降维。

特征选择指从特征集 $T=\{t_1, t_2, \cdots, t_s\}$ 中选择一个真子集 $T'=\{t'_1, t'_2, \cdots, t'_s\}$，并且满足 $s' \ll s$，其中 s 为原始特征集的大小，s' 为特征选择后特征集的大小。特征选择的规则是经过选择后能有效降低特征的维度，提高分类的效率和准确率。这种选择方法没有改变原始特征空间的性质，只是从原始特征空间中选择了一部分重要的特征，组成一个原始特征空间真子集的新的低维度的特征空间。

目前，特征选择的主要方法有信息增益、卡方统计量、互信息及专门针对文本内容的文档频率等方法。这些特征选择方法可分为有监督和无监督两类，其中文档频率、互信息为无监督方法，卡方统计量、信息增益为有监督方法。这些方法制定了一种能够进行特征选择的规则，能够反映各类在特征空间中的分布情况，能够刻画各类特征分量在分类中的贡献。

以下介绍两种常见的特征选择方法，即信息增益、卡方统计量。

1. 信息增益

在信息增益中，特征重要性的衡量标准是特征能够为分类系统带来多少信息量，带来的信息量越多，该特征越重要。信息增益中，信息量用信息熵来描述，假设一个随机变量及其取值空间为变量 $X=\{x_1, x_2, \cdots, x_n\}$，其对应的概率为 $P=\{p_1, p_2, \cdots, p_n\}$，则变量 X 的信息熵为：

$$H(X) = -\sum_{i=1}^{n} p_i \log_2 p_i \tag{6-2}$$

所以，一个变量可能的变化越多，其携带的信息量就越大。也就是说，概率分布越均匀，其所携带的信息量越大。在如图 6-2 所示的分布示意图中，随机变量 A 的信息熵比 B 要小。

信息增益中增益的含义是考虑特征 t，即 t 作为样本维度时分类系统的信息量与分类系统的信息量之差。

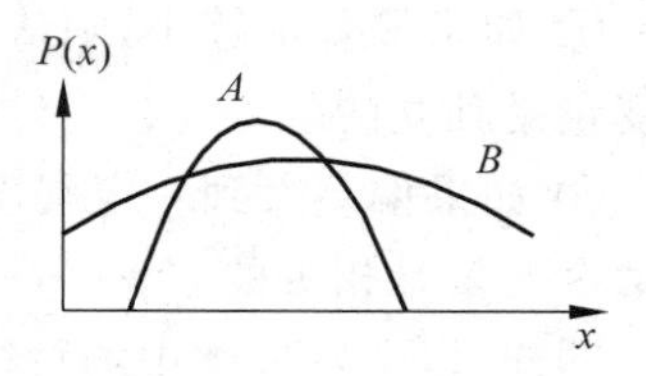

图 6-2　概率分布示意图

分类系统的信息量是将分类系统的类别作为随机变量，这种随机变量所具有的信息熵。而 t 作为样本维度时分类系统的信息量是一种条件熵，在文本分类中，其计算应当考虑两种情况，即样本中包含 t 和样本中不包含 t。因此，该条件熵可按式(6-3)计算：

$$H_p(C \mid t) = P(t)H(C \mid t) + P(\bar{t})H(C \mid \bar{t}) \tag{6-3}$$

式中，C 是指分类系统的类别变量；$H(C|t)$、$H(C|\bar{t})$分别代表样本中包含 t 和样本中不包含 t 这两种情况时的信息熵，因此：

$$H(C \mid t) = -\sum_{i=1}^{n} P(C_i \mid t) \log_2 P(C_i \mid t) \tag{6-4}$$

$$H(C \mid \bar{t}) = -\sum_{i=1}^{n} P(C_i \mid \bar{t}) \log_2 P(C_i \mid \bar{t}) \tag{6-5}$$

因此，特征项 t 的信息增益是：

$$\mathrm{IG}(t) = H(C) - H_p(C \mid t) = -\sum_{i=1}^{n} P(C_i) \log_2 P(C_i) + P(t)\sum_{i=1}^{n} P(C_i \mid t) \log_2 P(C_i \mid t) + P(\bar{t})\sum_{i=1}^{n} P(C_i \mid \bar{t}) \log_2 P(C_i \mid \bar{t}) \tag{6-6}$$

根据该计算公式，可以看出计算信息增益时，需要知道样本的特征(是否包含 t)以及该样本对应的类别 C，而类别 C 是需要事先知道的量，因此是一种有监督的特征选择方法。在实际计算中，需要从给定的训练语料来计算公式中的参数。以一个文本分类系统为例，式(6-6)中的各个因子的含义及计算方法说明如下。

$P(C_i)$表示类别 C_i 的概率，即训练语料中类别是 C_i 的文本数除以总文本数。

$P(t)$为特征 t 出现的概率，即包含 t 的文本除以总文本数。

$p(\bar{t})$为特征 t 不出现的概率，即不包含 t 的文本数除以总文本数。

$P(C_i|t)$表示包含 t 的文本属于类别 C_i 的概率，即包含 t 并属于类别 C_i 的文本数除以包含 t 的文本数。

$P(C_i|\bar{t})$表示不包含 t 的文本属于类别 C_i 的概率，即不包含 t 并属于类别 C_i 的文本数除以包含 t 的文本数。

在计算出每个特征(对于文本来说，就是词汇)的信息增益之后，对这些特征按照信息增益值从大到小排序，选择前 k 个词汇作为最终特征选择的结果。k 的值取多少，在信息增益计算方法中并没有给出，需要在具体的应用中，根据实际效果进行调整。

2. 卡方统计量

卡方检验是数理统计中的一种常用的检验两个变量独立性的方法，其基本思想是通过观察实际值与理论值的偏差来确定理论的正确与否。

卡方检验的步骤如下。

(1) 假设两个变量是独立的。

(2) 观察实际值与理论值的偏差程度

① 如果偏差足够小,则认为误差是自然的样本误差,是测量不够精确或偶然产生的,两个变量是独立的。

② 如果偏差大到一定程度,则误差不太可能是偶然产生或测量不精确所致,就可以认为两个变量是相关的。

同样,以文本分类中的特征选择为例,一个词 w 是一个随机变量,一个类别 C 也是一个随机变量。假设两者独立,则可以认为词 w 对类别 C 完全没有表征作用,即无法根据 w 出现与否来判断文本是否属于类别 C,也就是词 w 对类别 C 没有区分作用。用 $\bar{w}$ 表示除 w 以外的其他特征项,$\bar{C}$ 表示除 C 以外的其他类别,则统计特征项 w 和类别 C 的数量关系为 (w,C)、$(w,\bar{C})$、$(\bar{w},C)$、$(\bar{w},\bar{C})$,用 A、B、E、D 表示这 4 种情况的文本频次。

(w,C): 整个文本集中,包含 w 词汇的文本属于类别 C 的文本数量。

$(w,\bar{C})$: 整个文本集中,包含 w 词汇的文本不属于类别 C 的文本数量。

$(\bar{w},C)$: 整个文本集中,不包含 w 词汇的文本属于类别 C 的文本数量。

$(\bar{w},\bar{C})$: 整个文本集中,不包含 w 词汇的文本不属于类别 C 的文本数量。

那么,整个文本集的文本总数是 $N=A+B+E+D$。

卡方统计量公式为:

$$x^2(w,C) = \frac{N(AD-BE)^2}{(A+E)(B+D)(A+B)(E+D)} \tag{6-7}$$

从式(6-7)可以看出,特征项的卡方统计量是与某个类别有关的,而从式(6-6)看特征项的信息增益值并不依赖于某个特定的类别,这是两者的区别之一。因此,卡方统计量可以选择出数据集中的各个类别中的最佳特征项,而信息增益更趋向于一种全局的特征选择,针对整个数据集。

在实际应用中是进行局部特征选择还是全局特征选择要区别看待,因为针对分类问题,在特征选择之后要进行样本的统一表示,因此需要有一个统一的特征集,这在多分类应用中更是如此。而在单分类系统中,倾向于将类别自身表达出来即可,因此可以考虑卡方统计量。当然也有的研究在卡方统计量的基础上再进行全局排序,获得全局重要性,由此也可以将卡方统计量的选择方法用于全局的选择。

计算出卡方统计量后,就可以根据大小排序,选择前 k 个词汇作为特征项。由于是基于排序结果,因此卡方统计量公式中可以把共同 N 的项去掉,因为 N 对每个特征项都相同,因此式(6-7)则可简化为:

$$x^2(w,C) = \frac{(AD-BE)^2}{(A+E)(B+D)(A+B)(E+D)} \tag{6-8}$$

CHI 方法只考虑单词和类别之间的关系,而忽略了单词与单词之间的联系。但是不管是信息增益还是卡方统计量,它们在计算过程中都没有考虑特征在样本中出现的次数,而只是考虑出现或不出现,因此在文本分类中容易产生"低频词缺陷",放大了低频词的作用,从而影响分类准确精度。

在特征选择研究方面,有研究人员针对文本分类问题,分析和比较了 IG(信息增益)、DF(文档频率)、MI(互信息)和 CHI(卡方统计量)等方法后,得出 IG 和 CHI 方法分类效果相对较好的结论。

6.2.2 特征提取

特征提取也称为特征重参数化。特别是文本数据中，由于自然语言中存在大量的多义词、同义词现象，特征集无法组成一个最优的特征空间对文本内容进行描述。特征提取将原始特征空间进行变换，从而生成一个维数更少，各维之间更独立的特征空间。

特征提取的基本方法为变换法：在使判据 J 取得最大的目标下，对原始特征进行变换降维，即对原 n 维特征空间进行坐标变换，再取子空间。

本节介绍主成分分析和奇异值分解两种特征提取方法。

主成分分析(PCA)方法也是一种统计方法，它通过正交变换将一组可能存在相关性的变量转换为一组线性不相关的变量。

PCA 将原来的 n 个特征用数目更少的 m 个特征取代，一般 $m \ll n$，新特征是旧特征的线性组合，这些线性组合最大化样本方差，尽量使新的 m 个特征互不相关。这里最大化方差是这样的考虑，由于方差的大小描述的是一个变量的信息量，一般来说，方差大的方向是信号的方向，方差小的方向代表该方向存在噪声，因此，在 PCA 变换的特征提取中，就是方差大的优先，当然还要考虑正交的要求。

PCA 的原理和过程介绍如下。

在数学中，大家知道样本 X 和样本 Y 的协方差可以通过下面的式子来计算：

$$\mathrm{Cov}(X,Y)=\frac{\sum_{i=1}^{n}(X_i-\overline{X})(Y_i-\overline{Y})}{n-1} \tag{6-9}$$

协方差为正，说明 X 和 Y 为正相关关系；协方差为负则说明 X 和 Y 为负相关关系；协方差为 0 说明 X 和 Y 相互独立。当样本为 n 维($n \geqslant 2$)时，其协方差实际上是一个协方差矩阵。

PCA 的具体过程包含以下 6 个步骤。

(1) 构建样本-特征矩阵 $\boldsymbol{A}=\{a_i\}$，假设矩阵大小为 $m*n$。表示有 m 个样本，n 个特征，对于文本分类而言，m 是文本个数，n 是词汇个数，a_i 是第 i 个特征的所有特征值构成的向量，在文本分类中即是第 i 个词汇在每个文本中的权重，如出现的次数等。

(2) 对于矩阵 $\boldsymbol{A}$，分别计算每一列的平均值，即

$$\overline{a}_i=\frac{\sum_{j=1}^{m}a_{ij}}{m} \tag{6-10}$$

它表示某个特征 i 在整个样本集中的平均值。

(3) 构造新的矩阵 $\boldsymbol{A}'$，其中的每个列是 a_i 中的每个特征值都减去对应的平均值 $\overline{a}_i$。

(4) 计算特征的协方差矩阵 $\mathrm{Cov}=\{\mathrm{cov}(a_i,a_j)\}$，$i=1\cdots n$，$j=1\cdots n$，矩阵大小为 $n*n$，矩阵元素 $\mathrm{cov}(a_i,a_j)$ 表示特征向量 a_i、a_j 的协方差，当 $i=j$ 时实际上就是方差，非对角线上的元素是协方差。协方差绝对值越大，两者对彼此的影响越大，反之越小。

(5) 针对协方差矩阵 Cov，计算包含特征值的 $\boldsymbol{E}_1$ 和包含特征向量的 $\boldsymbol{E}_2$，其中 $\boldsymbol{E}_1$ 是一个 $n*1$ 的矩阵，$\boldsymbol{E}_2$ 是一个 $n*n$ 的矩阵，$\boldsymbol{E}_2$ 中的每个特征向量是归一化的单位向量。

(6) 将特征值按大到小排序，选择对应的 k 个特征向量作为变换后的特征空间维度。

特征提取步骤至此结束，但实际上，由于是一种特征提取，样本集中的每个样本需要按照一定方法进行变换，而无法像特征选择那样，简单地选择若干个特征值出来。而对于PCA来说，在求得特征向量后，这个变换过程，也就比较简单了。可以在第(6)步的基础上，如下处理。

(1) 从 E_2 中获得对应的 k 个特征向量分别作为列向量组成特征向量矩阵。

(2) 将样本点映射到所提取的特征向量上。假设减去均值后的样本矩阵为 $\boldsymbol{A}'(m*n)$，协方差矩阵是 $\mathrm{Cov}(n*n)$，选取的 k 个特征向量组成的矩阵为 $\boldsymbol{EI}\ (n*k)$。则映射后，即变换后的样本数据 $\boldsymbol{A}''$为：

$$\boldsymbol{A}''(m*k) = \boldsymbol{A}'(m*n) * \mathrm{EI}(n*k) \tag{6-11}$$

就得到变换后的所有样本。

从上述的PCA实施过程来看，关键在于步骤(5)。这里实际上是进行了矩阵的特征值分解。

假设 $AX=\lambda X$，则称 λ 为 $\boldsymbol{A}$ 的特征值，X 为对应的特征向量，一个矩阵的一组特征向量是一组正交向量。正是由于具有正交特性，才被选择为新的空间的维度。$\boldsymbol{A}$ 的特征值 λ 是包含在一个对角矩阵中，具有如下形式：

$$\begin{bmatrix} \lambda_1 & & \\ & \ddots & \\ & & \lambda_n \end{bmatrix}$$

其中，从左上角到右下角，特征值由大到小排列。由于矩阵相乘是一种变换，因此 AX 实际上是利用 $\boldsymbol{A}$ 对 X 进行了变换。变换就是类似的维度旋转、拉伸、压缩等。因此，特征值大小也就决定了它所对应的特征向量所定义的变换程度大小。之所以选择特征大的 k 个作为样本变换的依据，就是基于这个实际计算结果。

特征值分解要求输入的矩阵必须是方阵，因此在PCA中需要先求得协方差矩阵。那么是否可以直接在原始的样本-特征矩阵 $\boldsymbol{A}$ 上进行特征提取呢？

为达到这个目的，可以通过奇异值分解(SVD)来实现。由于SVD既是一种降维方法，也是文本挖掘中潜在语义分析LSA/LSI的关键基础，因此这里要对SVD进行一些介绍。

文本分类中可以运用SVD进行降维，下面就以这个应用为背景介绍SVD。当然，只要能够将样本和特征表示在一个矩阵中的应用场景都可以使用SVD，并不局限于文本分类。奇异值分解的基本步骤如下。

(1) 构造样本-特征矩阵。

在文本分析领域中，即是词频矩阵。首先用向量空间模型将文本表示成一个向量，而将整个文本集表示成一个词语和文本矩阵 $\boldsymbol{A}_{m*n}$，矩阵元素 a_{ij} 表示词项 w_i 在文档 d_j 中的权值，其中 m 为词语数，n 为文档数。由于单个文本中词的个数远远少于文本集中出现的所有词数量，所以 $\boldsymbol{A}$ 为一个稀疏矩阵。

(2) 对 $\boldsymbol{A}$ 进行奇异值分解，提取 k 个最大的奇异值及其对应的奇异矢量构成新矩阵来近似表示原文本集矩阵 $\boldsymbol{A}$。

这个分解过程的理论基础是一个重要的数学定理，叙述如下。

对于 $m\times n$ 阶矩阵 $\boldsymbol{A}$，存在 $m\times m$ 阶正交矩阵 $\boldsymbol{U}$，$n\times n$ 阶正交矩阵 $\boldsymbol{V}$，使得：

$$A = UEV^T \tag{6-12}$$

其中，$\boldsymbol{U}$ 和 $\boldsymbol{V}$ 分别是矩阵 $\boldsymbol{A}$ 的奇异值对应的左、右奇异矩阵，$\boldsymbol{U}$ 的列向量和 $\boldsymbol{V}$ 的行向量分别为 $\boldsymbol{A}$ 的左、右奇异向量。$\boldsymbol{E}$ 矩阵式 $m\times n$ 的对角矩阵，对角线上的元素为非负值。假设矩阵 $\boldsymbol{A}$ 的秩为 r，$\boldsymbol{A}$ 的奇异值按值的递减排列顺序构成对角矩阵 $\boldsymbol{E}_r$，即

$$\boldsymbol{E}_r = \begin{pmatrix} \lambda_1 & & \\ & \ddots & \\ & & \lambda_r \end{pmatrix} \tag{6-13}$$

其中，$\lambda_1>\lambda_2>\cdots>\lambda_r>0$，$\lambda_1,\lambda_2,\cdots,\lambda_r$ 为矩阵 $\boldsymbol{A}$ 的奇异值。

例如：

$$\boldsymbol{A} = \begin{bmatrix} 1 & 5 & 9 \\ 2 & 6 & 10 \\ 3 & 7 & 11 \\ 4 & 8 & 12 \end{bmatrix}$$

分解后可以得到：

$$\boldsymbol{U} = \begin{bmatrix} -0.4036 & 0.7329 & 0.4120 & 0.3609 \\ -0.4647 & 0.2898 & -0.8184 & -0.1741 \\ -0.5259 & -0.1532 & 0.4006 & -0.7345 \\ -0.5870 & -0.5962 & 0.0057 & 0.5477 \end{bmatrix}$$

$$\boldsymbol{E} = \begin{bmatrix} 25.4368 & 0 & 0 \\ 0 & 1.7226 & 0 \\ 0 & 0 & 0 \\ 0 & 0 & 0 \end{bmatrix}$$

$$\boldsymbol{V} = \begin{bmatrix} -0.2067 & -0.8892 & 0.4082 \\ -0.5183 & -0.2544 & -0.8165 \\ -0.8298 & 0.3804 & 0.4082 \end{bmatrix}$$

将其秩取 2，则

$$\boldsymbol{U} = \begin{bmatrix} -0.4036 & 0.7329 \\ -0.4647 & 0.2898 \\ -0.5259 & -0.1532 \\ -0.5870 & -0.5962 \end{bmatrix}$$

$$\boldsymbol{E} = \begin{bmatrix} 25.4368 & 0 \\ 0 & 1.7226 \end{bmatrix}$$

$$\boldsymbol{V} = \begin{bmatrix} -0.2067 & -0.8892 & 0.4082 \\ -0.5183 & -0.2544 & -0.8165 \end{bmatrix}$$

同时左奇异向量 $\boldsymbol{U}$ 表示词的特性，中间的奇异矩阵 $\boldsymbol{E}$ 表示左奇异向量的一行与右奇异向量的一列的重要程度，数字越大越重要，右奇异向量 $\boldsymbol{V}$ 表示文档的特性。

进行奇异值分解后，可以进行降维，降维过程如下。

(1) 取一个适当的 k，使得 $k\leqslant r$。

(2) 保留 E_r 中前 k 行 k 列得到新矩阵 E_k，再取 $\boldsymbol{U}$ 和 $\boldsymbol{V}$ 的前 k 行 k 列 U_k 和 V_k，这里得

到的 V_k 就是文档降维后的表示，其显然不是在原来的词汇空间上，而是一种经过变换后的结果。

这种特征变换对于分类性能的改善表现在以下两个方面。

(1) 将文档变换到一个较低维空间中，降低了计算复杂度。自然有利于后续的针对文本的各种分析，如聚类、分类等。

(2) 有利于提升文本表示的准确性，提升后续分析的准确性。可以通过矩阵相乘得到新的文档矩阵，即：

$$A_k = U_k E_k V_k^T \tag{6-14}$$

将它与原始的 **A** 矩阵相比，肯定是会有误差出现，但是由于在降维过程中，进行了空间的压缩，一些语义上比较相近和相关词汇可能会被合并，因此去除了样本中的相关性。

SVD 在实际应用中，也存在一定的问题。基于奇异值分解的方法进行特征提取时，主要是通过奇异值分解进行特征降维，奇异值计算是一个 $O(n^3)$ 的算法，如果是一个 1000 维的矩阵，Matlab 很快就可以计算出其所有奇异值，但是当矩阵规模增长时，代价就会成 3 次方增长，这时就需要通过并行计算进行求解了。另一方面的问题是奇异值分解使得每个文本向量经过投影后得到的每一维不再具有明确的物理意义，而是多个变量的综合，在文本里面是多个词的综合。

6.2.3 基于深度学习的特征提取

机器学习近些年发生了一次变革，2006 年之前，机器学习领域进行研究工作的人几乎都在进行浅层学习的研究，而尝试深度学习构架的全部都失败了，因为训练一个深度有监督前馈神经网络会趋向于产生一个坏的结果，然后将其变浅为一个或者两个隐含层。2006 年，加拿大多伦多大学教授 Geoffrey Hinton 和其学生 Ruslan Salakhutdinov 在 Science 上发表文章 Reducing the Dimensionality of Data with Neural Networks 则成功解决了深度学习方法中的难题，从此以后，深度学习开始受到各领域专家学者的青睐，Google 公司更是通过深度学习来训练机器，打败了围棋大师李世石。

深度学习的概念源于神经网络，深度学习通过对底层特征进行组合，从而抽取出更深层的特征，获得样本数据的分布式表示，而分布式特征则是通过深度学习模型中的神经网络结构中的各个隐含层逐层获得的。深度学习的网络结构非常复杂，计算量大；并且由于深度学习的网络结构涉及多个非线性的处理单元层而导致它的非凸目标的代价函数计算过程中存在局部最小的问题，在计算过程中很可能在没有找到全局最小的情况下而终止计算。例如，深度学习在进行梯度下降过程中，很可能出现没有得到该过程的全局最优解而是得到了局部最优解就停止运算。

本节需要一定的神经网络基础，本质上讲，深度学习就是深层的神经网络。近年来，深度学习在文本处理领域有所突破，根据递归神经网络和循环神经网络所发展出的深度学习算法已经能够很好地进行文本分类和文本情感预测等任务。而深度学习进行文本分类实际上是深度学习进行特征提取，然后用分类器进行分类，本质上深度学习算法的任务是特征提取。

深度学习进行特征提取采用的是无监督的方法，利用递归自编码方法进行特征提取，递归自编码(Recursive Auto Encoder，RAE)，是自编码方法的一个变形。RAE 方法属于深度学习领域，深度学习可以简单理解为层次很深的神经网络，而事实上深度学习就是从人工神经网络发展而来的。而神经网络在文本情感分类中的最大作用是特征提取，这也是文本情感分类中最重要的部分。一个神经网络，假设输入和输出是基本相同的，然后训练调整它的参数，得到每一层的权重，就可以得到输入的不同表示，每一层就代表一种表示，这些表示在文本情感分类中就是特征。

自编码方法(Auto Encoder,AE)是20世纪80年代晚期提出来的，最基础的自编码方法可以视为一个三层神经网络结构：一个输入层、一个输出层、一个隐含层，其中输入层与输出层具有相同的规模。自编码方法的抽象结构如图6-3所示。

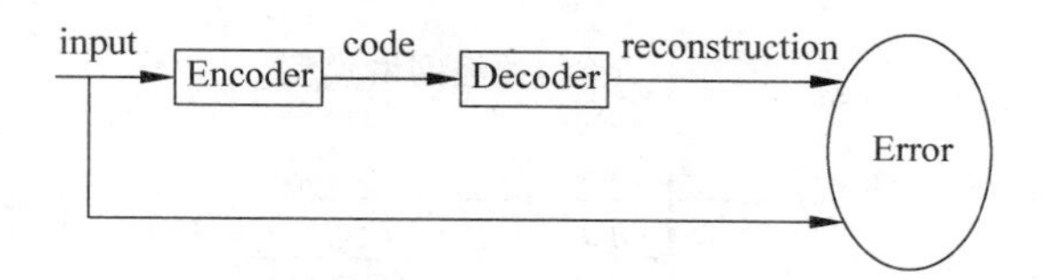

图6-3　自编码方法的抽象结构

从图6-3中可见，自编码方法分为编码器(Encoder)和解码器(Decoder)两部分，从输入层到隐藏层是编码部分，从隐藏层到输出层是解码过程；即从input输入到一个Encoder编码器中，会得到一个编码code，将编码code输入到解码器Decoder中就会得到一个信息。如果该信息与输入input是相似的，则可以认为该code是可以用来代替input的，该code可以认为是input的一个表示，在文本分类中即可认为是文本的一个特征。

自编码神经网络算法是无监督学习算法，它使用了反向传播算法，并让目标值等于输入值。换句话说，就是自编码方法通过第一层得到的code，然后做最小化重构误差，并将第一层的code作为第二层的输入，输出第二层的code，然后最小化重构误差，作为第三层的输入，以此类推，逐层训练，就会得到第N层的code，每一层的code都是input的一个表示，也是文本中的特征。通过上面的方法可以得到很多层的特征，而最后还要进行有监督的微调，微调的层数要自己进行实验来判断，尽量找到最优解。

RAE方法采用词向量来表示文本中的词汇，给定一个含有m个有序词的句子，第i个词的词向量表示为x_i，则

$$x_i = Lb_k \in R^n \tag{6-15}$$

式中，$\boldsymbol{L} \in R^{n\times|V|}$表示词向量矩阵，$|V|$为词汇个数；$b_k$为一个二值向量，即只有第$k$个元素值为1，其他值为0。则含有$m$个有序词的句子可以用向量表示为$x_1, x_2, \cdots, x_m$。

自动编码的目的是学习输入信号的一种表示，而获取句子低维度的向量表示需要句子的树形结构作为先验知识，先假设已知句子的树形结构，则其递归神经网络模型和单个神经元模型如图6-4和图6-5所示。

假设已知句子的向量表示为$x=\{x_1, x_2, x_3, x_4\}$，同时给出其二叉树表示形式，如图6-4所示，可以得到表示父结点和子结点之间关系的三元组如下：$\{(y_1 \rightarrow x_1x_2)(y_2 \rightarrow y_1x_3)(y_3 \rightarrow y_2x_4)\}$，同时隐层表示$y$与词向量$x$具有相同的维度。

根据三元组的形式，可以计算每个父结点的向量表示。假设$(c_i, c_{i+1}) = (x_1, x_2)$，则$y_1$为：

$$p = \tanh(W_1[c_i; c_{i+1}] + b_1) \tag{6-16}$$

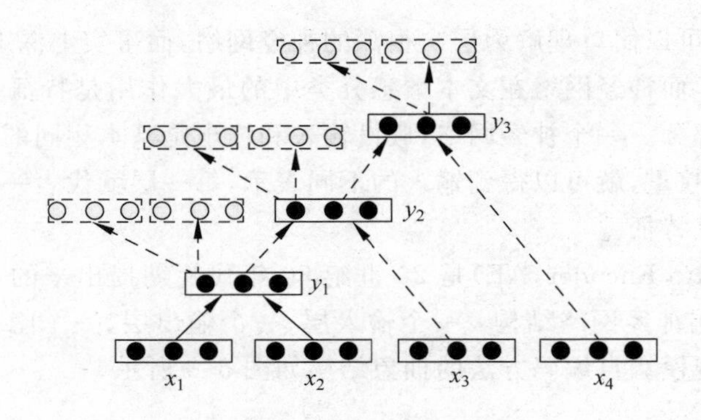

图 6-4　递归神经网络模型

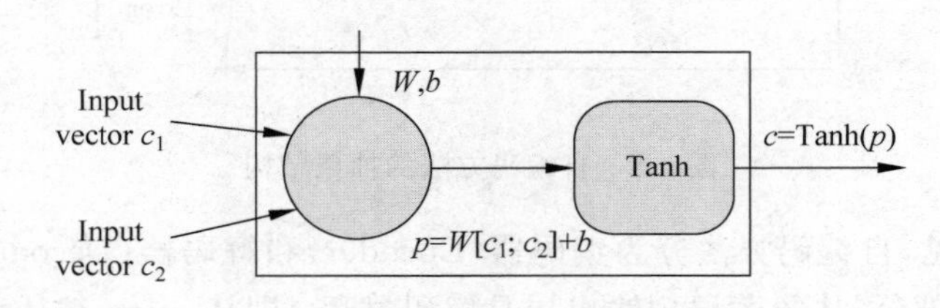

图 6-5　单个神经元模型

式中，W_1 为 $n \times 2n$ 的参数矩阵；b_1 为偏差。然后可以通过增加重构层（即图 6-4 中的空心部分）来重构父结点的子结点，以此来判断得到的父结点能否能够很好地表示子结点的信息，重构的子结点为：

$$[c'_i; c'_{i+1}] = W_2 p + b_2$$

训练过程中，目标是最小化重构子结点与原子结点之间的误差：

$$E_{\text{rec}}([c_i; c_{i+1}]) = \frac{1}{2}(\| c'_i - c_i \|^2 + \| c'_{i+1} - c_{i+1} \|^2) \tag{6-17}$$

在此，假设句子的树形结构是已知的，然而实际中大多数句子的树形结构是未知的，所以需要先学习输入信号的树形结构，树形结构的学习目标是在由句子中词向量的组合的所有可能的树形结构中，得到重构误差最小的树形结构。所以下面的内容是对上面内容的补充，采用一种贪心的算法来得到最优的树形结构。

首先，定义 $A(x)$表示句子 x 所有可能的树形结构的集合，$T(y)$表示用非终结符 s 检索时返回三元组的函数，则采用 E_{rec} 函数进行重构误差，并且采用 $\text{RAE}_\theta(x)$函数进行树结构预测过程优化：

$$\text{RAE}_\theta(x) = \underset{y \in A(x)}{\text{argmin}} \sum_{s \in T(y)} E_{\text{rec}}([c_i; c_{i+1}]) \tag{6-18}$$

贪心算法如下。

假设有句子 $x = \{x_1, x_2, x_3, x_4\}$，则：

(1) 记录每次计算的 p_i 和 E_i，如图 6-6 所示。

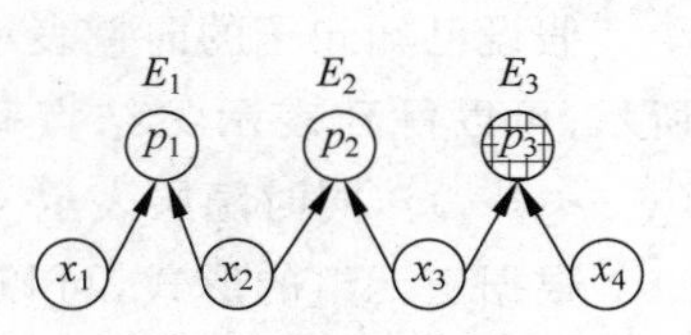

图 6-6　计算 p_i 和 E_i

如果 $E_1 > E_2 > E_3$，则选择最小的重构误差得到第一个父结点 p_3。

(2) E 值最小的 p 结点下沉取代两个子结点，继续计算，如图 6-7 所示继续计算 p_i 和 E_i。

如果 $E_1 < E_2$，那么选择重构误差最小的父结点 p_1。继续重复，每次选择重构误差最小的结点构建树结构，直到最后得到根结点结束。

最后合并获得的根结点和相应的 E 值，如图 6-8 所示。

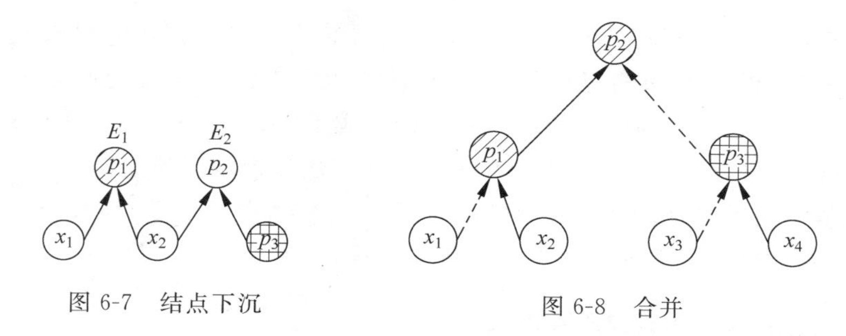

图 6-7　结点下沉　　　图 6-8　合并

最终得到句子 $x=\{x_1,x_2,x_3,x_4\}$ 的最优树结构，其根结点可以表示为：

$$p_2 = p\{(x_1,x_2)(x_3,x_4)\}$$

这样计算得到的最优树结构中每个结点对于树的贡献是平均的，然而实际应用中，句子中不同词汇对于整个句子的含义是不同的。所以可以采用增加权值，更好地体现词汇对于句子的不同重要性。即：

$$E_{\text{rec}}([c_i;c_{i+1}];\theta) = \frac{n_i}{n_i + n_{i+1}} \| c_i' - c_i \|^2 + \frac{n_{i+1}}{n_i + n_{i+1}} \| c_{i+1}' - c_{i+1} \|^2 \tag{6-19}$$

式中，n_i 和 n_{i+1} 分别为当前结点 c_i 和 c_{i+1} 下的词的数量。同时，重构最小误差的 c_i' 和 c_{i+1}' 则为 c_i 和 c_{i+1} 表示的词的特征向量。

深度学习算法在进行特征提取时，能够凭借大量的计算提取出深层特征，深层特征携带大量浅层特征无法描述的信息，对于文本分类任务更有帮助，但深度学习算法进行特征提取的代价比其他特征提取方法要大得多。

6.3　文本的向量空间模型

文本是大数据中的一重要类型，是一种典型的非结构化数据，是大数据分析的关键。在获得文本中的词汇及其特征之后，需要有一种合适的模型对这些特征进行数学表示，以便基于文本内容的各种分析应用能够有效地展开。此类的数学表示模型主要的有两大类，即向量空间模型和概率模型。

这里应当区分文本的向量表示和文本的向量空间模型两个名称。在许多的场合下都是把文本表示成为一个向量，如 SVD 分解提取后及 LDA 变换后的文本实际上都是用向量表示文本。而向量空间模型（VSM）是一种特指，特指维度为词汇的文本表示方法。

6.3.1　向量空间模型的维

在线性代数中介绍过向量空间模型，它由基向量和坐标构成。对于一个 n 维向量空间 Q，它的基向量是一组 n 个线性无关的向量。而对于在这个 n 维空间中的一个非零向量 $\vec{a}$，设这个线性空间的 n 个基坐标为 $\vec{e}_1,\vec{e}_2,\cdots,\vec{e}_n$，则向量 $\vec{a}$ 可以表示成：

$$\vec{a}=k_1\vec{e}_1+k_2\vec{e}_2+\cdots+k_n\vec{e}_n \quad (k_1,k_2,\cdots,k_n\text{不全为}0)$$

此时，称向量$\vec{a}$在 n 维空间 Q 上的坐标为$(k_1,k_2,\cdots,k_n)$。在实际应用中，通常使用第 i 个分量$\vec{e}_i=1$，其他分量为 0 的单位向量作为向量空间的基向量。在向量空间模型的假设中，各个基向量是相互独立的。

应用到文本内容的建模表示上，基向量就是特征词汇。特征词汇是经过适当的特征提取方法选择出来的，根据不同的应用场景有不同的选择方法。假设选择出来的词汇集是 $W=\{w_1,w_2,\cdots,w_n\}$，则表示有 n 个特征词汇，即构成了一个 n 维空间。根据向量空间模型的假设，在文本的向量表示中，也就意味着这 n 个词汇之间是相互独立的。

文本在向量空间中的坐标就是每个特征词汇在该文档中的权重，而权重有多种不同的量化方法，这样可以把一个文本表示为一个特征向量。

6.3.2 向量空间模型的坐标

在 VSM 中，文本在向量空间中的坐标由文本中特征词汇的权重表示，该权重有多种计算方法，其中主要的有 TF、TF-IDF 等。下面分别介绍一些常用的特征向量权重的计算方法。

1. Boolean 权重(0-1 权重)

布尔权重是最简单的一种权重表示方法，记录特征词是否在文本中出现过。当该特征词在某一文档中出现过，则文档映射到该特征词的维度上的权重为 1；若未出现过，则为 0。

布尔权重只考虑了特征词是否出现过，没有考虑到特征词出现次数对特征词在表达意义上的重要程度的影响。通常意义下，出现次数更多的特征词更能够代表文档所表达的主题。

这种表示方法一般在搜索引擎中用得比较多，因为在搜索中通常只要求所提供的检索词汇是否出现在文本中，而不管它出现了多少次。

2. TF 方法

TF 方法是指特征项频率权重(Term Frequency)，其主要思想为将文本中特征词出现的频数作为文本向量映射到该特征词的维上面的坐标，通过特征词的出现频率来判断文档与特征向量表示的词汇组的相关度。TF 权重的定义式为：

$$\mathrm{TF}_{ij}=\frac{n_{i,j}}{\sum_{i=1}^{n}n_{i,j}} \tag{6-20}$$

上述为特征词权重的归一化表示，表示一个特征词在文档中提到的所有特征词中的比重。其中 $n_{i,j}$ 是特征词 t_i 在文档 a_j 中出现的次数，$\sum_{i=1}^{n}n_{ij}$ 则统计了在文档中所有特征词的数量。

显然，TF 方法简单、容易理解，基于这种权重计算方法，除了一些常见的停用词外，TF 值越大的词汇，它就越能反映文本内容的含义。也就是说，从理解文本内容主题的角度看，TF 权重计算方法还是有效的。

然而，如果从多个文档的可区分度的角度来看，TF 方法就会存在较大的局限性。一个在所有文档里面都出现多次的特征词对体现文本的特征基本没有作用，因为所有的文档都包含这些特征词，从而不能通过这些特征词获取关于文档的进一步信息。而在某些特定文档里面才会出现的特征词汇则会对不同文本有较好的分辨作用，可以利用这些特征词很快地在文本集中进行一定范围内的定位和分类。

3. TF-IDF 方法

许多的文本内容分析中，都非常关注文本的区分度，如在文本分类中，TF-IDF 方法就是在 TF 方法基础上增加了区分度因子。

TF-IDF(Term Frequency-Inverse Document Frequency，词频率-逆文档频率)方法同时考虑了特征词出现频率，以及该词在不同文章中出现的篇目数，其主要思想是：特征词在文档中的权重为特征词在文档中出现的频数与反比于包含该特征词的文档数目的因子有关，通过文档的区分度来评估特征词的重要程度。传统的 TF-IDF 公式如下：

$$\text{TF-IDF}(a_j, t_i) = \frac{n_{i,j}}{\sum_{i=1}^{n} n_{i,j}} * \log \frac{N}{N(t_i)} \tag{6-21}$$

式中，$n_{i,j}$ 是特征词 t_i 在文档 a_j 中出现的次数；$\sum_{i=1}^{n} n_{ij}$ 是文档中出现的特征词的总数；N 是文本总个数；$N(t_i)$ 是包含该词语 t_i 的文件总数。公式中的因子 $\log \frac{N}{N(t_i)}$ 就是 IDF 的值，可见，如果一个词在所有文档中都出现，则 IDF $= 0$。有的实现中，为了避免这个问题而导致某个维度的权重值与 TF 无关，加上一个很小的数，如用 $\log\left(\frac{N}{N(t_i)} + 0.0001\right)$ 之类的方法来代替 IDF。

在式(6-21)中，可以把前面的一个乘法因子称为 TF 值，后面的因子称为 IDF 值。上面的公式将 TF-IDF 权重表示为特征词词频归一化(单文档中单一特征词数量与所有特征词数量的比值)与出现该特征词篇目和总文档集篇目数比例相关的函数的乘积，体现了下面的两个特征词评判思路。

(1) 一个词在一个文件中出现频繁，能有效代表文本内容。例如，对系统安全方向的学术论文来说，“权限”、“身份”等词语就会使用得很频繁；而网络安全方向的论文则常用“协议”、“连接”等词汇。这些词由于只在特定文本中频繁出现而在其他类型的文本中出现得很少，因此可以起到有效地表征文档内容的作用。

(2) 从整个文本集的角度看，一个词在多个文件中均出现较频繁，对于这些文本来说该词含有较少的信息量，反之，如果一个词在少数文件中出现，那么它对于在该文本集中进行不同文本的区分就具有显著作用。

表 6-1 是一个 TF-IDF 权值计算的示例，已知有下面的三篇文档(A、B、C)和对应维度的特征词($w_1, w_2, \cdots, w_7$)，表格中的数值表示每个词汇在文档中出现的次数。按照 TF-IDF 来进行文本的向量表示，要按照确定维度(词汇)、确定权重、写成向量形式3 个步骤。

表 6-1 TF-IDF 权值计算的示例

维度/文档	A	B	C
w_1	2	1	0
w_2	0	0	1
w_3	0	1	0
w_4	1	1	0
w_5	0	0	0
w_6	1	1	0
w_7	1	0	1

在表 6-1 中，首先观察每个词汇的特点，特别注意到词汇 w_5 在整个文档集中并不出现，因此应当先排除掉这种词汇，否则 IDF 无法计算，也没有实际意义。

通过扫描文档内容获得该文档中各个特征词的出现频率，之后计算文档 A 的 TF-IDF 值。根据 TF-IDF 的公式，若考虑特征词 w_1，该词在文档 A 中出现了两次（$n_{i,j}=2$），文档 A 中特征词一共出现了 5 次 $\left(\sum_{i=1}^{n} n_{ij}=5\right)$，则（$N=3$）：

$$\text{TF-IDF}_{A,w1}=\frac{2}{5}\times\log\frac{3}{2}$$

考虑特征词 w_4 时，这个词在 A 中出现了一次，一共有两篇文章（$N(t_i)=2$）出现了这个特征词，则可得：

$$\text{TF-IDF}_{A,w4}=\frac{1}{5}\times\log\frac{3}{2}$$

$$\begin{aligned}\vec{A}&=\left[\frac{2}{5}\times\log\frac{3}{2},0,0,\frac{1}{5}\times\log\frac{3}{2},\frac{1}{5}\times\log\frac{3}{2},\frac{1}{5}\times\log\frac{3}{2}\right]\\&=[0.070\,436,0,0,0.035\,218,0.035\,218,0.035\,218]\end{aligned}$$

同理可得 B、C 两文档的向量化权值。

4. TF-IDF 权重的评价

在实际的应用以及后续改进中，TF-IDF 方法体现了比较好的应用效果，能够进行有效的文本向量的处理与分类，以及话题提取等工作，在文本信息处理里面体现了较为优秀的性质。但是，朴素的 TF-IDF 权重计算方法也存在一些不灵活的地方。

TF-IDF 方法将整个文本集看作一个整体，对于特征词出现的文章篇目数的统计中，是将所有的文章看作一个整体，统计所有文章里面出现该特征词的篇目数量。对于 TF-IDF 的一个重要应用文本分类问题，一些分类效果明显的特征词只会出现在特定范围的文本里面（即某一类文本），本来应该是分类效果较好的特征词，然而根据 TF-IDF 的计算方法，由于该特征词出现的次数比较多，从而其 $\text{IDF}_i=\log\left(\frac{N}{N(t_i)}\right)$ 会变小，则这个特征词的权重会变小。

对于含有分类训练文本集的情况，改进的 IDF 计算方式考虑了特征词在各个类里面的出现情况，计算方式如下：

$$\text{IDF}_{i,C}=\log\frac{mN}{n}=\log\left(\frac{mN}{m+k}\right)\tag{6-22}$$

式中，N 的含义不变；n 是包含特征词 t_i 的文档数；m 指类别 C 包含的文本里面特征词 t_i

出现的篇目数；k 指除类别 C 以外的文本中该特征词出现的篇目数。

此外的一个问题是TF-IDF方法没有能够反映特征词出现在文本不同位置的影响，对于一篇文章，在标题、摘要或者特定部分中的文字通常起到概括全文重点，或者表述特殊信息的作用，对于分析内容更加重要。在实际的信息处理中，对于网络上的网页信息这个问题则更为明显，Web网页信息中的HTML格式对于文本内容结构有明确的规定，可以用于提取和分析不同段落的信息。因此在实际处理文本信息时，考虑对不同位置的特征词赋予不同的权重，能够更准确地对文章进行内容量化，即表示为：

$$\text{TF-IDF} = (\alpha_1 \text{tf}_{ij}^{(1)} + \alpha_2 \text{tf}_{ij}^{(2)} + \cdots + \alpha_k \text{tf}_{ij}^{(k)}) \text{idf}_i \tag{6-23}$$

式中，$\alpha_1, \alpha_2, \cdots, \alpha_k$ 为文本中不同位置设定的权重；

$$\text{tf}_{ij} = \frac{n_{i,j}}{\sum_{i=1}^{n} n_{i,j}}$$

$$\text{idf}_i = \log\left(\frac{N}{N(t_i)}\right)$$

在实际的操作中，TF-IDF权重的计算需要遍历所有的特征词与文本，因此针对增量式文本集，在计算新文本时，由于文本篇数的变化，则需要重新计算TF-IDF的值。鉴于此可以将构成TF-IDF的两部分分别存储和计算，这样在更新文本数据时只需要更新IDF的值。

TF-IDF方法的局限性在于其适用于长文章而不适用于较短的文字段落(如微博或单一的论坛回帖等)，因为段落长度过短时，其中包括的特征词数量也较少，这样不同段落不容易包含相同的特征词，从而IDF值总体偏大，权重的区分度较低，量化映射的效果比较差。

6.3.3　向量空间模型中的运算

通过上面描述的TF-IDF方法将文本信息映射到由特征词表示的子空间中的特征向量后，对于文字信息的处理就转化为向量的数值处理。下面介绍几种常用的向量处理方法，设两个向量为 $\vec{P}=(p_1, p_2, \cdots, p_n)$ 与 $\vec{Q}=(q_1, q_2, \cdots, q_n)$。

距离运算：即计算两个向量之间的距离，来反映两个文本的相似度，这种运算认为两篇文本包含的特征词更为一致时，这两篇文章的内容也更加类似。常用的距离运算方法有以下几种。

(1) 计算两个向量的内积：

$$\vec{P} \times \vec{Q} = \sum_{i=1}^{n} p_i q_i \tag{6-24}$$

向量内积的缺陷在于内积的值与向量维数成正相关，维数高的向量的内积通常更大，因此在判断较长文章的相似性时准确度会受影响，其优势是计算简单。

(2) 计算两个向量的余弦值：

$$\cos(\vec{P}, \vec{Q}) = \frac{\sum_{i=1}^{n} p_i q_i}{\sqrt{\sum_{i=1}^{n} (p_i)^2 \sum_{i=1}^{n} (q_i)^2}} \tag{6-25}$$

余弦计算解决了向量维数影响相似度的问题，即可以认为余弦值与向量维数无关。在计算时需要注意两个向量不能全为零向量，另外由于有开方和除法运算，余弦值计算相似度的速度较慢。

除了基于向量空间进行文本相似性计算外，还有其他一些传统方法可用来计算，例如编辑距离（Levenshtein 距离）：它是指对于两个不同的字符串，通过改变其中一个字符串的某个字符（修改、添加、删除），使两个字符串相等的最小改变次数。

编辑距离可以用动态规划的方式求解，设 $f[i,j]$ 为两个字符串的前 i 位及前 j 位字串的编辑距离，则状态转移方程为：

$$f[i,j]=\begin{cases}0 & i=0,j=0\\ j & i=0,j>0\\ i & i>0,j=0\\ \min(f[i-1,j]+1,f[i,j-1]+1,f[i-1,j-1]+x) & i>0,j>0\end{cases} \tag{6-26}$$

其中，$x=\begin{cases}0 & \mathrm{str}_1[i]=\mathrm{str}_2[j]\\ 1 & \mathrm{str}_1[i]\neq\mathrm{str}_2[j]\end{cases}$

（3 种决策对应添加、删除、修改 3 种操作）

编辑距离可以在 $O(n^2)$ 的时间复杂度与 $O(n)$ 的空间复杂度下求解。

6.3.4 文本型数据的逻辑存储结构

文本型数据是指 TXT 等文本型的数据，由某种自然语言的基本词汇构成的字符串数据。在关系型数据库中，它通常是当作字符串（String）来处理的，因此所能进行的运算非常有限，一般就只有字符串长度、子串匹配及字符串链接等以字符串为基础的运算，而没有对字符串文本内容含义上的运算。因此，在互联网大数据中，文本型数据非常常见的情况下，简单的运算是无法保证大数据分析的进行。

针对互联网大数据，文本通常会被分为长文本和短文本两种情况来进行处理。这里的长短并没有一致的长度界限。短文本是随着微博、网络论坛等网络应用的分析需求，由于文本短而导致在分析技术上出现了一些有别于长文本的方法，因此得到一定关注。

不管长文本或短文本，在存储结构上通常会采用倒排索引（Inverted Index，也称反向索引）结构。这种结构是源于信息检索的设计，它以关键词作为索引关键字和链表访问入口，索引表中的每一项都包括一个属性值和具有该属性值的各记录的地址，即是某个关键词在一个文档或一组文档中的存储位置的映射。

下面简单介绍倒排索引结构的存储原理。

假设有以下两篇文本需要存储。

文章 1 的内容为：Mary lives in Guangzhou，I live in Guangzhou too。

文章 2 的内容为：He once lived in Shanghai。

经过停用词、词根还原等处理后，这两篇文章分别变为以下形式。

文章 1 的所有关键词为：[mary] [live] [guangzhou] [i] [live] [guangzhou]。

文章 2 的所有关键词为：[he] [live] [shanghai]。

构建倒排关系，即关键词和文章的对应关系，而非文章和关键词的对应关系。

文章 1、2 经过倒排后变成：

```
关键词        文章号
guangzhou     1
he            2
i             1
live          1,2
shanghai      2
mary          1
```

这个即是最基本的倒排搜索结构的表示形式，除了这种映射关系以外，保留词汇在文档中出现的次数也是很有必要的，这样可以为以后基于文本的向量空间模型的运算提供基础。同时，也要考虑实际应用中的一些特殊需求，例如检索时关键词加亮显示等。因此，综合这些因素，倒排索引结构可以表示为：

```
关键词        文章号[出现频率]    出现位置
guangzhou     1[2]                3,6
he            2[1]                1
i             1[1]                4
live          1[2],2[1]           2,5,2
shanghai      2[1]                3
mary          1[1]                1
```

而在实际物理实现时，考虑到关键词、文章和位置信息通常是非常多的，因此可以将该索引结构的三列分别作为3个文件来存储，即词典文件、频率文件和位置文件，其中词典文件不仅保存有每个关键词，还保留了指向频率文件和位置文件的指针，通过指针可以找到该关键字的频率信息和位置信息。

6.4 文本的概率模型

向量空间基于词袋的独立性假设，即 bag of words，因此它无法体现出词汇之间的关系，也就没有语义表达的能力。如前所述，文本中的语义体现在词汇之间的关系上，因此概率模型首先就是考虑如何将词汇先后顺序上的关系反映到模型中，然后再去进一步考虑将文档内容中的语义信息表达出来。由此就产生了两大类概率模型，即 N-gram 模型和主题模型。最近兴起的神经概率语言模拟(NPLM)延续了 N-gram 的假设，但在计算概率时，采用了机器学习方法而非简单的计数方法，因此能学习参数更少的复杂概率函数。相关知识在5.2.3和6.2.3节中介绍过。

6.4.1 N-gram 模型

1. N-gram 模型及变体

N-gram 模型的原理是将自然语言中的文字组合与顺序关系看作随机过程，统计不同文字组合出现(即连续字符形式)的概率，认为同时出现概率较大、次数较多的文字组合是一个词组。N-gram 模型需要统计文本中的所有连续字符集合，之后根据统计结果进行词汇的划分。

N-gram 模型中的文本连续性用概率的形式表示，$p(w_i)$表示文字 w_i 在文本中出现的概率，即为 unigram($n=1$)，$p(w_i|w_{i-1})$表示 w_{i-1} 后面一个字符为 w_i 的概率，即 Bigram

$(n=2)$，当 $n=3$ 时，trigram 用 $p(w_i|w_{i-2}w_{i-1})$统计所有连续 3 个字符情况下，$w_{i-2}w_{i-1}$后面接 w_i 的概率，n 的值更大的时候以此类推。

在第 4 章的基于统计的分词方法中介绍过 N-gram，在该应用中，随机变量是字，而在本节的文本模型表示中，随机变量是词汇。但是不管随机变量是什么，模型的表示是一样的。

在这里，利用 N-gram 模型计算一个词汇组合（文本串）的概率为 $p(w_1w_2\cdots w_n)$，其中的每个 w 表示一个词汇，这个概率值可以用概率模型的链式规则得出：

$$p(w_1w_2\cdots w_n)=p(w_1)p(w_2\mid w_1)p(w_3\mid w_1w_2)\cdots p(w_n\mid w_1w_2\cdots w_{n-1}) \tag{6-27}$$

当 n 比较大时，可以假设词汇之间的出现是相互独立的，从而可以简化计算：

$$p(w_1w_2\cdots w_n)=p(w_1)p(w_2\mid w_1)p(w_3\mid w_2)\cdots p(w_n\mid w_{n-1}) \tag{6-28}$$

也可以利用近似结果来逼近链式展开的准确值，对于条件概率，只考虑前面 n 个词汇的组合情况，式(6-28)即为 $n=2$ 的情况。而当 $n=1$ 时，模型称为 unigram，上述文本串的概率为：

$$p(w_1w_2\cdots w_n)=p(w_1)p(w_2)p(w_3)\cdots p(w_n) \tag{6-29}$$

从式(6-29)可以看出，unigram 实际上是假设文本中每个词汇相互独立。这就类似于 VSM 了，只不过 unigram 模型是建立在 n 个词汇的论域上，每个概率值 $p(w_i)(i=1,2,\cdots,n)$ 来自一个多项式分布。也就是说，词汇这个随机变量的取值是从多项式分布随机选择出来的。

考虑下面包含 3 个句子的训练文本集：

```
data mining and its application
mining of bitcoin
big data application of internet
```

则可以计算句子 data mining of internet 的概率，有

$$P=p(\text{data})p(\text{mining}\mid\text{data})p(\text{of}\mid\text{mining})p(\text{internet}\mid\text{of})$$

在这里 $p(\text{data})$表示 data 作为句子开头的概率，则

$$p(\text{data})=\frac{1}{3}$$

另外有

$$p(\text{mining}\mid\text{data})=\frac{p(\text{data\_mining})}{p(\text{data})}=\frac{\text{num}(\text{data\_mining})}{\text{num}(\text{data})}=\frac{1}{2}$$

同理可得

$$p(\text{of}\mid\text{mining})=\frac{1}{2}$$

$$p(\text{internet}\mid\text{of})=\frac{1}{2}$$

则可得

$$P=\frac{1}{3}\times\frac{1}{2}\times\frac{1}{2}\times\frac{1}{2}=\frac{1}{24}$$

在实际对较大规模数据的分析计算中，P 的值会非常小，从而引起下溢问题，因此可以采取对概率取对数并相加的算法。

在实际应用中，对于存在 m 个不同字符（单词）的文本集，N-gram 需要统计所有长度为 n 的 m^N 个组合分别进行计算，无论是时间消耗还是空间消耗都非常大，另外由于单独词汇词

组的长度通常都较短，因此 n 一般不取过大的值。在 Google 的检索系统里面，n 的取值为 5。

对比向量空间模型的文本表示方法，可以看出 VSM 和 N-gram 在文本表示上的差异。VSM 中文本被看作是一个高维空间中的点，词汇的权重通过坐标反映出来。而在 N-gram 模型中，文本是一种处于整个词汇空间(域)中的分布，而这种词汇空间及其权重与 N-gram 的 n 值有密切关系。当 $n=1$ 时，词汇空间就是文本中每个独立的词汇；当 $n=2$ 时，词汇空间的每个"词汇"则是由任意两个词汇组成的词汇对。但是，不管 n 的值是多少，其权重都是一种概率，满足概率的公理。

混合 unigram 模型则是后来提出来的变体，该模型假设文本中包含若干个主题，每个主题在文本中的分布定义为 $p(z)$，而每个主题下面的词汇分布仍是一个多项式分布。那么整个文本的概率可以由式(6-30)计算。

$$p(w_1 w_2 \cdots w_n) = \sum_z p(z) \prod_{i=1}^{n} p(w_i \mid z) \tag{6-30}$$

2. N-gram 模型的平滑处理

在上文给出的训练集里面，如果要计算 big data and its application 的概率，由于 data and 组合不存在，则 $P(\text{and}|\text{data})=0$，从而 $P(\text{big data and its application})=0$，这个结果是不合常理的。这是因为给定的句子中的单词组合没有在训练集中出现过，从而 N-gram 模型训练时无法得到相关的信息，对于训练集中没有出现过的情况不能正确地计算其出现概率。

一种解决方案是扩大训练集，这种方法在一定程度上能够缓解上面的问题，但是一方面由于训练集总是有限的，因此不可能包含无限的自然语言组合的情况；另一方面在自然语言中，大多数词汇属于低频词，根据 zipf 定律，最常用的部分词汇会占据语言文字的大部分比例，而多数词汇出现的频率极低。因此难以通过训练集推测其出现规律，两者共同导致了自然语言中的稀疏性。

注意：zipf 定律描述了词语词频和词频排序之间关系，当某个词的词频为 F，其词频从大到小排序的序数为 R，则有 $FR=K$(常数)。根据大量语料数据的统计结果，可以发现所有的单词中常用词占很小一部分，且大多数词汇词频极低。

训练数据的稀疏性决定了 N-gram 模型的局限性在于计算概率时只能统计到训练文本集中的文字组合的情况，不在训练文本集中的词组不会被识别，从而影响到后续处理的准确度。因此使用 N-gram 模型进行信息处理时，通常需要进行平滑操作来弥补不在训练集中的词组对后续信息处理的影响，特别当 n 值越大时，这种平滑处理的必要性就越大。

N-gram 模型的平滑处理是指修正长度在 n 以内的词组的概率分布，为没有出现过的词组赋一个特定的值代入到后续的处理过程中，这个概率值通过将训练集中原有词组的概率适当减小一些，再将减小的量分配给未出现的词组，这样可以使后续算法考虑到没有出现在训练文本集中的词语的情况。根据减小的策略和重新分配的原则，目前形成了多种不同的平滑方法。常见的有下面几种方式。

(1) Add-one 平滑。假设所有未出现的词组的出现次数为 1，将所有可能出现的词组的出现次数加 1。形式化表示为：

$$p(w_n \mid w_1 w_2 \cdots w_{n-1}) = \frac{C(w_1 w_2 \cdots w_n) + 1}{C(w_1 w_2 \cdots w_{n-1}) + V} \tag{6-31}$$

式中，V 为所有的长度为 n 并且以 $w_1 w_2 \cdots w_{n-1}$ 为前缀的可能词组的数量；$C(\cdot)$表示词组出现的次数。

由于在枚举组合的情况下,很多词汇的组合实际上不会一起出现构成真实文本中的词组,因此 add-one 平滑会增加大量冗余数据占据整个概率空间的较大概率分布,另外在训练文本集中出现过的词组的频率也不完全相同,共同增加一次出现机会也会影响已有词组的概率分布情况。基于上面的问题引出了下面的 add-delta 平滑方式。

(2) Add-delta 平滑。假设所有未出现词组的出现次数为一个特定值 delta(0<delta<1),具体表现为如下形式:

$$p(w_n \mid w_1 w_2 \cdots w_{n-1}) = \frac{C(w_1 w_2 \cdots w_n) + \delta}{C(w_1 w_2 \cdots w_{n-1}) + \delta V} \tag{6-32}$$

add-delta 平滑减少了前者的冗余数据过大的问题,但是对于不同概率分布的训练集文本中的增加次数仍然没有解决,因此平滑效果较 add-one 平滑有所优化,但仍然不理想。

(3) 组合平滑。这种平滑方法利用 N-gram 的前置结果(n 更小时的 N-gram 统计)构造 N-gram 的概率分布,即用低阶 N-gram 的值表示高阶 N-gram 分布。

组合平滑考虑到长度更长的词的组成概率与其中的子串组成概率相关,其子串出现时构成该词的前提条件(较频繁出现的短词更容易出现在长词里面),以及低阶 N-gram 的稀疏度弱于高阶 N-gram(所有的单字中训练文本中出现的字数比例最高,而对于所有的双字组合,在训练文本中出现过的双字组合比例明显少于单字出现比例),从而利用低阶 N-gram 中子串的概率分布求高阶 N-gram 中的概率估计值既可以考虑到原始概率分布,也可以解决冗余数据的问题。组合平滑的数学表达如下:

$$Q(w_n \mid w_1 \cdots w_{n-1}) = a_1 P(w_n) + a_2 P(w_n \mid w_{n-1}) + \cdots + a_n P(w_n \mid w_1 \cdots w_{n-1}) \tag{6-33}$$

$$\text{s.t.} \begin{cases} a_1 + a_2 + \cdots + a_n = 1 \\ 0 \leqslant a_i \leqslant 1 (i = 1, 2, \cdots, n) \end{cases}$$

式中,P 表示平滑前的概率分布;Q 表示平滑后的概率分布。即 Q 的分布通过 P 的分布的线性插值估计,为了使插值结果更准确,可以使插值权重 $a_1, a_2, \cdots, a_n$ 与历史产生关系,即作为历史数据的函数,也可以通过一些特定算法,如 EM 算法决定。

表 6-2 给出一个示例及对这个用例进行不同的平滑所得到的效果,给定下面的词语连接分布。表 6-2 中表示两个数值,一个是词汇组合出现的次数,另一个是对应的概率值。

表 6-2 平滑的示例

w_1/w_2 的频数/频率	word1	word2	word3	word4	word5	word6
word1	0	$3/\frac{1}{9}$	$12/\frac{4}{9}$	$4/\frac{4}{27}$	$8/\frac{8}{27}$	0
word2	$2/\frac{2}{25}$	0	$9/\frac{9}{25}$	$8/\frac{8}{25}$	$5/\frac{1}{5}$	$1/\frac{1}{25}$
word3	0	0	$4/\frac{4}{45}$	$16/\frac{16}{45}$	$25/\frac{5}{9}$	0
word4	0	$1/\frac{1}{31}$	0	$10/\frac{10}{31}$	0	$20/\frac{20}{31}$
word5	$7/\frac{7}{23}$	0	0	$16/\frac{16}{23}$	0	0
word6	$3/\frac{3}{22}$	$4/\frac{2}{11}$	$8/\frac{4}{11}$	0	$2/\frac{1}{11}$	$5/\frac{5}{22}$

对上面的词组统计结果进行 add-one 平滑，则可得到表 6-3 的结果。

表 6-3　add-one 平滑

w_1/w_2 的频数/频率	word1	word2	word3	word4	word5	word6
word1	$1/\frac{1}{33}$	$4/\frac{4}{33}$	$13/\frac{13}{33}$	$5/\frac{5}{33}$	$9/\frac{3}{11}$	$1/\frac{1}{33}$
word2	$3/\frac{3}{31}$	$1/\frac{1}{31}$	$10/\frac{10}{31}$	$9/\frac{9}{31}$	$6/\frac{6}{31}$	$2/\frac{2}{31}$
word3	$1/\frac{1}{51}$	$1/\frac{1}{51}$	$5/\frac{5}{51}$	$17/\frac{1}{3}$	$26/\frac{26}{51}$	$1/\frac{1}{51}$
word4	$1/\frac{1}{37}$	$2/\frac{2}{37}$	$1/\frac{1}{37}$	$11/\frac{11}{37}$	$1/\frac{1}{37}$	$21/\frac{21}{37}$
word5	$8/\frac{8}{29}$	$1/\frac{1}{29}$	$1/\frac{1}{29}$	$17/\frac{17}{29}$	$1/\frac{1}{29}$	$1/\frac{1}{29}$
word6	$4/\frac{1}{7}$	$5/\frac{5}{28}$	$9/\frac{9}{28}$	$1/\frac{1}{28}$	$3/\frac{3}{28}$	$6/\frac{3}{14}$

3. N-gram 模型的应用

N-gram 的核心为通过文字组合的概率进行语义分析，即词汇分析，下面介绍几种 N-gram 模型的实际应用。

(1) 分词：根据平滑后的 N-gram 模型设定一个阈值，当词组出现概率大于该阈值时，即可认为是一个独立短语。N-gram 模型相对于传统分词模型不再需要通过词典进行分词的过程，从而能够更好地适应新词及文本集的变化，避免分词过程受到词典范围的限制，并且不会出现歧义问题。

(2) 拼写检查：同样通过阈值设定判断当前输入短语是否为一个成词，这样可以检测出拼写错误。对于拼写纠正，需要找到和当前词最接近的词进行纠正。词汇间的接近程度需要利用前面的编辑距离，提取编辑距离最近的词汇可以通过 BK 树解决。

(3) 机器翻译：在翻译过程中利用 N-gram 模型进行分词之间的翻译。

(4) 语义识别：根据 N-gram 模型结果分离出的短语词组进行知识获取，并可以利用语义识别。

6.4.2　概率主题模型

概率主题模型是从生成式的角度进行文本建模的，它在文档和词汇中间加入了主题层，这是一种隐含在单文本或多文档中的语义信息，与词汇层面上属性特征和句子层面的词汇关系特征。这种语义信息就是属于粒度比较粗的语义信息，因此它在分析文档层面语义的作用就会比较突出，特别是针对多文本的舆情分析应用。这方面的模型近年来研究得比较多。

1. PLSA 模型

1）PLSA 概述

向量空间模型是一个比较好的用来表示自然语言内容的数学模型，然而向量空间模型的一个主要问题是向量空间模型以单一字符串构成的词为空间的维，因而向量空间模型无法处理同义词问题，即意思相同的词汇处理为不同的维度，以及一个多义词只能按其中一个意义处理，而 N-gram 模型在处理文本信息时也有同样的问题。

基于上述问题，后来的研究在奇异值分解 SVD 的基础上提出了潜在语义分析方法，即 LSA/LSI 方法，并在信息检索中展现了 LSA/LSI 具备一定语义检索的能力。这种方法在表示文本时，是将文本转换成为另一个空间中的向量，对文本集的分析本质上是对向量的运算，与基于向量空间模型的分析应用方法一样。要进行话题的提取，基于向量的分析方法，只能是从空间中点的分布的角度来处理，如采用各种聚类算法。其缺点在于，聚类结果没有一种形式化的表示，也就不利于更多的应用展开。因此，PLSA/PLSI 和 LDA 模型就从另一个角度来解决这个问题，它们引入了产生式的思想。

PLSA 模型，即概率潜在语义分析（Probabilistic Latent Semantic Analysis），是一种基于概率分布的文本产生模型，多用于自然语言处理、文本分析和话题分析等领域。

PLSA 模型的主要思想为文档基于某种生成模型产生，把文本看作一个词汇集合，通过一定的规则生成一个有含义的词语序列。PLSA 模型首先假设文本服从一定的话题分布，即文本根据话题分布的情况产生；而话题又表现为单词的分布，由单词的分布情况确定，每个话题有其特定的使用词汇集及各个词语的分布。PLSA 模型将文档的产生过程理解为首先产生话题分布，这样根据话题分布就可以确定文本主题，然后通过话题中的单词分布确定文本中的词汇，基于上面两步过程不断重复来确定一篇文档中的词汇。

2）PLSA 模型的数学表示

PLSA 模型涉及 3 个不同的随机变量，分别是文档 D_i、话题 Z_i 及词语 W_i。相关的概率分布有 $P(D_i)$表示文档在文档集中的概率分布，即文档 D_i 被选中的概率；$P(Z_k \mid D_i)$表示话题分布，即在文档 D_i 中，话题 Z_k 的分布情况；$P(W_i \mid Z_k)$表示词汇分布，即话题 Z_k 中词汇 W_i 的分布情况。从用户角度能观察到的文档集为文档分布及其对应的内容词汇，因此 PLSA 模型的数学表示为：

$$\begin{aligned} P(D_i, W_j) &= P(D_i)P(W_j \mid D_i) \\ &= P(D_i)\sum_{Z} P(W_j \mid D_i, Z_k)P(Z_k \mid D_i) \end{aligned} \tag{6-34}$$

根据 PLSA 模型的假设，可以知道词汇与所在文档（即文档分布）无关，因此式（6-34）可以化简为：

$$\begin{aligned} P(D_i, W_j) &= P(D_i)\sum_{Z} P(W_j \mid Z_k)P(Z_k \mid D_i) \\ &= \sum_{Z} P(Z_k)P(D_i \mid Z_k)P(W_j \mid Z_k) \end{aligned} \tag{6-35}$$

即首先选定文档，然后选定文档下的话题，最后确定话题中的词汇来形成整篇文档中的文字，可以用图 6-9 表示。

图 6-9 说明了大小为 M 的文档集和各文档中大小为 N 的词汇集的生成关系，在图中用矩形表示重复过程，图中的灰色圆圈表示最后可见的文档元素，白色圆圈表示不可见的文

档元素，即隐形的话题。在图 6-9 中，D 表示文档，Z 表示话题，W 表示词语。

在 PLSA 模型中，话题和单词的分布满足多项分布。假设所有的文档中一共包含有 T 个话题，由于文档分布概率是给定的，则文档产生模型一共需要 $MT+TN$ 个参数的条件概率分布。接下来的问题就是对这些分布进行估计，根据训练文本的信息，产生能够代表文本特征的条件概率分布，即通过已知的$P(W_j|D_i)$生成 $P(D_i|Z_k)$和 $P(W_j|Z_k)$，进而可以得到文本集的话题分布 $P(Z)$。

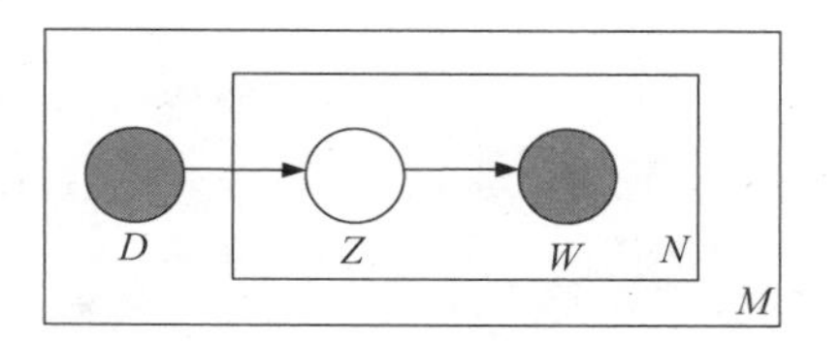

图 6-9　PLSA 的图模型

3）PLSA 模型的参数估计

PLSA 模型中未知参数（概率分布）求解的一个直接思路是通过极大似然法求解，可以据此写出似然函数：

$$L=\prod_{i=1}^{M}\prod_{j=1}^{N}P(D_i,W_j)^{n(D_i,W_j)} \tag{6-36}$$

式中，$n(D_i,W_j)$表示词汇 W_j 在文档 D_i 中出现的次数，它是一个关于 $P(D_i|Z_k)$和 $P(W_j|Z_k)$的函数。把上面的式子取对数，可以改写成下面的形式：

$$L=\sum_{i=1}^{M}\sum_{j=1}^{N}n(D_i,W_j)\log\left(\sum_{k=1}^{T}P(W_j\mid Z_k)P(Z_k)P(D_i\mid Z_k)\right) \tag{6-37}$$

这个 L 的表达式即为变形后的极大似然函数。在上面的似然函数中，由于未知量在对数部分中，难以直接求解。因此采用下面的 EM 算法进行该似然函数的求解。

EM 算法（Expectation Maximization）适用于在默认参数的情况下（即函数式中存在隐变量，具体表现为 PLSA 模型中的话题 Z）进行函数极大似然估计的算法。对于不包含隐变量的数据集可称为完整数据（Complete Data），而包含隐变量的数据集称为不完整数据（Incomplete Data）。EM 算法的思路是通过求完整数据对应的函数期望的极大值为基础来求不完整数据对应函数的最大值。

EM 算法包括 E 过程和 M 过程，其中 E 过程用于求隐变量在当前参数取值下的后验概率，通过 Bayes 公式来实现：

$$P(Z_k\mid D_i,W_j)=\frac{P(Z_k)P(D_i\mid Z_k)P(W_j\mid Z_k)}{\sum_{l=1}^{T}P(Z_l)P(D_i\mid Z_l)P(W_j\mid Z_l)} \tag{6-38}$$

在这个步骤中，假设 $P(D_i|Z_k)$和 $P(W_j|Z_k)$，$P(Z_k)$的分布都是已知的，从而可以得到 $P(Z_k|D_i,W_j)$的值。具体实现中的变量变化情况将在稍后进行详细的可行性说明。

M 过程则用于最大化完整数据对应似然函数值的期望，计算在 $P(Z_k|D_i,W_j)$已知的情况下 $P(D_i|Z_k)$、$P(W_j|Z_k)$和 $P(Z_k)$的最大值，在求最值时采用 Lagrange 乘数法，从而有：

$$L(\lambda,\mu,\nu)=L+\sum_{k=1}^{T}\lambda_k\sum_{i=1}^{M}[P(D_i\mid Z_k)-1]+\sum_{k=1}^{T}\mu_k\sum_{j=1}^{N}[P(W_j\mid Z_k)-1]$$
$$+\nu\sum_{k=1}^{T}[P(Z_k)-1] \tag{6-39}$$

$$\text{s.t.}\begin{cases}\sum_{j=1}^{N}P(W_j \mid Z_k)=1\\ \sum_{i=1}^{M}P(D_i \mid Z_k)=1\\ \sum_{k=1}^{T}P(Z_k)=1\end{cases}$$

解上面的方程组，之后就可以得到变量 $P(D_i|Z_k)$、$P(W_j|Z_k)$和 $P(Z_k)$的分布式：

$$P(W_j \mid Z_k)=\frac{\sum_{i=1}^{M}n(D_i,W_j)P(Z_k \mid D_i,W_j)}{\sum_{i=1}^{M}\sum_{l=1}^{N}n(D_i,W_l)P(Z_k \mid D_i,W_l)} \tag{6-40}$$

$$P(D_i \mid Z_k)=\frac{\sum_{j=1}^{N}n(D_i,W_j)P(Z_k \mid D_i,W_j)}{\sum_{l=1}^{M}\sum_{j=1}^{N}n(D_l,W_j)P(Z_k \mid D_l,W_j)} \tag{6-41}$$

$$P(Z_k)=\frac{\sum_{i=1}^{M}\sum_{j=1}^{N}n(D_i,W_j)P(Z_k \mid D_i,W_j)}{\sum_{i=1}^{M}\sum_{j=1}^{N}n(D_i,W_j)} \tag{6-42}$$

在实际的 EM 算法实现中，这是一个迭代的过程。在第一轮的 E 过程中，$P(D_i|Z_k)$和 $P(W_j|Z_k)$、$P(Z_k)$都先取一个随机值作为参数的初始值，并代入到第一轮的 E 过程里面求出在此条件下的后验概率 $P(Z_k|D_i,W_j)$，之后就可以利用这个值进行 M 过程并求出在当前后验概率的情况下符合极大似然函数最大值的 $P(D_i|Z_k)$、$P(W_j|Z_k)$和 $P(Z_k)$的分布。重复 E 过程，把这些分布再代入到 E 过程的公式里面继续求后验概率，并用新的后验概率进行 M 过程，以此类推不停迭代直到产生最优解，通过 Jensen 不等式可以证明 EM 算法的收敛性。

2. LDA 模型

PLSA 模型的缺陷在于过拟合的情况，即 PLSA 模型在训练的过程中对训练数据有非常好的拟合能力，但由于模型依赖训练数据生成参数，反而在新的文本集中无法表现出较好的特征拟合。这个问题在 PLSA 模型大量扩大训练集范围时可以较好地解决，不过在文本训练集容量较小的时候问题会比较明显。

LDA(Latent Dirichlet Allocation)模型用于解决 PLSA 模型中概率统计不适于未训练文档的问题。在 PLSA 模型中，最后生成的话题也是符合特定分布的，LDA 模型则为文档生成提供了概率化计算的机制。在 PLSA 模型中，不在训练集中的文本是无法确定其在模型中的话题以及相关变量的参数分布的，而 LDA 模型可以通过一个先验假设做一个概率化计算的处理。

LDA 模型的思路是为话题分布和话题中对应词项(注意这里词项 term 和词语 word 的区别，前者是话题中所能使用的所有词，集合中不能重复，类似于一个词典，而后者是文本中实际使用的词，可以重复，也可以不使用特定的词项)的分布设置一个先验分布。由于在

PLSA 模型中，话题选择和词语选择满足多项分布，则在 LDA 模型中，它们分布的先验分布符合多项分布的共轭分布——Dirichlet 分布。

LDA 模型的文本生成过程，首先确定话题分布的先验 Dirichlet 分布，随之确定话题分布，根据这个话题分布确定当前词的所属话题；之后根据该话题词项分布的先验分布确定词项分布，与话题分布结合选取使用的词汇。重复上述过程最后生成完整的一篇文本。

在这个过程中，词汇分布和话题分布都是一种多项分布，一般的多项分布描述一个 k 维随机变量在不同取值下的概率，进行 N 次实验。而 LDA 中使用的多项分布是一种简化的多项分布，该 k 维随机变量中只有一个值为 1，而其余的值均为 0。

Dirichlet 分布是多项分布的共轭分布，可以用下式形式化表示为：

$$D(\vec{P} \mid \vec{\alpha}) = \frac{\Gamma\left(\sum_{k=1}^{K}\alpha_k\right)}{\prod_{k=1}^{K}\Gamma(\alpha_k)}\prod_{k=1}^{K}p_k^{\alpha_k-1} \tag{6-43}$$

其中，$\Gamma(\alpha)=\int_0^{\infty}t^{x-1}\mathrm{e}^{-t}\mathrm{d}t$ 为 Gamma 函数，在 LDA 模型中 Dirichlet 分布可以写成下面的形式：

$$D(\vec{\theta} \mid \vec{\alpha}) = \frac{1}{\Delta(\vec{\alpha})}\prod_{k=1}^{K}\theta_k^{\alpha_k-1} \tag{6-44}$$

式中，$\Delta(\vec{\alpha})=\int_{\vec{\theta}}\prod_{k=1}^{K}\theta_k^{\alpha_k-1}\mathrm{d}\vec{\theta}$。

LDA 模型的概率图如图 6-10 所示。

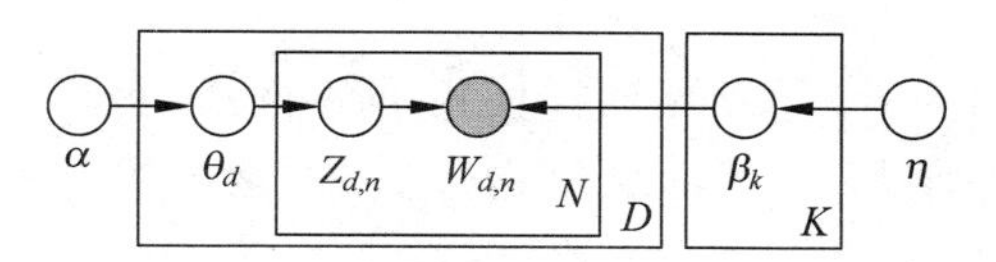

图 6-10　LDA 模型的概率图

图 6-10 中包含了大小为 D 的文档集、各文档中大小为 N 的词汇集与大小为 K 的话题集之间的生成关系，在图中用矩形表示重复过程，图中的灰色圆圈表示最后可见的文档元素，白色圆圈表示不可见的文档元素，即隐变量。在图 6-10 中，α 表示话题分布 θ_d 的先验分布(Dirichlet 分布的控制参数)，η 表示话题 k 中词项分布 β_k 的先验分布，$Z_{d,n}$ 表示文档 d 中词语 n 的所属话题，$W_{d,n}$ 即对应的词语。

LDA 模型所表达的话题和 PLSA 所表达的话题可以通过图 6-11 进行形象化表示，图中显示了 3 个词汇空间上的 3 个话题，LDA 给出了话题的平滑分布，PLSA 则是将话题表示为经验分布，混合 unigram 则得到的话题对应于话题空间的顶点。可以认为 LDA 模型给出了话题的一种函数式描述，也可以用函数的参数来限定，因此提升了话题的推理能力。

在 LDA 模型中，话题和词项的分布都是隐变量，从外部可见的隐变量即为 α、β 这两个先验分布的变量，从而可以通过调整先验分布变量来调整话题和词项的分布情况。LDA 模型给予了话题分布在文档层面的概率分布，PLSA 模型中特定的话题分布在 LDA 模型中变为未知，且外部参数与文本特征无关，解决了 PLSA 模型的过拟合问题。

LDA 模型的定义式为(其中 β 表示矩阵)：

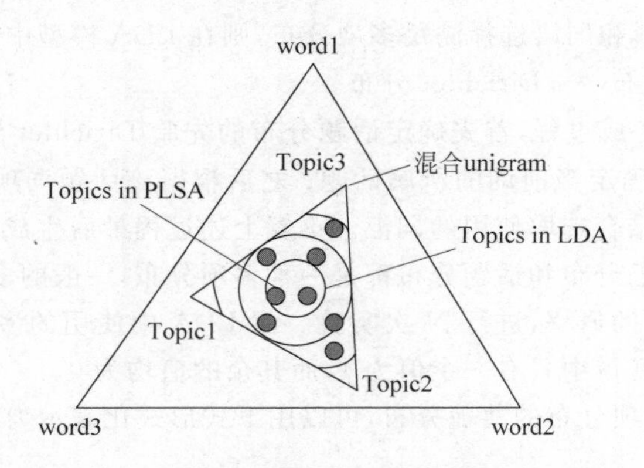

图 6-11 LDA、PLSA 中的话题关系示意图

$$P(\vec{W}_d, \vec{Z}_d, \vec{\boldsymbol{\theta}}_d, \boldsymbol{\beta} \mid \vec{\boldsymbol{\alpha}}, \vec{\boldsymbol{\eta}})$$
$$= \prod_{n=1}^{N} P(W_{d,n} \mid \vec{\beta}_{d,n}) P(Z_{d,n} \mid \vec{\boldsymbol{\theta}}_d) P(\vec{\boldsymbol{\theta}}_d \mid \vec{\boldsymbol{\alpha}}) P(\boldsymbol{\beta} \mid \vec{\boldsymbol{\eta}}) \tag{6-45}$$

词语选择词项 t 的概率为：

$$P(W_{d,n} = t \mid \vec{\boldsymbol{\theta}}_d, \boldsymbol{\beta}) = \sum_{k=1}^{K} P(W_{d,n} = t \mid \vec{\boldsymbol{\beta}}_k) P(Z_{d,n} = k \mid \vec{\boldsymbol{\theta}}_d) \tag{6-46}$$

LDA 模型中的参数即关于 α,β 的参数，一共有 $K+NK$ 个。关于 α 的参数可以表示成 $P(\theta|\alpha)$，即在参数 α 情况下文档选择话题概率分布为 θ 的概率。关于 β 的参数为在参数 β 情况下的词项分布，即话题 Z 中选择词语 N 的概率，表示为 $P(W|Z,\beta)$。在这里，$P(\theta|\alpha)$是一个向量，$P(W|Z,\beta)$是一个矩阵。

对于这两组参数估计的一个思路是同样使用 EM 算法，在算法的第一步人为给出一个 α、β 的分布，然后进行 E 过程-M 过程的反复迭代，估计这两组参数进而得到最优解。设似然函数为：

$$L(\alpha,\beta) = \sum_{d=1}^{M} \log p(\vec{W}_d \mid \alpha,\beta) \tag{6-47}$$

在 E 过程中首先需要求关于 θ 和 $\vec{Z}$ 的后验概率，则有：

$$P(\theta,\vec{Z} \mid \vec{W},\alpha,\beta) = \frac{P(\theta,\vec{Z},\vec{W} \mid \alpha,\beta)}{P(\vec{W} \mid \alpha,\beta)} \tag{6-48}$$

这个后验概率很难计算，因为其中包括 θ 和 $\vec{Z}$ 这两个隐变量，在最优化的求偏导步骤也无法消去这两个隐变量。在 LDA 的原始论文中考虑采用变分法，用另外的分布 Q 代替原概率分布 P 来拟合包含隐变量的似然函数和后验概率分布情况。

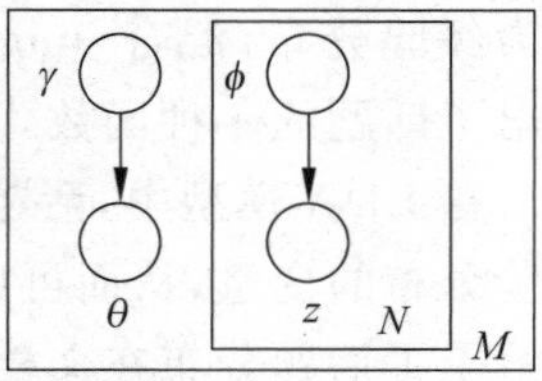

定义下面的使 θ 和 $\vec{Z}$ 之间独立的近似拟合模型，对应概率生成图如图 6-12 所示。然后有基于该模型的分布 Q：

$$Q(\theta,\vec{Z} \mid \gamma,\vec{\varphi}) = Q(\theta \mid \vec{\varphi}) \prod_{n=1}^{N} Q(Z_n \mid \varphi_n) \tag{6-49}$$

γ ϕ θ z N M

图 6-12 LDA 的近似模型

定义分布 P、Q 之间的距离：

$$D(Q(\theta,\vec{Z}\mid\gamma,\vec{\varphi})\mid\mid P(\theta,\vec{Z}\mid\vec{W},\alpha,\beta))$$
$$=\int\sum_{z}Q(\theta,\vec{Z}\mid\gamma,\vec{\varphi})\log\frac{Q(\theta,\vec{Z}\mid\gamma,\vec{\varphi})}{P(\theta,\vec{Z}\mid\vec{W},\alpha,\beta)}\mathrm{d}\theta \tag{6-50}$$

对于似然函数 L，通过 Jensen 不等式可以得到其下界：

$$\log p(\vec{W}_d\mid\alpha,\beta)\geqslant E[\log P(\theta,\vec{Z},\vec{W}\mid\alpha,\beta)]-E[\log Q(\theta,\vec{Z})] \tag{6-51}$$

定义 $L(\gamma,\varphi,\alpha,\beta)=E[\log P(\theta,\vec{Z},\vec{W}|\alpha,\beta)]-E[\log Q(\theta,\vec{Z})]$，则有：

$$\log p(\vec{W}\mid\alpha,\beta)-L(\gamma,\varphi,\alpha,\beta)=D(Q(\theta,\vec{Z}\mid\gamma,\vec{\varphi})\mid\mid P(\theta,\vec{Z}\mid\vec{W},\alpha,\beta)) \tag{6-52}$$

这样关于似然函数的原问题就转化为最大化 $L(\gamma,\varphi,\alpha,\beta)$，对 $L(\gamma,\varphi,\alpha,\beta)$ 则可以通过 Lagrange 乘数法求出分布 Q 中隐变量 γ、φ 的值：

$$\varphi_{ni}\propto\beta_{iw_n}\mathrm{e}^{E[\log(\theta_i)\mid\gamma]},\quad \gamma_i=\alpha_i+\sum_{n=1}^{N}\varphi_{ni} \tag{6-53}$$

上述过程为 E 过程的具体内容，在 M 过程中，对 $L(\gamma,\varphi,\alpha,\beta)$ 最大化求 α、β。即 LDA 模型的 EM 算法参数估计在 E 过程中求 γ、φ，在 M 过程中求 α、β，直到得到收敛结果，此时训练出的 α、β 即为模型的估计参数。

在 M 过程中，对于参数 β 同样可以通过 $L(\gamma,\varphi,\alpha,\beta)$ 上的 Lagrange 乘数法来求解，首先把 $L(\gamma,\varphi,\alpha,\beta)$ 化简成只留下关于参数 β 的形式，从而有：

$$L_\beta=\sum_{d=1}^{M}\sum_{n=1}^{N}\sum_{i=1}^{K}\sum_{j=1}^{V}\varphi_{dn_i}W_{dn}^{j}\log\beta_{ij}+\sum_{i=1}^{K}\lambda_i\left(\sum_{j=1}^{V}\beta_{ij}-1\right) \tag{6-54}$$

$$\text{s. t.}\sum_{j=1}^{V}\beta_{ij}=1$$

解得：
$$\beta_{ij}\propto\sum_{d=1}^{M}\sum_{n=1}^{N}\varphi_{dn_i}W_{dn}^{j}$$

对于参数 α，同样将 $L(\gamma,\varphi,\alpha,\beta)$ 化简为只有关于 α 的形式，由于 α 是 Dirichlet 分布的参数，故此时 $L(\gamma,\varphi,\alpha,\beta)$ 不存在约束条件，因此在对其求偏导数之后用 Newton 迭代法求解式子中 α 的所有解，即为 α 关于各个话题的分布的参数。

LDA 参数估计的另一个常用方法是 Gibbs Sampling 方法。Gibbs Sampling 的主要思路是首先随机为文本中的单词分配话题，之后统计每个话题下面出现的词项数量和每篇文档下的话题数量。然后对于每个词汇，计算文档在不含当前为它分配的话题的情况下，根据其他词汇的话题分布计算当前词汇的话题分布，为当前词汇分配一个新的话题。这个过程就是采样过程，每一轮的采样过程对每个单词都进行一次采样，更新其话题分配。采样过程也是收敛的，当 θ_d 和 β_k 收敛时，停止采样过程。Gibbs Sampling 的流程如图 6-13 所示。

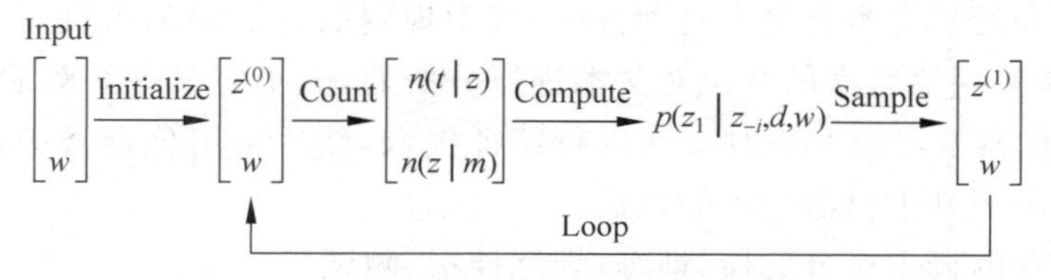

图 6-13　LDA 的 Gibbs Sampling 流程

在这里 $P(z_i=k|\vec{z}_{\neg i},\vec{w})$中的 z_{-i}表示去除话题 i 之后的话题集合，这个概率就是为文档 d 中的词汇 w 在去除话题 i 的情况下重新分配所属话题。对于这个概率分布，有：

$$P(z_i = k \mid \vec{z}_{\neg i},\vec{w}) \propto \frac{n_{k,\neg i}^{(t)} + \eta_t}{\sum_{t=1}^{V} n_{k,\neg i}^{(t)} + \eta_t} \times \frac{n_{m,\neg i}^{(t)} + \alpha_k}{\left(\sum_{k=1}^{K} n_m^{(t)} + \alpha_k\right) + 1} \tag{6-55}$$

式中，$n_z^{(t)}$ 表示在训练数据集中词项 t 被观察到被分配到话题 z 的次数，$n_m^{(k)}$ 表示话题 k 被分配给文档 m 中词汇的次数。这个式子可以根据 LDA 模型联合概率的变换形式得出：

$$\begin{aligned} P(\vec{w},\vec{z} \mid \vec{\alpha},\vec{\eta}) &= P(\vec{w} \mid \vec{z},\vec{\eta})P(\vec{z} \mid \vec{\alpha}) \\ &= \prod_{z=1}^{K} \frac{\Delta(\vec{n}_z + \vec{\eta})}{\Delta(\vec{\eta})} \prod_{m=1}^{M} \frac{\Delta(\vec{n}_m + \vec{\alpha})}{\Delta(\vec{\alpha})} \end{aligned} \tag{6-56}$$

基于上面的 $P(z_i=k|\vec{z}_{\neg i},\vec{w})$概率分布，就可以在 Gibbs Sampling 过程收敛时得出 θ_d 和 β_k 这两个中间分布，即 LDA 模型中需要估计的表示文档生成过程的参数。在式(6-56)的推导过程中得到的关于话题分布和词项分布的后验分布为：

$$P(\vec{\theta}_m \mid \vec{Z}_m,\vec{\alpha}) = \frac{1}{Z_{\theta_m}} \prod_{n=1}^{N_m} P(Z_{m,n} \mid \vec{\theta}_m)P(\vec{\theta}_m \mid \vec{\alpha}) = \mathrm{Dir}(\vec{\theta}_m \mid \vec{n}_m + \vec{\alpha}) \tag{6-57}$$

$$P(\vec{\beta}_k \mid \vec{Z}_m,\vec{w},\vec{\eta}) = \frac{1}{Z_{\beta_k}} \prod_{Z_i=k} P(W_i \mid \vec{\beta}_k)P(\vec{\beta}_k \mid \vec{\eta}) = \mathrm{Dir}(\vec{\beta}_k \mid \vec{n}_k + \vec{\eta}) \tag{6-58}$$

进而有：

$$\beta_{k,t} = \frac{n_k^{(t)} + \eta_t}{\sum_{t=1}^{V} n_k^{(t)} + \eta_t} \tag{6-59}$$

$$\theta_{m,k} = \frac{n_k^{(t)} + \alpha_k}{\sum_{k=1}^{K} n_m^{(k)} + \alpha_k} \tag{6-60}$$

上述过程即为 LDA 模型的参数估计与模型训练的过程。对于一个不在原训练文档集中的新文档，同样通过 Gibbs Sampling 的过程进行学习，在这个过程中可以认为 β_k 由训练语料得出，故分布不变，采样过程完成后更新话题分布 θ_d 即可。

6.5 分类技术

6.5.1 分类技术概要

在大数据分类中，所针对的都是某种特定的数据类型，它们分类方法基本类似。这里以文本分类为例来介绍。文本分类有两种方法，基于规则的方法和基于机器学习的方法。基于规则的方法，是采用语言学的知识对文本进行分析后，人工定义一系列启发式规则，用于文本分类；基于机器学习的方法对文本进行特征提取，然后采用分类器进行分类。目前的主流研究方法是采用基于机器学习的方法。

在分类中涉及的概念有分类器、训练、训练样本、测试样本等。

分类器是对数据挖掘中对样本进行分类的总称，分类的概念为在训练数据的基础上学会一个数学函数或数学模型，而这个数学函数或数学模型就是分类器。

训练是指对模型的参数进行优化，选取最优的模型参数使得算法能够建立具有很好泛化能力的模型，也就是建立能够准确地预测未知样本类别的模型。

训练样本是由类别已知的样本组成的，用于模型的训练。

测试样本是由类别未知的样本组成的，用于测试模型的性能。

一个文本分类的基本流程如图 6-14 所示。

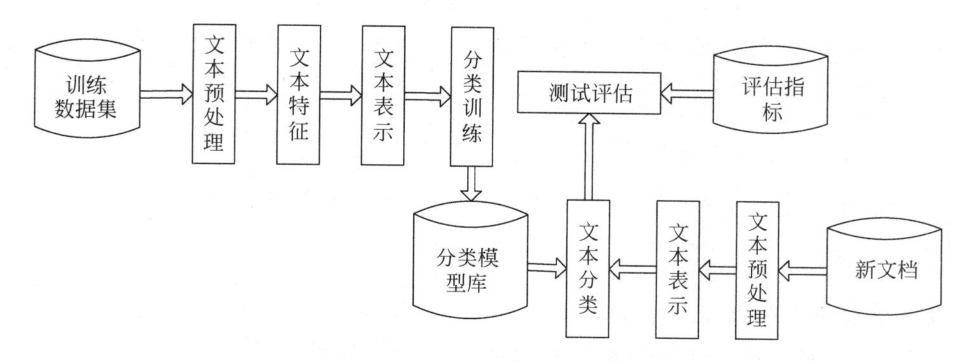

图 6-14　文本分类的基本流程

基于该流程，文本分类的基本过程如下。

(1) 文本预处理：处理文本信息的最初步骤，包括分词(中文切词)、去除停用词、词形规范化。

(2) 文本表示：文本内容在计算机中的表示方法，主要有空间向量模型、布尔模型、概率检索模型等。

(3) 特征选择和特征提取：文档表示成计算机能理解的形式后，由于高维特征的冗余和噪声，会严重影响分类的准确性，不能直接用于训练分类器。所以要从向量空间中抽取最有效的、最具代表性的词汇作为文档的特征向量。

(4) 训练分类器：运用目前流行的分类方法(如贝叶斯、最近邻居、支持向量机、决策树、神经网络等)进行分类。

(5) 分类结果评价：为了判断分类器的好坏，必须有衡量分类器性能的指标，如准确率、召回率、F 值等。

6.5.2　经典的分类技术

本节以文本分类为背景介绍经典的分类方法，当然这些分类方法并不局限于文本分类领域。文本分类应该是最常见的文本语义分析任务了。对一个类目标签达几百个的文本分类任务，90%以上的准确率、召回率依旧是一个很困难的事情。这里说的文本分类，是指泛文本分类，包括 Query 分类、广告分类、Page 分类、用户分类等，因为即使是用户分类，实际上也是对用户所属的文本标签、用户访问的文本网页做分类。

以下介绍朴素贝叶斯(Naive Bayes)分类、最近邻居(KNN)分类、支持向量机(SVM)分类，同时介绍分类模型的性能评估方法。

1. 朴素贝叶斯(Naive Bayes)分类

朴素贝叶斯分类是基于贝叶斯定理的一种分类算法。贝叶斯定理就是已知某条件概率，如何得到两个事件交换后的概率，就是已知 $P(A|B)$ 如何得到 $P(B|A)$，即：

$$P(B \mid A)=\frac{P(A \mid B)P(B)}{P(A)} \tag{6-61}$$

在贝叶斯分类中，假设训练样本集为M类，记为$C=\{c_1,c_2,\cdots,c_M\}$，每类的先验概率为$P(c_i)$，$c=1,2,\cdots,M$，当样本集非常大时，可以认为：

$$P(c_i)=\frac{c_i\text{ 类样本数}}{\text{总样本数}} \tag{6-62}$$

对于一个样本x，将其归为类c_i的类条件概率为$P(x|c_i)$，则根据贝叶斯定理，可得c_i类的后验概率$P(c_i|x)$

$$P(c_i \mid x)=\frac{P(x \mid c_i)P(c_i)}{P(x)},i=1,2,\cdots,M \tag{6-63}$$

$P(c_i)$可以从数据中获得，如果文档集合D中，属于c_i的样例数为n_i，则

$$P(c_i)=\frac{n_i}{|D|} \tag{6-64}$$

假设x可以表示为特征集合$\{w_1,w_2,\cdots,w_t\}$，t为特征的个数，如果特征之间存在关联，则需要估计大量的概率值，如果特征之间相互独立，则只需要每个特征和每个类别$P(w_j|c_i)$。在朴素贝叶斯分类中假设各个特征之间相互独立，因此有：

$$\begin{aligned}P(x \mid c_i)&=P(w_1,w_2,\cdots,w_t \mid c_i)\\&=\prod_{j=1}^{t}P(w_j \mid c_i)\end{aligned} \tag{6-65}$$

最后，最大后验概率判定准则来选择样本的类别标签，如果$P(c_i|x)=\max_j P(c_j|x)$，$i=1,2,\cdots,M$，$j=1,2,\cdots,M$，则x属于c_i类。

除此以外，还可以考虑其他的决策方式，如基于最小风险的贝叶斯决策，如果考虑不同错分情况下有不同的风险，并使错分的风险最小，则此时的贝叶斯决策成为基于最小风险的贝叶斯决策。

最小最大贝叶斯决策就是考虑在$P(c_i)$变换的情况下，如何使得最大可能的风险最小，也就是在最差的条件下争取最好的结果。

在实际应用中，贝叶斯方法的类别总体的概率分布和各类样本的概率分布函数常常是未知的，所以要求样本足够大。同时为了方便计算，在实际应用中多为朴素贝叶斯分类。

2. 最近邻居(KNN)分类

KNN算法的思想比较简单，即如果一个样本(向量)在特征空间中的K个最近邻样本(向量)中的大多数属于某一个类别，则该样本(向量)也属于这个类别。对文本分类而言，在给定新文本后，考虑在训练文本集中与该新文本距离最近的K篇文本，根据这K篇文本所属的类别判断新文本所属类别。

KNN分类的示意图如图6-15所示，显示了一个二维词汇空间上的分类方法，当$K=1$时，最近的邻居样本都是属于A类，因此将该文本标志为A类；而当$K=9$时，最近邻居中属于B类的个数更多，因此将该新文本分为B类。

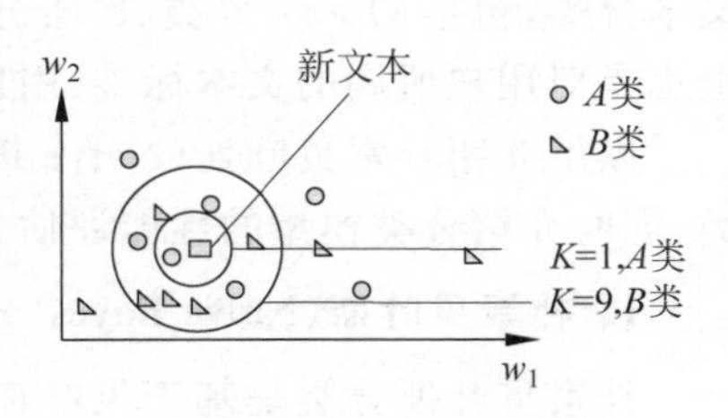

图6-15　KNN分类的示意图

KNN分类算法具体的步骤描述如下。

(1) 根据特征项集合重新描述训练文本向量。

(2) 在新文本到达后，根据特征词分词新文本，确定新文本的向量表示。

(3) 在训练文本集中选出与之最相似的 K 个文本。

文本间的距离可以采用夹角余弦计算：

$$\mathrm{Sim}(D_1,D_2)=\cos\theta=\frac{\sum_{k=1}^{n}w_{1k}w_{2k}}{\sqrt{\sum_{k=1}^{n}w_{1k}^2\sum_{k=1}^{n}w_{2k}^2}} \tag{6-66}$$

K 值的计算目前没有很好的办法，一般采用先定一个初始值，然后根据实验测试结果调整 K 值，一般可根据样本规模将初始值设定为几十到几百之间。

(4) 在新文本的邻居中，以此计算每类的权重：

$$p(x,C_j)=\sum_{d\in \mathrm{KNN}}\mathrm{Sim}(x,d_i)y(d_i,C_j) \tag{6-67}$$

$$y(d_i,C_j)=\begin{cases}1, & d_i\in C_j\\ 0, & d_i\notin C_j\end{cases} \tag{6-68}$$

其中，x 为新文本的类别向量，y 为类别属性函数，表示如果 d 属于类别 C，则函数值为 1，否则为 0。然后比较类别的权重，将文本分到权重最大的类别中。

KNN 方法与 Naive Bayes 方法相比，是一个次优的方法，因为它采用后验概率的估值作为后验概率。理论上，它的错误概率的界限是 Naive Bayes 的两倍，但实际应用中，由于 Bayes 方法的条件很难满足，因此 KNN 的效果反而比 Bayes 方法好一些。

KNN 方法的不足之处是计算量大，因为对每一个待分类的文本，都要计算它到全体已知样本的距离，才能求得它的 K 个最近邻点。常用的减少计算量的方法如下。

(1) 事先对已知样本点进行剪枝，去除对分类作用不大的样本。

(2) 利用空间换时间的方法，事先将所有样本点的两两距离计算出来并存入相应的位置以备索引。

第一种方法容易产生新的误差，第二种方法将占用过多的存储空间。

3. 支持向量机(SVM)分类

支持向量机(Support Vector Machine，SVM)是建立在统计学习理论的 VC 维理论和结构风险最小原理上的，根据有限的样本信息在模型的复杂性和学习能力之间寻求最佳折中，以期望获得最好的推广能力。其中 VC 维是对函数类的一种度量，VC 维越高，一个问题就越复杂。结构风险其实就是假设的模型与真实模型之间的误差。

在设计分类器时，经常会出现这样的现象，即对一个给定的样本集而言，有时用非常简单的分类器进行分类，效果反而比用复杂算法好，这种现象是过学习问题，即某些情况下，训练误差过小反而会导致推广能力下降。这就是分类器选取了一个足够复杂的分类函数(VC 维很高)，能够精确地记住每一个样本，但其泛化能力(推广能力)很差，除了样本中的数据，其他数据都分类错误，而 SVM 就是期望获得最优推广能力的方法。图 6-16 展示了一个线性分类器在处理复杂样本分类时的推广能力，得到更高的分类准确性。

假设给定训练样本 $\{(x_1,y_1),\cdots,(x_i,y_i),\cdots,(x_n,y_n)\}$，$x_i\in R_n$，$y_i\in\{+1,-1\}$，$i=1,2,\cdots,n$，要寻找一个分类规则 $I(x)$，使它能对未知类别的新样本作尽可能正确的划分。可以用一个线性判别函数来做一个介绍：

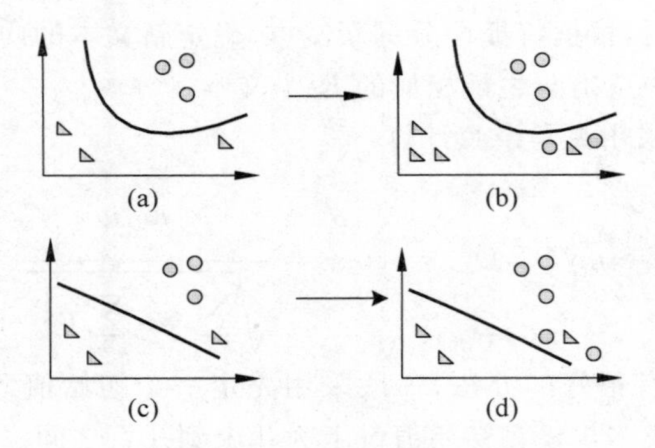

图 6-16　分类器的比较

$$g(x) = w^T x + w_0 \tag{6-69}$$

假设这是一个二维空间中仅有两类样本的分类问题，其中 C_1 和 C_2 是要区分的两个类别，中间的一条直线是分类函数。线性函数就是在一维空间中的一个点，二维空间中的一条线，三维空间中的一个平面，它们统称为超平面，如图 6-17 所示。

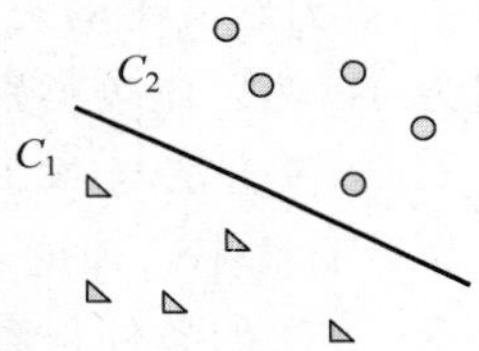

对于一个两类问题，决策规则为：

如果 $g(x)>0$，则判定 x 属于 C_2；

如果 $g(x)<0$，则判定 x 属于 C_1；

如果 $g(x)=0$，则可以将 x 分为任意一类或者拒绝判定。

并且称公式中的 w 为支持向量，就是需要的特征样本。

上面是一个线性可分的示例，而如果在二维平面中是线性不可分的。

图 6-17　分类面

如图 6-18 所示，实线为类别 a，虚线为类别 b，这样就不能找到一个线性函数将其分为两类。因为二维空间中线性函数为直线，所以不存在符合的线性函数。但可以用一条曲线将其分类，如图 6-19 所示。

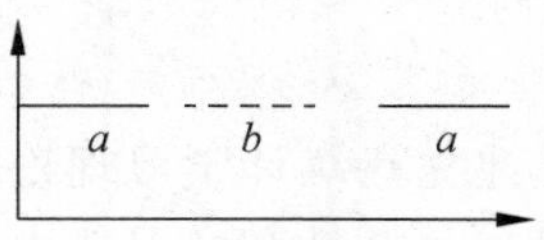

图 6-18　线性不可分 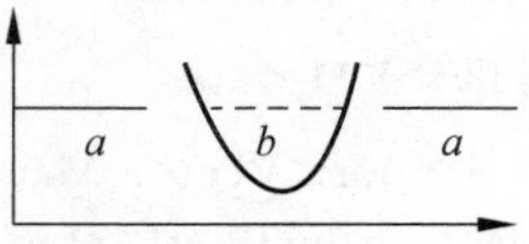　　　　图 6-19　非线性分类

假设该曲线函数为：

$$g(x) = c_0 + c_1 x + c_2 x^2 \tag{6-70}$$

然后建立两个向量 y 和 a：

$$y = \begin{bmatrix} y_1 \\ y_2 \\ y_3 \end{bmatrix} = \begin{bmatrix} 1 \\ x \\ x^2 \end{bmatrix}$$

$$a = \begin{bmatrix} c_1 \\ c_2 \\ c_3 \end{bmatrix} = \begin{bmatrix} c_0 \\ c_1 \\ c_2 \end{bmatrix}$$

这样就可以将 $g(x)$ 转化为 $f(y)=\langle a,y\rangle$，即 $g(x)=f(y)=ay$。

解决线性不可分问题的关键在于找到 $x\rightarrow y$ 的映射方法，这种方法在 SVM 中称为核函数。核函数的作用是接受两个低维空间中的向量，能够计算出经过某个变换后再高维空间中的向量内积值。常用的核函数有线性核函数、多项式核函数、径向基核函数、Sigmoid 核函数和复合核函数。而在文本分类中，常用的核函数为线性核函数，但目前核函数选择没有指导原则，某些问题选用某个核函数会效果很好，而另一些则很差。

SVM 方法中，非线性映射是 SVM 方法的理论基础，SVM 利用内积核函数代替向高维空间的非线性映射。而 SVM 方法的目标是对特征空间划分找到其最优超平面，其核心思想是最大化分类边际。支持向量是 SVM 的训练结果，在 SVM 分类决策中起决定作用的是支持向量。

SVM 在应对多类情况下，常用的方法是将 K 类问题转化为 K 个两类问题，其中第 i 个问题是用线性判别函数把属于 C_i 类与不属于 C_i 类的点分开。更复杂的方法是利用 $\frac{K(K-1)}{2}$ 个线性判别函数，把样本分为 K 个类别，每个线性判别函数只对其中的两个类别分类。

SVM 的最终决策函数只由少数的支持向量所确定，计算的复杂性取决于支持向量的数目，而不是样本空间的维数，这在某种意义上避免了“维数灾难”。并且，少数支持向量决定了最终结果，这不但可以帮助人们抓住关键样本、“剔除”大量冗余样本，而且注定了该方法不但算法简单，而且具有较好的鲁棒性。

4. 分类模型的性能评估

现有多种分类器和分类算法，在实际应用中怎么选择合适的模型和算法呢？这就需要有一种评估分类性能的指标，通过比较这些指标的大小来判断分类器的好坏。

首先介绍混淆矩阵(Confusion Matrix)的概念，它是用于统计分类结果的矩阵，也称为二分类的列联表。矩阵的形式如表 6-4 所示，其中总的测试样本 $n=a+b+c+d$。

表 6-4　混淆矩阵

	真实类别为正例	真实类别为负例
算法判断为正例	a	b
算法判断为负例	c	d

基于这个表中的统计信息，定义两个分类性能指标，即查全率(召回率，Recall，简记为 r)和查准率(准确率，Precision，简记为 p)，计算方法分别为：

$$r=\frac{a}{a+c} \tag{6-71}$$

$$p=\frac{a}{a+b} \tag{6-72}$$

显然在评价性能时，r、p 值必须成对出现，否则就会得到片面的结论。基于 p 和 r 值定义一个新的指标 F_1，这样在比较性能时更方便。

$$F_1=\frac{2pr}{p+r} \tag{6-73}$$

F_1 实际上是一般化指标 F_β，$\beta=1$ 时的结果。F_1 的值越大，分类算法的性能就越好。

对于分类系统来说，评价其分类性能时，需要对每个类别计算对应的 p、r、F_1 值，即把当前类别当作正例，其他的类别当作反例，统计得到混淆矩阵，再按照公式计算结果值。对于类别比较多的分类问题，需要有较多的指标，为了更好地进行评价，引入宏平均和微平均。

(1) 宏平均：将某个类看作正例，其他类别看作负例，每个类都这样处理后可以得到多个混淆矩阵，再统计每个类别的 r、p 值，然后对所有的类求 r、p 的平均值，分别称为宏观查全率、宏观查准率和宏观 F_1。即：

$$\text{Macro\_}r = \frac{\sum_i r_i}{|C|} \tag{6-74}$$

$$\text{Macro\_}p = \frac{\sum_i p_i}{|C|} \tag{6-75}$$

$$\text{Macro\_}F_1 = \frac{\sum_i F_{1i}}{|C|} \tag{6-76}$$

或

$$\text{Macro\_}F_1 = \frac{2 \times \text{Macro\_}r \times \text{Macro\_}p}{\text{Macro\_}r + \text{Macro\_}p} \tag{6-77}$$

式中，$|C|$ 表示分类系统的类别数。

(2) 微平均：先建立一个全局列联表，即对数据集中的每一个样本不分类别进行统计建立全局混淆矩阵，然后根据这个全局混淆矩阵进行计算，即

$$\text{Micro\_}r = \frac{\sum_i a_i}{\sum_i a_i + \sum_i c_i} \tag{6-78}$$

$$\text{Micro\_}p = \frac{\sum_i a_i}{\sum_i a_i + \sum_i b_i} \tag{6-79}$$

$$\text{Micro\_}F_1 = \frac{2 \times \text{Micro\_}r \times \text{Micro\_}p}{\text{Micro\_}r + \text{Micro\_}p} \tag{6-80}$$

除了基于查全率和查准率的这一系列指标外，还有 ROC、ROC-p 等衡量分类算法性能的指标。这些分类性能指标的选择和运用，应当根据具体的分类问题，如对于非平衡分类情况，可能会更加关注少数类的分类效果。

6.6 聚类技术

聚类方法目的在于对数据集寻找一种合适的划分，将数据点划分为有限的类别，而这种类别标签并非事先预知的。聚类分析在很多领域得到应用，如模式识别、数据分析、图像处理、文档处理、客户分割等。在商业上，聚类可以帮助市场分析人员从消费者数据库中区分出不同的消费群体来，并且概括出每一类消费者的消费模式或者习惯。

聚类算法有很多，归纳起来主要有五类，即基于划分的聚类方法、层次聚类方法、基于密度的聚类方法、基于网格的方法及基于模型的聚类方法。

这里介绍两种经典的聚类算法，即 K-means 和 DBSCAN。

K-means 是属于基于划分的聚类方法，该算法由于简单、高效、易实施等优点，在很多领

域的数据聚类时被广泛应用，也有大量的研究针对该算法所存在的问题进行各种改进。

K-means 算法中的 K 是指想要把数据聚成的类数，是一个用户提供的参数，即把 n 个数据对象分成 K 个簇。和其他聚类算法一样，划分的结果要求簇内具有较高的整体相似度，而簇与簇之间的相似度较低。

K-means 算法的基本流程如下。

输入：包含 n 个对象的数据集 $D=\{d_1, d_2, \cdots, d_n\}$、簇的个数 K。

处理步骤如下。

(1) 任意选择 K 个对象作为初始的类中心，类中心是一个类的代表。

(2) 计算每个对象与 K 个中心之间的距离，将每个对象分配到离它最近的类中心，即设定该对象的类别标签。

(3) 更新每个类的中心，即计算每个类中所有对象的各个属性值的平均值。

(4) 重复步骤(2)、(3)，直到对象的归属类别不再发生变化，或整体的平方误差小于某个允许的值为止。

平方误差是指前后两次聚类的整体距离，针对某聚类的整体距离计算方法如下：

$$E=\sum_{i=1}^{K}\sum_{d\in C_i}|d-c_i|^2 \tag{6-81}$$

式中，C_i 是第 i 个类；c_i 是这个类的中心；$|\cdot|$ 表示距离运算，可以是欧氏距离或其他距离度量方法。

输出：K 个类，即每个对象的类别标签 $\{(d_1,c_1), (d_2,c_2), \cdots(d_n,c_n)\}$。

K-means 算法简单，容易实现，但是存在以下问题需要进一步解决。

(1) 要多次扫描样本数据，复杂度为 $O(nKt)$，其中 t 是迭代次数。

(2) 不能发现任意形状的类簇，只能用于发现圆形或球形的簇。

(3) 初始中心的选择对结果有较大影响。

(4) 需要用户事先指定聚类的个数。

在初始中心选择上，有多种策略，如通过初步判断密集区域来决定或算法随机执行多次等，而用户设定 K 并不是一件很容易的事。因此，就需要在一定范围内设定不同 K 值，分别聚类，选择平方误差最小的聚类作为最终结果。尽管如此，也难于获得全局最优的聚类结果。

DBSCAN(Density-Based Spatial Clustering of Applications with Noise)是一种基于密度的聚类方法，能将密度足够大的相邻区域进行连接，发现任何形状的稠密区域，主要用于对空间数据的聚类。具有处理噪声数据、聚类速度快、发现任意形状的簇等优点。

该算法依据聚类空间中一定区域内所包含对象的数目不小于某一给定阈值这一准则将具有足够密度的区域划分为簇，对应为密度相连的点的最大集合。不同于 K-means 聚类算法，DBSCAN 算法可以自动确定簇的数量，不需要事先指定聚类的个数。

算法的基本流程介绍如下。

输入：数据对象集合 $D=\{d_1, d_2, \cdots, d_n\}$、半径 ε，密度阈值 MinPts。

处理步骤如下。

(1) 所有对象标志为未被访问。

(2) 从数据集 D 中随机选择一个没有被访问过的对象 d，检查 d 的 ε-邻域，获取 d 的 ε-

邻域内的对象数量$|N_\varepsilon(d)|$。

若$|N_\varepsilon(d)|\geqslant$MinPts,则$d$被确认为核心对象,将$d$标为已访问并建立新簇$C$,将$d$放入新簇$C$中,$d$的ε-邻域内的对象都加入候选集$N$中。

若$|N_\varepsilon(d)|<$MinPts,则将d标记为噪声。

(3) 依次处理候选集N中的每个对象q,若q标记为已访问,则处理N中的下一个对象。

若q未被访问,则检查q的ε-邻域,获取q的ε-邻域内的对象数量$|N_\varepsilon(q)|$,若$|N_\varepsilon(q)|\geqslant$MinPts,则把$q$的ε-邻域内的对象都添加到$N$中。

如果q不属于任何一个簇,则将q加入C; 将q标记为已访问。

(4) 重复步骤(3),继续检查候选集N中有没有被处理的对象,直到N中的对象都已访问为止。

(5) 重复步骤(2)～(4),直到所有的对象都被访问过,且被划分到其中某一簇或被认定为噪声为止。

输出: 聚类C,即每个对象的类别标签$\{(d_1,c_1),(d_2,c_2),\cdots,(d_n,c_n)\}$。

DBSCAN算法虽然不需要指定类的个数,但是也引入了两个参量ε和MinPts,看似使得用户交互变得更加复杂。但是,这两个参数设定了一个半径为ε的圆内所需要的点数,其设定要比选择一个聚类个数容易得多,因此减小实际应用中的不确定性。当然,如果一个簇内点的密度分布不均匀,密度变化太大的簇,该算法得到的结果并不理想。对于较高维空间,密度的定义也不是太容易确定。

从上面两种类型的聚类算法来看,要完全消除算法所需要的参数是很困难的。层次聚类方法也是试图改变参数设置的问题,它将数据集组织成若干组并形成一个相应的层次树状图,每个层次都是一个不同粗细粒度的聚类结果,由用户自己决定要以哪一层作为最终的聚类结果。

层次聚类算法可以分为两类: 自底向上的聚合层次聚类和自顶向下的分解层次聚类。聚合聚类的策略为先将每个对象各自作为一个原子聚类,然后将这些原子聚类逐层进行聚合,直到满足一定终止条件。而分解聚类则是与前者相反,将所有对象作为一个聚类,然后不断分解直到满足最终终止条件。基于层次方法思想的算法有BIRCH算法、CURE算法、CHAMELEON算法等。

6.7 回归分析

回归分析的应用极其广泛,例如在经济学中使用其他经济学指标预测股市指数,基于高空气流特征预测一个地区的降水量,还有可以用于疾病的自动诊断等。

回归和分类是机器学习中监督学习的两种不同的解决问题的方法,回归和分类主要区别在于输出结果不同,回归的输出结果可以是连续的,也可以是离散的; 但分类的输出结果是离散的,即类别标签。它们都是用来预测的,但是预测结果有区别,连续变量的预测需要通过回归来实现; 分类是离散变量预测。例如,预测明天的温度曲线是回归,预测明天是晴天、雨天是分类。

与回归分析有关的另一个概念是相关分析,需要区分这两种分析的差异和联系,主要体现在以下若干个方面。

(1) 相关分析是研究变量之间是否存在某种依存关系，并对具体有依存关系的现象探讨其相关方向及相关程度。回归分析是通过一个变量或一些变量解释另一个变量的变化。

(2) 相关分析需要依靠回归分析来表示变量之间的具体形式，回归分析需要相关分析来表现变量之间数量变化的相关程度。

(3) 相关分析中变量是对等的，而回归分析中变量分为自变量和因变量，变量是不对等的。同时，相关分析中所有变量都是随机变量，而回归分析中自变量是确定的，因变量是随机的。

(4) 相关分析中主要依靠相关系数来反映变量之间的相关程度，相关系数是唯一确定的，而回归分析中则可能存在多个估计函数。

6.7.1 回归分析的基本思路

回归是一种预测建模技术，其中被估计的目标变量是连续的。回归分析是确定两种或两种以上变量之间相互依赖的定量关系的一种统计分析方法，本质上是一个函数估计的问题，是找出因变量和自变量之间的因果关系。

假设 D 是一个包含 N 个观测的数据集，表示为 $D=\{(x_i,y_i),i=1,2,\cdots,N\}$。每个 x_i 对应于第 i 个观测的属性集(又称为说明变量或自变量)，y_i 对应于目标变量(也称为因变量)。回归是一个任务，它学习一个把每个属性集 x 映射到一个连续值输出的目标函数 f。

回归分析方法也有很多种，以下是回归分析方法的两种分类方法。

(1) 按照涉及的变量个数的多少，分为一元回归和多元回归分析。

一元回归分析是指在回归分析中只包括一个自变量和一个因变量，并且两者的关系可用一条直线近似表示。

多元回归分析是自变量的个数大于等于 2 的情况，按因变量和自变量的数量对应关系又可进一步分为以下两种情况。

① “一对多”回归分析：一个因变量对多个自变量的回归分析。

② “多对多”回归分析：多个因变量对多个自变量的回归分析，这种同时对多个因变量所进行的回归分析，也称为多重回归分析。

(2) 根据描述自变量与因变量之间因果关系的函数表达式 f 是线性的还是非线性的，可分为线性回归分析和非线性回归分析。

① 线性回归分析：指自变量和因变量之间存在线性关系。

② 非线性回归分析：当回归模型的因变量是自变量的一次以上函数形式，回归函数在形式上表现为形态各异的各种曲线。

回归分析的目标是寻找一个可以以最小误差拟合输入数据的目标函数，其中误差函数可以用绝对误差或者平方误差表示。

$$\text{绝对误差} = \sum_i |y_i - f(x_i)|$$

$$\text{平方误差} = \sum_i (y_i - f(x_i))^2$$

回归的过程是一种典型的机器学习的过程，首先给定一个输入数据集，然后通过算法进行计算得到一个估计函数，这个估计函数也就是一个模型，能够对新的数据给出一个新的估计或预测。这个过程如图 6-20 所示，包含了训练和测试两个过程。

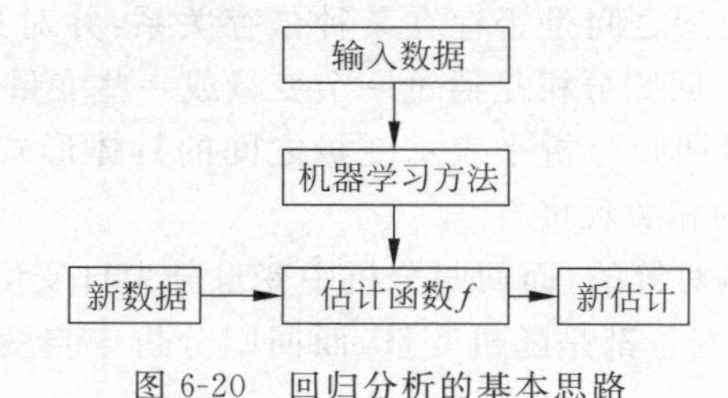

图 6-20 回归分析的基本思路

回归模型构造的基本思路如下。

(1) 构造估计函数 f。

(2) 构造误差函数 J 和参数 θ。

(3) 根据输入数据，运用机器学习算法寻找参数 θ，使得误差函数 J 最小。

在模型构造完成之后，对新数据的预测就比较简单了，只要将数据输入到评估模型中进行计算即可。

6.7.2 线性回归

线性回归假设特征和结果之间存在线性关系。假设特征 $x=\{x_1,x_2,\cdots,x_n\}$，然后目标函数或估计函数为：

$$f(x)=f_\theta(x)=\theta_0+\theta_1x_1+\theta_2x_2+\cdots+\theta_nx_n=\sum_{i=0}^{n}\theta_ix_i \tag{6-82}$$

其中，$\theta=(\theta_0,\theta_1,\theta_2,\cdots,\theta_n)$为参数，为了简化表示，在输入特征中加入 $x_0=1$，可以将这个函数写为向量形式：

$$f_\theta(x)=\theta^Tx \tag{6-83}$$

对于给定的训练集 $D=\{(x_i,y_i),i=1,\cdots,m\}$，然后选取平方误差作为该函数的误差函数，即：

$$J(\theta)=\frac{1}{2}\sum_{i=1}^{m}(f_\theta(x_i)-y_i)^2 \tag{6-84}$$

这个误差函数为估计值 $f_\theta(x_i)$与真实值 y_i 差的平方并对每个样本求和。而式子前面的$\frac{1}{2}$则是为了在求导时，将该参数消除掉。

回归的目的为，选取参数集 θ，使得误差函数 $J(\theta)$最小，即$\min\limits_{\theta}J(\theta)$。

基本方法是调整参数 θ，使得 $J(\theta)$最小，就可以确定参数 θ，所以该问题是一个求极小值问题。常用方法有梯度下降法和最小二乘法。

梯度下降法是一个最优化算法，常用于机器学习中递归性的逼近最小误差模型。梯度下降法的流程如下。

(1) 对 θ 赋值，这个值可以是随机的，也可以是一个全为零的向量。

(2) 改变 θ 的值，使得 $J(\theta)$按照梯度下降的方向减少。

梯度更新为：

$$\theta_j:=\theta_j-\alpha\frac{\partial J(\theta)}{\partial\theta_j} \tag{6-85}$$

其中，$j=0,1,\cdots,n$，α 为学习速率，对于训练集中的某个样本(x_i,y_i)，那么有：

$$\begin{aligned}\frac{\partial J(\theta)}{\partial \theta_j} &= \frac{\partial}{\partial \theta_j}\left(\frac{1}{2}(f_\theta(x_i)-y_i)^2\right)\\ &= (f_\theta(x_i)-y_i)\frac{\partial}{\partial \theta_j}\left(\sum_{k=0}^{n}\theta_k x_i^k - y_i\right)\\ &= (f_\theta(x_i)-y_i)x_i^j \end{aligned} \tag{6-86}$$

所以，其更新规则如下：

$$\theta_j := \theta_j - \alpha(f_\theta(x)-y)x_j \tag{6-87}$$

对所有训练样本，迭代更新或者递归更新的方式有两种，一种是批梯度下降，就是对全部的训练数据求误差后再对 θ 进行更新；另一种是随机梯度下降，每一步迭代中，随机选择 m' 个样来求 θ 的值。

最小二乘法是另一种求解方法，采用直接的计算结果的方法，可以直接利用矩阵运算得到 θ 的值。

假设函数 f 是将 $m\times n$ 维矩阵映射为一个实数的运算，并且定义矩阵 **A**，映射 $f(A)$ 对 **A** 的梯度为：

$$\nabla_A f(A) = \begin{bmatrix} \frac{\partial f}{\partial A_{11}} & \cdots & \frac{\partial f}{\partial A_{1n}} \\ \vdots & \ddots & \vdots \\ \frac{\partial f}{\partial A_{m1}} & \cdots & \frac{\partial f}{\partial A_{mn}} \end{bmatrix} \tag{6-88}$$

因此，该梯度为 $m\times n$ 的矩阵。

例如，假设

$$\mathbf{A} = \begin{pmatrix} A_{11} & A_{12} \\ A_{21} & A_{22} \end{pmatrix}$$

$$f(A) = \frac{3}{2}A_{11} + 5A_{12}^2 + A_{21}A_{22}$$

则

$$\nabla_A f(A) = \begin{bmatrix} \frac{3}{2} & 10A_{12} \\ A_{22} & A_{21} \end{bmatrix}$$

矩阵的迹是指矩阵 **A** 的对角线元素之和：

$$\mathrm{tr}A = \sum_{i=1}^{n} A_{ii} \tag{6-89}$$

同时对于矩阵的迹的梯度运算，有如下规则：

$$\begin{aligned} &\nabla_A \mathrm{tr}AB = B^T \\ &\nabla_{A^T} f(A) = (\nabla_A f(A))^T \\ &\nabla_A \mathrm{tr}ABA^TC = CAB + C^TAB^T \\ &\nabla_A |A| = |A|(A^{-1})^T \end{aligned} \tag{6-90}$$

将输入 x 和输出 y 表示成向量形式：

$$X = \begin{bmatrix} x_1^T \\ x_2^T \\ \vdots \\ x_m^T \end{bmatrix},\quad \vec{y} = \begin{bmatrix} y_1 \\ y_2 \\ \vdots \\ y_m \end{bmatrix}$$

估计函数为 $f_\theta(x) = \sum_{i=0}^{n}\theta_i x_i = \theta^T x = x^T\theta$,则可以得到:

$$X\theta - \vec{y} = \begin{bmatrix} x_1^T\theta \\ \vdots \\ x_m^T\theta \end{bmatrix} - \begin{bmatrix} y_1 \\ \vdots \\ y_m \end{bmatrix} = \begin{bmatrix} f_\theta(x_1) - y_1 \\ \vdots \\ f_\theta(x_m) - y_m \end{bmatrix} \tag{6-91}$$

即

$$\frac{1}{2}(X\theta - \vec{y})^T(X\theta - \vec{y}) = \frac{1}{2}\sum_{i=1}^{m}(f_\theta(x_i) - y_i)^2 = J(\theta) \tag{6-92}$$

则可以计算误差函数的梯度:

$$\begin{aligned}\nabla_\theta J(\theta) &= \nabla_\theta \frac{1}{2}(X\theta - \vec{y})^T(X\theta - \vec{y}) \\ &= \frac{1}{2}\nabla_\theta(\theta^T X^T X\theta - \theta^T X^T\vec{y} - \vec{y}X\theta + \vec{y}^T\vec{y}) \\ &= \frac{1}{2}\nabla_\theta \mathrm{tr}(\theta^T X^T X\theta - \theta^T X^T\vec{y} - \vec{y}X\theta + \vec{y}^T\vec{y}) \\ &= \frac{1}{2}\nabla_\theta(\mathrm{tr}\theta^T X^T X\theta - 2\mathrm{tr}\,\vec{y}X\theta) \\ &= \frac{1}{2}(X^T X\theta + X^T X\theta - 2X\vec{y}) \\ &= X^T X\theta - X\vec{y}\end{aligned} \tag{6-93}$$

令上述梯度为 0,则得到 $X^T X\theta = X\vec{y}$,即 θ 值为:

$$\theta = (X^T X)^{-1}X^T\vec{y} \tag{6-94}$$

线性回归中还有带权重的线性回归、多元线性回归等模型,其适用问题不同,但原理相同。

6.7.3 加权线性回归

首先考虑图 6-21 中的曲线拟合情况,图 6-21(a)使用线性拟合 $f(x) = f_\theta(x) = \theta_0 + \theta_1 x + \theta_2 x$,可以看出图中数据点不完全在一条直线上,所以拟合效果并不好。如果加入 x^2 项,得到 $f(x) = f_\theta(x) = \theta_0 + \theta_1 x + \theta_2 x^2$,如图 6-21(b)所示,该二次曲线可以更好地拟合数据点。如果加入更高次项,可以得到图 6-21(c)中的拟合曲线,可以完美地拟合数据点。

但过于完美的曲线,对新的数据可能预测效果并不好。对于图 6-21(a)中的曲线,过小的特征集合使得模型过于简单不能很好地表达数据的结构,则称为欠拟合;而图 6-21(c)中的曲线,过大的特征集合使得模型过于复杂,则称为过拟合。

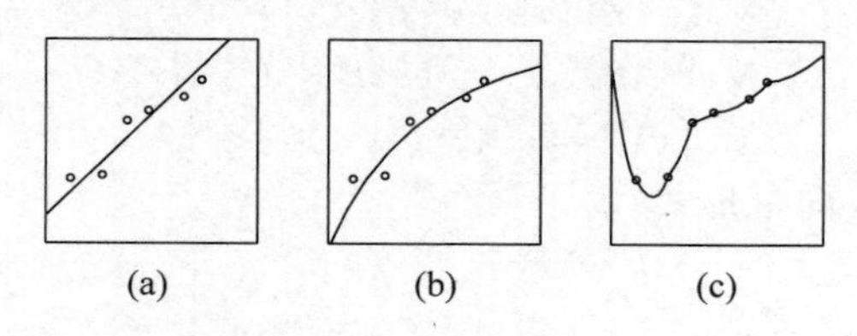

图 6-21 曲线拟合

加权线性回归和线性回归的区别在于对不同的输入观测点赋予了不同的权重。加权的思路来自实际观察，在实际应用中，不可避免存在有些观测点误差大，而有些观测点误差小的情况。这就需要在进行拟合时，不必太多地去考虑误差大的观测点，而要尽可能逼近误差小的观测点。因此，就用一个权重来表示观测点的权重，由此得到的加权线性回归的误差函数为：

$$J(\theta)=\sum_{i=1}^{m}\omega_i\,(y_i-\theta^T x_i)^2 \tag{6-95}$$

其中，第 i 个观测点 (x_i, y_i) 的权重，一般可以选择如下的函数形式：

$$\omega_i=\exp\left(-\frac{(x_i-x)^2}{2\tau^2}\right) \tag{6-96}$$

它表示离 x 越近的样本权重越大，越远的样本影响越小。这样能够提高对小误差样本点的权重。

6.7.4 逻辑回归

线性回归的因变量是连续变量，而自变量既可以是连续变量，也可以是分类变量。但是在实际应用中，会遇到一些因变量是分类变量的情况，而不可能是连续变量，如预测新闻类别、病症分类、评论的正负极性等。这就可以使用另一种回归分析方法，即逻辑回归(Logistic Regression)，虽是回归，但 Logistic 回归实际上用于分类问题。Logistic 回归实质上还是一种线性回归模型，只是在回归的连续值结果上加了一层逻辑函数映射，它将连续值映射到离散值，所以可以看作是一种广义的线性回归分析模型。

在逻辑回归分析适用的问题中，分类变量既可以是二分类的，也可以是多分类的，多分类中既可以是有序的，也可以是无序的。二分类 Logistic 回归根据研究目的又可分为条件 Logistic 回归和非条件 Logistic 回归。

在 Logistic 回归分析所解决的分类问题中，因变量是分类型变量，而从数学角度看，很难找到一个函数 $y=f(x)$，当 x 变化时，函数值 y 只取与分类型变量对应的两个或几个有限值。因此研究者将这个问题的解决转换了一个角度，不直接分析 y 与 x 的关系，而是分析 y 取某个值时的概率值 p 与 x 之间的关系。

在这样的思路下，就要寻找一个连续函数 $q=p(x)$，使得当 x 在任意范围内变化时，函数值始终在[0, 1]范围内。显然，数学上这样的函数有很多种，如 Logistic 回归模型。

Logistic 回归模型描述如下。

设 Y 是一个二分类变量，它的取值为 0 或 1。影响 Y 的 m 个自变量分别为 $x_1, x_2, \cdots, x_m$，令

$$g(x)=\beta_0+\beta_1x_1+\cdots+\beta_mx_m \tag{6-97}$$

则函数 $f(x)$ 为多元 Logistic 回归函数

$$f(x)=\frac{1}{1+\mathrm{e}^{-g(x)}} \tag{6-98}$$

在函数 $g(x)$ 中，β_0 称为常数项，其他系数称为偏回归系数。

为了能更直观地观察函数形态，假设

$$g(x)=\beta x \tag{6-99}$$

函数的形态如图 6-22 所示，图中展示了 $\beta=1$、$\beta=0.5$ 两种情景。可见该函数的特点是：当 x 为正无穷大时，函数取值趋向于 1.0；当 x 为负无穷大时，函数值趋于 0，当 $x=0$ 时，函数值为 0.5。并且可以通过调整系数大小来决定函数趋向于 0 或 1.0 的快慢。由于函数的形态呈 S 形变化，因此也称为 Sigmoid 曲线（或 S 形曲线）。

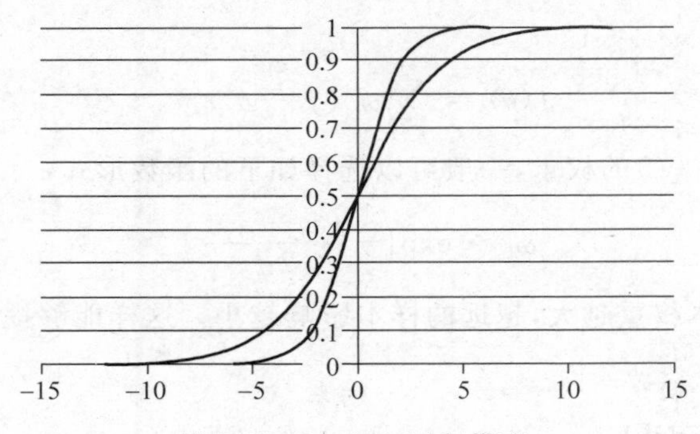

图 6-22　Logistic 回归模型

在神经网络中，Sigmoid 曲线也通常作为激活函数。为什么这种函数会受到青睐而广泛应用呢？它开始出现于生态学的研究中，有个 Verhulst 微分方程用于描述在资源有限的条件下种群增长规律的变化。1976 年《自然》杂志上发表了一篇论文“表现非常复杂的动力学的简单数学模型”，文中揭示出 Verhulst 方程深处蕴藏的丰富内涵，内容已超越了生态学领域，从而引起学术界极大关注，可见方程具有很强的普适性。而这个方程后来被称为 Logistic 方程，方程的解在 0 时刻的函数形式正好就是前面定义的回归函数 $f(x)$。

对于二分类变量 Y，将它在不同取值 $\{0,1\}$ 下的概率函数设定为逻辑回归函数 $f(x)$。令

$$P=\frac{1}{1+e^{-g(x)}} \tag{6-100}$$

则

$$P(Y=1 \mid x_1,x_2,\cdots,x_m)=P \tag{6-101}$$

$$P(Y=0 \mid x_1,x_2,\cdots,x_m)=1-P \tag{6-102}$$

因此在利用 Logistic 回归模型进行分类时，只要计算样本 x 对应的 P 值，然后就可以根据 P 和 $1-P$ 的大小来决定该样本是属于 0 或 1 类别。而在利用 Logistic 回归模型分类之前，需要确定函数中的常数项和偏回归系数，即 β_0、β_1、…、β_m。参数估计通常采用极大似然估计法，其基本思想是建立似然函数和对数似然函数，求使得对数似然函数最大时的参数值。

假设有 n 个样本，那么似然函数可以写成：

$$L=\prod_{i=1}^{n}P_i^{Y_i}(1-P_i)^{1-Y_i} \tag{6-103}$$

其对数形式为：

$$\ln L=\sum_{i=1}^{n}[Y_i\ln P_i+(1-Y_i)\ln(1-P_i)] \tag{6-104}$$

对于二分类问题来说，Y_i 的取值为 0 或 1；P_i 包含常数项和偏回归系数，因此通过对这

些参数求偏导数,即令式(6-105)成立,可以求得这些参数。

$$\frac{\partial \ln L}{\partial \beta_j}=0 \tag{6-105}$$

Logistic 回归模型的系数是自变量作用大小的一种度量,但是因为自变量量纲不同,不能简单通过系数来判断自变量对因变量的影响。为了进行比较,需要计算出标准回归系数。计算原理和线性回归分析一样。标准化后,绝对值最大的标准回归系数对应的自变量对因变量的影响最大。

普通的 Logistic 回归只能做二分类,对于多分类问题,就不能直接使用,而需要做些改进。

一种思路是对分类系统的每个类别都建立一个 Logistic 二分类器,带有这个类别的样本标记为正例,带有其他类别的样本标记为负例。那么对于有 K 个类别的问题,可以得到 K 个普通的 Logistic 分类器。在这种处理方法下,可能会有一个测试样本被划分到多个类别的情况,因此需要在最后的环节进行决定,如按照使分类函数输出值最大的类别选择原则。

第二种思路是修改 Logistic 回归似然函数的求解,不只考虑二分类非 1 就 0 的情况,让其适应多分类问题。这种方法称为 Softmax 回归,是 Logistic 回归的多分类扩展,在目前深度学习中应用很多。

不过,关于在实际问题中,是选择 Softmax 分类器还是个 Logistic 分类器,取决于所有类别之间是否互斥。如果所有类别之间明显互斥,则选用 Softmax 分类器;如果类别之间不互斥有交叉的情况下,则最好用 K 个 Logistic 分类器。

6.8 大数据分析算法的并行化

大数据分析所面对的数据量通常是巨大的,由此带来了高计算复杂度的问题。以往主要针对单机系统而设计的分析算法就难于在可接受的时间内完成计算任务。面向大数据分析处理的并行化挖掘算法就很有必要了。本节介绍 MapReduce 并行执行框架,然后以朴素 Bayes 分类算法以及 K-means 聚类算法为例介绍经典算法的并行化实现方法。

6.8.1 并行化框架

MapReduce 在很多文献或网站都有详细的介绍,这里做个简单介绍,也方便后面针对两种经典算法的并行化方法说明。

MapReduce 是一种用于大规模数据集并行运算的编程模型,这种编程模型与人们平常所使用的编程语言不同,它是一种非冯·诺依曼式的程序设计语言,称为函数式语言,基本思想是"程序就是函数"。这种函数式语言中的内置有两个函数 map 和 reduce,其中 map 用于对一个列表(List)中的每个元素做计算,reduce 用于对列表中的每个元素做迭代计算。map 和 reduce 提供的只是一个计算的框架,具体要实现的功能就是编程的地方。

在 Google 提出的 MapReduce 编程框架中,对数据处理和并行任务调度的考虑到了大规模数据集的划分和并行节点之间的数据交换。系统会自动将一个作业(Job)待处理的大数据划分为很多个数据块,每个数据块对应于一个计算任务(Task),并自动调度集群中的计算节点来处理相应的数据块。这些计算节点可以是 map 节点或 reduce 节点。在整个作业的执行过程中,由作业和任务调度模块来负责分配和调度计算节点,同时负责监控这些节点的执行状态,并负责 map 节点执行的同步控制。

由于每个节点独立完成计算任务,需要进行计算结果、输入数据的传递,因此还是需要一定的数据通信量。为了减少数据通信,MapReduce 采取本地化数据处理的原则,即一个计算节点尽可能处理其本地磁盘上所分布存储的数据,尽可能从数据所在的本地机架上寻找可用节点以减少通信延迟。

在 Google MapReduce 论文中描述了如何在该执行框架下解决大文本集中每个词汇出现次数的统计问题。图 6-23 是该论文提供的一个执行流程的总体示意图,图中标出了执行的步骤和顺序。在这个框架中,先将大型数据集进行分割,然后在 map 阶段由各个并行计算节点(worker)在 map 函数中执行计数,统计结果写入到磁盘文件。然后由另外一类计算节点在 reduce 函数执行汇总统计,从而得到最终的计数结果。从这个执行过程可以看出,MapReduce 是基于磁盘进行运算的数据交换,因此会生成大量的临时文件,为了提高效率,它利用 Google 文件系统来管理和访问这些文件。

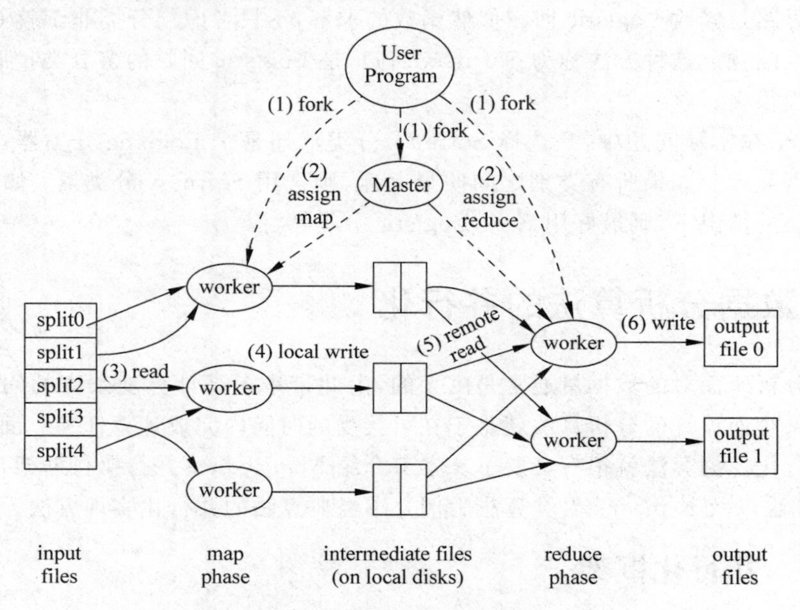

图 6-23 MapReduce 上的执行流程

在 MapReduce 中,map 处理的是原始数据,每条数据之间互相没有关系。但是在 reduce 阶段,数据是以 key 后面跟着若干个 value 来组织的。MapReduce 使用 mapper 将数据处理成一个< key,value >键值对,在网络节点间对其进行整理(Shuffle),然后使用 reducer 处理数据并进行最终输出。

在 Google 提供的大文本集中统计每个词汇出现次数的问题中,map 函数接受的键(key)是文件名,值(value)是文件的内容。map 逐个遍历单词,每遇到一个单词 w,就产生一个中间键值对< w, "1">,这表示找到了一个单词 w。

```
function map(String name, String document):
  //name: document name (key)
  //document: document contents (value)
  for each word w in document:
    emit (w, 1)
```

MapReduce 框架会将 map 函数产生的中间键值对中键相同的值传递给一个 reduce 函数。这样，单词 w(键)对应的“1”(值)，所有这样的< key, value >对就会被传递给 reduce 函数，当然在这个过程，来自每个 map 的 value，即“1”，经过了整理变成了一串“1”，作为 reduce 的输入 value。因此，reduce 函数接受的键就是单词 w，值是一串“1”，个数等于键为 w 的键值对的个数，然后将这些“1”累加就得到单词 w 的出现次数。所以 reduce 就是接受一个键及相关的一组值，将这组值进行合并产生一组规模更小的值。

```
function reduce(String word, Iterator partialCounts):
  //word: a word  (key)
  //partialCounts: a list of aggregated partial counts (value)
  sum = 0
  for each pc in partialCounts:
    sum + = pc
  emit (word, sum)
```

最后，将这些单词的出现次数写到用户定义的位置，存储在底层的分布式存储系统(GFS 或 HDFS)。

从抽象化的编程接口看，MapReduce 中的 map 和 reduce 两个函数的输入输出可以表示如下。

(1) map：将一个键值对表示的数据处理后，转换成为一组键值对，是一个键值对的集合，即

$$(k_1;v_1) \rightarrow \{(k_2;v_2)\}$$

(2) reduce：将一组键及各自对应的多个不同的值作为输入，经过某种整理计算后，输出一组新的键值对，即

$$\{(k_2;\{v_2\})\} \rightarrow \{(k_3;v_3)\}$$

可以看出来，reduce 的输入并不是 map 的输出，而是经过了整理，在 MapReduce 的并行编程模型中称为 Aggregation 和 Shuffle 操作。实际上是对参与计算的所有 map 节点的输出按照 key 进行了归并，这种归并要确保同一个 key 对应的所有 value 合并在一起，即上面所写的$\{v_2\}$，并输入给一个 reduce 节点。

根据上面对 MapReduce 的介绍，可以针对大数据场景做进一步分析。

第一，由于数据量很大，假如有 10 亿个数据，mapper 会生成 10 亿个< key, value >对在集群网络上进行传输，从而造成很大的网络压力。但是这种数据传输是否有必要，就要取决于具体的计算要求，如只是求这些的最大值，就可以让 mapper 只需要输出它所知道的最大值即可。在 MapReduce 中还提供了一个 combiner 允许用户针对 map task 的输出指定一个合并函数，从而避免 map 任务和 reduce 任务之间的数据传输而设置的。

第二，MapReduce 采用函数式编程，要求求解任务可以被分解为多个相对独立的子问

题。如果所解决的问题中无法分解出独立的子任务，也就无法在该框架下实现了。例如，斐波那契（Fibonacci）数列，数列从第3项起，每一项是前两项的和，也就是某个项的值依赖于前面的计算结果，因此也就无法分解成为若干个互不相干的子问题，不能用MapReduce来实现。

MapReduce的执行过程所涉及的类如图6-24所示。各个类简要介绍如下。

（1）InputFormat类描述了MapReduce作业的输入形式和格式，对输入数据进行分割，分割的个数决定了mapper的个数。

（2）InputSplit与InputFormat对应。

（3）RecordReader，不断地读取分块，将读取到的数据转换成为key-value的形式。

（4）Mapper中的steup、map、cleanup和run是应用程序编程的入口。

（5）Combiner对具有相同key的键值对进行合并，而不改变其数据类型。

（6）Partitioner用于对Mapper或Combiner的key-value集合进行划分，保证key值相同的数据发送到同一个Reduce，因此Partitioner划分的个数与reduce的个数相同。

（7）Sort对数据进行升序排列。

（8）Reduce中的steup、reduce、cleanup也是应用程序编程的入口。

（9）OutputFormat描述数据输出格式。

（10）RecordWriter将计算结果写入到HDFS。

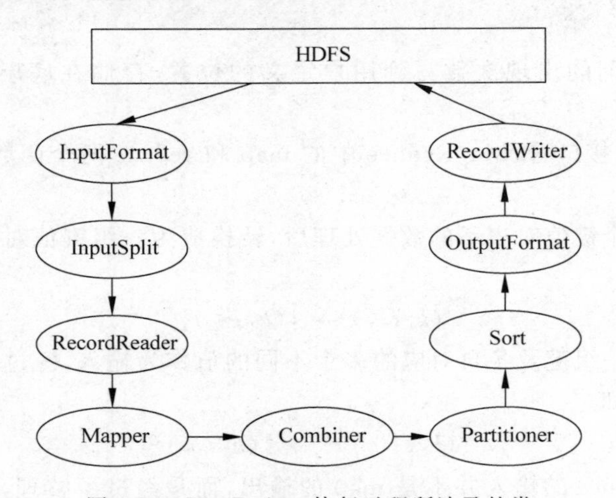

图6-24 MapReduce执行过程所涉及的类

6.8.2 矩阵相乘的并行化

两个矩阵相乘是大数据分析中的一项基本运算，大数据应用中的矩阵规模一般都很大，如在文本分类中通常词汇维度可达上万个词汇，在社交网络分析中节点数量也会很大。对于这类矩阵乘积显然无法在单机环境下运算，因此大矩阵相乘的并行化方法就很重要。解决这类问题时，需要针对矩阵的不同特点来设计合理的并行化算法。主要从稀疏矩阵和稠密矩阵两种类型的矩阵来考虑，其中稀疏矩阵的特点就是有很多元素的值为零。

在MapReduce框架下设计大矩阵相乘算法，主要就是进行map和reduce函数的设计，除此之外，设计合适的输入数据格式或文件格式与乘法策略设计也是直接相关的。

根据矩阵乘法的计算方法，如下表示两个矩阵 **A**、**B** 的乘积结果为 **C**。

$$\begin{bmatrix} a_{11} & a_{12} & \cdots & a_{1k} \\ a_{m1} & a_{m2} & & a_{mk} \end{bmatrix} \times \begin{bmatrix} b_{11} & b_{12} & \cdots & b_{1n} \\ b_{k1} & b_{k2} & & a_{kn} \end{bmatrix} = \begin{bmatrix} c_{11} & c_{12} & \cdots & c_{1n} \\ c_{m1} & c_{m2} & & c_{mn} \end{bmatrix}$$

根据矩阵运算法则，可以知道，在计算 **C** 中(i, j)元素的值时，需要分别使用 **A**、**B** 矩阵中第 i 行、第 j 列的所有数据，因此在 reduce 中可以(i, j)为 key 值，以对应的 **A**、**B** 矩阵中的第 i 行、第 j 列数据为 value，这样即可根据上式进行计算，在多个 reduce 的参与下输出乘积结果矩阵 **C**。

当然这些 key-value 数据是经过 Partitioner 处理过的，而每个 map 的输出只要有相同的 key 即可，也就是应当与 **C** 的元素位置(i, j)一致，对应的 value 值表示 **A** 或 **B** 上相应元素即可。

整个过程可以用图 6-25 表示，其中 **A**、**B** 矩阵分别为：

$$\boldsymbol{A} = \begin{bmatrix} 5 & 0 & 0 \\ 0 & 1 & 2 \end{bmatrix} \quad \boldsymbol{B} = \begin{bmatrix} 3 & 4 \\ 0 & 6 \\ 7 & 0 \end{bmatrix}$$

在进行分布式系统中计算之前，先要把 **A**、**B** 矩阵元素保存到文件系统中，对于稀疏矩阵可以按照“(行，列，数值)”的形式将非 0 的元素保存起来，如图中最左边的输入数据就是这两个矩阵的表示。

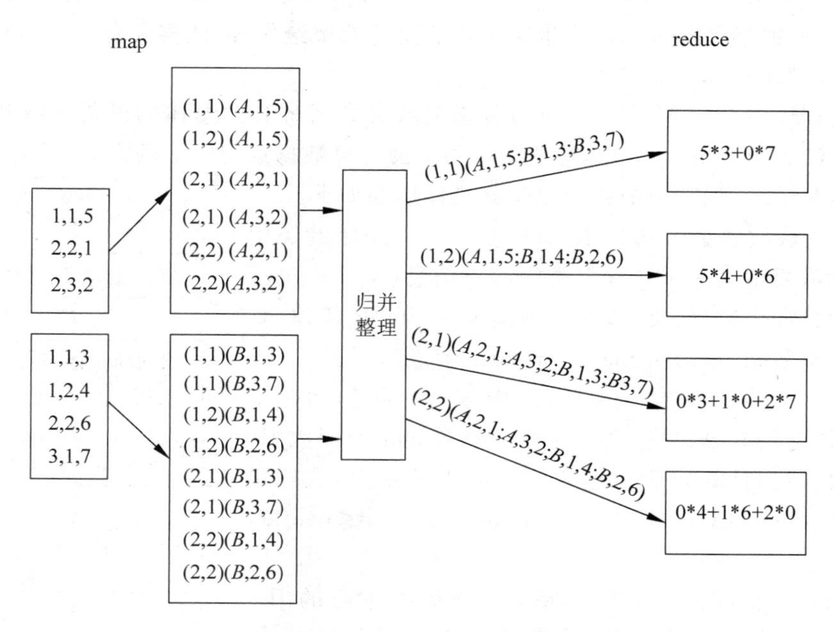

图 6-25　MapReduce 下的矩阵乘法运算

在这个计算过程中，map 函数的 key 值矩阵数据文件的文件名(A、B)，value 即是文件内容。该函数中，对文件中的内容进行重新整理，之后产生输出。输出的数据集中，key 值是(行，列)位置，value 由三部分组成，除了矩阵数值外，还应当包括来源矩阵及其行(B)或列号(A)，因为在归并整理阶段会对这些数据进行整理，因此必须保留原始矩阵中的一些信息。

在这个示例中，map 节点的个数自然地设置成 2，而 reduce 节点的个数设置为 4。实际中，要根据集群的配置情况进行设置，如果 reduce 的节点数设置小于 4，那么归并得到的 4 个 key 对应数据集就无法并行地完成，导致有的元组要等待前一个 reduce 任务完成之后才能进行计算。此外，这种方法需要将原始数据根据计算结果在 map 阶段进行多次复制，造成存储浪费，也使得在计算节点之间传输的元组数量增多，因此适合于大规模稀疏矩阵的乘积运算。

对于稠密矩阵，该方法并不合适，需要从存储和网络传输的信息量等关键方面进行函数的设计。为了能够处理超大稠密矩阵的乘积，可能采用多个 map 是比较合理的，否则有可能导致矩阵数据文件太大，而无法在一个计算节点的内存中装下。这就需要对矩阵相乘的策略做一定变化，如运用分块的乘法方法，让每个 map 处理一个块的相乘。而在矩阵数据文件格式上，只要以行为顺序依次保存元素值即可，就不必记录行和列号了。

6.8.3 经典分析算法的并行化

1. K-means 聚类算法的并行化

6.6 节介绍过 K-means 聚类算法，假设有 N 个样本，聚类的类数设定为 K，那么该算法迭代 t 次的时间复杂度为 $O(NKt)$，在每次迭代中需要计算每个点与各个类中心之间的距离，在数据量大的场景下具有很大的时间复杂度。

对于 K-means 来说，每个点与聚类中心之间的距离计算是独立的，因此，该算法就可以在 MapReduce 框架下实现。由于聚类过程需要不断地迭代，因此需要有一个稍复杂一点的主控程序，处理流程如图 6-26 所示。

在主控程序中调用 MapReduce 过程来完成分布式计算。总体的思路是将整个数据集中的点分配给若干个 map 节点，这些节点独立地计算数据点与中心的距离，求得最近中心。

在 MapReduce 框架中的并行化步骤具体描述如下。

(1) 随机从数据集中选择 K 个数据点作为初始的类中心点。首先需要定义一个包含聚类中心点信息(维度取决于输入数据的特征个数)的类，该类必须实现 Writable 接口，是一个全局共享数据，可以由 map 和 reduce 节点访问。

(2) map 节点。在 setup()方法中进行一些初始化工作，包括获得全局共享数据，读入类中心；在 map()函数中，读取本地数据集，计算每个数据点到中心点的距离，选择距每个数据点(object)最近的中心点(center)，并输出< center, object >对。

(3) reduce 节点。该函数的 key 值是聚类中心的 ID，center、value 是该中心所包含的数据点集合。因此，函数的处理过程中，就针对数据点的每个属性或维度计算它们所对应的中心(平均)。主控程序在这个步骤之后，需要判断是否达到收敛，如果还没有，则删除原来保存在 HDFS 上的聚类中心文件，再重新写入新的聚类中心数据。

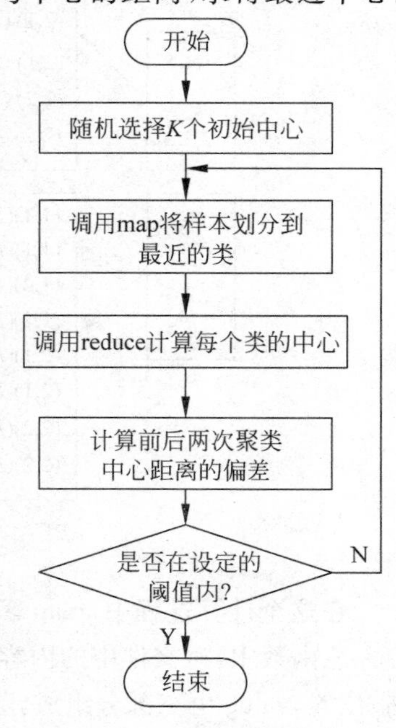

图 6-26 K-means 的主控程序

(4) 获得了聚类中心后，将每个数据点划分到最近的类中心。

2. 朴素贝叶斯(Bayes)分类算法的并行化

根据6.5.2节介绍的朴素贝叶斯(Bayes)分类方法,该方法包含了模型训练和分类测试两个过程。在并行化实现时,分别考虑设计其MapReduce的处理过程,两个过程之间通过训练好的模型参数文件(存储于HDFS中)联系。

可以看出来,在模型训练过程中需要基于训练集计算每个类别出现的频次、所有属性(词汇)在各个类别中出现的频次,这些本质上是类似单词统计的问题。

可以在map阶段统计这两类的频次,在reduce阶段则将各个节点的统计结果进行汇总即可。

在分类环节,由于对每个待分类的样本的处理与其他样本没有关系,因此分类过程可以让每个map节点执行部分样本的分类。在这种情况下,map函数的输出就是样本的类别标签,因此就无须再编写reduce函数了。

6.9 基于阿里云大数据平台的数据挖掘实例

目前有很多数据挖掘的开源系统或集成平台提供了对经典算法的支持,可以很快地来构建数据挖掘应用。根据不同的实验应用环境来进行选择,如对于个人台式机计算环境,可以选择Weka。它既支持GUI的操作,也支持基于Java的开发和算法调用。而在云环境下,可以更好地对大数据分析进行支持,阿里云大数据平台就是一个很好的选择。这些系统都对数据挖掘的整个过程提供了支持,包括数据预处理、特征选择、分类、聚类、关联分析等。

在这里构造两个实例,分别针对结构化数据和非结构化数据的分析挖掘。以阿里云大数据平台提供的操作环境来介绍本章涉及的方法。

6.9.1 网络数据流量分析

KDDCUP是一个从网络数据包中提取出来的流量特征数据集,是通过网络探针方式采集到的网络数据流量,可以从UCI网站(http://kdd.ics.uci.edu/databases/kddcup99/kddcup99.html)下载。这种数据是属于图1-2中提到的网络探针获取的另一种网络大数据。

在该数据集中,由人工对每个网络流量的类型进行了标注,表示流量的类型。流量类型有正常流量及10多种入侵行为产生的流量,该数据集主要是用于对网络层入侵行为的检测,检测可以看作是一个多分类任务,是利用大数据技术来解决安全问题的一个典型案例。

本节选择其中的3种类型的流量数据,保留其中数值型的特征量,最终用于分析的数据集中共有20 830个记录。每个记录有37个反映网络连接和传输的特征,有src_bytes、dst_bytes、wrong_fragment、urgent、hot、num_failed_logins、lnum_compromised、lroot_shell、lsu_attempted、lnum_root、lnum_file_creations、lnum_shells、lnum_access_files、lnum_outbound_cmds、count、srv_count、serror_rate、srv_serror_rate、rerror_rate、srv_rerror_rate、same_srv_rate、diff_srv_rate、srv_diff_host_rate、dst_host_count、dst_host_srv_count、dst_host_same_srv_rate、dst_host_diff_srv_rate、dst_host_same_src_port_rate、dst_host_srv_diff_host_rate、dst_host_serror_rate、dst_host_srv_serror_rate、dst_host_rerror_rate、 dst_host_srv_rerror_rate、land、logged_in、is_host_login、is_guest_login。此外，还有一个类型为 string 的标签字段(label)用于表明每个记录所属的流量类型。流量类型有正常流量(normal)及两种攻击型流量(smurf、neptune)，这是两种拒绝服务攻击(DoS)，它们使用 IP 欺骗、ICMP 回复等方法使大量网络传输充斥目标系统来实现攻击。为了能基于该数据集，来说明本章模型的应用，这里模拟了两个实际场景，一是对发现攻击流量，二是发现流量中的共性特征。

在进行这两个场景实验之前，需要先创建 MaxCompute 数据表(表名为 ids)，并将数据集上传导入到该表中，创建表的 SQL 语句如下：

```
create table if not exists ids (
        src_bytes double,
        dst_bytes double,
        wrong_fragment double,
        urgent double,
        hot double,
        num_failed_logins double,
        lnum_compromised double,
        lroot_shell double,
        lsu_attempted double,
        lnum_root double,
        lnum_file_creations double,
        lnum_shells double,
        lnum_access_files double,
        lnum_outbound_cmds double,
        count double,
        srv_count double,
        serror_rate double,
        srv_serror_rate double,
        rerror_rate double,
        srv_rerror_rate double,
        same_srv_rate double,
        diff_srv_rate double,
        srv_diff_host_rate double,
        dst_host_count double,
        dst_host_srv_count double,
        dst_host_same_srv_rate double,
        dst_host_diff_srv_rate double,
        dst_host_same_src_port_rate double,
        dst_host_srv_diff_host_rate double,
        dst_host_serror_rate double,
        dst_host_srv_serror_rate double,
        dst_host_rerror_rate double,
        dst_host_srv_rerror_rate double,
        land bigint,
        logged_in bigint,
        is_host_login bigint,
```

```
        is_guest_login bigint,
        label string
);
```

1. 场景 1

在第一个应用场景中，假设要对某个流量记录进行判断，是否为正常流量，或者是两种攻击型流量，从而为网络安全提供支持。这种场景就是一种典型的分类问题。类别标签为 normal、smurf、neptune，分类系统的特征为 37 个反映流量的属性。按照前面介绍的分类方法，应当有以下 3 个步骤。

（1）对这 37 个特征进行特征选择，目的是选择出对于分类系统最有效的特征。为此，在阿里云大数据平台中，构建是一个特征选择流程，如图 6-27 所示，流程中的 ids-1 节点指定了表 ids，即是包含 20 830 个记录、37 个特征、1 个标签的流量数据集。第二个节点表示对输入的数据进行特征选择，使用信息增益方法，而所选择的特征个数 N 在该节点的参数中可配置。最终生成一个降维以后的流量数据集，记录个数仍为 20 830，但是特征个数为 N，并将该数据集保存在 ids_selected 表中。

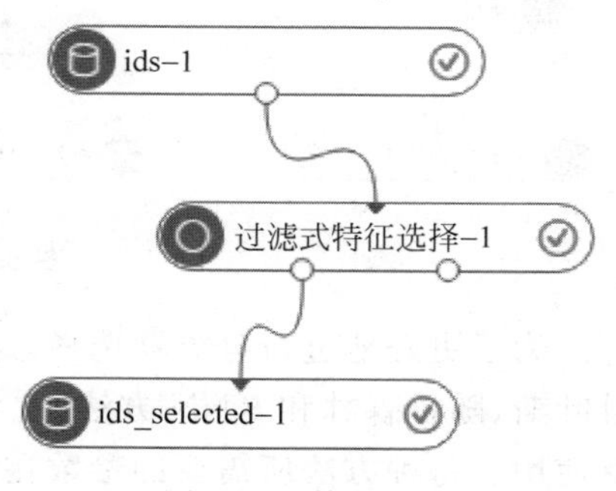

图 6-27　特征选择

当设定 $N=10$，也就是选择 10 个最有区分能力的属性时，通过右击图 6-27 的最后一个节点，选择“查看数据”选项，弹出“数据探查”窗口，如图 6-28 所示。选择出来的 10 个属性是 count、srv_count、dst_host_srv_count、dst_host_count、hot、lnum_access_files、src_bytes、lnum_file_creations、dst_bytes、lnum_compromised。而其他 27 个属性，如 src_bytes、dst_bytes 都没有被选中。

数据探查 - ids_selected - (仅显示前一百条)

count	srv_count	dst_host_srv_count	dst_host_count	hot	lnum_access_files	src_bytes	lnum_file_creations	dst_bytes	lnum_compr
116	9	3	9	0	0	0	0	0	0
102	3	4	19	0	0	0	0	0	0
143	14	13	29	0	0	0	0	0	0
134	17	4	39	0	0	0	0	0	0
125	8	13	49	0	0	0	0	0	0

图 6-28　“数据探查”窗口

（2）选择合适的分类方法，构建分类器，对分类器进行评估。这个步骤中，分类器的构建是一个训练过程，分类器的评估是一个验证过程，都需要样本（带分类标签的数据）。相应的实验流程如图 6-29 所示。输入节点表示经过特征选择之后的数据集 ids_selected，将该数据集划分成为两部分，60％用于训练，40％用于验证，图中的拆分节点就定义了这个比例分配。之后训练部分的数据输入给相应的分类器进行模型训练，在分类测试过程则由图中的预测节点完成。

此外，为了对各种不同的方法进行性能比较，以判断哪个更适合于具体应用背景下的分类，在流程的最后增加了分类评估节点。

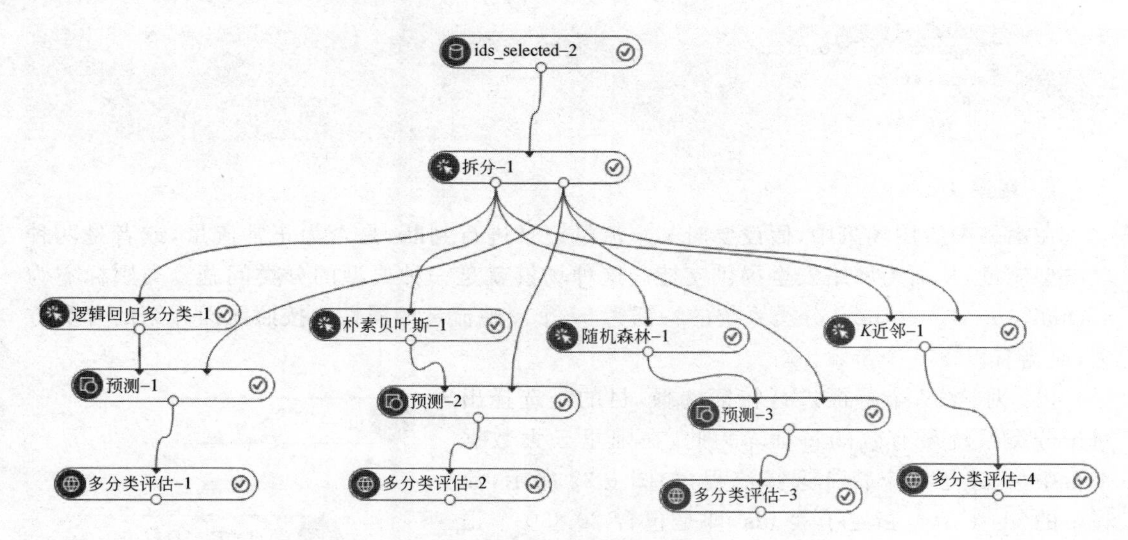

图 6-29　流量分类器构建与评估

为了更好地进行分类器选择，这里对分类方法进行了评估，包括逻辑回归分类器、朴素贝叶斯、随机森林和 KNN 方法，这 4 种方法在现有针对 KDDCUP 入侵检测的研究中被广泛使用。每种方法所需要的参数在相应的节点中可以配置，包括 KNN 中的 K 值等。

流程中的“预测”节点是使用训练好的模型对另外的 40%的验证流量记录进行分类测试，而评估节点则是将预测结果(归属类别)和验证流量中的 label 值进行比较统计。可以看出，KNN 方法实际上是没有分类器的构建过程，而是直接将 60%的训练流量和 40%的验证流量一起作为输入，这与本章介绍的 KNN 特点是一致的。

可以从评估节点获得最终的分类性能，有多种性能评估方法，图 6-30 是混淆矩阵评估方法，分别展示了逻辑回归多分类、朴素贝叶斯分类和 KNN 分类的结果。其他 Precision、Accuracy、F1、Kappa 等统计指标也可以在该节点中获得。需要注意的是，这个步骤的目的是选择一个合适的分类器，而影响分类器性能的因素除了分类器本身参数外，还与特征选择中的特征个数 N 有关，因此在这个步骤，也需要返回第一个步骤，调整 N 的值，再最终得到一个合适的 N 和分类器。在选择合适的分类器时，还需要考虑的另一个因素是模型训练和测试的时间复杂度，这些信息在流程图执行完成后，相应节点中都有提示信息。

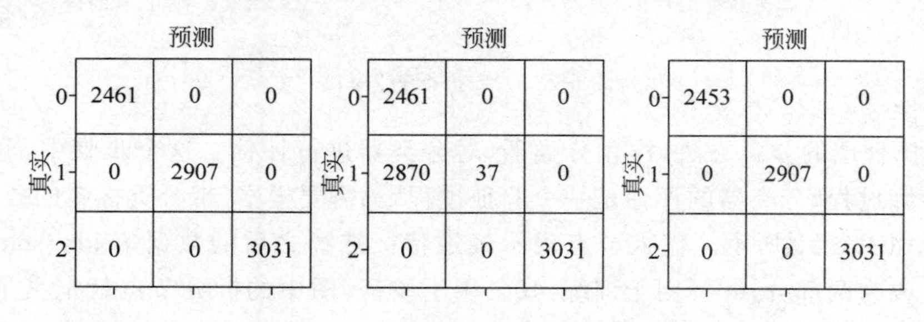

图 6-30　分类结果的混淆矩阵

(3) 分类器的应用。如上假设根据评估结果选择逻辑回归多分类器作为流量分类系统的分类器，那么在实际的分类中，就可以以该模型作为分类器，具体流程如图 6-31 所示，其中“逻辑回归多分类”节点是分类器模型,ids_selected是需要分类的样本,当然这些样本的特征应当与第一个步骤选择出来的特征一样。预测节点则是使用模型对没有标签的样本进行分类,分类结果保存在输出表中。

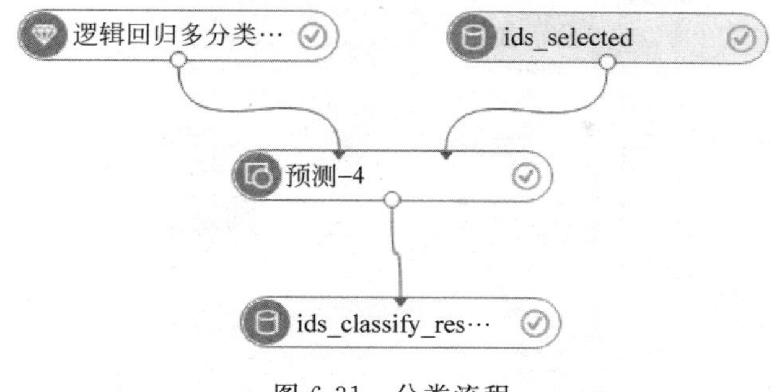

图 6-31 分类流程

2. 场景 2

针对网络流量的第二个应用是流量的聚类分析,其应用场景是:假设某个大学的网络管理员从本校的网络出口处获得了大量的流量数据,他想分析一下学校里学生在使用网络时主要有哪些类型的网络访问。这种情况下,对这些网络流量进行聚类,每个类别所代表的就是学生的典型网络访问行为。

为此,构建一个如图 6-32 所示的聚类分析过程。

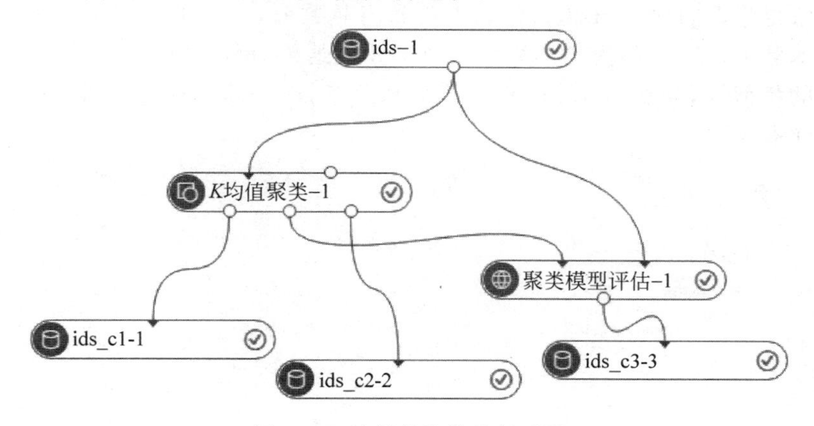

图 6-32 流量的聚类分析过程

将流量数据集作为输入,采用K-means聚类方法。由于该聚类方法需要参数 K 及初始聚类中心。在阿里云大数据平台中,K-means提供了随机选择、自定义初始中心、FirstK等5种初始中心的确定方法,同时也提供了Cosine和欧式空间的相似度计算方法。在本应用中,由于维度比较大,可以选择Cosine相似度。图 6-33 是相关可以设定或选择的配置。

聚类的结果是对每个流量记录打上聚类标签,可以通过输出表获得,同时也可以通过另一个输出表得到聚类中心,该聚类中心可认为是该校上网用户的典型代表。图 6-34 显示了聚类结果中每个类别的分布情况。当然,由于聚类过程也存在多个可以调整的参数,因此也可以像分类一样对聚类模型进行评估。图 6-34 中同时也给出一个聚类结果的指标参数Calinski-Harabasz值为53.395 327 654 694 69。通过改变 K 的值,如图 6-35 是 $K=5$ 时得

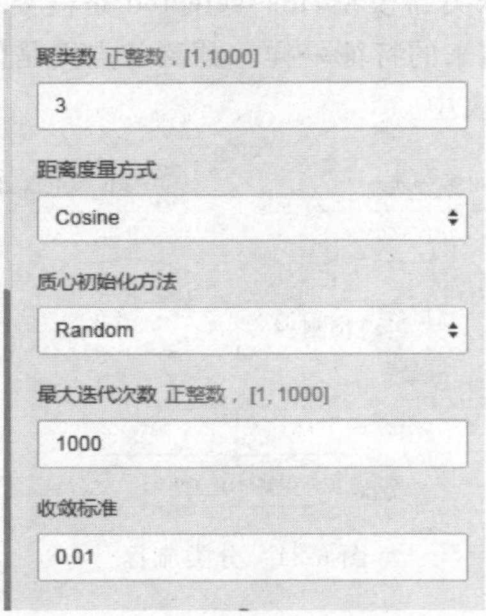

聚类数 正整数，[1,1000]
3
距离度量方式
Cosine
质心初始化方法
Random
最大迭代次数 正整数，[1, 1000]
1000
收敛标准
0.01

图 6-33 设置 K-means 的参数

到的结果，可以看到 Calinski-Harabasz 的值是 66.205 278 395 260 02。这是一个对聚类评估中比较重要的指标参数，称为聚类有效性指标(Clustering Validation Indices)。Calinski-Harabasz 指标(CH)通过计算类中各点与类中心的距离平方和来度量类内的紧密度，通过计算各类中心点与数据集中心点距离平方和来度量数据集的分离度，CH 指标由分离度与紧密度的比值得到。因此，CH 越大代表着类自身越紧密，类与类之间越分散，即更优的聚类结果。在本例中，$K=5$ 的聚类结果好于 $K=3$ 的结果，可能是由于 smurf、neptune 这两种攻击方法的相似性，导致 $K=3$ 时没有很好地分开，而分的类数适当增加时，能使得某个攻击类中的样本更纯。

聚类模型评估
总记录数
20830
聚类中心数
3
Calinski Harabasz 指标
53.39532765469469
漏斗图切换
3: 9.48%
2: 36.98%
1: 53.54%

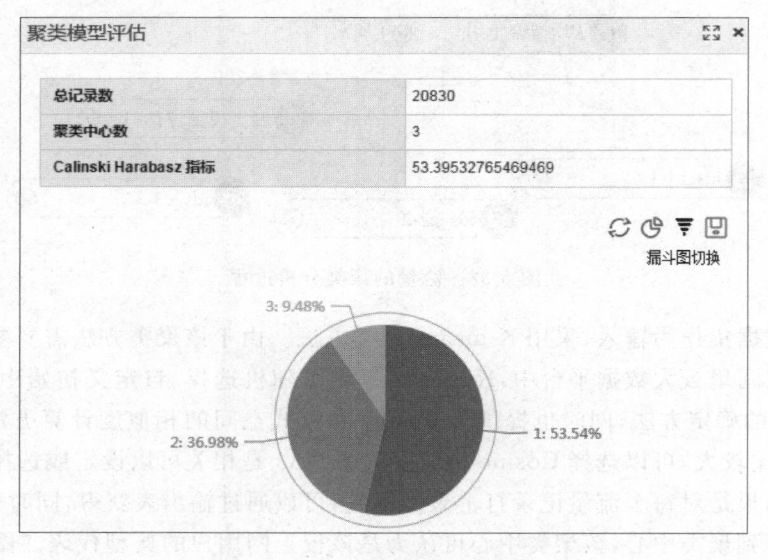

图 6-34 $K=3$ 的聚类评估

聚类有效性指标提供了一种选择聚类参数的方法，其他常用的聚类有效性指标还有 Davies-Bouldin(DB)、Xie-Beni 等。但由于各种指标的计算方法不同，在对聚类结果评估方面也不是完全准确。

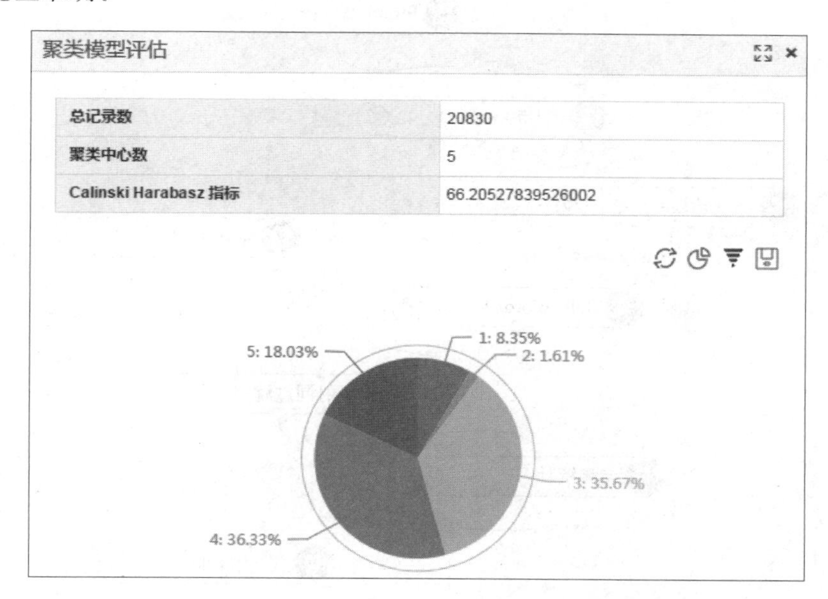

图 6-35 $K=5$ 的聚类评估

6.9.2 网络论坛话题分析

第二个应用场景是关于网络论坛的话题分析问题。

网络论坛是网络用户发表个人意见的场所,论坛中所蕴含的话题不同于单个的帖子,进行话题分析能够更清楚地查看论坛用户所关注的主题。在网络舆情监测、证券市场的投资者行为分析中,通常都需要进行话题的分析。

话题分析的数据来源是论坛中用户所发表的帖子,处理结果的输出是话题的表示。由于帖子都是一些文本信息,因此话题分析是一个典型的文本处理、分析与建模过程,这里所涉及模型和方法除了本章的文本特征、文本模型外,还需要用到第 4 章的文本处理方法。

为了进行论坛话题分析,采用了帖子获取、文本预处理及 LDA 话题建模三大步骤。

(1) 采用网络爬虫技术从指定的网络论坛上获得 2012-01-01 到 2012-01-16 期间,用户所发表的帖子。但是论坛帖子中,有很多是用户的一些简单回帖,并不会影响话题的表达。因此,只保留内容足够长的帖子,这样所得到的帖子记录共有 5607 个记录,每个记录包含两个字段,即 upd(帖子发表时间)和 txt(帖子内容),该数据集可以在 https://github.com/jpzeng/data-book 中下载。

(2) 可以利用阿里云大数据平台提供的相关文本分析组件进行话题分析。为此构建了图 6-36 所示的网络论坛话题分析流程。其中的第一个节点就是包含 5607 个帖子内容的数据集。由于后续组件的要求,后面增加了“增加序列号”和“类型转换”两个处理过程。其中“增加序列号”是为每个帖子增加一个数值标识来唯一地表示帖子,这是因为词频统计组件中需要对每个文档词汇进行统计,需要有一个唯一标识文档记录的数值(bigint 类型,列名为 docid)。但是在词频统计组件中要求文档标识列类型为 string,因此在“类型转换”将 docid 的类型转换为 string。

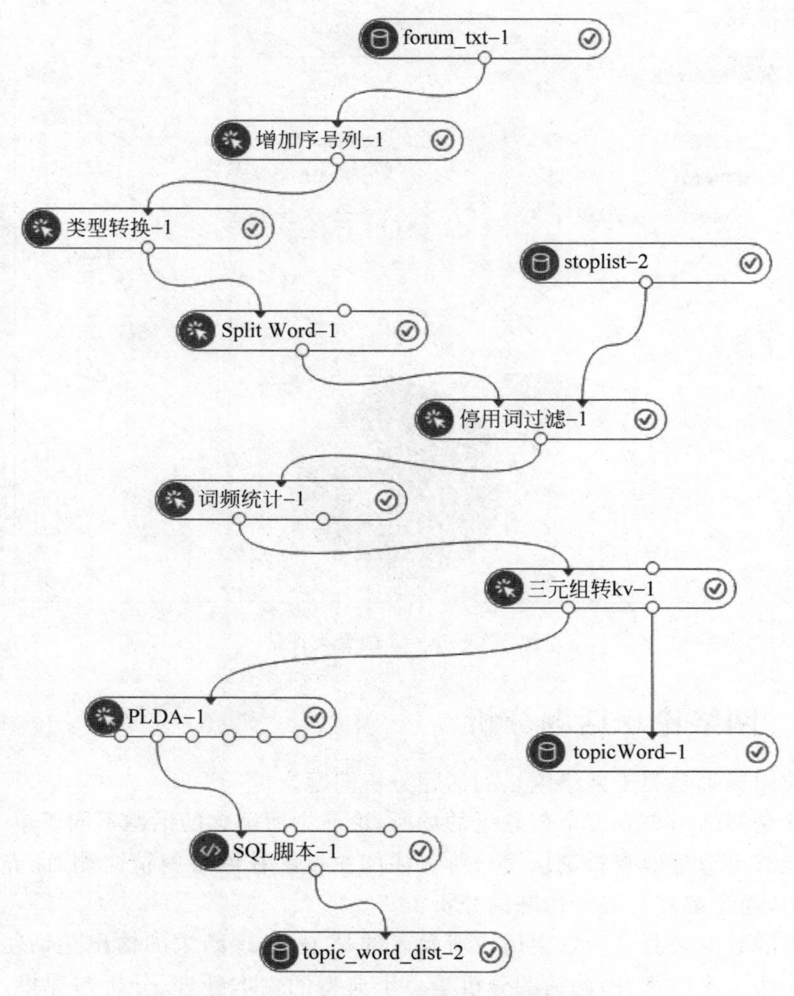

图 6-36 网络论坛话题分析流程

(3) 需要对这些帖子文本进行词汇的切分，也就是图中的 Split Word 节点。之后需要对切分结果进行停用词过滤，指定了一个自定义的停用词列表，凡是包含在该列表中的词汇后会被删除掉。该停用词列表中包含“并且”、“不但”等虚词，格式上是每个词汇一行，可以从 https://github.com/jpzeng/data-book 下载。

根据 LDA 模型对输入的要求，需要统计每个帖子中每个词汇出现的次数，生成(docid, wordid, count)的数据，即词频统计。之后，将该词频数据转换成为一种称为三元组表示的形式，该形式可以直接输入给 LDA。该三元组的形式如图 6-37 所示，图中的 key_value 是一系列的 key:value 的形式，其中 key 就是词汇 wordid，value 就是这个词在文档 docid 中出现的次数。由于词汇空间较大，图中只显示部分词汇和部分文档的结果。

话题分析流程图中的 PLDA 就是对输入信息进行话题建模，采用的是 LDA 模型。在前面的介绍 LDA 模型建模时，需要指定若干参数，包括话题个数 K、文档话题分布的先验 Dirichlet 参数、话题词汇分布的先验 Dirichlet 参数，以及模型训练的迭代次数和收敛条件等。

docid ▲	key_value ▲
443	329:1,382:1,398:1,546:1,689:1,1070:1,1314:2,1339:1,1386:1,1404:1,1405:1,1414:1,1481:1,1482:
213	9:1,123:3,329:2,534:2,674:2,777:1,1111:2,1239:1,1241:1,1251:1,1257:2,1263:1,1270:1,1281:1,12
446	382:1,455:4,534:1,1239:1,1241:1,1257:1,1270:1,1339:1,1402:1,1435:1,1485:1,1511:2,1523:1,155
216	1330:1,1369:1,1402:1,1441:1,1446:2,1449:1,1456:1,1457:1,1459:1,1461:1,1478:1,1497:1,1503:1
449	382:1,455:4,534:1,1239:1,1241:1,1257:1,1270:1,1339:1,1402:1,1435:1,1485:1,1511:2,1523:1,155
219	1:1,8:5,10:1,11:1,123:8,162:5,243:1,329:2,534:2,586:1,674:1,697:1,777:2,798:2,854:1,1099:1,110
451	2:2,9:2,11:1,110:2,114:4,117:1,122:1,123:1,179:2,187:1,240:1,242:1,288:1,329:1,368:2,369:2,372:
221	123:1,1210:1,1291:1,1303:1,1305:1,1310:2,1314:2,1315:1,1333:1,1391:1,1407:1,1416:1,1417:2,1

图 6-37　文档的词频三元组

PLDA 节点的输出提供了 $p(W|Z)$、$p(Z|W)$、$p(D|Z)$、$p(Z|D)$、$P(Z)$等运算结果。这些结果反映了不同的价值。例如，$p(W|Z)$表示某个话题在词汇空间中的分布，如图 6-38 是 $K=5$ 时，各个话题在词汇空间上的分布 $p(W|Z)$，这里只列出了部分词汇 wordid。而 $p(Z|W)$是相同模型下，词汇 wordid 在话题空间上的分布，如图 6-39 所示。$p(D|Z)$则表示给定话题下的帖子分布，$p(Z|D)$表示给定帖子中的话题分布，$P(Z)$表示整个文档集中的话题分布，它可以认为是话题的分量。

wordid ▲	topic_0 ▼	topic_1 ▲	topic_2 ▲	topic_3 ▲	topic_4 ▲
12	0.00042051985514362996	2.8508270534364724e-8	1.4623615911313036e-8	1.8602733783345866e-8	0.0007374309338284688
49	0.00014018885899210728	2.8508270534364724e-8	1.4623615911313036e-8	1.8602733783345866e-8	3.686970320626313e-8
95	0.00007010610995422661	2.8508270534364724e-8	1.4623615911313036e-8	1.8602733783345866e-8	3.686970320626313e-8
96	0.00007010610995422661	2.8508270534364724e-8	1.4623615911313036e-8	1.8602733783345866e-8	3.686970320626313e-8
14	0.000023384277262306...	2.8508270534364724e-8	1.4623615911313036e-8	1.8602733783345866e-8	3.686970320626313e-8
19	0.000023384277262306...	2.8508270534364724e-8	1.4623615911313036e-8	1.8602733783345866e-8	3.686970320626313e-8
22	0.000023384277262306...	2.8508270534364724e-8	1.4623615911313036e-8	1.8602733783345866e-8	3.686970320626313e-8
29	0.000023384277262306...	2.8508270534364724e-8	1.4623615911313036e-8	1.8602733783345866e-8	3.686970320626313e-8
35	0.000023384277262306...	2.8508270534364724e-8	1.4623615911313036e-8	1.8602733783345866e-8	3.686970320626313e-8
43	0.000023384277262306...	2.8508270534364724e-8	1.4623615911313036e-8	1.8602733783345866e-8	3.686970320626313e-8
59	0.000023384277262306...	2.8508270534364724e-8	1.4623615911313036e-8	1.8602733783345866e-8	3.686970320626313e-8
77	0.000023384277262306...	2.8508270534364724e-8	1.4623615911313036e-8	1.8602733783345866e-8	3.686970320626313e-8
94	0.000023384277262306...	2.8508270534364724e-8	1.4623615911313036e-8	1.8602733783345866e-8	3.686970320626313e-8

图 6-38　$p(W|Z)$分布情况

在这些参数中，对于话题分布来说，最主要的就是 $p(W|Z)$和 $P(Z)$。从图 6-38 可以看出，话题在词汇空间上的分布中，很多词汇出现的概率值可能非常小，这些词汇对于话题的表达能力影响不大，因此在实际中进行话题识别时，通常只需要选择概率值比较大的若干个词汇作为话题的描述。为此，在图 6-36 网络论坛话题分析流程中，增加了一个 SQL 脚本处理节点，该节点中的 SQL 语句是：

```
select wordid,topic_0 from ${t1} where topic_0 > 0.00001
```

表示将话题概率值大于 0.00001 的词汇选择出来，作为最终的话题描述，该语句中 \${t1}是上一个节点，即 PLDA 生成的数据表，是动态表名，流程执行时会自动匹配。

wordid ▲	topic_0 ▲	topic_1 ▲	topic_2 ▲	topic_3 ▲	topic_4 ▲
0	0.20000053457008546	0.19999791955200202	0.20000497339395512	0.20000295187672307	0.1999936716807967
1	5.271634151942208e-7	5.271565225033256e-7	5.271751150907016e-7	5.271697867553038e-7	0.999995210418967
2	4.98765536026628e-7	0.029926039637389327	4.987766056588739e-7	0.023941533860686884	4.987484212090994e-7
3	4.861553079493146e-7	4.861489514416963e-7	4.861660977094016e-7	0.025280867722209267	4.861386258436254e-7
4	4.859178326045825e-7	4.859114792019676e-7	4.859286170941275e-7	0.000486409629356546	4.859011586477066e-7
5	4.842693710456548e-7	4.842630391967662e-7	4.842801189491449e-7	0.0033904108443990...	4.842527536546735e-7
6	4.821666491214844e-7	4.821603447658016e-7	4.82177350357038e-7	0.00434003446393886	4.821501038840491e-7
7	4.752902820769414e-7	4.752840676301391e-7	4.7530083069799196e-7	0.014259356096227327	4.75273972797604e-7
8	3.4855806875496944...	0.10038375981911052	3.485658046736702e-7	3.4856228160237506...	0.1662568421621615
9	2.906994776708566e-7	0.012500204796316383	0.1532023155379442 5	2.9070299121035e-7	0.000290980192008366
10	2.500012808271134e-7	2.499980120464991e-7	0.05950187539701953	0.006500361868465651	0.07399808984226856

图 6-39 $p(Z|W)$分布情况

(4) 在流程执行完毕后,可以查看每个节点的执行时间代价。这里比较关心的是 LDA 模型的训练过程,从图 6-40 可以看出,针对 5607 个帖子,LDA 话题建模时间不到 2 分钟,是很快就完成的。

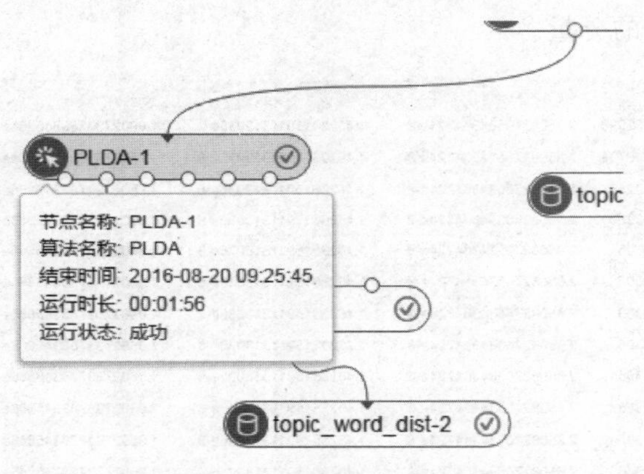

图 6-40 LDA 的训练时间代价

思考题

1. 特征选择和特征提取有什么区别?
2. 描述信息增益的计算过程,分析信息增益进行特征选择所存在的问题。
3. 分析 TF-IDF 在实际应用中可能存在的问题。
4. N-gram 模型有哪些用途?
5. 编写程序实现 K-means 算法,并写出其对应的 MapReduce 下的并行实现。

第7章 大数据隐私保护

随着各种网络应用的流行，用户的网络行为信息不断累积，这类信息经过恶意收集、组合、关联、挖掘，可能会导致个人隐私泄露。此外，大数据时代，政府部门等相关机构极力推动各种数据的共享，没有经过处理的数据也容易产生隐私泄露。大数据隐私保护由此成为大数据安全的一个重要课题，各种隐私保护方法相继产生。但是，隐私保护力度过大又会违背大数据技术应用的初衷，使得数据的可用性大大降低。因此，在大数据隐私保护研究中，确定并实施一种度量隐私保护力度和数据可用性的指标也是非常必要的。本章主要介绍与大数据隐私保护相关的技术，并针对互联网大数据的典型数据进行了隐私保护方面的叙述。

7.1 隐私保护概述

关于什么是隐私，目前并没有一个统一的定义。可以认为，隐私就是个人、机构等实体不愿意被外部世界知晓的信息。但有时也把机构的隐私认为是商业机密。通常人们所说的隐私一般都是指敏感数据，如个人的薪资、病人的患病记录、公司的财务信息等。但当针对不同的数据所有者时，隐私的定义也会存在差别。例如，保守的病人会视疾病信息为隐私，而致力于倡导人们正确看待某些疾病的患者却不视之为隐私。

当今大数据环境下，存在多种数据形式，攻击者可以采集到大量的数据。典型的有车辆轨迹数据、社交网络中的用户关系数据等，由此产生的隐私泄露问题也很多。美国总统科学技术顾问委员会的报告中陈述了大数据时代所带来的隐私问题，包括但不限于以下几种。

(1) 沿途电线杆上装设监听装置，用于侦测过往车辆正在收听的电台信息，并向广告投放商进行销售。

(2) 车辆号牌自动识别技术可以在检测到过期号牌时发出警报，但该技术在民用领域可借助云数据平台将收集到的信息用于多种用途。

(3) 商品的价格歧视，即同一件商品对不同人有着不同的定价，将更为普遍，商品定价透明性降低。

(4) 匿名书籍、杂文、网络文稿的作者被人肉搜索。

(5) 通过社交媒体中用户留下的痕迹，攻击者可以识别他的朋友关系。

(6) 网络借贷机构根据用户的社交网络信息来对其进行授信判断。

(7) 脸部颜色变化可以反映心率,进而推断健康和情绪状态。

但不管怎么样,隐私泄露的最终效果都是类似的,存在正反两方面的效应。一是泄露的信息可能换来对个人和社会有价值的信息,如公开自己的患病信息,可能得到更多人有针对性的治疗建议;同时越多人共享此类信息,对数据的挖掘分析就会更加准确,从而可能对制定相关政策有所帮助。二是泄露的信息给个人带来各种麻烦,某些患病记录可能给求职带来很大障碍。并且这种效应会随着更多的共享数据而越发放大,攻击者通过搜索并挖掘海量的社交网络数据中与特定用户相关的信息,可能推出用户的薪资水平,进而通过骚扰电话、垃圾邮件、手机应用推广链接等方式推销信用卡、房产等。

隐私保护方法的研究中,早期有学者认为姓名这类几乎能唯一识别个体的属性是隐私泄露的原因,并称为标识符或显标识符。然而,Samarati 等人发现,即使是去除数据集里所有的标识符之后,还是不能避免隐私泄露,这是因为标识符之外的属性的组合也能唯一识别个体,这种属性的组合称为准标识符。例如,在攻击者所关注的个体范围内,符合{男、23、计算机技术、长跑和游泳}的个体可能只有一个,那就是 Wendt,于是 Wendt 的隐私就泄露了,尽管数据集中并没有公开他的姓名。通过准标识符重新识别出个体的过程称为个体的再识别。依照该思路,如果每一个形如{男、23、计算机技术、长跑和游泳}的属性值序列都重复至少 k 次,那么个体隐私泄露的概率就只有 k 分之一,而 Samarati 等人提出的匿名隐私保护方法正是这样做的。

随着众多合法的大数据应用技术的发展,匿名隐私保护越来越容易被攻破;当数据体量增长及多样性增大时,成功再识别个体的概率将大大增加。这些都对传统的隐私保护手段提出了严峻的挑战。

有些数据的发布是为了数据研究人员完成特定的分析目标,如商业咨询机构需要对大量的个人与企业数据进行分析,从而得出与企业相关性的结论。为防止隐私泄露,咨询机构得到的可能是随机扰动过的数据库,而不是原始的精确数据。通过在原始数据中添加随机噪声,可以在不破坏数据本身的统计性质的条件下,尽可能保护隐私。在统计数据库中添加随机噪声,是否能确保隐私不被泄露呢? Dwork 发现,如果某个记录的变化显著影响了统计数据库的计算结果,那么隐私也就泄露了,因此 Dwork 提出了差分隐私,来应对这种类型的隐私泄露。

7.2 隐私保护模型

从 Samarati 等人提出 k-匿名至今,匿名隐私保护模型已经有了 10 多年的发展,先后有学者提出 l-多元、(a,k)-匿名、t-邻近、m-恒定等模型,同时期产生和发展的还有随机扰动模型、差分隐私保护模型等。

7.2.1 隐私泄露场景

若要对形如表 7-1 的医疗数据集进行隐私保护,以往的做法是"去身份化",即去掉能直接反映个体身份的属性,包括姓名、家庭住址、联系方式等,得到表 7-2 的结果数据集。

表 7-1　原始医疗数据集

SSN	Name	Ethnicity	Date Of Birth	Sex	ZIP	Marital Status	Problem
12345	Mary	asian	09/27/64	female	02139	divorced	hypertension
23456	Jenny	asian	09/30/64	female	02139	divorced	obesity
34567	Zeng	asian	04/18/64	male	02139	married	chest pain
45678	Wendt	asian	04/15/64	male	02139	married	obesity
56789	Nico	black	03/13/63	male	02138	married	hypertension
67890	Paul	black	03/18/63	male	02138	married	shortness of breath
78901	Tara	black	09/13/64	female	02141	married	shortness of breath
89012	Katherine	black	09/07/64	female	02141	married	obesity
90123	Zhang	white	05/14/61	male	02138	single	chest pain
01234	Marcial	white	05/08/61	male	02138	single	obesity
11111	Carlson	white	09/15/61	female	02142	widow	shortness of breath

表 7-2　去身份化的医疗数据集

Ethnicity	Date Of Birth	Sex	ZIP	Marital Status	Problem
asian	09/27/64	female	02139	divorced	hypertension
asian	09/30/64	female	02139	divorced	obesity
asian	04/18/64	male	02139	married	chest pain
asian	04/15/64	male	02139	married	obesity
black	03/13/63	male	02138	married	hypertension
black	03/18/63	male	02138	married	shortness of breath
black	09/13/64	female	02141	married	shortness of breath
black	09/07/64	female	02141	married	obesity
white	05/14/61	male	02138	single	chest pain
white	05/08/61	male	02138	single	obesity
white	09/15/61	female	02142	widow	shortness of breath

去身份化的数据集仅仅是看起来保护了隐私，但是这种做法并没有解决隐私保护问题。如果在某个外部数据集里同时出现了显标识符以及邮编、生日、种族、性别、婚姻状况等属性，则简单的自然连接操作就可以使攻击者推断出每条记录对应的个体，即完成了个体的再识别。观察可知，Carlson 在属性集{Date Of Birth，Sex，ZIP}下的值序列为{09/15/61，female，02142}且唯一，因此只要 Carlson 出现在形如表 7-2 的名单中，攻击者就可以通过自然连接表 7-1 与表 7-2 对应的数据集，对 Carlson 进行再识别。

攻击者如果成功再识别 Carlson，就能得出结论：Carlson 在医院的诊断结果为"shortness of breath"，即找出了个体与敏感属性之间的关系，因此侵害了 Carlson 的个人隐私。在对 54805 名投票人进行类似的逐一分析后，Samarati 发现能够成功再识别 69%的个体，所以诸如以上的数据发布存在较为严重的隐私泄露问题。

7.2.2　*k*-匿名及其演化

可以看出，造成隐私泄露的原因就是形如{Date Of Birth，Sex，ZIP}的多个数据集的公共属性对应的值序列可以唯一确定个体。因此，可以先定义准标识符的概念。准标识符就是数据集所包含的属性中，能够与外部数据集产生连接操作的属性或属性集，即与外部数据集的相同属性。

Sweeney 给出了准标识符的一个形式化的定义。

【定义 7.1】 设全部个体组成的全集为$U=\{p_1,p_2,\cdots\}$，数据集$T(A_1,A_2,\cdots,A_n)$包含$A_1,A_2,\cdots,A_n$这n个属性，且每个元组都对应唯一的个体，个体p_i在其中任意k个属性$A_i,\cdots,A_j$上的值序列称为p_i在属性集$\{A_i,\cdots,A_j\}$上的投影，记为$p_i[\{A_i,\cdots,A_j\}]$。f_c：$U\to T$是定义在U上的函数，给定U中的个体p_i，若数据集T中有其对应的元组，则函数f_c有返回值$p_i[\{A_1,\cdots,A_n\}]$，简记为p_i。f_g：$T\to U'(\subseteq U)$是定义在T上的函数，若T中元组t_i的值序列$t_i[\{A_i,\cdots,A_j\}]$能唯一确定个体，则f_g返回它所对应的个体p_i。准标识符Q_T是不含显标识符和敏感属性的最大属性子集$\{A_i,\cdots,A_j\}$，满足$\exists\, p_i\in U$，使得：

$$f_g(f_c(p_i)[Q_T]) = p_i \tag{7-1}$$

直观上，可以求出T在属性集Q_T上的投影$T[Q_T]$，如果$T[Q_T]$中至少有一个元组不与其他任何元组重复，则该元组对应的个体将被唯一确定。反之，如果$T[Q_T]$中所有的元组都有与之对应的重复元组，则攻击者将无法唯一确定其中任意元组对应的个体，也就无法找出个体与敏感属性之间的关系，因此保护了对敏感属性的隐私要求。依照该思路，若是$T[Q_T]$中每个元组都至少重复k次，那么Q_T下的任意一个值序列都将对应至少k名个体，攻击者成功再识别的概率将只有$\frac{1}{k}$。这样，就可以得到基本的k-匿名数据发布要求：发布的数据必须满足准标识符下的每一个值序列至少对应k名个体。而k-匿名的定义采用了子集覆盖的方法，现在看来可能不太简洁，但它在之后k-匿名的演化过程中却发挥了至关重要的可扩展的特性。这里先直接给出k-匿名的定义，在后面的匿名模型中会逐步介绍这种可扩展性。

【定义 7.2】 数据集$T(A_1,A_2,\cdots,A_n)$满足k-匿名，当且仅当对准标识符Q_T的任意子集$Q\subseteq Q_T$，投影集$T[Q]$中每个元组都至少出现了k次。

那么，给定一个不满足k-匿名的原始数据集，要怎样把它变为k-匿名数据集呢？Samarati 使用了泛化的方法。由表 7-1 可知，Carlson 和 Tara 的邮编分别是 02142 和 02141，若在发布数据时，将邮编最后一位设定为默认值，则两人的邮编就变成了 0214 *，因此无法区分两者的邮编。而对于 Carlson 和 Zhang 来说，只将邮编最后一位设定为默认，仍然可以辨别出两者，因为 Carlson 的邮编是 0214 *，而 Zhang 的邮编是 0213 *，为使 Carlson 和 Zhang 的邮编不可辨认，就需要进行一次额外的默认操作，如可以将他们的邮编变为 021 **。这就是泛化的基本思想。

属性A上的泛化操作是定义在A的值域上的函数f_A:$D\to D_1$，其中D是属性A的值域，D_1是函数f_A的值域。该函数将属性A下的值映射到预定义的值，如将邮编 02142 映射到 0214 *，这称为一次泛化操作。用符号“$\leqslant_D$”来表示域之间的泛化关系，而用符号“$\leqslant_V$”来表示值之间的泛化关系，如D_0泛化到D_1记作$D_0\leqslant_D D_1$，而 02142 泛化到 0214 * 记作 02142 $\leqslant_V$ 0214 *。连续的泛化操作可类似定义为复合函数的形式，即

$$f_A^{n-1}\cdot\cdots\cdot f_A^1\cdot f_A^0: D_0\to D_1\to\cdots\to D_n \tag{7-2}$$

其中，$D_i(1\leqslant i\leqslant n)$是$f_A^{i-1}$的值域和$f_A^i$的定义域。

例如，连续将邮编 02142 泛化到 0214 * →021 ** →02 *** →0 **** → *****。这种

预定义的泛化操作应满足一定的规则，即“域泛化层次”（DGH）和“值泛化层次”（VGH），如图 7-1 和图 7-2 所示。

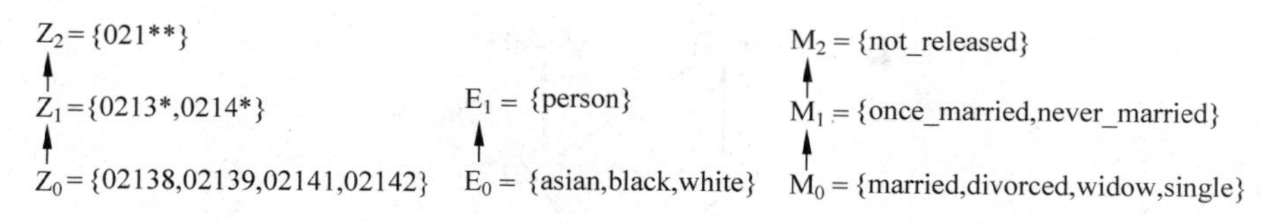

图 7-1　域泛化层次

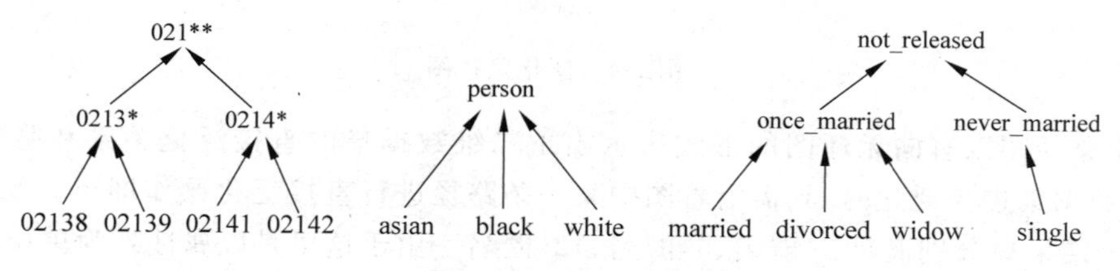

图 7-2　值泛化层次

在执行泛化操作时，只需按照预定义的域泛化层次或值泛化层次逐层泛化即可。把泛化层次中相邻两层之间的泛化关系称为直接泛化关系，而把非相邻层之间的泛化关系称为间接泛化关系或隐含泛化关系，如邮编 02138 可以直接泛化到 0213 *，并间接（隐含）泛化到 021 **。

为使原始数据集满足 k-匿名，仅仅对一个属性进行泛化显然是不够的，可能需要同时在多个属性上执行泛化操作。考虑二维的情况。对形如图 7-3 中包含两个属性的原始数据集 PT，我们规定一次泛化操作是将整个属性列都进行一次直接泛化，例如，$GT_{[1,0]}$是对种族属性进行一次泛化的结果集，$GT_{[1,1]}$是对种族和邮编各进行一次泛化的结果集。观察可知，$GT_{[1,1]}$是在$GT_{[1,0]}$的基础上，对邮编进行一次直接泛化的结果，此时若对邮编再进行一次泛化，就得到了结果集$GT_{[1,2]}$。由此看来，对于二维的原始数据集，可以找到所有可能的泛化结果集$GT_{[i,j]}$，以及这些结果集之间的泛化关系。直观上，可以用节点表示结果集，用有向边表示结果集之间的泛化关系，于是得到了图 7-4 的泛化路径图$DGH_{[E,Z]}$。

Ethnicity	ZIP
asian	02138
asian	02139
asian	02141
asian	02142
black	02138
black	02139
black	02141
black	02142
white	02138
white	02139
white	02141
white	02142

PT

Ethnicity	ZIP
person	02138
person	02139
person	02141
person	02142
person	02138
person	02139
person	02141
person	02142
person	02138
person	02139
person	02141
person	02142

$GT_{[1,0]}$

Ethnicity	ZIP
person	0213*
person	0213*
person	0214*
person	0214*
person	0213*
person	0213*
person	0214*
person	0214*
person	0213*
person	0213*
person	0214*
person	0214*

$GT_{[1,1]}$

Ethnicity	ZIP
person	021**
person	021**
person	021**
person	021**
person	021**
person	021**
person	021**
person	021**
person	021**
person	021**
person	021**
person	021**

$GT_{[1,2]}$

图 7-3　二维原始数据集和泛化结果集

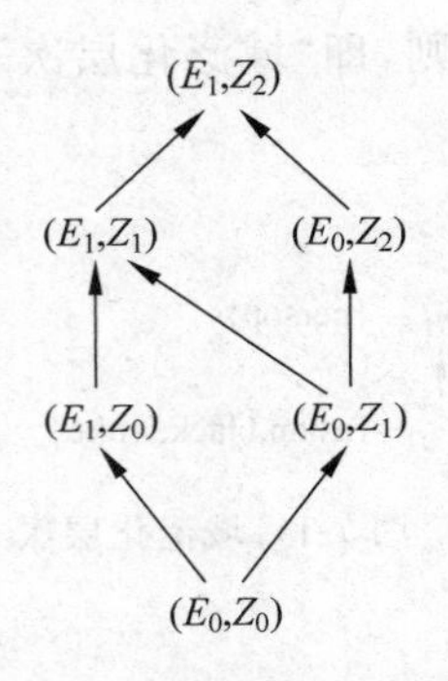

图 7-4 泛化路径图

泛化路径图以有向无环图的形式表示出了二维数据集的直接泛化关系和隐含泛化关系，在对数据集进行泛化时，只需沿着图中某一条路径进行直接泛化操作即可。观察图 7-3 可知，3 个结果集分别满足 3-匿名、6-匿名、12-匿名。由于这里是以属性列为单位进行泛化操作的，因此这种泛化称为基于属性的泛化。可以发现，沿着泛化路径不断对数据集进行泛化的过程中，满足匿名条件的结果集的 k 值在不断增大，结论是显然的，因为泛化操作将不同的值映射到了相同的值。

下面给出泛化结果集的形式化定义，同时将数据集扩展到多维。

【定义 7.3】 记数据集 T 中属性 A_i 的值域为 $D_i=\text{dom}(A_i,T)$，如结果集 $\text{GT}_{[1,1]}$ 中种族属性的值域为 $\text{dom}(E_1,\text{GT}_{[1,1]})=\{\text{person}\}$。设 $T_i(A_1,\cdots,A_n)$ 和 $T_j(A_1,\cdots,A_n)$ 是定义在相同属性上的数据集，T_j 是 T_i 的泛化结果集（简称泛化），当且仅当

(1) $|T_i|=|T_j|$；

(2) $\forall z=1,2,\cdots,n$：$\text{dom}(A_z,T_i)\leqslant_D \text{dom}(A_z,T_j)$；

(3) $\forall z$：$\forall t_i\in T_i,\exists t_j\in T_j$, s. t. $t_i[A_z]\leqslant_V t_j[A_z]$，$\forall t_j\in T_j,\exists t_i\in T_i$, s. t. $t_i[A_z]\leqslant_V t_j[A_z]$。同时满足，记作 $T_i\leqslant T_j$。

条件(1)规定了存在泛化关系的两个数据集必须大小相等，即包含相同数量的元组；条件(2)规定了泛化结果集的任一属性的值域都至少是该属性原先的值域的泛化结果，直观上，在域泛化层次中，泛化结果集在每个属性上的值域都位于原先值域的上方，或与原先的值域位于同一层；条件(3)规定了两个数据集所包含的元组之间的对应关系，对泛化之前的数据集里的每一个元组，都能在泛化结果集里找到对应的泛化后的元组，反之，泛化结果集中的每一个元组，都是原先数据集中某个元组的泛化。特别地，若两个数据集完全相同，则称 T_j 是 T_i 的零泛化结果。

由以上的分析可知，同一个原始数据集可以有多个泛化结果，并且满足匿名条件的泛化结果可以具有各自不同的 k 值，回顾图 7-3 就能立即得出这一结论。显然，具有不同 k 值的泛化结果集就拥有不同的匿名效果。那么，如何从中选出最优的泛化结果集呢？Samarati 给出了一种较为简便的方法，该方法计算泛化结果集的属性与原始数据集的属性间的“距离”，并选出距离最短的结果集，作为最优的泛化结果集。

这里首先给出 Samarati 对属性距离的定义。

【定义 7.4】 设 $T_i(A_1,\cdots,A_n)$ 与 $T_j(A_1,\cdots,A_n)$ 是两个数据集，满足 $T_i\leqslant T_j$。记对应属性间的距离 d_z 为域泛化层次中从 $\text{dom}(A_z,T_i)$ 到 $\text{dom}(A_z,T_j)$ 的路径长度，从数据集 T_i

到 T_j 的距离定义为向量 $DV_{i,j}=[d_1,\cdots,d_n]$。

按照该距离的定义，找出原始数据集与泛化结果集之间的距离向量是非常直接的，只需从表示泛化结果集的记号中找出下标即可，如 PT 与 $GT_{[1,1]}$ 之间的距离向量就是[1,1]；类似地，也可以找出泛化结果集之间的距离向量，如 $GT_{[1,0]}$ 到 $GT_{[1,1]}$ 的距离为[0,1]。设两个距离向量 $DV=[d_1,\cdots,d_n]$，$DV'=[d_1',\cdots,d_n']$，若对所有的 $i=1,\cdots,n$ 都有 $d_i\leqslant d_i'$，则称 $DV\leqslant DV'$，若两个距离向量同时还满足 $DV\neq DV'$，则称 $DV<DV'$。

至此，便可以定义满足 k-匿名条件的最小泛化结果集了。

【定义 7.5】 设 T_i 和 T_j 为两个数据集，并满足 $T_i\leqslant T_j$，T_j 是 T_i 的 k-最小泛化结果集，当且仅当

(1) T_j 满足 k-匿名。

(2) $\nexists T_z: T_i\leqslant T_z$，$T_z$ 满足 k-匿名且 $DV_{i,z}<DV_{i,j}$。

也就是说，只要泛化路径图中从原始数据集到满足 k-匿名的泛化结果集的路径上不存在其他满足 k-匿名的泛化，那么该泛化结果集就是 k-最小泛化结果集。针对上述示例，假设准标识符为种族和邮编，并设 $k=2$，则图 7-4 的泛化路径图中有 $\langle E_1,Z_0\rangle$ 和 $\langle E_0,Z_1\rangle$ 两个节点同时满足条件，对应的结果集是 $GT_{[1,0]}$ 和 $GT_{[0,1]}$。若设 $k=3$，则最小泛化结果集变为 $GT_{[1,0]}$ 和 $GT_{[0,2]}$。

可以看出，泛化进行的次数越多，数据集包含的信息就越少。可以使用信息损失这一度量来表示泛化进行的程度。一般用熵或精确度来度量信息损失，以下的定义给出了结果集与原始数据集相似程度的度量方法。

【定义 7.6】 设原始数据集及其包含的元组为 $PT(A_1,\cdots,A_n)=\{t_1^{PT},\cdots,t_{|PT|}^{PT}\}$，GT 是一个可能的泛化结果，设为 $GT(A_1,\cdots,A_n)=\{t_1^{GT},\cdots,t_{|PT|}^{GT}\}$，记结果集 GT 中元组 t_i^{GT} 在属性 A_j 上的值（即 $t_i^{GT}[A_j]$）在其值泛化层次 VGH_j 上的高度为 h_{ij}，对应值泛化层次的总高度为 $|VGH_j|+1$。精确度定义为：

$$\operatorname{Prec}(GT)=1-\frac{\sum_{i=1}^{|PT|}\sum_{j=1}^{n}\frac{h_{ij}}{|VGH_j|+1}}{|PT|\cdot n} \tag{7-3}$$

观察上式，若不执行任何泛化，即 GT=PT 时，所有的 h_{ij} 都为 0，故精确度为 1；反之，若所有单元都泛化到了最高层次，即对所有的 j，都有 $h_{ij}=|VGH_j|+1$，那么分子部分的计算结果恰好为 $|PT|\cdot n$，精确度的值为 0。而且，泛化执行的次数越多，分子部分的值就越大，由于分母为常量，故整个表达式的值越小，这符合精确度本身的语义。

有了精确度这一度量方法，便可以解决这样的问题：同时作为 2-最小泛化结果集，$GT_{[0,1]}$ 与 $GT_{[1,0]}$ 究竟孰优孰劣？对图 7-3 中的数据集进行精确度计算可知，$\operatorname{Prec}(GT_{[1,0]})=0.5000$，而 $\operatorname{Prec}(GT_{[0,1]})=0.6667$，所以就精确度而言，$GT_{[0,1]}$ 要优于 $GT_{[1,0]}$。

基于精确度的度量方法找出最优泛化结果的算法称为最小泛化算法(MinGen)，其基本思想是：对于选定的 k 值，先检查原始数据集是否满足 k-匿名，若满足，则原始数据集本身就是最小泛化结果；否则，保存所有可能的泛化结果，再从中选出满足 k-匿名的部分，对这些结果集计算精确度，精确度最大的泛化结果如果不止一个，就根据预定义的倾向选择最优的泛化结果，并返回。

接下来介绍一种基于划分的泛化方法。

假设进行匿名处理的数据表中共有 d 个准标识符，这种方法将每一个准标识符作为一个维度得到一个 d 维的空间，将所有的元组用空间点的形式标注在 d 维空间中，该点在每一个维度上的投影即是该点代表的元组在这个准标识符上对应的值。同时，为了保留元组出现次数的信息，用一个二元组(point,count)来描述每一个点，其中，point 代表点 P 的坐标，即描述该点所代表的元组的所有取值；而 count 代表点 P 出现的次数，即描述该点所代表的元组在表中出现的次数。图 7-5 是一个原始数据集及其二维空间的表示。

ID	Age	Zipcode
1	25	53711
2	25	53712
3	26	53711
4	27	53710
5	27	53712
6	28	53711

(a)

53710 53711 53712
25 26 27 28

(b)

图 7-5　原始数据集及其二维空间表示

首先，考虑针对单维的划分。在数据集每一个准标识符的域都是满足全序关系的前提下，将每一个准标识符的域划分成一系列不相互重叠的区域，如将"年龄"划分为{25,26}，{27,28}。则位于同一组中的元组都落在了某个具体范围内，可以直接用这个范围来替换元组的值。因此，针对图 7-5(a)的数据集，编号为 1、2、3 的元组的值序列相应地变成了{25,26}，{53711,53712}，而编号为 4、5、6 的元组则泛化为{27,28}，{53710,53711,53712}。

然后，是多维划分，在多个维度上划分子空间。在对由准标识符构成的 d 维空间进行划分时，划分产生的每个子空间中必须均有不少于 k 个元组。称这种满足 k-匿名条件的多维划分为 k-匿名的多维划分。可以通过找均值或中位数的方法来确定分界点，图 7-6 显示了上述数据集的两种划分方法的结果。

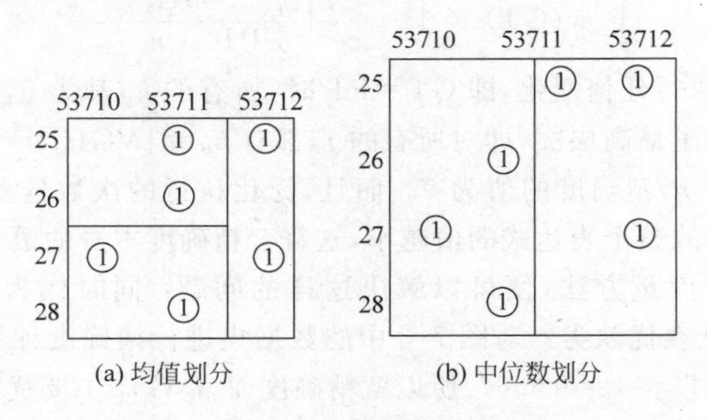

图 7-6　多维划分方法

除了泛化的方法之外，Samarati 还提出了抑制的思想。当数据集中存在的少量元组导致数据集不满足匿名条件，并且为达到匿名要求，需要做大量的泛化操作，则数据发布者还可以选择剔除这些元组，而仅发布数据集里满足匿名条件的部分。这种做法产生的最优结果集包含的元组数将少于原始数据集，但泛化的频次却降低了。由于该方法的基本思想与上文介绍的泛化方法差别不大，且之后的学者不再采用 Samarati 对抑制的定义，因此这种方法本文不再赘述。

7.2.3 *l*-多元化

k-匿名模型保证了发布的数据中准标识符下的每一个值序列至少对应 *k* 个实体，因此任意实体隐私泄露的概率为 1/*k*。然而，*k*-匿名模型在对数据集进行匿名处理时，完全没有考虑敏感属性，因此存在较大的问题。Machanavajjhala 等人发现，*k*-匿名数据集会在遭受同质性攻击和背景知识攻击时泄露隐私。

假设 Wendt 是 Ada 的邻居，某日 Ada 看到 Wendt 病倒并被送入市一医院住院，她查询到市一医院发布的 4-匿名住院记录，如表 7-3 所示，并确定 Wendt 的住院记录就在其中。下面基于这个数据集介绍同质性攻击和背景知识攻击所引起的隐私泄露。

表 7-3 4-匿名住院记录

	ZIP	Age	Nationality	Condition
1	130 **	<20	*	Heart Disease
2	130 **	<20	*	Heart Disease
3	130 **	<20	*	Viral Infection
4	130 **	<20	*	Viral Infection
5	1485 *	>30	*	Cancer
6	1485 *	>30	*	Heart Disease
7	1485 *	>30	*	Viral Infection
8	1485 *	>30	*	Viral Infection
9	130 **	2 *	*	Cancer
10	130 **	2 *	*	Cancer
11	130 **	2 *	*	Cancer
12	130 **	2 *	*	Cancer

同质性攻击只有在敏感属性同质化严重的情况下才会发生。由于 Ada 认识 Wendt，并且知道他是 23 岁的男性，住址邮编为 13033，所以可以断定 Wendt 是编号 9、10、11、12 中的一个。又因为这 4 个编号的患者对应的疾病都是癌症，所以 Ada 得出结论：Wendt 因癌症住院治疗了。在这个场景里，敏感属性值“Cancer”具有同质化。

背景知识攻击是攻击者根据一定的事实来推断敏感属性，造成隐私泄露。背景知识分两种类型，即实例背景知识和统计背景知识。Ada 可能知道邻居 Wendt 没有得肺炎，因为他没有表现出肺炎的任何症状，这种直接关系到个体(或称实例)的背景知识称为实例背景知识。考虑另外一种情况，Ada 的一个叫 Umeko 的朋友也在市一医院住院，并且她的住院记录也在表 7-3 的数据集中。Ada 知道 Umeko 是 19 岁的日本女性，住址邮编为 13068，所以 Ada 推断她应在记录 1、2、3、4 中。这组患者对应的疾病有心脏病和病毒感染，这样患者隐私就不易泄露了。但是，Ada 知道日本人患心脏病的概率极低，所以推断出 Umeko 住院的原因是病毒感染。这种攻击是攻击者基于“日本人患心脏病的概率极低”这样的背景知识做出推断，从而导致隐私泄露，故 Ada 所使用的攻击方法就称为统计背景知识攻击。其他统计背景知识，还有如关于人群中某些敏感属性和非敏感属性的分布，如疾病在年龄下的条

件分布 $P(t[\text{Condition}]=\text{"Cancer"} \mid t[\text{Age}]\geqslant 30)$等。

为了寻找背景知识攻击的本质，Machanavajjhala 对背景知识进行了抽象。首先，假设数据集 T 是从全集 Ω 中抽取的简单随机样本，即 T 中的实体是从总体中不放回地随机抽样的结果，同时假设 T 中只包含一个敏感属性。这里，使用最坏情况的假设，即 Ada 完全了解总体中非敏感属性 Q(即准标识符，在下文不加区分地使用这两个术语)和敏感属性 S 的联合分布，以及 Bob 的非敏感属性，如 Bob 在原始数据集中对应元组 t，他的非敏感属性为 $t[Q]=q$，而在经过泛化的匿名数据集 T^* 中，为 $t^*[Q]=q^*$。

在 Ada 观测到发布的匿名数据集之前，她只能认为 Bob 是从总体中满足 $t[Q]=q$ 的那个部分中随机抽取的一个样本，因此 Ada 只能根据她对总体的了解来推断 Bob 的敏感属性，即 Ada 要推断事件"$t[S]=s$"发生的概率。这种只根据总体分布特征得出的随机事件发生的概率称为先验概率。而当 Ada 观测到匿名数据集后，她便将此作为新的知识，融入到自己对总体的认识中，从而 Ada 就认为事件"$t[S]=s$"发生的概率变化了，这种由于融入新知识而变化后的概率称为后验概率。记 Ada 认为非敏感属性为 q 的实体的敏感属性为 s 的先验概率为 $\alpha_{(q,s)}$，而观测到匿名数据集 T^* 后，认为非敏感属性为 q 的实体的敏感属性为 s 的后验概率为 $\beta_{(q,s,T^*)}$。用 $t\rightarrow^* t^*$ 表示元组 t 泛化到了 t^*，可以得到：

$$\alpha_{(q,s)} = P(t[S] = s \mid t[Q] = q) \tag{7-4}$$

$$\beta_{(q,s,T^*)} = P(t[S] = s \mid t[Q] = q \wedge \exists t^* \in T^*, t \rightarrow^* t^*) \tag{7-5}$$

为了更清晰地认识后验概率的计算方法，先简单介绍 Machanavajjhala 有关"随机世界"的论述。对于给定的总体，假设其中包含的个体具有某种属性(如"疾病"属性)，且可以进行随机不放回的抽样，得到一定大小的简单随机样本(如 n 个)，由于该样本中所有个体在属性下都有值，因此样本中存在某种对应关系，它将个体映射到属性值，这种一定大小的规定了个体到属性值的映射关系的简单随机样本称为随机世界。

【定义 7.7】 随机世界是一个(ψ^S, Z_n)对，其中 $\psi^S:\Omega\rightarrow S$ 是 Ω 的简单随机样本 Z_n 中个体到敏感属性的对应关系，样本容量为 n。用随机世界(ψ^S, Z_n)中所有个体以及个体对应的非敏感属性和敏感属性构造的原始数据集 $T_{(\psi^S, Z_n)}$，称为随机世界(ψ^S, Z_n)描述的数据集，记(T^*, X)为包含个体 X 的匿名数据集，$n_{(q^*, s')}$为匿名数据集 T^* 中同时满足 $t^*[Q]=q^*$ 和 $t^*[S]=s'$的元组个数。如果 $T_{(\psi^S, Z_n)}$包含个体 X，且能泛化到 T^*，即：

(1) $X\in Z_n, X[Q]=q\in T_{(\psi^S, Z_n)}[Q]$，即 X 的非敏感属性 q 出现在原始数据集中；

(2) 对 T^* 中每一个(q^*, s)值序列，Z_n 中都恰有 $n_{(q^*, s)}$ 数量的个体，满足 $\omega[Q]$能泛化到 q^*，且 $\psi(\omega)=s$。

则称随机世界(ψ^S, Z_n)与匿名数据集(T^*, X)相容，记作$(\psi^S, Z_n)\mapsto(T^*, X)$。

简单地说，随机世界只是在样本的基础上增加了一个对应关系。注意到，随机世界包含了个体，个体又具有非敏感属性和敏感属性，很显然，随机世界恰好对应到了某个原始数据集，而泛化后的原始数据集恰好就对应到了发布的某个匿名数据集。例如，某个包含个体 X 的随机世界对应的原始数据集经过泛化后，恰好就是攻击者观测到的医院发布的匿名住院记录。因此，就能通过计算符合条件的随机世界的数量间接得出一些重要的概率。

前面已经提及，攻击者完全了解总体中非敏感属性与敏感属性的联合分布，所以知道非敏感属性为 q 的个体有 N_q 个，其中敏感属性为 s 的有 $N_{(q,s)}$ 个，也即 ψ^S 将 N_q 数量的个体中的 $N_{(q,s)}$ 个映射到了属性值 s 上。然而，对于具体把哪些个体映射到 s 上，攻击者并不关心，因此每一个对应关系 ψ^S 被选中的概率都是相等的；由于 Z_n 是简单随机抽样的结果，故而所有的 Z_n 都是等可能的，又因为 Z_n 独立于 ψ^S 的选取，所以随机世界(ψ^S,Z_n)的选取也是等可能的。记 $\pi_X^*=\{(\psi^S,Z_n)\mapsto(T^*,X)\}$为所有与$(T^*,X)$相容的随机世界的集合，$\pi_{(X,s)}^*=\{(\psi^S,Z_n)\mapsto(T^*,X)\mid\psi^S(X)=s\}$为所有与$(T^*,X)$相容且 X 的敏感属性为 s 的随机世界的集合。

因为所有的随机世界都是等可能的，所以上述两个随机世界集的元素数目的比值就是事件“$\psi^S(X)=s$”的概率。注意到，$\psi^S(X)=s$ 等价于事件“被攻击者 X 具有敏感属性 s”，这样一来，便得到了后验概率，

$$\beta_{(q,s,T^*)}=\frac{|\pi_{(X,s)}^*|}{|\pi_X^*|} \tag{7-6}$$

考虑到将个体 X 对应到不同的敏感属性值的随机世界是互斥的，即若 $s_1\neq s_2$，则同一个随机世界(ψ^S,Z_n)不可能既有 $\psi^S(X)=s_1$，又有 $\psi^S(X)=s_2$，所以可以将分母部分进行改写为，

$$|\pi_X^*|=\sum_{s'\in S}|\pi_{(X,s')}^*| \tag{7-7}$$

于是，只需要对每个可能的 s 求出$|\pi_{(X,s)}^*|$，就得到了后验概率。现在假设个体 X 的属性值序列为(q,s)，攻击者知道全集 Ω 中满足 $\omega[Q]=q$ 的个体 ω 共有 N_q 个，而其中敏感属性为 s 的共有 $N_{(q,s)}$ 个，也就是说，这 N_q 个实体中，有一个被攻击者 X 的敏感属性为 s，还有 $N_{(q,s)}-1$ 的实体也具有敏感属性 s，而对于任一其他敏感属性值 $s'\neq s$，N_q 个实体中共有 $N_{(q,s')}$ 个实体具有这种敏感属性，从而这 N_q 个实体在敏感属性上的分布符合多项分布。

而回顾 ψ^S 的定义，易知每一个 ψ^S 都恰好唯一对应了该多项分布的一个样本，如随机选取 100 个实体，并从 1 到 100 分别编号，发现其中 1 到 10 号患有疾病 s_1，11 到 20 号患有疾病 s_2，…，91 到 100 号患有疾病 s_{10}，这是实体在疾病上的多项分布的一个样本，而由这 100 个实体组成的随机世界中，ψ^S 将 1 到 10 号患者对应到疾病 s_1，将 11 到 20 号对应到疾病 s_2，…，将 91 到100 号对应到疾病 s_{10}，因此这种随机世界的对应关系 ψ^S 恰好就是多项分布的一个实例(或样本)。所以，只要找出多项分布可能的情况数，就找到了对应关系 ψ^S 的数目，又因为 ψ^S 与简单随机样本 Z_n 的选取是独立的，所以可以求出满足要求的随机世界的数量$|\pi_{(X,s)}^*|$。

如上所述，根据多项分布的定义，包含被攻击者 X 的 N_q 个实体在敏感属性上的分布的所有可能情况数为：

$$\frac{(N_q-1)!}{(N_{(q,s)}-1)!\prod_{s'\neq s}N_{(q,s')}!}$$

注意到，这里只考虑了非敏感属性为 q 的情况，假设总体中非敏感属性为 $q'\neq q$ 的实体有 $N_{q'}$ 个，则包含被攻击者的总体 Ω 在敏感属性上的分布的所有可能情况数为：

$$\frac{(N_q-1)!}{(N_{(q,s)}-1)!\prod_{s'\neq s}N_{(q,s')}!}\prod_{q'\neq q}\frac{N_{q'}!}{\prod_{s'\in S}N_{(q',s')}!}=\frac{N_{(q,s)}}{N_q}\prod_{q'\in Q}\frac{N_{q'}!}{\prod_{s'\in S}N_{(q',s')}!}$$

现在考虑相容于匿名数据集(T^*,X)的简单随机样本的个数。在匿名数据集中，X 表现为元组 $t_X^*=(q^*,s)$，在值序列为(q^*,s)的元组中，除了 X 之外，应该还有 $n_{(q^*,s)}-1$ 个，所以，为使样本相容于匿名数据集，需要从总体中抽取 $n_{(q^*,s)}-1$ 个能被泛化为(q^*,s)的实体，

记总体中能被泛化到(q^*,s)的实体数目为$N_{(q^*,s)}$，由于被攻击者X已经在匿名数据集中，故只需从$N_{(q^*,s)}-1$个实体中选$n_{(q^*,s)}-1$个放入样本Z_n；而对于匿名数据集(T^*,X)中其他的元组，其值序列$(q^{*\prime},s')$应该满足$q^{*\prime}\neq q^*$或者$s'\neq s$，因此，对于每一个可能的$(q^{*\prime},s')\neq(q^*,s)$，都要从总体中能泛化到$(q^{*\prime},s')$的$N_{(q^{*\prime},s')}$个实体中抽取$n_{(q^{*\prime},s')}$个放入样本$Z_n$。记组合数$\binom{a}{b}=C_a^b$，则简单随机样本的数目为：

$$\binom{N_{(q^*,s)}-1}{n_{(q^*,s)}-1}\prod_{(q^{*\prime},s')\in(Q^*\times S)\setminus\{(q^*,s)\}}\binom{N_{(q^{*\prime},s')}}{n_{(q^{*\prime},s')}}=\frac{n_{(q^*,s)}}{N_{(q^*,s)}}\prod_{(q^{*\prime},s')\in Q^*\times S}\binom{N_{(q^{*\prime},s')}}{n_{(q^{*\prime},s')}} \tag{7-8}$$

又因为随机世界的对应关系ψ^S与随机样本的选取是独立的，所以满足要求的随机世界的个数$|\pi^*_{(X,s)}|$就是以上两式的乘积，如下所示。在表达式的整理上，把含有s的项放在左边，而把其他项放到右边，并在最终的结果中用α代替不含有s的项。这样做的好处是，后验概率$\beta_{(q,s,T^*)}=|\pi^*_{(X,s)}|\Big/\sum_{s'\in S}|\pi^*_{(X,s')}|$的分子和分母部分具有一致的形式，计算结果将都含有项α，因此会在分式中抵消，从而大大简化了结果表达式。

$$\begin{aligned}|\pi^*_{(X,s)}|&=\frac{N_{(q,s)}}{N_q}\prod_{q'\in Q}\frac{N_{q'}!}{\prod_{s'\in S}N_{(q',s')}!}\times\frac{n_{(q^*,s)}}{N_{(q^*,s)}}\prod_{(q^{*\prime},s')\in Q^*\times S}\binom{N_{(q^{*\prime},s')}}{n_{(q^{*\prime},s')}}\\&=n_{(q^*,s)}\frac{N_{(q,s)}}{N_{(q^*,s)}}\times\frac{1}{N_q}\prod_{q'\in Q}\frac{N_{q'}!}{\prod_{s'\in S}N_{(q',s')}!}\times\prod_{(q^{*\prime},s')\in Q^*\times S}\binom{N_{(q^{*\prime},s')}}{n_{(q^{*\prime},s')}}\\&=n_{(q^*,s)}\frac{N_{(q,s)}}{N_{(q^*,s)}}\times\alpha\end{aligned} \tag{7-9}$$

从而，可以得出后验概率的结果为：

$$\begin{aligned}\beta_{(q,s,T^*)}&=\frac{|\pi^*_{(X,s)}|}{\sum_{s'\in S}|\pi^*_{(X,s')}|}=\frac{n_{(q^*,s)}\dfrac{N_{(q,s)}}{N_{(q^*,s)}}}{\sum_{s'\in S}n_{(q^*,s')}\dfrac{N_{(q,s')}}{N_{(q^*,s')}}}=\frac{n_{(q^*,s)}\dfrac{P(q,s)}{P(q^*,s)}}{\sum_{s'\in S}n_{(q^*,s')}\dfrac{P(q,s')}{P(q^*,s')}}\\&=\frac{n_{(q^*,s)}\dfrac{P(q,s)}{P(q^*,s)}\cdot\dfrac{P(q^*)}{P(q)}}{\sum_{s'\in S}n_{(q^*,s')}\dfrac{P(q,s')}{P(q^*,s')}\cdot\dfrac{P(q^*)}{P(q)}}\\&=\frac{n_{(q^*,s)}\dfrac{P(s\mid q)}{P(s\mid q^*)}}{\sum_{s'\in S}n_{(q^*,s')}\dfrac{P(s'\mid q)}{P(s'\mid q^*)}}\end{aligned} \tag{7-10}$$

特别地，当非敏感属性Q与敏感属性S相互独立时，结论将变得非常直观。即有

$$\beta_{(q,s,T^*)}=\frac{n_{(q^*,s)}\dfrac{P(s\mid q)}{P(s\mid q^*)}}{\sum_{s'\in S}n_{(q^*,s')}\dfrac{P(s'\mid q)}{P(s'\mid q^*)}}=\frac{n_{(q^*,s)}\dfrac{P(s)}{P(s)}}{\sum_{s'\in S}n_{(q^*,s')}\dfrac{P(s')}{P(s')}}=\frac{n_{(q^*,s)}}{\sum_{s'\in S}n_{(q^*,s')}} \tag{7-11}$$

上式正好就是被攻击者所处等价类中敏感属性值s所占的比例，这与我们的直观感受是一致的。

一旦攻击者确定了实体X具有敏感属性s的概率为$\beta_{(q,s,T^*)}$，就可能发生两种情况：攻

击者或者以较大的把握确定 X 具有敏感属性 s，或者以较大的把握确定 X 不具有敏感属性 s。将这两种情况分别称为正向隐私泄露和反向隐私泄露。

【定义 7.8】 给定 $\delta>0$，如果 $\exists t\in T$，s. t. $t[Q]=q, t[S]=s$，且后验概率 $\beta_{(q,s,T^*)}>1-\delta$，则称为数据集 T^* 面临 δ-正向隐私泄露。

【定义 7.9】 给定 $\varepsilon>0$，如果 $\exists t\in T$，s. t. $t[Q]=q, t[S]\neq s$，且后验概率 $\beta_{(q,s,T^*)}<\varepsilon$，则称为数据集 T^* 面临 ε-反向隐私泄露。

例如，Ada 通过同质性攻击断定邻居 Wendt 因癌症住院治疗就是因为医院发布的匿名住院记录面临正向隐私泄露；类似地，Ada 可以断定 Umeko 没有得癌症，因为 Umeko 所处等价类中并没有人得癌症，即住院记录面临反向隐私泄露。

事实上，如果攻击者在观测匿名数据集的前后，认为事件“X 具有敏感属性 s”发生的概率没有发生明显变化，即先验概率 $\alpha_{(q,s)}$ 和后验概率 $\beta_{(q,s,T^*)}$ 的差值很小，就较好地保护了隐私。这种使先验与后验概率无明显差异的数据发布原则称为不提供信息原则，通过限定先验与后验概率之间的差异的隐私保护模型称为贝叶斯最优隐私保护模型。

然而，正如 Machanavajjhala 自己的论述，贝叶斯最优隐私保护模型存在着几个重要缺陷。首先，数据发布者不一定清楚总体中非敏感属性与敏感属性的联合概率分布；其次，攻击者所拥有的背景知识对于数据发布者而言是未知的，即数据发布者不了解攻击者拥有哪些知识等。

因此，贝叶斯最优隐私保护模型的理论研究价值大于实际价值，它的基本思想影响着之后差分隐私等模型的发展。

7.3 位置隐私保护

随着移动网络的普及，人们在日常生活中越来越频繁地使用着位置服务，如查询附近的酒店、目的地导航、查看附近的用户等。如果没有经过隐私处理，位置服务的日常使用会在移动网络中留下用户的身份标识或者准确的位置信息，而这些信息一旦泄露，便会严重侵害用户隐私。

位置服务通用系统架构包括移动终端、定位系统、通信网络、位置服务器等部分，连接到定位系统的移动终端实时接收定位系统提供的位置信息，当用户产生位置服务实际使用需求时，移动终端通过通信网络向位置服务器发送包含实时位置信息的查询请求，而位置服务器根据用户需求返回查询结果到移动终端。这一过程中的每个环节都可能发生隐私泄露。例如，移动终端失窃会造成大量用户信息泄露，一般可以通过硬件加密、指纹解锁、虹膜识别等方式阻止盗窃者获取终端中存储的信息；攻击者若能劫持通信网络中的数据包，就能在一定程度上侵害用户隐私，这可通过加密来解决；最后，位置服务器一旦被攻破，或服务提供商出于商业目的销售用户位置信息，用户隐私将遭受严重侵害，而这类问题是可以用 k-匿名的方法加以解决的。将在本节介绍若干个 k-匿名模型在位置服务隐私保护中的应用。

Gruteser 等人首先将 k-匿名的思想引入位置服务隐私保护中，认为位置信息实际上就是个体在某个时间处于二维空间上的某个点，即每个位置信息都是一个三元组 (x,y,t)。然而，这样的三元组位置信息一经泄露，就会损害用户隐私，因为攻击者很容易确定三元组 (x,y,t) 与个体的对应关系。

按照泛化的基本思想，如果把用户的位置信息改写为形如($[x_1,x_2]$，$[y_1,y_2]$，$[t_1,t_2]$)的表达式，则同一条位置信息可能对应 k 个实体，因此很大程度上保护了用户位置隐私。假设在某个时间段$[t_1,t_2]$内，请求位置服务的用户的分布如图 7-7 所示。为了保持与 k-匿名模型的一致性，把用户分布转换为图 7-8 的数据集。读者可以通过基于单元、属性或元组的 k-匿名将用户分布数据集处理为 k-匿名数据集。下面以基于元组的 k-匿名为例，简单介绍 k-匿名在位置服务隐私保护模型中的应用。

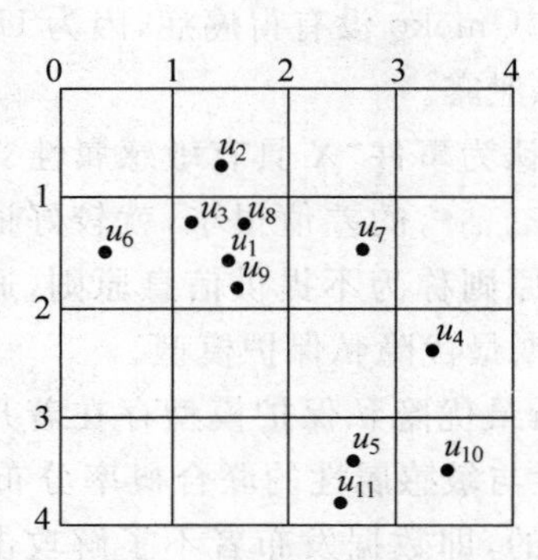

图 7-7 需要位置服务的用户分布图

ID	x	y	t
1	[1,2]	[1,2]	$[t_1,t_2]$
2	[1,2]	[0,1]	$[t_1,t_2]$
3	[1,2]	[1,2]	$[t_1,t_2]$
4	[3,4]	[2,3]	$[t_1,t_2]$
5	[2,3]	[3,4]	$[t_1,t_2]$
6	[0,1]	[1,2]	$[t_1,t_2]$
7	[2,3]	[1,2]	$[t_1,t_2]$
8	[1,2]	[1,2]	$[t_1,t_2]$
9	[1,2]	[1,2]	$[t_1,t_2]$
10	[3,4]	[3,4]	$[t_1,t_2]$
11	[2,3]	[3,4]	$[t_1,t_2]$

图 7-8 用户分布数据集

设参数 $k=2$，先后在横轴、纵轴上进行多维划分(蒙德里安多维划分)，结果如图 7-9 所示，图 7-10 显示了相应的 2-匿名数据集。

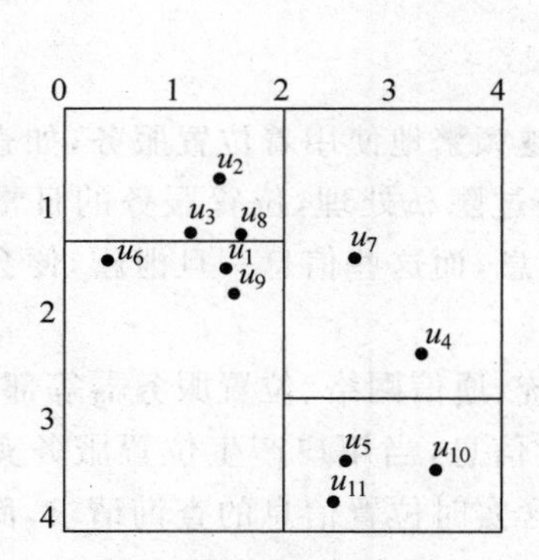

图 7-9 多维划分结果

ID	x	y	t
1	[0,2]	[1,2]	$[t_1,t_2]$
2	[1,2]	[0,2]	$[t_1,t_2]$
3	[1,2]	[0,2]	$[t_1,t_2]$
4	[2,4]	[1,3]	$[t_1,t_2]$
5	[2,4]	[3,4]	$[t_1,t_2]$
6	[0,2]	[1,2]	$[t_1,t_2]$
7	[2,4]	[1,3]	$[t_1,t_2]$
8	[1,2]	[0,2]	$[t_1,t_2]$
9	[0,2]	[1,2]	$[t_1,t_2]$
10	[2,4]	[3,4]	$[t_1,t_2]$
11	[2,4]	[3,4]	$[t_1,t_2]$

图 7-10 2-匿名数据集

Gruteser 提出这种隐私保护模型的目的是保护用户的位置隐私不被泄露，也就是说，攻击者可以通过用户的具体位置推测出与用户相关的信息，从而侵害个人隐私，因此这种隐私保护模型称为位置隐私保护模型。然而，用户具体位置并不是在所有情况下都需要保护，有时反而是用户在使用位置服务的过程中所查询的关键内容(也称为兴趣点)泄露了个人隐私。例如，攻击者一旦知道用户正在查询附近的医院，就有较大的把握推断该名用户患有疾病。

Pingley 等人提出的伪查询模型就在一定程度上避免了查询内容相关的隐私泄露，这种模型称为查询隐私保护模型。Pingley 设定的应用场景是，用户从某个地点到另一个地点的过程中，重复发起位置服务查询请求，不可信的位置服务提供商作为攻击者，建立用户与兴趣点之间的联系，造成用户隐私泄露。

可以看出，用户兴趣点隐私泄露的直接原因是查询请求本身就暗含了用户和兴趣点之间的对应关系。所以，如果存在一个伪查询部件，使得用户每发起一条查询请求，该部件都产生若干条包含相同用户、不同兴趣点的伪查询请求，则在逻辑上，我们就把用户对应到了多个兴趣点上，攻击者也就无法确定真实的用户兴趣点了。当然，这种做法的前提是位置服务器有足够的处理能力，来应对成倍增加的查询请求。

伪查询模型的应用场景是移动中的用户重复发起查询请求，这就要求我们定义用户的移动。Pingley 认为可以将地面空间划分为子区域，这种划分并不要求区域具有特定的形状和大小，仅要求各区域内产生的历史查询请求数量基本一致即可。这样一来，便可根据各兴趣点的查询请求的频数来选择伪查询请求的兴趣点。原因是比较直观的，如果某个区域产生的历史查询请求中绝大多数都与“酒店”相关，但伪查询请求的兴趣点却是“医院”，攻击者就能以较大的把握推断出包含“医院”的查询请求是伪造的，从而使模型失效。有关区域具体如何划分的问题不是讨论的重点，故这里不再详细讲解。

设地面空间被划分为包含相同历史查询请求数的区域 $C_1, C_2, \cdots, C_M$，用户的移动表示为用户在各区域间的切换，如某个用户的移动轨迹为 $C_{t_1}, \cdots, C_{t_n}$。用 U_{poi} 表示用户的兴趣点，区域 C_i 的历史查询请求中包含该兴趣点的数量记作 $\lambda(U_{\text{poi}}, C_i)$。那么，为了选择合适的、不易被攻击者识别的伪兴趣点，需要选定一个参数 σ，用来表示攻击者所认为的真实兴趣点应该具有的最小历史频数，即对于任意伪兴趣点 U_{poi}，只要 $\lambda(U_{\text{poi}}, C_i)$ 不小于阈值 σ，攻击者便没有理由推测 U_{poi} 是伪兴趣点，从而达到保护查询隐私的目的。

除此之外，还需要考虑查询隐私保护的程度，也就是说，需要选定一个参数 φ，使得用户每发起一次查询请求，伪查询部件都同时产生 $\varphi-1$ 条包含不同兴趣点的伪查询请求，如此便导致攻击者无法从 φ 个兴趣点中准确推断出真实的用户兴趣点，大大增强了隐私保护力度。为保持与相关研究的一致性，Pingley 称基于某条用户轨迹的满足上述要求的伪查询是 φ-多元的。

注意到，φ-多元要求用户轨迹包含的所有区域 C_{t_i} 都满足 $\lambda(U_{\text{poi}}, C_{t_i}) \geqslant \sigma$，但是实际应用场景并不总能保证这一点，因此 Pingley 还提出了一项补充，即给定小于 1 的正参数 δ，如果用户轨迹 $C_{t_1}, \cdots, C_{t_n}$ 这 n 个区域中，有 δn 个都满足 φ-多元，则称基于该用户轨迹的伪查询是 (δ, φ)-多元的。

通过以上两个模型可以看出，匿名模型在位置服务中能够在相当大的程度上保护用户隐私。不论是在位置隐私方面，还是在查询隐私方面，匿名模型都可以保护个人的信息安全隐私，使移动网络位置服务更加健康地运行。

7.4 社会网络隐私保护

社会网络是具备某些关系的人的集合，个人及其实际生活中的交友关系、社交媒体中用户及其好友关系都是社会网络。社会网络的组成部分无非就是个人、人与人之间的关系等，个人所处的社会网络可能还具有一些区别于他人所处社会网络的结构特性，如社会活动家的交际圈可能大于人群的平均水平。

当用图来描述社会网络时，个人就对应了图中的节点，人与人之间的关系就对应了图中的边，而个人所处的社会网络的特性则体现在具体的图结构中，如节点的度、节点之间的可达性、跳数等。社会网络中的节点隐私包括以下隐私信息。

(1) 节点存在性。节点存在性指某个人是否以节点的形式出现在某个社会网络中，发布数据时应防止攻击者结合背景知识推测出该人存在此社会网络中。

(2) 节点再识别。在社会网络中的准确位置作为隐私信息。攻击者基于背景知识对攻击目标的位置进行匹配识别的过程称为节点再识别。

(3) 节点属性值。这些属性值描述了社会中每个人的真实信息，其中某些属性信息会涉及个人隐私。

(4) 节点之间的连接。节点之间的连接体现了两个用户之间的关系，包括连接关系的存在性、连接的权重及连接的属性值，也被认为是一种典型的隐私信息，需要对用户关系进行匿名化。

(5) 节点图结构。节点在社会网络中的图结构性质在某些情况下也被视为敏感和隐私，如节点的度、两个节点间的最短距离、可达性、节点到社会网络中某个社区中心的距离等。

在社会网络隐私保护研究中，攻击者所具有的背景知识对隐私保护方法的设计具有重大影响，应当对各种可能进行归类和充分讨论。攻击所具有的知识类别包括节点信息、边信息及关于社会网络图结构的信息，这种图结构的信息就非常丰富，主要有以下几种。

(1) 节点邻居图知识。在社会网络中，将距离节点 u 长度 d 之内的所有节点称为 u 的 d-邻居节点。u 的 d-邻居节点及其相互之间的边构成的子图称为节点 u 的 d-邻居子图。这种子图信息在现实生活中的社会网络中体现为某个人的熟人关系等类型，因此很容易被攻击者掌握。

(2) 子图知识。子图知识是指一些具有特殊连接模式的子图，如结构唯一性子图等。在现实的社会网络中，通常就是一些特殊结构，如家庭成员之间连接权重远大于其他人员，是一种经验知识，可以作为攻击者的背景知识。

(3) 通过图查询而获得的知识，在社会网络中可以执行多种图查询，而针对某些节点或者边的图查询结果具有唯一性，从而为攻击者提供了进行隐私攻击的背景知识。

除了这些来自图中的信息外，关于攻击者的预测攻击方法也是一个需要考虑的因素。攻击者可以使用基于社会网络常识构建预测模型，从而推演目标的隐私信息。特别是人际网络中的一些理论或经验结果，是构建攻击模型的重要依据。例如，如果两个人具有很多共同朋友，则他们也很有可能是朋友，具有朋友关系的实体具有相同或相似的属性值，朋友的朋友是朋友等。

针对上述提到的社会网络隐私信息，相应的，社会网络隐私保护方法有节点 k-匿名、子图 k-匿名、数据扰乱等多种方法，在设计具体方法时，需要考虑攻击者所拥有的不同背景知识。

前两种方法的主要思想是攻击者基于目标背景知识在匿名化社会网络数据中进行匹配识别时，保证至少有 k 个候选符合，即目标的隐私泄露概率小于 $1/k$。子图 k-匿名是指当攻击者将目标所在的特定子图作为背景知识进行隐私攻击时，社会网络中至少有 k 个子图可作为候选，则目标子图导致隐私泄露的概率小于 $1/k$，这种图称为 k-匿名子图。实现子图 k-

匿名的方法有在社会网络中加伪点、加伪边、删除边、概括等；而数据扰乱的主要思想是对社会网络进行随机化修改，使得攻击者不能准确地推测出原始真实数据。数据扰乱方法具体分为数值扰乱和图结构扰乱。

Hay 等人认为，为了保护形如图 7-11 的社会网络的个人隐私，一种原始的方法是直接对显标识符做匿名处理，得到图 7-12 的匿名社会网络。不具备任何背景知识的攻击者若要从匿名社会网络中找出某个个体，如 Bob，他将没有理由认为其中任何一个节点为 Bob 的概率比其他节点大或小，而这正是因为背景知识的匮乏。所以，攻击者认为图中所有节点都是等可能代表 Bob 的，该匿名社会网络满足 8-匿名。但是当攻击者具备某些背景知识时，情况就会发生改变。例如，攻击者知道 Greg 与两个度为 2 的节点有直接联系，则匿名社会网络图中只有节点 4 符合要求，这样就泄露了隐私。

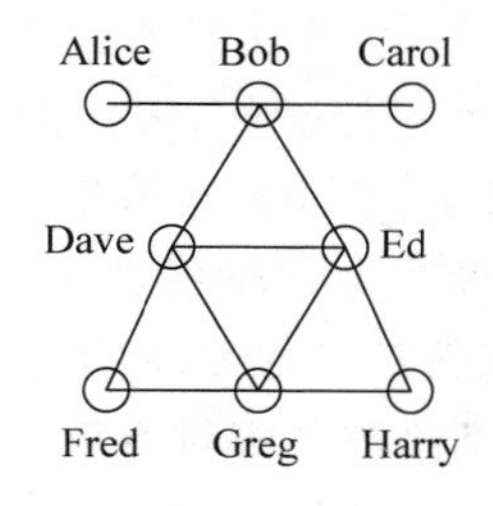

图 7-11　社会网络图

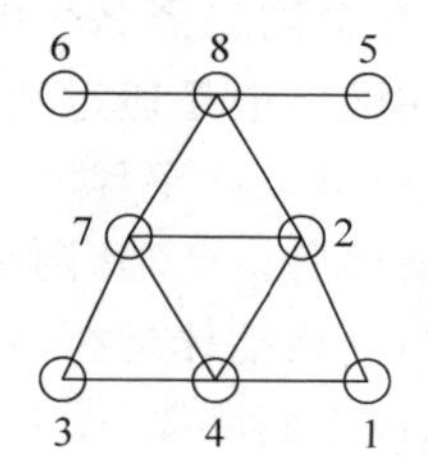

图 7-12　匿名社会网络图

为了防止这种节点再识别攻击，Hay 提出了图泛化的方法。图泛化是指将社会网络中所有节点聚类成若干超点，其中每个超点至少包含 k 个节点，由于在超点中节点相互之间不可区分，因此在该社会网络中，受节点再识别攻击而导致隐私泄露的概率不超过 $\frac{1}{k}$。图 7-13 的2-匿名超点社会网络图就是图泛化方法的一个实例，社会网络图中的 8 个节点被划分为 3 个方形的超点，图中的圆点表示超点包含的原始节点，超点中的数字表示该超点中节点之间的边数，而超点之间的边的权重表示连接两个超点中的原始节点的边数。因此，对于图 7-13 来说，就有两个超点满足 3-匿名，而第三个超点满足 2-匿名，因此整个社会网络图就是 2-匿名的。

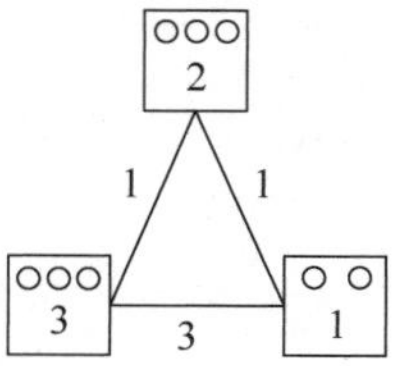

节点聚集成超点导致了边两端节点的信息损失，增加了图结构不确定性，也降低了数据可用性。因此在超图中，节点及连接边需要增加哪些额外的信息，就取决于对社会网络数据分析需求。

图 7-13　2-匿名超点社会网络图

接下来介绍一下数据扰乱的基本思想。

它是通过对社会网络图进行随机化修改，使得攻击者不能准确推测出原始真实数据，从而起到保护社会网络数据隐私的作用，有以下两种数据扰乱的思路。

(1) 数值扰乱。该方法主要用于为加权图中的边权重提供隐私保护。

(2) 图结构扰乱。该方法随机地进行图数据扰乱和修改，阻止攻击者获知原始图结构，从而保护社会网络数据隐私。

但是在数据扰乱时，并不是能够随意地对数值或结构进行修改。需要考虑的因素有：

①保持指定节点对的最短路径序列及其大小不变，确保数据可用性；②加扰噪声需要达到一定程度，以至于能对边权重产生一定影响，避免泄露边权重隐私，这是确保隐私度的问题。

因此，对于扰动修改需要有一定的控制手段。对于数值扰动中的修改边权重，可以采用一定的噪声分布控制方法。在边权重中加入高斯噪声进行扰乱，使得

$$w_i' = w_i(1 - x_i) \tag{7-12}$$

其中，w_i'、w_i 分别表示边 i 的扰乱后权重和初始权重；x_i 表示所加入的噪声，x_i 服从高斯分布 $x \sim N(0,\delta)$。

而关于图结构的扰乱，主要方法有随机添加、删除边和交换边端点等。为了保持图性质和图数据可用性，需要研究进行图扰乱的同时如何保持图谱基本不变。很多图性质均与图谱相关，如平均最短路径、社团结构、传递性等，都是需要考虑的因素。

现在来考虑社会网络匿名化的另外一个研究方向——安全云计算。在计算机网络课程中学习过，数据在网络中是通过路由器的不断接收、转发来传输的，因此网络中两台设备间的通信会受到路由节点拥塞程度、链路距离等因素的影响，不同的路由显然会导致不同的时延，进而影响网络体验。于是，网络服务提供商可能主动为用户选择特定的路由，以降低整体网络时延，提高网络整体运行效率。然而随着用户基数不断增大，网络服务提供商面临的路由选择的需求也不断膨胀，受制于有限的处理能力，网络服务提供商可能将一部分路由计算任务分配到云服务器，从而改善计算资源配置，提高路由计算效率。

但是，路由计算任务的外包意味着网络服务提供商需要不断向云服务器提供实时网络时延状况，如图 7-14 所示，其中节点表示路由器，边的权重表示传输时延。如果节点间的连接关系被视为隐私信息，且云服务器不可信，那么直接将其提供给云服务器就有较大的隐私泄露风险。Gao 等人首次正式提出这一问题：怎样在不泄露隐私的情况下，利用云计算实现高效、复杂的计算。

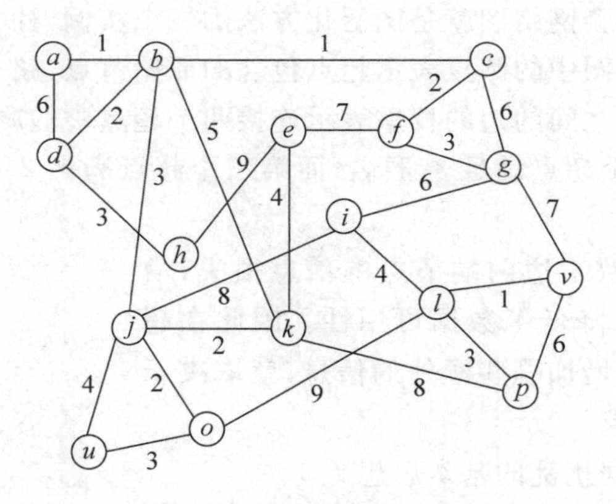

图 7-14 实时网络时延图

Gao 等人以计算节点间的最短路径为例，对该问题进行了研究。首先，交付到不可信的云服务器的数据可以是经过一定处理的实时网络时延图，只要将最短路径的计算误差控制在一定范围内即可。Gao 等人认为，邻居节点是重要的隐私信息，因为邻居节点一旦泄露，攻击者就可能推断出整个图结构，事实上，所发布的图结构中如果不包括任何原始图中的邻居节点对，攻击者就很难推出真实的图结构了。例如，发布的图中的相邻节点在原始图中之间至少隔 d 跳，图 7-15 便是一个实例。

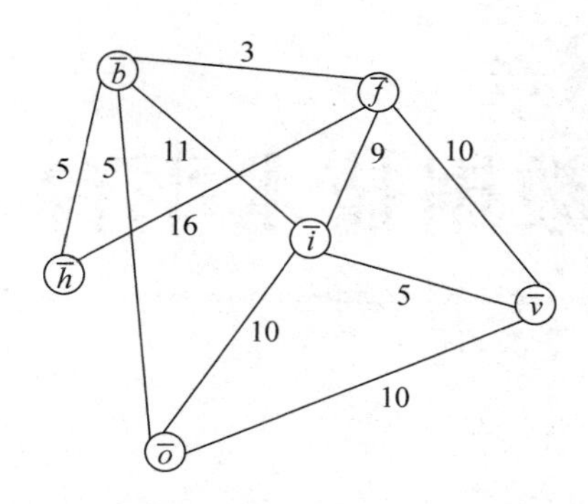

图 7-15 1-邻居 2-半径时延图

在图 7-15 中，$\bar{b}$，$\bar{f}$，$\bar{h}$，$\bar{v}$，$\bar{o}$，$\bar{i}$ 分别代表原始图中的节点 b，f，h，v，o，i，边两端的节点对在原始图中的距离都是两跳，边权重表示这两跳的时延总和。这样一来，网络服务提供商既保护了网络图结构的隐私，又在一定程度上达到了利用云服务器高效计算最短路径的目的。但是此时求得的最短路径并不严格对应原始图中的最短路径，问题的解决往往是在两个甚至多个目标之间的某种权衡。

思考题

1. 隐私保护的目的是什么？
2. 怎么评价不同隐私保护方法的好坏？
3. 什么是泛化路径图，有什么作用？
4. 基于划分的泛化方法适用于什么类型的数据，为什么？
5. 位置隐私保护中除了对位置点进行匿名保护外，位置点按照时间次序所形成的轨迹是否也会引起个人敏感属性的泄露，请设计针对这种信息的隐私保护方法。
6. 对社会网络结构图进行加点干扰，请分析所增加的点应当具有什么特征。

第8章 大数据技术平台

本章主要介绍常见的大数据处理与分析平台，侧重于技术平台的原理与功能，包括在大数据结构化处理、挖掘、分类、回归、预测及数据可视化方面的选择。既涉及开源系统，也涉及服务平台；既有专门面向某个过程的独立系统，也有面向整个大数据处理与应用的集成系统技术。基于这些平台技术，介绍平台的功能、对大数据分析、模型和算法的支持等，目的是让读者了解大数据技术平台的构成与选择方法。

8.1 概述

从互联网大数据的生命周期看，其处理过程可以分为大数据获取、存储、结构化处理、挖掘、结果展示、数据发布等。针对这些过程相应地有很多算法和模型可以解决，并且为了最终用户的使用方便，它们大都被进一步的封装，形成了比较简单易用的操作平台。不同的大数据技术平台提供了对这些处理过程的支持，有的平台可能会支持多个过程，但是侧重点不同，支持的深度也有所不同，因此有必要熟悉各种平台的功能，并做出比较分析，以便在实际应用中选择适合于自己需求的技术平台。

选择一个合适的大数据技术平台是非常重要的，它能够使大数据应用开发更加容易，让开发人员更集中精力在业务层面的数据分析与处理上。一些共性的基础问题，如数据如何存储、如何检索、数据统计等，就可以由平台来完成。选择合适的大数据技术平台应当考虑以下几个方面的因素。

1. 平台的功能与性能

由于不同平台侧重的功能不同，平台的性能也就有很多需要考查的方面。例如，对于存储平台来说，数据的存储效率、读写效率、并发访问能力、对结构化与非结构化数据存储的支持，所提供的数据访问接口等方面都是比较重要的。对于大数据挖掘平台来说，所支持的挖掘算法、算法的封装程度、数据挖掘结果的展示能力、挖掘算法的时间和空间复杂度等是比较重要的指标。

2. 平台的集成度

好的平台应该具有较高的集成度，为用户提供良好的操作界面，具有完善的帮助和使用手册、系统易于配置、移植性好。同时随着目前软件开源的趋势，开源平台有助于其版本的快速升级，尽快发现其中的Bug，此外，开源的架构也比较容易进行扩展，植入更多的新算法，这对于最终用户而言也是比较重要的。

3. 是否符合技术发展趋势

大数据技术是当前发展和研究的热点，其最终将走向逐步成熟，可以预见在这个过程中，并非所有的技术平台都能生存下来。只有符合技术发展趋势的技术平台才会被用户、被技术开发人员所接受。因此，一些不支持分布式、集群计算的平台大概只能针对较小的数据量，侧重于对挖掘算法的验证。而与云计算、物联网、人工智能联系密切的技术平台将成为主流，是技术发展的趋势。

8.2　大数据技术平台的分类

目前大数据技术平台有很多，归纳起来可以按照以下方式进行分类。

(1) 从大数据处理的过程来划分。可以分为数据采集、ETL、存储、结构化处理、挖掘、分析、预测、隐私处理、应用等功能。面向这些不同功能的平台一般涉及数据存储、数据挖掘分析，以及为完成高效分析挖掘而设计的计算平台。

(2) 从大数据处理的数据类型来划分，可以分为针对关系型数据、非关系型数据（图数据、文本数据、连接型数据等）、半结构化数据、混合类型数据处理的技术平台。

(3) 从大数据处理的方式来划分，可以分为批量处理、实时处理、综合处理。其中批量处理是对成批数据进行一次性处理，实时处理对处理的延时有严格的要求，而综合处理是指同时具备批量处理和实时处理两种方式。

(4) 从平台对数据的部署方式来划分，可以分为基于内存的和基于磁盘的。前者在分布式系统内部的数据交换是在内存中进行，后者则是通过磁盘文件的方式进行。

此外，技术平台还有分布式和集中式之分、云环境和非云环境之分等。

本章其余的内容就围绕大数据存储平台、计算分析平台、可视化工具展开。大数据隐私保护工具或平台也是非常关键，但由于目前尚没有合适的或广泛应用的，因此，本章没有对此进行描述。实际的开源平台并不一定只完成大数据处理的某一个方面，而是具备一定的集成性，因此除了介绍若干种具有独立功能的平台外，还介绍Hadoop、Spark和阿里云大数据平台3种典型的集成式大数据平台。

8.3　大数据存储平台

大数据存储平台提供了对采集到的及处理过程中临时生成的各种大数据信息内容的存储，它可以分为两个层面，即文件系统层面和数据库层面。在数据库存储层面，主要包括结构化数据、非结构化数据存储时需要考虑的因素，以及针对若干种典型的非结构化数据存储方式，包括文本数据、图数据、位置数据等。本节主要介绍各种SQL和NoSQL、数据库存储及开源系统与平台。

8.3.1　大数据存储需要考虑的因素

大数据的来源形式多样化，既有传统企业的结构化历史数据，也有各个平台的数据（如淘宝、京东、Facebook 等免费公开的数据),还有自己购买的数据(如微软平台为一些行业提供了标准数据作为分析参考),也有一大部分数据是从 Web 网站上抓取的。随着互联网大数据时代的到来,有效地存储这些大数据,包括结构化和非结构化数据甚为重要。所谓有效存储应当从多个角度来理解。

(1) 数据类型的考虑。互联网大数据的数据类型多样,这些数据既包含结构化数据,也包含半结构化、非结构化数据,对象关系存在复杂的形式。从形式上看,可以是文本类型的数据、位置型数据及社交网络的连接型数据等,这些都是典型的非结构化数据。数据存储效率是一个重要的因素,在一定的存储空间中存储尽量多的数据,就决定了要选择合适的数据管理系统,而不是把所有数据都存储在关系型数据库中。

(2) 存储的数据量。大数据的其中两个特征就是体积很大、数据生成的速度很快,在各类网上应用中,数据时时刻刻都在产生,数据量巨大,变化率高。在设计存储时就需要考虑数据的全量和数据的增量,进行容量规划。

(3) 计算能力。数据的存储要有利于后续的各种数据运算。在传统的结构化数据中,通常采用 SQL 语言对存储在关系数据库中的数据进行查询,但是针对非结构化数据,情况就不同了。其计算需求包括查询、更新、插入、分析挖掘,其中查询和分析挖掘将是主要的数据操作。例如,对于位置型数据,其主要的运算是位置的距离运算、多个位置所形成的轨迹及其相似性分析等,而这些显然不是关系型数据库所擅长的。因此,目前业界对大数据存储大多采用的是混合模式,即关系型数据库和 NoSQL 模式并存,分布式和传统单机存储共存。

1. 结构化数据存储

结构化数据是指具有统一的结构,如最常见的二维表的关系,关系型数据库在过去的几十年内得到了广泛的应用和发展。

作为结构化数据的存储载体,关系型数据库中通常包含表、视图、字段、存储过程、索引等,而最基础的是表。表的存储在数据库中一般分为元数据存储和实际的表数据存储。元数据一部分用于描述表的结构信息,即表的存储大小、起始位置、字段的属性结构、表的所属权限;另一部分则是实际的每行的元组存储。表一般在逻辑上存储需要满足一定的三范式要求,属性之间需要有一定的约束关系。表的每一行就是一个记录或元组;而表的每个属性或字段,包括字段类型说明,如字符型、数字型等,还有具体的大小;索引常用的有聚集索引、非聚集索引,其数据结构常见的有基于哈希的索引和基于树的索引。表需要支持 DDL、DML 等运算。

在表的存储设计上,有时单张表的存储量特别大,如有几十 GB,甚至几百 GB、几个 TB 左右的数据量,通常会对数据的查询效率有一定要求,这往往牵涉一些数据表和结构的优化。优化的关键是减少系统 I/O 的开销,这些优化一般有多种途径。其一是索引优化,通过对单个或多个属性建立一级、二级,甚至多级属性来提高效率;其二是对表进行分库、分区、分表,采用哈希等,避免 I/O 需求高的数据存放在同一个物理介质中;其三就是增加机器的缓存,以提高缓存命中率。

结构化数据存储的重要特性是原子性、一致性、隔离性、持久性,简称 ACID。目前关系型数据库,如 Oracle、MySQL、PostgreSQL 等,都实现了对 ACID 的支持。以下简单介绍这些特性的含义。

(1) 原子性是指事务中包含的程序作为数据库的逻辑工作单位,它所做的数据修改操作要么全部执行,要么全部不执行。

(2) 一致性是指在一个事务执行之前和执行之后,数据库都必须处于一致性状态。

(3) 隔离性是指在并发情况下,保证每一个事务看到的数据都是一致性的。

(4) 持久性是指一旦事务提交,DBMS将保障已提交的事务的更新不会丢失。

为了实现ACID特性,在关系型数据库管理系统中需要采用复杂的技术。例如,隔离性的实现采用锁机制,如悲观锁、乐观锁,这种锁又在数据库中对对象分为不同级别的锁,如表级锁,行级锁等。持久性的实现多依赖于对系统中断或故障进行回滚,使得数据状态被回滚到上一个已知的良好配置。

这些特性的目的是要保证数据操作的安全进行,在大数据中由于数据量巨大,是否一定需要ACID特性的数据存储系统就需要充分考虑,否则容易影响数据读写效率。

2. 非结构化数据存储

不方便用数据库二维逻辑表来表现的数据称为非结构化数据,包括所有格式的办公文档、文本内容、图片,标准通用标记语言下的子集XML、HTML、各类报表、图像和音频/视频信息,以及在LBS(基于位置的服务)中广泛使用的位置型数据、人际社交网络中的连接型数据等。

在传统的关系型数据库应用中,对于非结构化数据通常采用两种模式来进行存储。一种是将非关系型数据存储在文件系统中,而后将这种文件的目录位置存放在数据表中;另外一种模式则是将非关系型数据以BLOB(Binary Large Object)等类似的数据类型存放在单独字段属性中,但是这种模式常常会太依赖于关系数据库的Schema,并且也不利于检索和在这种类型数据上的运算。

随着互联网Web 2.0网站的兴起,为了应付Web 2.0应用中产生的各种数据存储分析,非关系型的数据库则由于其本身的特点得到了迅速发展。NoSQL数据库的产生就是为了解决大规模数据集合中多重数据种类带来的挑战,尤其是大数据应用难题。

与传统数据库的ACID特性相对应,NoSQL的特性是CAP、BASE和最终一致性。CAP中C是指一致性(Consistency),也就是在分布式环境中,多点上的数据是一致的;A是指可用性(Availability),即要求有好的响应性;P(Partition tolerance)即分区容错性,是指节点可扩展。而BASE是指Basically Available,Soft state,Eventual consistency,称为基本可用、软状态、最终一致性。最终一致性可以理解为在分布式中,随着时间的推移,各个节点的数据状态会最终达到一致性,一般分为更新一致性和读取一致性。

在这些特性的限定下,NoSQL采用聚合模式的数据模型。一方面,聚合在集群运算上具有优势,因为它可以把相关的数据放到同一个节点,同时以聚合的数据作为操作单元,在事务处理上能更好地保证一致性。另一方面,随着数据量的增多,基于成本、可用性和故障常态性的考虑,NoSQL由于聚合的数据模型,非常适合横向扩展,自然也采用了分布式模型,其主要特征是复制和分片两种方式。

NoSQL一般有四大类:键值存储数据库、文档数据库、图形数据库和列式数据库。键值数据库常用的有Redis、Memcached、VoltDB、Riak;文档数据库有Couchbase、CouchDB、MongoDB;图形数据库有HypergraphDB、InifiniteGraph、Neo4J、OrientDB等;列式数据库有HBase、Cassandra等。

以上4种NoSQL的数据库的优劣比较如表8-1所示。

表 8-1 4 种 NoSQL 的数据库比较

分类	典型应用场景	数据模型	优点	缺点
键值(Key-Value)存储数据库	内容缓存，主要用于处理大量数据的高访问负载，也用于一些日志系统等	Key 指向 Value 的键值对，通常用 hash table 来实现	查找速度快	数据无结构化，通常只被当作字符串或二进制数据
列式存储数据库	分布式的文件系统	以列簇式存储，将同一列数据存在一起	查找速度快，可扩展性强，更容易进行分布式扩展	功能相对局限
文档数据库	Web 应用(与 Key-Value 类似，Value 是结构化的，不同的是数据库能够了解 Value 的内容)	Key-Value 对应的键值对，Value 为结构化数据	数据结构要求不严格，表结构可变，不需要像关系型数据库一样需要预先定义表结构	查询性能不高，而且缺乏统一的查询语法
图形(Graph)数据库	社交网络，推荐系统等，专注于构建关系图谱。图数据库更适合关系复杂的数据结构	图结构	利用图结构相关算法，如最短路径寻址、N 度关系查找等	很多时候需要对整个图做计算才能得出需要的信息，而且这种结构不太好做分布式的集群方案

8.3.2 HBase

HBase 是一个分布式、面向列存储的开源数据库。它和一般的关系数据库不同，主要是基于列而不是行的模式，同时提供了多种系统接口，这些接口主要有 Native Java API、HBase Shell、Thrift Gateway、REST Gateway、Pig、Hive 等，它们使 HBase 可以很方便地融入多平台中做二次开发使用。

HBase 是 Hadoop 数据库，它的分布式是基于 Google 文件系统(GFS)的分布式数据存储，提供了在 Hadoop 和 HDFS 之上的像 Bigtable 的处理能力。在著名 Bigtable 论文中给出了其数据管理模式。每个表包含了一个 Tablet 的集合，而每个 Tablet 的信息存储在一个三层的、类似 B+树的结构存储中，如图 8-1 所示。

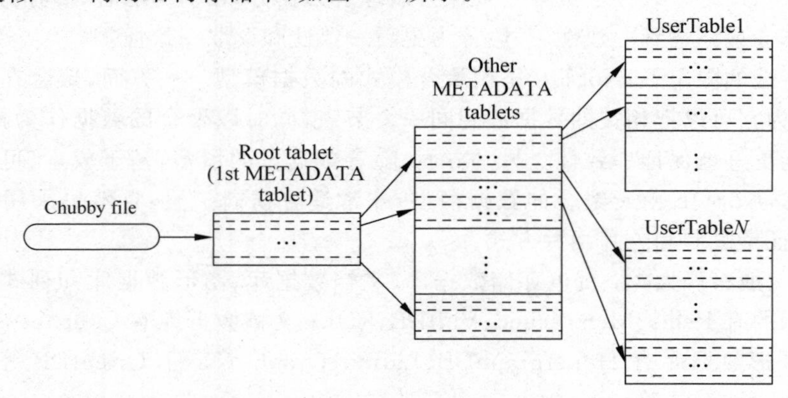

图 8-1 Tablet 的位置信息的分层存储结构

HBase是面向列的，而且是无模式的，它的列是可以动态增加的，表可以非常稀疏，数据可以有多个时间戳、多个版本，每张表可以十分的巨大，这些都使它方便横向扩展和存储，适合海量存储。HBase的逻辑模型如表8-2所示，其中，行键是字符串，是表的主键；时间戳用于区分多个版本，默认的都是系统时间戳，用户也可以自己定义时间戳；HBase的每个列都属于某个列族，其需要事先在Schema中定义，列在列族中的定义都需要加上列名作为前缀。

表8-2　HBase的逻辑模型

行键(Row Key)	时间戳(Timestamp)	列族(Column Family)	列族(Column Family)
r_1	t_1	url=http://www.baidu.com	title
r_2	t_2	ur2=http://www.sohu.com	
r_3	t_3		

HBase适合于大数据量存储、对数据的高并发操作、随机读写等场景；它经常应用于对热点数据的查询和处理及实时响应等，最常用的一种情况是将很多离线数据放入Hive等离线计算系统中，然后将用户常用的热点数据放入HBase中做热点实时查询，目前很多实际系统对此有应用。

在二次开发和数据分析方面，目前开源社区中，一方面主要集中在对HBase客户端的类SQL解析器的开发上，其目的是使统计分析人员可以像使用SQL一样，利用简单的语句就可以得到统计分析结果，此类比较典型的是Phoenix，它提供了一套类似SQL查询的界面，便于使用和安装。另一方面对HBase的优化则是在性能方面，其中包括高性能范围检索、数据一致性、数据的低冗余，二级索引与索引Join是多数业务系统要求存储引擎提供的基本特性，目前很多厂商都在这方面基于开源系统做了相关改进。

HBase官方网址为http://hbase.apache.org/，目前最新版本为1.2。

8.3.3　MongoDB

MongoDB是一个面向文档的数据库，其文档模型自由灵活。在MongoDB中，一个数据库可以有多个Collection，每个Collection是Documents的集合。并不要求事先定义Collection，而是可以随时创建。同时，Collection中可以包含具有不同Schema的文档记录。每个记录由若干个属性组成，属性的类型既可以是基本的数据类型(如数字型、字符串型、日期型等)，也可以是数组或散列，甚至还可以是一个子文档(Embed Document)。根据这些叙述，Collection和Document的关系有点像传统数据库的Table和Row的关系，但是也不完全相同。可以认为MongoDB是一个介于关系数据库和非关系数据库之间的数据库系统。

从存储的角度来看，Lucene也能实现结构化和非结构化的统一存储，但是正如前面选择存储系统的因素中所述，开发者更需要关注在应用中如何对数据进行操作。MongoDB的查询语言非常强大，几乎可以实现类似关系数据库单表查询的绝大部分功能，是非关系型数据中最像关系数据库的系统。

根据这个文档模型的规则，在MongoDB中，某一条记录中的文档中可以有3个属性，而其下一条记录的文档可以有8个属性。也就是说每个Document的属性可以不同，这是其灵活性的一个表现。因此，利用 MongoDB 就可以实现互联网上许多数据类型的综合存储。例如，针对网络评论类型的信息，可以将评论设计为一个 Collection，评论的回复则作为 comment 的属性。以下是这样的一个简单示例。

```
{ title : "Zeng's First Post", author: {name : "Zeng", id :1},
    comments : [{ by: "Zhang", text: "Yes, first" },
                { by : "Li", text : "Good post!" }]
})
```

虽然开发者也经常用关系型数据库来保存上述的网络评论信息，但通常需要把一篇评论(包含评论内容、标题、作者、回复等)分散在多张数据表中，这种方式的最大问题在于进行数据查询分析时需要使用 Join 操作才能从多张表中获得一个帖子信息，对应用系统的性能有较大影响。而从上面的示例来看，在 MongoDB 中，可以用一个文档来表示一篇评论，包含该评论的所有信息。这样的数据存储方式就更易于管理、高效。

由于 MongoDB 的文档结构为 BJSON(Binary JSON)格式，而 BJSON 格式本身就支持保存二进制格式的数据，因此可以把文件的二进制格式的数据直接保存到 MongoDB 的文档结构中。需要的时候再以二进制格式取出，这样文档就能实现无损保存，对于一些需要格式的文档来说，这是很方便的选择。以下函数过程演示了这种写入方法。

```
private void SaveDocToMongo(string filename){
    byte[] byteDoc = File.ReadAllBytes(filename);
    BsonDocument doc = new BsonDocument();
    doc["id"] = "1";
    doc["content"] = byteDoc;
    MongoCollection col = db.GetCollection("doc");
    col.Save(doc);
}
```

从系统部署的角度来看，MongoDB 内置的水平扩展机制提供了从百万到十亿级别的数据量处理能力，完全可以满足 Web 2.0 和移动互联网的数据存储需求，对于大数据量、高并发、弱事务的互联网应用，MongoDB 是很适合的。

随着移动终端的普及，很多基于移动端的应用，都会收集其地理位置性数据，从而进行一些推荐服务等。一个常用的应用场景是某位旅客走进一个商场，收到该商店的优惠券、促销信息，同时还收到周围相关饮食、娱乐等位置信息和服务信息的推送，可以根据地理位置查找相关的好友。这种被称为基于位置性服务(Location Based Service，LBS)，通过移动运营商的无线电通信网络或外部定位方式，获取移动终端用户的位置信息，在 GIS 平台的支持下，为用户提供相应的服务。

基于 LBS 的服务数据包括用户基本的信息、时间、地理位置信息(含经度、维度、GeoHash 值)等。基于这些信息，计算查询两个位置之间距离及进行空间地理位置网格的划分等，从而为用户推送目标信息和状态等。计算中的主要问题一个是对地理位置的坐标精度要求较高，其体现在当用户在小范围内移动时，其经纬度也会小幅度变化；另一个是对区块化的计算要求比较频繁，它带来的问题是计算复杂度较高，同时频率烦琐，相应地对数据库的性能有一定的影响。

这种类型数据的存储可以使用 NoSQL，如 MongoDB、CouchDB、Redis，或者是基于 Graphic 的 NoSQL。使用 MongoDB 做 LBS 的存储，可以很好地支持地理位置计算，它提供了区域内搜索、附近查询，可以通过 $geoWithin、$geoNear 命令进行矩形、圆形、多边形区域查询，在计算上比关系型数据库较为方便；同时，它还拥有诸如面向集合存储、模式自由、高性能、支持复杂查询、支持完全索引等特性。

为了提高计算性能，需要进行空间数据索引的优化，最常用的技术是基于 GeoHash。GeoHash 索引是将二维的精度转换为字符串，每个字符串代表一块区域，此区域内的点所代表的具体位置都共享此字符串。如果字符串长度越长，则其代表的位置精度就越高，而字符串前面的位数相近的越多，则表示其位置距离越相近。因此，用 GeoHash 可以对位置做精度上的判断和距离比较。MongoDB 也提供了一些基于 Geo 的索引优化，目前有平面坐标索引和几何球体索引两种。平面坐标索引主要用于平面坐标的计算，而几何球体索引则用于球面几何计算，它还支持数据存储为 GeoJSON 和传统坐标。

8.3.4　Neo4j

连接型数据的典型代表是社会关系型数据。在社会网络中，个体之间存在多种网络社交关系，这种社会关系型数据有着不同的类型，如家人、同学、朋友、同事等，需要计算其个体之间的关系类型，连接型数据反映的就是这种类型的数据。

连接型数据的特点是数据量巨大、数据结构多样、数据对象关系复杂，且是动态变化的。关系型数据库由于采用的是静态的 Schema，同时数据类型对半结构化、结构化数据支持的不是很好。在遍历复杂关系信息能力上比较薄弱，这些导致其不适合做连接型数据的存储和计算。例如，当要计算一部电影的所有投资人，在关系数据模型中通常是用“电影—关联表—人”模型来进行计算的，但是如果这一关系是动态变化的，电影里涵盖了部分电视剧，投资人中又涵盖了影视公司，影视公司中又有子公司、控股公司等，这样导致在计算的时候需要引入更多的建模，无法适应新的变化，同时计算性能由于引入更多的实体也会越来越慢，这时需要引入图形数据库进行计算来解决这一问题。

Neo4j 是 Neo Technology 所提供的开源图形数据库，是一个高性能的 NoSQL 图形数据库，常用于社会关系、公共交通网络、地图查询等场景应用和分析。它的主要特点是支持事务，采用了多种算法支持路径搜索，移植性好，提供了 REST 接口，可以独立使用或嵌入到 Java 应用程序，使用键值和关系作为索引，横向扩展能力好，具有读写分离功能。它将数据存储在网络上，通过节点之间的关系来表达数据。图 8-2 是一个 Neo4j 的数据结构示意图，Neo4j 中每个节点（Nodes、Relationships、Properties）都是独立存储的，Nodes 和 Relationships 组成有向图，通过 Properties 带上对应的数据，从而组成对应的图形数据库。

在 Neo4j 中，数据库主要由节点集和连接点的关系组成，在节点集表示实体时，其和关系数据库类似，如上述中 Nodes 在表示电影和投资人属性的时候，其意义一样。而在表示实体众多关系的时候，却更加简洁，如在表示电影和投资人的关系的时候只需要设计两个实体就可以了，如果要表示电影和参加拍摄电影演员的关系，在关系数

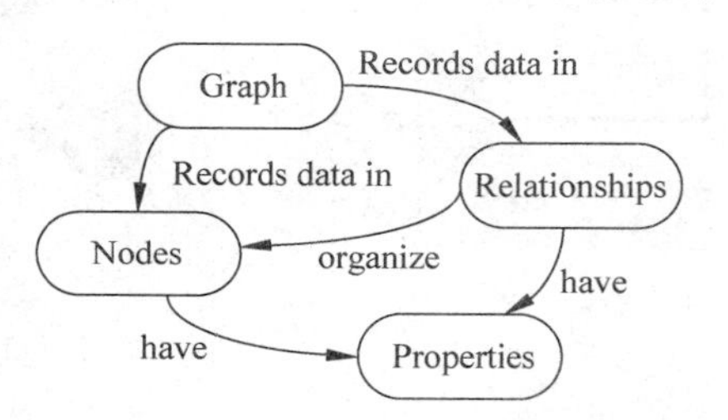

图 8-2　Neo4j 的数据结构示意图

据库中可能要增加实体进行关联处理，而在图形数据库中，还是可以用同样的实体 Nodes 表示实体，只需要增加其间的关系即可。

在 Neo4j 中，索引可以分为两类，一类是基于 Nodes 的索引，另一类是基于 Relationships 的索引。

8.3.5 云数据库

云数据库是指部署在一个虚拟计算环境中的数据库，可以是私有云或公有云环境。将数据库优化部署到云环境，允许用户按照存储容量和带宽的需求付费，具备按需扩展的能力，具有很好的高可用性。各种类型的数据库都可以部署到云环境中，但由于是一种按需的实施，一般称为数据存储服务。阿里云的云数据库包括 NoSQL 数据库和关系型数据库，前者包括 MongoDB 版、Redis 版、Memcache 版，后者支持 4 类数据引擎（如 MySQL、SQLServer、PostgreSQL 和 PPAS）。这里分别介绍 MongoDB 版和 MySQL 引擎。

1. 阿里云的 MongoDB

阿里云的 MongoDB 是基于阿里分布式系统上架设的 NoSQL 型数据库，它完全兼容于开源的 MongoDB 协议，支持绝大部分 MongoDB 命令操作（目前暂时不支持分片操作），同时兼容任何开源 MongoDB 的客户端。它还提供了弹性可伸缩、稳定可靠的数据库服务，实现了自动化安装运维、可视化监控、数据管理，同时还提供了极为方便的数据库迁移、备份功能。阿里云的 MongoDB 可以直接使用其云数据库，也可以基于 ECS 进行自建。图 8-3 所示的是阿里云的 MongoDB 数据库架构。

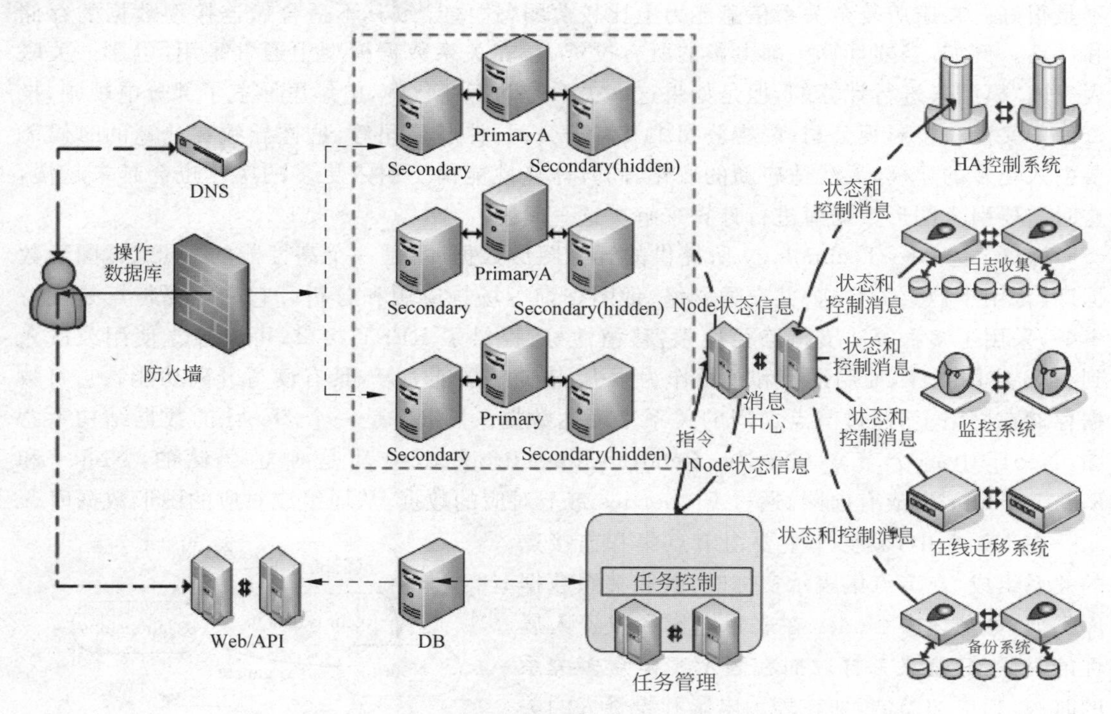

图 8-3 阿里云的 MongoDB 数据库架构

阿里云的MongoDB,在应用上主要体现为高可用性、高可靠性、高可扩展性和低成本,它在移动应用、物联网、日志分析、数据处理、分析平台上,结合阿里的E-mapreduce都有广泛的应用。

在二次开发上,阿里云的MongoDB提供了多种应用系统接口,提供的MongoDB Driver支持Java、C++、PHP、Python、nod.js语言,在实际项目中可以根据需要进行灵活扩展和接入。以下代码演示了基于Java客户端对阿里云MongoDB连接和插入操作。

```
public static MongoClient ConnectMongoDBClientWithURI() {
//通过 URI 初始化,其中 username、password、DEFAULT_DB 分别为字符串类型,
//代表链接数据库的用户名、密码、数据库
MongoClientURI connectionStr = new MongoClientURI("mongodb://" + username + ":" + password
+ "@" +

//serv1、serv2 是指服务器对象,需要指定域名、端口,
//定义类似 new ServerAddress("remote.mongodb.tab.com", 27017);

        serv1 + "," + serv2 + "/" + DEFAULT_DB +

//ReplSetName 代表副本集,指定为 string 类型
    "?replicaSet = " + ReplSetName);
        return new MongoClient(connectionString);
    }
```

利用客户端对MongoDB数据库的插入一条文本记录:

```
public static void insert_data(){
  MongoClient client = ConnectMongoDBClientWithURI();              //创建客户端连接
    try {
            //取得 Collecton 句柄
            MongoDatabase database = client.getDatabase(DB);     //DB 为数据库,string 类型
MongoCollection < Document > collection = database.getCollection(COLL);
                                                                  //COLL 为表名,string 类型
            Document doc = new Document();                        //创建一个文档记录
            String docname = "JAVA:" + UUID.randomUUID();         //设定 uuid
            doc.append("DEMO", docname );                         //增加 key
            doc.append("MESG", "This a message for Alimogodb"); //增加 value
            //插入到 mogodb 中
            collection.insertOne(doc);
    } finally {
            //关闭 Client,释放资源
            client.close();
        }
        return ;
}
```

其他的删除、更改、查询等操作也基本类似。

2. 阿里云的 MySQL

阿里的云数据库 RDS(ApsaraDB for RDS)是一种稳定可靠、可弹性伸缩的在线数据库服务,基于飞天分布式系统和高性能存储,它支持多种关系数据库引擎。云数据库 MySQL 版就是其中的一种。

阿里云 MySQL 数据库在语法上完全兼容开源的 MySQL 语法和服务,除此之外,它还有以下优势。

(1) 高性能:可以经受更大的并发访问,实行读写分离,资源弹性分布。

(2) 高可用服务:可以自动检测、修复主从节点的链路故障,并提供异步复制、强同步复制、半同步复制多种数据复制方法,同时还提供多可用区服务。

(3) 备份服务:RDS 除了提供热备架构外,还提供将数据备份到 OSS 上,然后再将数据从 OSS 再备份到 OAS 上,从而可以更长久地离线存储。

(4) 调度服务:提供 RDS 底层资源的整合和分配,可以定期整合碎片化的资源,并可以对 RDS 进行自动升级和维护。

(5) 更为灵活的数据迁移服务:可以将本地数据迁移至 RDS,也可以在 RDS 之间互相迁移数据,它提供结构迁移、增量、全量数据迁移。

(6) 安全性更高:提供多种安全策略,防 DDoS 攻击,对外网流量还进行流量清洗和黑洞处理。提供全数据链路服务,包括 DNS、SLB、Proxy 等,可以屏蔽 IP 变化带来的影响。

阿里云 MySQL 数据库提供了 SDK 供开发者使用。它的 API 包括实例、数据库账号、监控、日志等。阿里的 API 调用使用 http 或 https 作为通信。

下面用一个示例来说明最常用的用法(以下为阿里官方文档示例):

```
public void sample() {
  //这里新创建一个区域实例请求
    DescribeInstancesRequest describe = new DescribeInstancesRequest();

    //这里是实例化域名、AccessSecret、AccessKey 等相关登录信息
IClientProfile profile = DefaultProfile.getProfile("cn - hangzhou", "< your accessKey >",
"< your accessSecret >");
  //实例化客户端
    IAcsClient client = new DefaultAcsClient(profile);
    try {
    //从服务端返回相关的请求
DescribeInstancesResponse response = client.getAcsResponse(describe);
    }catch (ServerException e) {
        e.printStackTrace();
    }
    catch (ClientException e) {
        e.printStackTrace();
    }
}
```

调用 API 后,返回的 JSON 结果如下:

```
{
    "RequestId": "4C467B38-3910-447D-87049166F216",
    /* 返回结果数据 */
}
```

也可以是 XML 的格式,如果返回的结果错误,可以根据阿里提供的错误代码来定位。

8.3.6 其他

开源系统里,Lucene 是一个常用于文本存储与管理的软件系统。它是 Apache 的一个子项目,是一个高性能可伸缩的信息搜索库,里面包含了纯 Java 语言全文检索工具包,它作为一个全文检索引擎。由于它对文本型数据的处理有鲜明特色,在许多设计中可以借鉴,因此,这里单独介绍 Lucene。

目前社区里所用的版本最新的为 6.1.0;其官方网址为 http://lucene.apache.org/。

Lucene 具有以下特点。

(1) 开源、多语言,适合各种平台,索引文件独立于各种应用平台之上。

(2) 提供了独立于语言和文本格式的分析接口,用户只要实现其文本分析接口,即可扩展新的语言和文件格式。

(3) 实现了文本文件的分块索引、查询索引等强大功能。

(4) 扩展性好。

(5) 学习难度较低。

Lucene 全文检索的过程首先从结构化和非结构化数据中提取信息创建索引,而后是搜索索引返回需要的信息。Lucene 的应用目前主要在自然语言、文本检索方面,其中包括对文本语句的分词、倒排索引、检索、排序。

Lucene 以存储文本为擅长,当然也能同时存储其他结构化信息,因此利用 Lucene 除了可以实现网络新闻报道正文的存储外,标题、报道时间、报道人、新闻长度等结构化信息也可以同时存储。以下用一个示例来说明这个过程。

```
//创建一个 lucene.document.Document 对象
Document doc = new Document();

//为新闻报道的正文内容创建一个 Filed,字段的名称为 content,正文内容来自 filefields.
TxtContent,
//同时在创建字段时指定 TOKENIZED,可以实现对正文内容的自动分词,构建倒排索引结构的基础
field = new Field ( " content", filefields. TxtContent, Field. Store. COMPRESS, Field. Index.
TOKENIZED,Field.TermVector.WITH_POSITIONS_OFFSETS);
doc.add(field);

//为新闻报道的报道人创建一个 Filed,指定为 UN_TOKENIZED,即不需要对该字段的内容进行词汇
切分
field = new Field("reporer", filefields.Reporer,Field.Store.YES, Field.Index.UN_TOKENIZED);
doc.add(field);

//为新闻报道的长度创建一个 Filed
```

```
field = new Field("filelength", filefields.fileLength, Field.Store.YES, Field.Index.UN_
TOKENIZED);
doc.add(field);

//将文档保存到文件,并建立索引结构
indWriter.addDocument(doc);      //indWriter 是事先建立的 IndexWriter 类型对象
```

另一种值得一提的开源系统是 HyperGraphDB,它是一个可用于一般应用环境下的强大的存储系统,基于 Directed Hypergraphs 理论构建,提供持久化的内存模型设计、AI 和语义网络,可作为 Java 项目的嵌入式面向对象数据库或图形数据库,或者是 NoSQL 数据库。

HyperGraphDB 作为一个嵌入式的 NoSQL,相比一般的 RDBMS 数据库可以提供更加快速的查询功能,另一方面在传统的桌面开发应用中,对数据库的配置往往过于复杂,需要存储很多用户信息和一些持久层的信息,而 HyperGraphDB 的配置更加简洁;除此之外,它还可以应用于社交网络、Web 语义、生物信息研究等领域。它的主要特点有支持广义图存储支持 Java 对象存储、提供现成安全处理、提供 P2P 框架实现数据分发、支持图形和查询系统的遍历算法。HyperGraphDB 提供了查询和图形计算可以用于简单的统计分析,同时提供了 P2P 框架,在架构上使其具有良好的扩展性。

HyperGraphDB 的开源信息可以在 https://github.com/hypergraphdb/hypergraphdb/wiki/GettingStarted 找到,它提供了对 Java 很好的支持。

HyperGraphDB 采用的是关联图模型,其系统架构如图 8-4 所示。最上层是应用层,它提供了语义、分词等多种应用接口,而后是查询和图形计算及 P2P 分布式框架,接着是模型层,包括数据类型、索引、缓存、事件等,最底层则是存储层,采用的是(K,V)模式,存储在磁盘上。

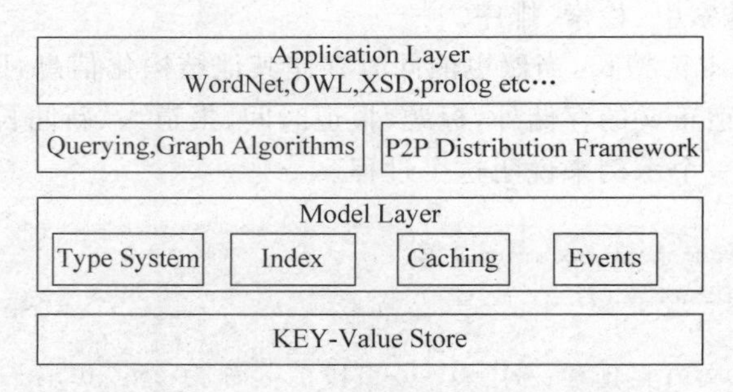

图 8-4 HyperGraphDB 的系统架构

HyperGraphDB 数据库支持多种算法和模型,它目前支持的有 JSON、Wordnet、topicmaps、OWL2.0、RDF via Sail、Protege Plugin、TuProlog、XmlSchema、Feedforward Neural Nets、Distributed Dataflow 等组件和框架。其中,JSON 图存储、Wordnet 词典库、OWL2.0 半结构化的数据、Feedforward Neural Nets 神经网络在网页文本分析上都有广泛的应用。

下面是一个 HyperGraphDB 对属性查询的示例。

```
Public book (String title,String author){
        this. Author = author;
        this .title = title;
}
```

同时定义 set、get 等方法，当需要查询对象 auhor 和 title 的关系时，只要针对其属性条件查询就可以了，格式如下：

```
Public void get_relationship(){
    String database_Location = "/path/to/hypergraphdb";   //定义 database 的路径
      HyperGraph graph = null;                            //初始化数据库
      graph = new HyperGraph(database_Location);          //初始化 graph
      Book mybook = new Book("Machine Learning ", " Tom Mitchell");
      HGHandle bookHandle = graph.add(mybook);
      List < Book > books = hg.getAll(graph, hg.and(hg.type(Book.class), hg.eq("author", "Tom
Mitchell")));                                             //得到相关的 book 的对象列表
    }
```

在社交网络上，常常需要计算和查询对象之间的关系，对象之间可能存在多种关系，下面的示例演示了这种情况的使用。

```
Public void query_link(){
    String someObject_1 = "teahcer";
    String someObject_2 =  "student";
    HGHandle handle1 = graph.add(someObject_1);
    HGHandle handle2 = graph.add(someObject_2);             //初始化对象
    HGHandle dupsList = graph.add(new HGPlainLink(handle1, handle2));
                                                            //建立对象间的链接
    List < HGHandle > duplicateLink = hg.findAll(graph, hg.link(handle1, handle2));
                                                            //对关系进行查询
    System.out.println( "querying for link returned that duplicate Link? :" + dupsList.
contains(duplicateLink));
                                                            //得到对象间的多重关系
}
```

HyperGraphDB 还支持事务、索引、求两个对象间最小路径算法、遍历算法，它还支持 Wordnet，可以根据一个给定的特殊词查询，支持词语之间的关系查询、结构语法分析，这些在 Web 文本中分析都有广泛应用。

8.4 大数据可视化

利用大数据可视化方法可以对大规模复杂数据集及其挖掘结果以视觉形式进行呈现，同时提供交互式手段为用户从不同视点对数据进行变换、缩放、旋转等操控，以获得大规模复杂数据集的全方位映像，为用户在视觉层面理解数据中的现象和规律提供了有效的途径。

大数据的多样性、复杂性和多变性，决定了大数据可视化在分析和应用中的必要性。各种大数据应用对数据可视化的需求越来越高，数据可视化的地位也越来越重要，人们迫切需要以良好用户体验的方式来发现数据的内在价值。当环境中存在符合用户心理的直观化、可视化结构时,用户可以直接从里面提取出有用的信息,而不需要经过逻辑推理等过程,达到快速吸取信息的目的,从而能满足业务人员的分析需要和高层领导的决策需要。此外,从大数据的分析和挖掘过程来看,有效地融合人机各自的优势,在可视化交互过程中进行模型修正,对于获得更加可信的结果是非常必要的。

8.4.1 大数据可视化的挑战

传统的数据可视化仅将数据进行组合,以比较简单方式展现给用户,这些做法常见于一些数据仓库的报表型应用中。而大数据可视化面对着一些不同于传统数据的特点,即数据量大、实时性高、数据类型繁多等。这些数据特点,给大数据可视化提出了新的挑战。

1. 多源、异构、非完整、非一致、非准确数据的集成与接口

大数据中数据源多样化,涵盖多种数据源,对各种数据源的支持和集成将直接影响数据的完整性和准确性。而可视化的前提是建立集成的统一的数据接口,使开发者和使用者不必关注其背后的复杂机制。多数据源的集成和统一接口的支持,是大数据可视化面临的挑战性问题。

2. 符合可视化心理映像的可视化设计方法

可视化的目标应该是呈现结果容易被用户理解、感知和体验,同时还应该具有丰富的表达能力。如何将高维度数据可视化,一方面需要有一定的心理映像机制来指导,但是目前对视化表征设计的合理性、自然性、直观性及有效性的评估,仍然缺乏科学机制;另一方面,用户体验尚难于量化和捕捉,而且用户体验的合理性没有最好,只有更好。

3. 人机互补的最优化协作

人具有机器所没有的特定的认知能力和直觉感官能力,可以快捷地从信息中抽取出有用的信息和知识,而计算机具有强大的精确计算能力,可以进行大规模挖掘计算。在大数据可视化中,如何设计两者最优的交互协作方式,以便有效地进行多层次、多粒度的挖掘和分析,就具有一定的挑战性。

4. 可视化算法与架构的可扩展性

一方面,数据量的不断增加和数据流动性的加快使得可视化方法所需要的计算量急剧增加,可视化架构需要适应不同规模的运算,以实现高速动态可视化处理。例如当数据量不断的快速增长时,时空数据的维度会越来越多,其可视化会面临大量的图层交叉和覆盖的问题。

另一方面,随着新的互联网应用模式的出现,必然导致新的数据形式的出现,这也就要求大数据可视分析方法在应对复杂未知类型的数据方面应具有良好的可扩展性,包括感知扩展性和交互扩展性。

5. 其他问题

大数据可视化还面临其他的一些问题,包括视觉噪声、信息丢失、大型图像感知、高速图像变换、高性能要求等。其中,视觉噪声是指大多数对象有很强的相关性,需要将它们去噪声处理,作为独立的对象显示。

可视化中数据延迟、实时性不够是另一个问题，信息转化为可视化数据的过程会出现数据迟滞的情况，导致显示界面的数据与真实数值出现偏差，即在较长时间内，计数是准确的，但在较短时间内，会产生偏差。

8.4.2 大数据可视化方法

大数据在可视化输出展示中，根据不同的应用场景和信息处理过程，可以分为多维数据可视化、文本可视化、网络可视化、时空数据可视化等。

1. 多维数据可视化

多维数据可视化是指对3个维度以上的数据进行的可视化展示。最常用的场景是数据仓库分析，数据仓库的数据有多个属性，多维可视化就是将每个属性作为一个维度，数据记录在维度上的值就是对应的变量值。因此，多维可视化可以认为是将数据记录映射为多维空间中的点或称为多维矢量。由于人的习惯，这些矢量通常在二维或三维的空间中再现。

多维数据可视化相关的主要过程如下。

(1) 多维数据的降维。数据降维的目的是将数据从多维数据空间映射到低维空间。在数据分析领域有一些专门的降维方法，如特征选择、特征提取等，与数据分析的具体任务有关。其他的做法就是由用户选择感兴趣的属性子集。

(2) 多维数据探索。即使数据变换到了低维空间，三维以上仍然不适合人的体验习惯。因此，需要对数据进行切片、切块、旋转；用户对多维数据进行搜索，得到相关的有用的信息。

(3) 多维数据可视化。

多维数据可视化是指将数据以图形图像的形式显示出来。

在上述处理过程中，多维数据可视化常用的技术有以下几种。

(1) 散点图。散点图是将数据集合中每一行记录映射成为二维或三维坐标系中的实体。例如，如果要描述房价和面积的关系，就可以用横纵坐标分别表示房价和面积。

如果是多个变量之间的散点图，则可利用散点图矩阵。例如，除了房价和面积外，还有房间个数、房屋所处的地段、新房旧房等变量。则可以定义 k 个变量，创建一个 k 行 k 列的矩阵，每行或每列变量之间两两构成了一个二维空间，形成一个“$k(x)$，$k(y)$”关系，这样就可以通过多个散点图来展示数据之间的关系。

(2) 投影法。投影法是可以同时表现多维数据的可视化方法。它的基本思想是把多维数据通过某种组合，投影到低维(1～3维)空间上，通过极小化某个投影指标，寻找出能反映原多维数据结构或特征的投影。

(3) 平行坐标法。平行坐标是应用和研究得最为广泛的一种多维度可视化技术，其核心是用二维的形式表示 N 维空间的数据。它的基本原理是将一维数据属性空间用一条等距离的平行轴映射到二维平面上，每条轴线对应一个属性维，坐标轴的取值范围从对应属性的最小值到最大值均匀分布，这样每一个数据项都可以用一条折线段表示在一条平行轴上。

在基于平行坐标法上，常用的实现技术如下。

(1) 基于刷技术。刷技术是一种突显数据子集的可视化技术，它通过突显一部分折线而使其他折线不明显，从而更清晰地显示局部变化规律。

(2) 维数控制。通过减少不重要的维度，忽略部分不重要的数据，减少了平行坐标的复杂度，从而使关注部分更加明显。

(3) 交换坐标轴。通过交换数据的坐标轴，猜测和探索数据属性间隐含的关系。

(4) 维缩放。通过将局部数据进行缩放，将其与全局数据进行比较来发现其隐含的关系和变化趋势。

此外，还有数据抽象、颜色比例等技术。

平行坐标法面临的问题是在海量数据情况下，大规模数据项造成的线条密集和重叠覆盖问题。针对这一问题，常用的方法是对平行坐标轴简化，形成聚族可视化效果。

2. 文本可视化

文本可视化方法试图将文本内容以直观方式展现出来，而不是局限于文字上的描述。然而这种直观表达方法要尽量保留文本中的重要信息和关系。因此，文本可视化过程一般需要结合文本分析的技术，如中文分词、关键词识别、主题聚类等，可以看出来，可视化的过程与文本分析过程实际上有共同的步骤，可以实现自然的融合。

一些主要的过程简述如下。

(1) 中文分词。对中文文本的词汇切分，分离出中文词汇、英文单词、数字、特殊字符等文本表达的基本要素。这也是许多中文文本数据分析必须经过的第一个步骤。

(2) 文本特征。文本特征就是反映文本重要性的一种词汇信息，这些信息将直接影响文本可视化中的词汇集。而文本的重要性与具体的文本分析应用有关，如在理解文本的主要内容时，高频词汇的重要性显然就会很高。而在文本分类时，则未必如此。因此，在文本特征选择上应当结合具体的可视化需求。

(3) 文本表示。文本表示与多维数据表示一样，在确定文本特征之后，需要决定该特征的重要性大小，即所谓的权重函数，常用的有 TF 和 TF-IDF 等。这样处理后，文本表示可以采用多种不同的方法。目前主要有两种方法，一种是空间向量模型；另一种是概率模型。

(4) 文本可视化。由于文本经过特征选择降维后，一般的维度仍然非常高，并不适合采用前述的多维可视化技术。文本分析可视化可以分为静态可视化和动态可视化。静态可视化主要是分析文本包含的主题和各个主题之间的关系，动态可视化是指主题随着时间变化的关系，两者在可视化的表现形式上也有所不同。

最常见的静态可视化是标签云格式的形式，标签云是将 HTML 潜入到网页中，它以字母次序、随机次序、重要次序等排列，除了标签云，还可以以树的形式进行可视化展现相似度，或者以放射状层次圆环的形式展示文本结构，或者将一维投影到二维展现，用层次化点排布的投影方法进行展现；动态可视化与时间有关，则需要引入时间轴作为一个维度，一般可以用气泡、河流等模式的图进行展示。图 8-5 是文本可视化的示例。

3. 网络可视化

互联网大数据中有一大类型的数据就是连接型数据，它们直接或间接地存在于许多互联网应用中。这种数据的特点使它们在逻辑上构成了一种网络图结构，图中的节点是数据单元，节点之间的连接是数据之间的关系。微博中的人际网络数据就是一种直接型的连接数据，反映了人与人之间的关注和粉丝关系。网络论坛中用户关系则是一种间接型的数据，用户作为网络中的节点，而用户所发的帖子之间的关系则反映了用户之间的关系，需要通过对帖子关系进行分析之后才能得到。

图 8-5 文本可视化的示例

不管是哪种类型数据，它们在逻辑结构上都可以看作是一种网络结构，这种网络图结构可以是有向图，也可以是无向图，连接可以是有权的，也可以是无权的。网络数据的另一个特点是：网络可以是静态的，也可以是动态的。网络的动态性体现在两个方面，一是网络规模是动态变化的；二是网络的节点及关系是动态变化的。

网络可视化技术分为九类，包括基于力导引布局(Force-Directed Algorithm，FDA)、基于地图布局(Geographical Map)、基于圆形布局(Circular)、基于相对空间布局(Spatial Calculated)、基于聚类布局(Cluster)、基于时间布局(Time-oriented)、基于层布局(Substrate-based)、基于手工布局(Hand-made)和基于随机布局(Random)的网络可视化技术。其中，力导引布局方法能够产生相当优美的网络布局，并充分展现网络的整体结构及其自同构特征，所以网络节点布局技术被大量应用于网络可视化中。在互联网大数据中，经常会遇到一类所谓的网络权威人物，这类的可视化可以采用基于圆形布局，该方法在圆心放置一个或一组节点，在同心圆周上按顺序布局其余节点，它能利用通过圆心的十字线产生优良的布局。大部分网络可视化应用都结合使用了多种节点布局方法。例如，Vizster 和 SocialAction 就同时使用了力导引布局及聚类布局方法，NVSS 在每一层内又使用时间布局方法等。

对于大规模网络，其节点和边数当达到数以百万计的时候，以上简单的可视化由于边和点会聚集重叠，将不再适用，最常见的处理方法有两种：一种是对边进行聚集处理，其常用的有基于边捆绑的图可视化技术和基于骨架的图可视化技术；另一种是将大规模图转化为层次化树结构，然后通过多尺度交互来对不同层次图进行可视化。

对于动态网络数据的可视化，其关键是将图和时间属性进行融合，引入时间轴，将图形以基于时间轴的形式进行展现。

4. 时空数据可视化

时空数据是指带有地理位置和时间标签的数据，其可视化目的是反映随时间流逝空间位置的变化情况，多见于 LBS 等类型的应用数据，它一般由时间、空间和属性 3 个部分组成。

时空数据的表现形式可以用(x,y,z,t,a)这种坐标来表示，其中(x,y,z)表示的是各种实体的空间维，而 t 表示的是时间维，a 表示的是属性维。时空数据可视化中，时间是一个特殊的维度，在对时序数据进行可视化时，必须专门考虑时间的作用，从而建立与时间的直接的可视关联。时空数据的可视化可以分为静态可视化和动态可视化。静态可视化是用静态的画面表达信息，如地图、统计分布图等；动态可视化是采用各种动态符号、虚拟现实、计算机动画技术等来表现时空地理信息。

时空数据的可视化技术有以下多种技术。

(1) 二维地图可视化技术。二维地图可视化技术主要是通过多种点、线、面二维地图来表示图像的地图特征，这是一种最常用的可视化技术，如气象地图、城市公交等。

(2) 三维仿真可视化技术。三维仿真可视化技术是在二维地图的基础上，添加空间信息，将二维变成三维立体的地图，具有更强的直观性。三维仿真可视化技术目前已广泛地应用在工程、建筑等多种场景中。

(3) 多媒体表现技术。多媒体表现技术是集文本、图形、图像、视频、声音为一体的空间表示方式，比传统的二维地图表达方式更具有形象性。

(4) 虚拟现实技术。虚拟现实技术是一种可以创建和体验虚拟世界的计算机仿真系统技术，用于生成计算机模拟环境。它实现了多源信息融合的交互式三维动态视景和实体行为的系统仿真，使用户沉浸到该环境中，虚拟现实技术为时空数据的可视化提供了一种新方法。

(5) 地图动画技术。地图动画技术是将时空数据存储在内存中，然后通过计算机动画和高级显示技术，将其按时间发展规律，以动态的方式从不同角度，采用不同方法表达地理数据随时间的动态变化过程。地图动画技术还可以反映时间以外因素引起的动态变化过程。

8.4.3 大数据可视化工具

目前，大数据可视化工具分为商业和开源两部分，主要有 Pentaho、Tableau、ManyEyes、Platfora、Datameer Analytics Solution and Cloudera、JasperReports、Dygraphs、JasperReports 等，以下选择主要的类型介绍。

1. 专业型

Pentaho 是世界上最流行的开源商务智能软件之一，以工作流为核心的，强调面向解决方案而非工具组件的，基于 Java 平台的商业智能(Business Intelligence，BI)套件，它包括报表、分析、图表、数据集成、数据挖掘等，包含了商务智能的方方面面，Pentaho 主要用于数据的整合 ETL 处理及报表展现等应用，其提供 Windows 平台和 Linux 商业版，其下载地址为 http://www.pentaho.com/。

Tableau 是商业软件，它将数据运算与可视化完美地融合在一起，控制台可完全自定义配置，可以用手动拖曳实现各种图表的生成，它有 Tableau Desktop、Tableau Server、Tableau Reader 等组件，其中 Tableau Desktop 可以实时分析实际存在的任何结构化数据，生成可视化图表、坐标图、仪表盘与报告；Tableau Server 是服务应用程序，可以迅速简便地共享 Tableau Desktop 中最新的交互式可视化内容及仪表盘和报告；Tableau Reader 是免费的计算机应用程序,可以轻松查看内置于 Tableau Desktop 的分析视角与可视化内容,并进行与工作簿的交互。Tableau 的官方网站为 https://www.tableau.com/。

此外,在业界广泛应用的还有 Gephi、Weka、R 等。其中 R 提供了丰富的开源分析包,可以做一些简单的图形化展现;Gephi 是进行社交图谱数据可视化分析的工具,不但能处理大规模数据集并生成漂亮的可视化图形,还能对数据进行清洗和分类;Weka 是一个免费的数据挖掘工作平台,集合了大量数据挖掘的机器学习包,以及回归、聚类、关联规则,它还实现了在新的交互式界面上的可视化功能。

2. 在线可视化工具

Google Chart API 是一款在线可视化工具,它集中取消了静态图片功能,目前只提供动态图表工具,能够在所有支持 SVG、Canvas 和 VML 的浏览器中使用,Google Chart 的图表在客户端生成,只支持 Java api,其风格多样,使用简单,下载地址为 http://chart.apis.google.com/chart?cht=p3&chd=t:60,40&chs=250x100&chl=Hello|World,打开这个网站可以看到在客户端生成的饼图。

D3 是最流行的可视化库之一,它被很多其他的表格插件所使用。它允许绑定任意数据到 DOM,然后将数据驱动转换应用到 Document 中,可以使用它用一个数组创建基本的 HTML 表格,或是利用它的流体过度和交互能够提供大量线性图和条形图之外的复杂图表样式,如 Voronoi 图、树形图、圆形集群和单词云等,它同样具备跨平台的特性,可以更直接地使用 SVG,其地址为 http://mbostock.github.com/d3/。

3. 人机交互型

Crossfilter 是一个用来展示大数据集的 JavaScript 库,可以用它来创建图表、交互式 GUI 的部件,它同时还支持超快的人机互动,甚至在上百万或更多数据容量下都很快,还可以用来构建数据分析程序;显示数据的时候,不仅能限制一个范围,还能查看其他链接图表。下载地址为 http://square.github.io/crossfilter/。

Tangle 是一个开源 JavaScript 库和工具,不仅仅是视觉化,还允许设计师和开发者创建 Reactive 程序,对数据的关系可以提供深层理解。例如,一个网页端的转换计算器能够转换货币或测量。它的主要特点有:允许使用者来改变参数,可以自定义的变量、格式和分类,能运用 Tangle 类创建图表和其他可视化效果,能够创建动态的展示,同时使用多种变量建立控件和视图。其下载地址为 http://worrydream.com/Tangle/。

4. 阿里云 DataV

DataV(https://data.aliyun.com/visual/datav)基于阿里云平台,具有更加强大的功能,可以成为一个集成化的数据可视化平台。能为非专业的工程师通过图形化的界面轻松搭建专业水准的可视化应用。DataV 提供丰富的可视化模板,满足会议展览、业务监控、风险预警、地理信息分析等多种业务的展示需求。

8.5 Hadoop

8.5.1 Hadoop 概述

Hadoop 是一个由 Apache 基金会所开发的分布式系统基础架构。而 Apache 开发之前,其原型实际上是来自一个称为 Nutch 项目的存储和处理部分。该项目是 Doug Cutting 和 Mike Cafarella 于 2002 年开发的一个专注于解决网络爬虫、建立索引和搜索网页的搜索引擎项目。由于需要处理大量来自互联网页面信息的相关存储和处理平台,他们意识到,一个可靠的分布式计算方法,将有助于为 Nutch 收集大量网页数据提供有效的保障。

而恰好在一年后,谷歌公司发表了关于谷歌文件系统(GFS)和 MapReduce 的论文,MapReduce 是一个用来处理大型数据集的算法和分布式编程平台。Cutting 和 Cafarella 认为集群的分布式处理和存储对于解决 Nutch 所遇到的问题具有很大的帮助,因此就以这些论文为基础,为 Nutch 构建了分布式平台,其中包含了人们所熟知的 Hadoop 分布式文件系统(HDFS)和 MapReduce。Nutch 项目的成功,被当时的搜索引擎 Yahoo 看中,于是就聘请了 Doug Cutting,采用 Hadoop 作为分布式架构解决 Yahoo 搜索引擎方面的问题。后来,雅虎将 Nutch 项目的存储和处理部分剥离出来,并形成 Apache 基金的一个开源项目 Hadoop,而 Nutch 作为网络爬虫的业务平台则保持自己的独立性和扩展性。

在 Hadoop 之前,也有许多组织实现了分布式系统,如通过多台计算机来分布计算任务,但是分布式系统的数据分析解决方案往往很复杂,应用程序很难并行运行在计算机集群之间,随着群集增加,出现故障的概率也随之增加。并且容易出错,处理速度受限。Hadoop 与以前的分布式系统的区别在于以下几方面。

(1) 数据先进行分布式存储。

(2) 在集群上备份多份数据,从而来提高可靠性和实用性。

(3) 隐藏了复杂的分布式实现过程,提供了一种简单的编程方法。

(4) 存储量大,Hadoop 能够使应用程序运行在成千上万的计算机和 PB 级数据上。

(5) 分布式处理与快速的数据访问,Hadoop 集群在提供高效数据存储能力的同时,也提供了快速的数据访问能力。

(6) 可靠性,故障转移和可扩展性,由于 Hadoop 有独特的设计和实施方式,Hadoop 可以监测到这些故障,并利用不同的节点重新执行任务。Hadoop 有很好的可扩展性,实现无缝地将多个服务器整合到一个集群,并利用它们来存储数据、执行程序。

由于 Hadoop 具有上述优点,它已经从搜索引擎相关的平台演变为一个很流行的通用的计算平台,用于解决大数据带来的挑战。

8.5.2 Hadoop 生态圈及关键技术

由于 Hadoop 的技术框架很快得到了研究人员、开发人员的认可,于是在开源社区中,许多解决 Hadoop 大数据问题的工具和软件被相继开发出来,因此,Hadoop 也从早期的 HDFS 和 MapReduce 编程框架,形成了功能相对完善丰富的生态圈。图 8-6 所示的是 Hadoop 生态圈的核心组件。

下面简述 Hadoop 生态圈的组成部分,同时由于 Hadoop 生态圈中的 HDFS、MapReduce、Zookeeper、Pig、Hive 等技术在后来的许多大数据平台中都起到重要作用,因此这里也对这些关键技术进行适当的阐述。

1. HDFS

Hadoop 生态圈的基本组成部分是 Hadoop 分布式文件系统(HDFS)。

HDFS 是一个主从结构,一个 HDFS 集群是一个名称节点,它是一个管理文件命名空

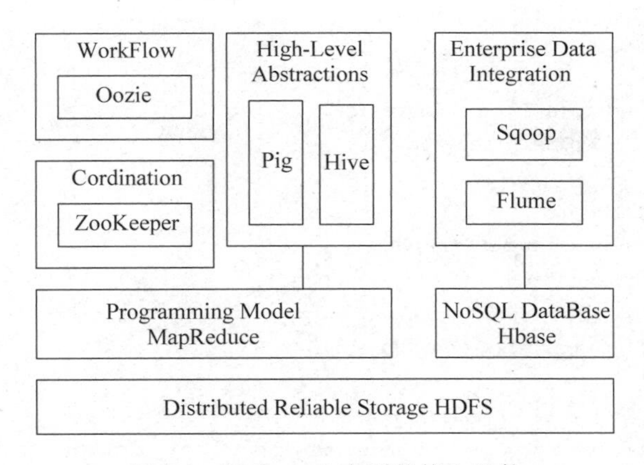

图 8-6 Hadoop 生态圈的核心组件

间和调节客户端访问文件的主服务器，当然还有一些数据节点，通常是一个节点一个机器，它来管理对应节点的存储，其系统结构如图 8-7 所示。HDFS 对外开放文件命名空间并允许用户数据以文件形式存储。HDFS 是一种数据分布式保存机制，数据被保存在计算机集群上。HDFS 为 HBase 等工具提供了基础。在传统的操作系统中，文件系统由文件目录表(FDT)、文件分配表(FAT)和文件数据区组成，其中文件目录表存储了某个文件的文件名、文件属性等基本信息及指向文件存储的第一个块的簇号，而文件存储的所有块是通过 FAT 来定义的，真正的文件数据内容则存储在文件数据区。与此类似，HDFS 可以看作是 FDT、FAT 和文件数据区分布在不同的计算机上而构成一种分布式文件系统。

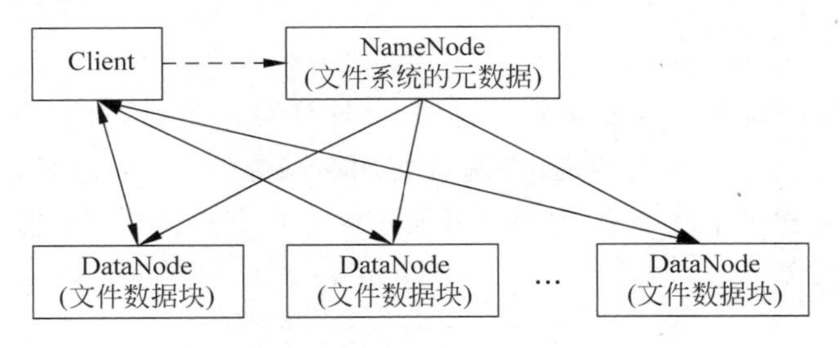

图 8-7 HDFS 文件系统体系结构

HDFS 能提供高吞吐量的数据访问，非常适合大规模数据集上的应用。典型的 HDFS 文件大小是 GB 到 TB 的级别。所以，HDFS 被调整成支持大文件的存取。大部分的 HDFS 程序对文件操作需要的是一次写多次读取的操作模式。一个文件一旦创建、写入、关闭之后就不需要修改了。这个假定使数据一致的问题简单化，并使高吞吐量的数据访问变得可能。

故障的检测和自动快速恢复是 HDFS 一个很核心的设计目标，因此 HDFS 具有高度容错性的特点，适合部署在廉价的机器上。

当然，HDFS 文件系统也提供了丰富的 API，允许开发人员进行文件的访问。例如，要从 HDFS 上读取文件，必须先得到一个 FileSystem。HDFS 本身就是一个文件系统，所以只要得到一个文件系统后就可以对 HDFS 进行相关操作。获取文件系统的对象 FileSystem 的方法如下：

```
package hdfs.example;
import java.net.URI;
import org.apache.hadoop.conf.Configuration;
import org.apache.hadoop.fs.FileSystem;

public class HdfsUtils {
    public static FileSystem getFilesystem(){
        FileSystem hdfs = null;
  //读取配置文件,无参数的 Configuration 构造器表示直接加载默认资源
        Configuration conf = new Configuration();
        try{
            URI uri = new URI("hdfs://localhost:9000");
            hdfs = FileSystem.get(uri,conf);
        }
        catch(Exception ex){
            //异常处理
        }
    return hdfs;
    }
}
```

得到 FileSystem 对象后,可以使用如下方式来打开文件。

```
FSDataInputStream fsDataInputStream = hdfs.open(path);
```

2. MapReduce

在 Hadoop 系统中除了文件系统的分布外,计算任务也是分布的。计算任务的分布通常与文件系统的分布具有一致的结构,将两者叠加在一起,可以得到 Hadoop 的系统架构,它包含一个主控节点和多个从节点,如图 8-8 所示。主控节点主要负责任务的调度和管理,从节点执行分配的任务。

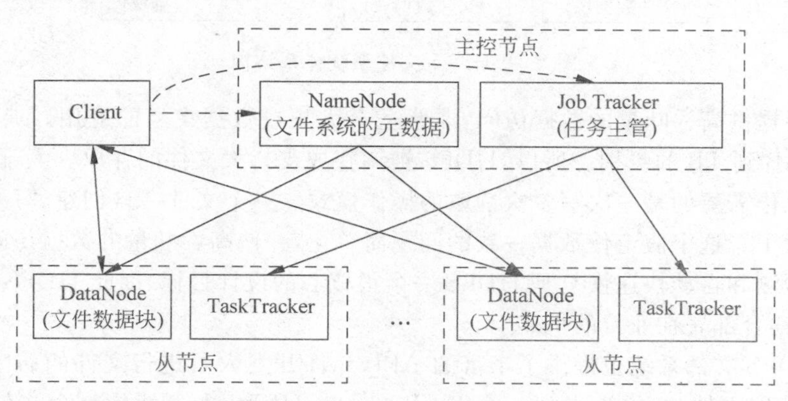

图 8-8 Hadoop 系统架构基本组成

在该架构中,客户端提交计算任务,并将相应的数据文件存储在 HDFS 中,经过 JobTracker 接收后,进行任务的初始化,以及数据的分片、调度和分配一定的从节点来完成

任务。任务开始执行后，TaskTracker 根据所分配的具体任务，获得计算数据。任务执行完成后，如果是 Map 任务，则将中间结果数据输出到 HDFS 文件系统中；如果是 Reduce 任务，则输出最终结果。最后由 TaskTracker 向 JobTracker 报告所分配的任务执行完毕。

MapReduce 是该架构进行分布式计算的执行框架，是基于该架构的一种逻辑结构。每个分片的数据块对应于一个 Map 任务，这些任务可以同时在从节点上运行，并行化地处理输入的数据。Map 计算结果数据会被排序，并且这些数据会被送给另一类计算节点，完成 Reduce 任务。执行 Map 任务的节点称为 Map 节点，而执行 Reduce 任务的节点称为 Reduce 节点，它们都是由 JobTracker 动态分配指定的。

MapReduce 是 Hadoop 的主要执行框架，在其他许多大数据分布式系统中也都是基于该执行框架。它是一个分布式、并行处理的编程模型。

MapReduce 的灵感来源于函数式语言(如 Lisp)中的内置函数 map 和 reduce。在函数式语言中，map 表示对一个列表(List)中的每个元素做计算，reduce 表示对一个列表中的每个元素做迭代计算。具体的计算是通过传入的函数来实现的，而 map 和 reduce 提供的是计算的框架。

在 MapReduce 中，Map 处理的是原始数据，在 Reduce 阶段，数据是以< key,value >形式来组织的，这些 value 有相关性，至少它们都在一个 key 下面，于是就符合函数式语言中 map 和 reduce 的基本思想了。

MapReduce 把计算任务分为 Map(映射)阶段和 Reduce(化简)阶段。开发人员使用存储在 HDFS 中原始数据，编写 Hadoop 的 MapReduce 任务，即定义 map 函数和 reduce 函数，这两个函数定义了任务本身。由于 MapReduce 工作原理的特性，Hadoop 能以并行的方式访问数据，从而实现快速访问数据。

3. ZooKeeper

ZooKeeper 用于 Hadoop 的分布式协调服务，HBase 内置有 ZooKeeper。Hadoop 的许多组件依赖于 ZooKeeper，它运行在计算机集群上面，用于管理 Hadoop 操作，为分布式应用提供一致性服务，提供的功能包括配置维护、域名服务、分布式同步、组服务等。ZooKeeper 包含一个简单的原语集，提供 Java 和 C 的接口。

从设计模式角度来看，ZooKeeper 是一个基于观察者模式设计的分布式服务管理框架，它负责存储和管理大家都关心的数据，然后接收观察者的注册，一旦这些数据的状态发生变化，ZooKeeper 就将负责通知已经在 Zookeeper 上注册的那些观察者做出相应的反应。

ZooKeeper 的典型应用场景包括以下几种。

1) 统一命名服务(Name Service)

分布式应用中，通常需要有一套完整的命名规则，既能够产生唯一的名称又便于人识别和记住，通常情况下用树形的名称结构是一个理想的选择，树形的名称结构是一个有层次的目录结构，既对人友好又不会重复。ZooKeeper 的 Name Service 与 JNDI 能够完成的功能是差不多的，它们都是将有层次的目录结构关联到一定资源上，但是 ZooKeeper 的 Name Service 强调的是广泛意义上的关联，也许并不需要将名称关联到特定资源上，只是需要一个不会重复名称，就像数据库中产生一个唯一的数字主键一样。

Name Service 已经是 ZooKeeper 内置的功能，开发者只要调用 Zookeeper 的 API 就能实现，如调用 create 接口就可以很容易创建一个目录节点。

2）配置管理(Configuration Management)

配置的管理在分布式应用环境中很常见，如同一个应用系统需要多台 PC Server 运行，但是它们运行的应用系统的某些配置项是相同的，如果要修改这些相同的配置项，那么就必须同时修改每台运行这个应用系统的 PC Server，这样会非常麻烦而且容易出错。

像这样的配置信息完全可以交给 ZooKeeper 来管理，将配置信息保存在 ZooKeeper 的某个目录节点中，然后将所有需要修改的应用机器监控配置信息的状态，一旦配置信息发生变化，每台应用机器就会收到 ZooKeeper 的通知，然后从 ZooKeeper 获取新的配置信息应用到系统中。

3）集群管理(Group Membership)

ZooKeeper 能够很容易地实现集群管理的功能，如有多台 Server 组成一个服务集群，那么必须要一个"总管"知道当前集群中每台机器的服务状态，一旦有机器不能提供服务，集群中其他集群必须知道，从而做出调整，重新分配服务策略。同样当增加集群的服务能力时，就会增加一台或多台 Server，同样也必须让"总管"知道。

ZooKeeper 不仅能够帮助管理员维护当前的集群中机器的服务状态，而且能够帮助管理员选出一个"总管"，让这个总管来管理集群，这就是 ZooKeeper 的另一个功能 Leader Election。

4）共享锁(Locks)

共享锁在同一个进程中很容易实现，但是在跨进程或在不同 Server 之间就不容易实现了。ZooKeeper 却能很容易实现这个功能，实现方式也是需要获得锁的 Server 创建一个 EPHEMERAL_SEQUENTIAL 目录节点，然后调用 getChildren 方法获取当前的目录节点列表中最小的目录节点是不是就是自己创建的目录节点，如果正是自己创建的，那么它就获得了这个锁，如果不是它就调用 exists(String path, boolean watch)方法并监控 ZooKeeper 上目录节点列表的变化，一直到自己创建的节点是列表中最小编号的目录节点，从而获得锁，释放锁很简单，只要删除前面它自己所创建的目录节点就可以。

为了说明 ZooKeeper 在集群管理中的应用，这里以一个分布式搜索引擎系统为例。假设一个分布式搜索引擎系统的体系架构如图 8-9 所示，该体系架构中有 N 台搜索服务器、

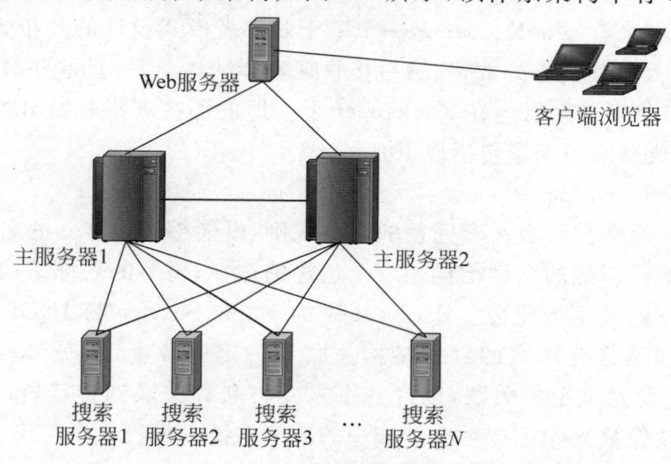

图 8-9 分布式搜索引擎系统的体系架构

两台主服务器和一台 Web 服务器。搜索服务器负责总索引中的一部分的搜索任务，主服务器 1 负责向 N 个搜索服务器发出搜索请求，并对各个搜索服务器返回的结果进行合并，将合并结果返回给 Web 服务器。主服务器 2 起到备用作用，当主服务器 1 出现问题时接管主服务器 1 的工作。Web 服务器为用户提供 Web 页面，同时在接收到用户查询请求后向主服务器 1 提交搜索请求。

在这样的分布式系统中，两种情况需要不同服务器之间进行协作。一是搜索服务器故障或搜索服务器需要独占时间进行索引库维护时；二是主服务器 1 和主服务器 2 之间状态的共享。主服务器应当及时获得这种状态，否则用户的检索请求就会受到影响。使用 ZooKeeper 可以保证主服务器自动及时地获知提供搜索引擎的搜索服务器并向这些服务器发出搜索请求，当主服务器 1 故障时自动启用备用的主服务器 2。在 ZooKeeper 的执行框架中，要实现分布式协调服务只需在开发部署时按照一定要求进行即可。以下就是所需要的步骤。

（1）每个搜索服务器都在 ZooKeeper 中创建 znode：

```
zk.create("/search/nodes/node1","hostname".getBytes(),Ids.OPEN_ACL_UNSAFE, CreateFlags.
EPHEMERAL);
```

（2）主服务器 1 按照下面方式从 Zookeeper 中获取一个 znode 的子节点的列表：

```
zk.getChildren("/search/nodes", true);
```

（3）主服务器 1 遍历这些子节点，并获取子节点的数据生成可以提供搜索服务的搜索服务器列表。

（4）当主服务器 1 接收到子节点变化的事件信息时，重新返回第(2)步。

（5）主服务器 1 在 ZooKeeper 中创建节点：

```
zk.create("/search/master", "hostname".getBytes(), Ids.OPEN_ACL_UNSAFE, CreateFlags.
EPHEMERAL);
```

（6）主服务器 2 监控 ZooKeeper 中的"/search/master"节点，当这个 znode 的节点数据改变时，把自己启动变成主服务器 1，并把自己的网络地址数据放进这个节点。

（7）Web 服务器的执行程序从 ZooKeeper 中"/search/master"节点获取主服务器 1 的网络地址数据并向其发送搜索请求。

（8）Web 服务器的执行程序监控 ZooKeeper 中的"/search/master"节点，当这个 znode 的节点数据改变时，从这个节点获取主服务器 1 的网络地址数据，并改变当前的主服务器的网络地址。

4. Pig

如前所述，Hadoop 的出现也与 Yahoo 有很密切的渊源，Pig 最初正是由雅虎公司推出来的，现在已成为 Apache 中的一款开源系统。

Pig 系统的主要功能就是在 MapReduce 框架上实现了一套轻量级的脚本语言，称为 Pig Latin。从程序理论的角度来看，它是 MapReduce 编程复杂性的一种抽象化。利用这套脚本语言，可以对 Hadoop 中来自 HDFS 或 HBase 中的数据进行加载、排序、过滤、求和、分组(Group by)、关联(Joining)，同时 Pig 也支持由用户自定义一些函数(user-defined functions)对数据集进行操作。因此，利用这些脚本语言，可在 Hadoop 上加载数据、表达转换数据及存储最终结果。脚本的使用简化了 Hadoop 常见的工作任务，为复杂的海量数据并行计算提供了一个简单的操作和编程接口，避免直接编写 MapReduce jobs 所带来的麻烦，相比于直接使用 Hadoop Java APIs 而言可以大幅减少代码量。

除了这种脚本语言外，Pig 平台还提供了一个运行环境，称为 Pig Interface。运行环境的主要组成就是一个编译器，该编译器可以将 Pig Latin 脚本语言翻译成一系列经过优化处理的 MapReduce 程序序列。因此，就更加方便了对 Hadoop 的各种操作。

可以从官网 http://pig.apache.org 下载最新版本，目前版本是 0.16.0。在安装配置完之后，执行命令：

```
$ PIG_HOME/bin/pig
```

就能进入 Pig 的 shell 模式。

下面通过一些基本操作来了解 Pig 的功能。

(1) 基本的 HDFS 操作。在 Hadoop 下查看 HDFS 中 data 目录下的所有文件，必须使用 hdfs dfs-ls/data 之类的复杂命令，而在 Pig 的交互模式下，只需要执行 fs-ls/data 命令即可。查看文件内容，也只需要执行 cat 命令，而不需要像 Hadoop 中执行 fs-cat 命令。

其他一些相关的文件操作命令如下：

```
fs - mkdir /tmp                              //创建一个目录
fs - copyFromLocal file - x file - y         //复制文件
```

更多的命令可以在 http://pig.apache.org/docs/r0.16.0/cmds.html 找到。

(2) 基本的数据分析。在基本的数据分析方面，Pig 提供了类似于 SQL 的一种脚本语言。Pig Latin 定义这种语言的数据类型、运算符、约束、表达式、关键字、标识符等基本的语言要素。其定义的基本数据类型包括 int、long、float、double、boolean、datetime 等，在其他语言常见的类型中，也包括 chararray、bytearray 等新的类型。

一个有效的标识符必须以字母开始，后续跟着若干字母、数字或下画线，与其他语言类似，标识符用于对变量、字段名、关系等的命名。

Pig 语言中对数据的操作和管理是基于关系(Relations)、袋子(Bags)、元组(Tuples)和字段(Fields)等基本概念。其中袋子(Bags)是元组所构成的集合。一个关系就类似于关系型数据库中的表，而元组则对应于数据表中的行。但是，与关系型数据库不同的是，Pig 的关系中并不要求每个元组都包含相同数量的字段，也不要求同一个列对应的字段有相同的数据类型。同时，这些关系也是无序的，不能保证元组按照某个顺序来处理。

Pig 提供的运算符有以下几种。

(1) load：从文件系统加载数据。

(2) filter：可以基于某个条件从关系中选择一组元组。

(3) foreach：对某个关系的元组进行迭代，生成一个数据转换。

(4) group：将数据分组为一个或多个关系。

(5) join：连接两个或两个以上的关系(内部或外部连接)。

(6) order：根据一个或多个字段对关系进行排序。

(7) split：将一个关系划分为两个或两个以上的关系。

(8) store：在文件系统中存储数据。

以下的例子是由 Pig 提供的，对 load、join、group 等运算符进行解释。

```
//将数据加载到关系 A 中,包含了学生姓名、年龄和绩点
A = load 'student' as (name:chararray, age:int, gpa:float);
//查看关系中的所有行
DUMP A;
(joe,18,2.5)
(sam,,3.0)
(bob,,3.5)
//进行数据分组,按年龄分组,并显示分组结果
X = group A by age;
dump X;
(18,{(joe,18,2.5)})
(,{(sam,,3.0),(bob,,3.5)})
//进行 join 操作,将 A 和 B 按照年龄进行连接,并显示结果
A = load 'student' as (name:chararray, age:int, gpa:float);
B = load 'student' as (name:chararray, age:int, gpa:float);
dump B;
(joe,18,2.5)
(sam,,3.0)
(bob,,3.5)
X = join A by age, B by age;
dump X;
(joe,18,2.5,joe,18,2.5)
```

关于数据分析方面更多的命令可以在 Pig 官方页面上找到，官方网址为 http://pig.apache.org/docs/r0.16.0/basic.html。

根据上述的一些简单示例，可以看出，Pig 就是在 Hadoop 上构建的一种脚本语言，利用这种语言可以方便地以类似于 SQL 的形式来进行数据加载、连接等处理，并对 NoSQL 提供了支持。

5. Hive

Hive 也是一种类似于 SQL 的高级语言，它起源于 Facebook。主要用于运行存储在 Hadoop 上的查询语句，Hive 让不熟悉 MapReduce 开发人员也能编写数据查询语句，然后这些语句被翻译为 Hadoop 上面的 MapReduce 任务。从这些功能的描述来看，Hive 与 Pig 有相同之处。两者的主要区别在于 Hive 更适合于数据仓库的任务，具有更明显的数据库特征。Hive 有数据表的概念，在 Hive 中可以执行插入/删除等操作，同时也支持 JDBC/ODBC 的数据库连接。而在 Pig 中并没有表的概念，也不能支持 JDBC/ODBC 的数据库连接访问。

图 8-10 所示的是 Hive 体系结构的主要组件及它和 Hadoop 之间的交互，图中为了便

于理解将 Hadoop 的内部结构也画在一起了，该图展示了一个查询在系统中的处理过程。Hive 的主要组件介绍如下。

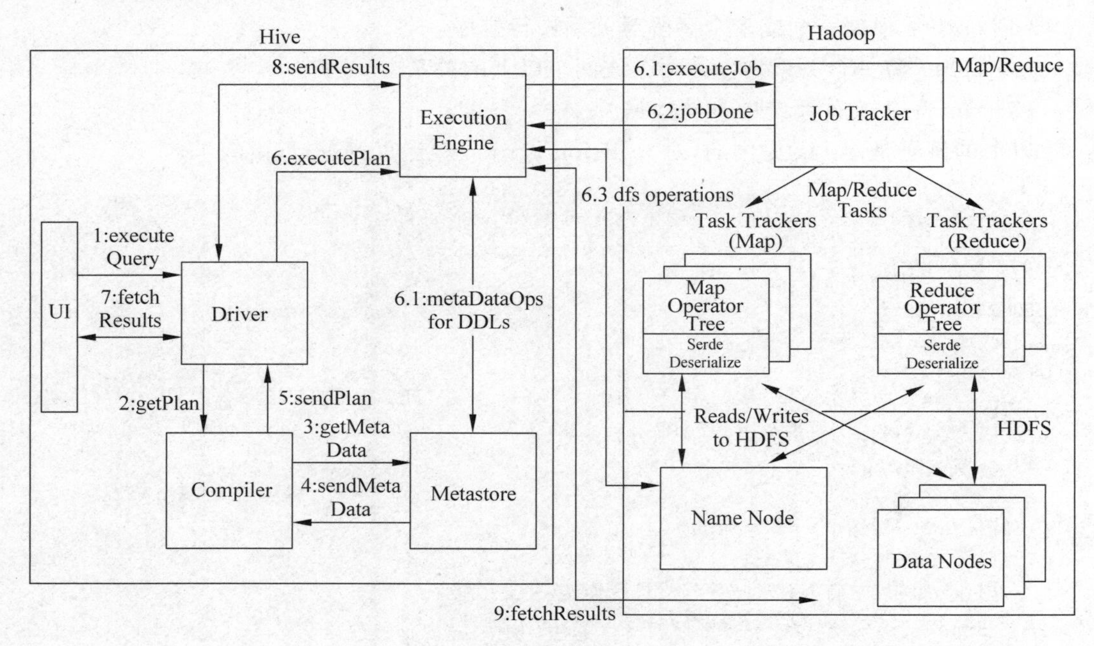

图 8-10 Hive 的体系结构

(1) 用户界面(UI)。UI 即 Hive 的用户界面，用户可以在此界面上提交查询和其他操作命令。目前的 UI 有命令行方式和基于 Web 的 GUI 模式两种。

(2) 驱动器(Driver)。该组件接受用户的查询请求，实现了创建相应处理会话(Session)句柄的表示，并通过 JDBC/ODBC 驱动程序 API 向编译器发送查询请求，以便产生执行计划。

(3) 编译器(Compiler)。编译器从元存储器(Metastore)获得必要的元数据，这些元数据主要是与数据表和分区有关。同时该组件解析用户的查询命令，针对查询表达式进行语义分析，在元数据的帮助下，最终产生一个执行计划。

(4) 存储器(Metastore)。该组件存储了数据仓库中各种表和分区的所有结构信息，包括列名、列的数据类型，同时也存储了读写 HDFS 文件系统的必要信息。

(5) 执行引擎(Execution Engine)。该组件执行由编译器创建的执行计划。

在 Hive 中数据是被组织成为表(Tables)、分区(Partitions)和桶(Buckets)。其中的表与关系型数据库中的表类似，在表上也进行过滤、投影、连接和联合等操作。而所有表的数据都是存储在 HDFS 中的某个目录中，每个表可以分成一个或多个数据区，每个数据分区中的数据可以根据列的名称进一步分割成为桶，每个桶被存储为数据分区对应的目录中的一个文件。分区和桶都是对数据的一种划分存储，只是前者的划分粒度比后者粗，不过划分的目的都是为了让数据查询在小范围的数据中进行以提高效率。

6. 其他部件

(1) HBase 是一个建立在 HDFS 之上，面向列的 NoSQL 数据库，以键值对的形式存储，用于快速读/写大量数据。HBase 使用 ZooKeeper 进行管理，确保所有组件都正常运行。

(2) Oozie 是一个可扩展的工作体系，集成于 Hadoop 的堆栈，用于协调多个 MapReduce 作业的执行。它能够管理一个复杂的系统，基于外部事件来执行，外部事件包括数据的定时和数据的出现。

(3) Sqoop 是一个连接工具，用于在关系数据库、数据仓库和 Hadoop 之间转移数据。Sqoop 利用数据库技术描述架构，进行数据的导入/导出；利用 MapReduce 实现并行化运行和容错技术。

(4) Flume 提供了分布式、可靠高效的服务，用于收集、汇总大数据，并将单台计算机的大量数据转移到 HDFS。它基于一个简单而灵活的架构，并提供了数据流的流。它利用简单的可扩展的数据模型，将企业中多台计算机上的数据转移到 Hadoop。

上述的(3)、(4)框架是用来与其他企业的融合。除了在图 8-6 所示的核心部件外，Hadoop 生态圈正在不断增长，以提供更新功能和组件，如以下内容。

(1) Whirr。Whirr 是一组用来运行云服务的 Java 类库，使用户能够轻松地将 Hadoop 集群运行于 Amazon EC2、Rackspace 等虚拟云计算平台。因此，它提供了一种极为方便的途径来启动一个集群。

在这些 Java 类库中，主要有 org. apache. whirr 和 org. apache. whirr. service 两类。

org. apache. whirr 是客户端 API，其中的 ClusterController 类是用于对云中的集群进行配置、启动、停止等管理。

org. apache. whirr. service 是 whirr 服务 API，提供的服务接口主要有 org. apache. whirr. service. hadoop、org. apache. whirr. service. hbase、org. apache. whirr. service. mahout、org. apache. whirr. service. pig、org. apache. whirr. service. solr、org. apache. whirr. service. yarn、org. apache. whirr. service. zookeeper。

当然，除了 Java 的调用执行模式外，Whirr 也提供了命令行执行模式。其前提是需要 Java 6、一个云提供商的账号及 SSH 客户端。在安装 Whirr 之后，就可以进行集群的配置。首先创建一个属性文件来定义集群，如以下定义了一个集群，并保存为 hadoop. properties。

```
whirr.cluster - name = myhadoopcluster
whirr.instance - templates = 1 hadoop - jobtracker + hadoop - namenode, 1 hadoop - datanode +
hadoop - tasktracker
whirr.provider = aws - ec2
whirr.private - key - file = ${sys:user.home}/.ssh/id_rsa
whirr.public - key - file = ${sys:user.home}/.ssh/id_rsa.pub
```

这样，可以通过以下命令来启动这个集群：

```
% bin/whirr launch - cluster --config hadoop.properties
```

启动集群后，接下来就可以执行各种 Hadoop 上的命令，并运行 MapReduce 任务：

```
% hadoop fs - ls /
hadoop fs - mkdir input
hadoop fs - put $HADOOP_HOME/LICENSE.txt input
hadoop jar $HADOOP_HOME/hadoop - * examples * .jar wordcount input output
hadoop fs - cat output/part - * | head
```

最后，可以通过以下命令来销毁这个集群：

```
% bin/whirr destroy - cluster -- config hadoop.properties
```

(2) Mahout。Mahout是一个机器学习和数据挖掘库。它提供的MapReduce包含很多实现，包括聚类算法、回归测试、统计建模、协同过滤等。但是并不是所有这些类别中的算法都可以用MapReduce进行并行实现，在Mahout中每种类别支持的算法如下。

① 分类算法：逻辑回归、Bayes分类、SVM、随机森林、HMM、Winnow、Boosting、受限波尔兹曼机等。

② 聚类算法：Canopy、Mean-Shift、EM、K-means、模糊K-means、层次聚类、LDA、谱聚类等。

③ 模式挖掘：并行FP Growth算法。

④ 降维算法：SVD、PCA、ICA。

⑤ 协同推荐：分布式基于项的协同过滤、使用并行矩阵分解的协同过滤等。

(3) BigTop。BigTop作为Hadoop子项目和相关组件，是一个用于打包和互用性测试的程序和框架。

(4) Ambari。Ambari通过为配置、管理和监控Hadoop集群提供支持，简化了Hadoop的管理流程。

8.5.3 Hadoop的版本

Hadoop遵从Apache开源协议，用户可以免费地任意使用和修改Hadoop，也正因为如此，市面上出现了很多Hadoop版本，Hadoop的版本演化比较乱，版本选择也因此成为困扰初级者的问题。

Hadoop版本的演化关系比较复杂，不同版本所支持的组件和服务有所不同。有两个关注度较高的Hadoop发行版，分别由亚马逊和微软发布。两者都提供Hadoop的预安装版本，运行于相应的云服务平台(Amazon or Azure)，提供PaaS服务。它们都提供了扩展服务，允许开发人员不仅能够利用Hadoop的本地HDFS，也可以通过HDFS映射利用微软和雅虎的数据存储机制(Amazon的S3和Azure的Windows Azure存储机制)。亚马逊还提供了在S3上保存和恢复HBase内容的功能。

(1) 亚马逊弹性MapReduce(EMR)。亚马逊EMR是一个Web服务，能够使用户方便且经济高效地处理海量的数据。它采用Hadoop框架，运行在亚马逊弹性计算云EC2和简单存储服务S3之上，包括HDFS(S3支持)、HBase(专有的备份恢复)、MapReduce、Hive(Dynamo的补充支持)、Pig和ZooKeeper。

(2) Windows Azure的HDlnsight：HDlnsight基于Hortonworks数据平台(HDP)，运行在Azure云。它集成了微软管理控制台，易于部署，易于System Center的集成。通过使用Excel插件，可以整合Excel数据。通过Hive开放式数据库连接(ODBC)驱动程序，可以集成Microsoft SQL Server分析服务(SSAS)、PowerPivot和Power View。Azure Marketplace授权客户连接数据、智能挖掘算法及防火墙之外的应用或数据。Windows Azure Marketplace从受信任的第三方供应商中，提供了数百个数据集。

8.6　Spark

8.6.1　Spark 的概述

2009 年，UC Berkeley AMP 实验室将 Spark 作为一个研究项目创建，不久后，就发表了有关于 Spark 的学术性文章，表明在一些特定任务中，Spark 的速度可以达到 MapReduce 的 10～20 倍。

2011 年，AMP 实验室开始开发 Spark 上的上层组件，如 Shark 和 Spark 流。所有这些组件有时被称为伯克利数据分析栈(Berkeley Data Analytics Stack，BDAS)。

2010 年 3 月，Spark 开源，并于 2014 年 6 月移入 Apache 软件基金会。自从创建以来，Spark 是一个非常活跃的项目和社区，每个发布版本的贡献者都在增长。Spark 1.0 有超过 100 个贡献者。尽管活跃等级迅速增长，社区依然以一个固定的规划发布 Spark 的更新版本。Spark 1.0 在 2014 年 5 月发布，目前的最新版本是于 2016 年 7 月发布的 Spark 2.0.0。

Spark 是一种与 Hadoop 相似的开源集群计算环境，但不同于 MapReduce 的是 Job 中间输出结果可以保存在内存中，从而不再需要读写 HDFS，因此 Spark 能更好地适用于数据挖掘与机器学习等需要迭代的 MapReduce 的算法，可以更好地对大数据进行挖掘分析。Spark 是 Hadoop 之后的一种面向集群计算环境，因此有必要搞清楚两者之间的区别和联系。

相比于 Hadoop，Spark 具有以下特点。

(1) 数据处理速度更快。由于使用了弹性分布式数据集(RDD)，可以在内存上透明地存储数据，把处理过程的中间数据存储在内存中，减少对磁盘的读写次数，从而使得数据处理速度更快。Spark 实现了亚秒级的延迟，这对于 Hadoop MapReduce 是无法想象的。

(2) Spark 的集群是为特定类型的工作负载而设计。Spark 和 Hadoop 一样，都是一种集群计算环境，但它可以针对那些在处理过程中需要大量重用数据集的迭代型工作负载。因此，除了可以对数据集进行反复查询外，其典型应用场景就是各种机器学习算法，其中的模型训练过程一般都需要在某个特定的数据集上进行迭代运算。因此，Spark 的这种特性有利于降低用户进行数据挖掘的学习成本，促进大数据应用开发。

(3) 形式多样的数据集操作原语。在 Hadoop 中最基本的数据操作原语是 MapReduce 所提供的 map 和 reduce，由此产生的一个局限就是有些算法无法用 MapReduce 来实现。Spark 所提供的数据集操作类型要多得多，即所谓的 Transformations，包括 map、filter、flatMap、sample、groupByKey、reduceByKey、union、join、cogroup、mapValues、sort、partionBy 等，以及 Count、collect、reduce、lookup、save 等多种 actions。而且处理节点之间的通信模型不像 Hadoop 那样是唯一的 Data Shuffle 模式。显然这些丰富的数据集操作原语为大数据分析应用提供了灵活的支持。

(4) 流式计算、交互式计算和批量计算的支持。在 Spark 出现之前，存在 3 种计算模式，即以 MapReduce、Hive、Pig 等为代表的批处理系统，以 Storm 为代表的流式实时系统，以 Impala 为代表的交互式计算，但是缺乏一种灵活的框架可以同时进行这 3 种计算。

Spark 框架中同时实现了对批处理、交互式计算和流式处理的支持，提供了一个统一的数据处理平台。Spark 使用 Spark Streaming 来操纵实时数据,进行流式计算。而 Hadoop 是为批处理而设计的,MapReduce 系统典型地通过调度批量任务来操作静态数据,适合于离线计算。虽然有研究对 Hadoop 进行了流式改进,但是基于 MapReduce 进行流式处理仍具有很大缺陷。Hadoop 是基于 HDFS,对数据的切分会产生中间数据文件,所能达到的数据片段会比较大。

(5) 多语言的支持。Spark 运行于 Java 虚拟机上,支持 Java、Scala、R、Clojure 或是 Python 快速编写应用程序,这有助于让开发人员用他们各自所熟悉的编程语言来创建并执行应用程序。特别是使用 Scala 可以像操作本地集合对象一样容易地操作分布式数据集。

Spark 可以运行在 Hadoop、Mesos、各种云上。Spark 可以在 Hadoop 2 的 YARN 集群管理器上运行,从任何 Hadoop 数据源读取数据,包括 HBase、HDFS、Cassandra、Hive 等。Spark 的这一特性使其适用于现有的纯 Hadoop 应用程序的迁移。因此,Spark 推出来之后,有许多使用 Hadoop 的公司都在纷纷转向 Spark。

但是,Spark 也并非要依赖于 Hadoop 才能运行,它也可以独立运行。但是由于 Spark 本身没有提供文件管理系统,因此,就必须依靠其他分布式文件系统进行集成。Hadoop 的 HDFS 正是其默认的一种选择,当然也可以选择其他的基于云的数据系统平台。因此,从这点看,Spark 和 Hadoop 的集成是目前大数据的最合适的应用模式。

8.6.2 Spark 的生态圈

Spark 已经建立了自己的生态圈,如图 8-11 所示。处于底层是 Spark 的核心组件,是其执行引擎,包括弹性分布数据集(Resilient Distributed Dataset,RDD,这种 Spark 的最基本抽象)与 Spark 任务调度等。在内存中对 RDD 进行快速处理是 Spark 的核心能力。而在此基础上,Spark 提供了 SparkSQL、Spark Streaming、MLlib 及 GraphX 等相关的附加库。

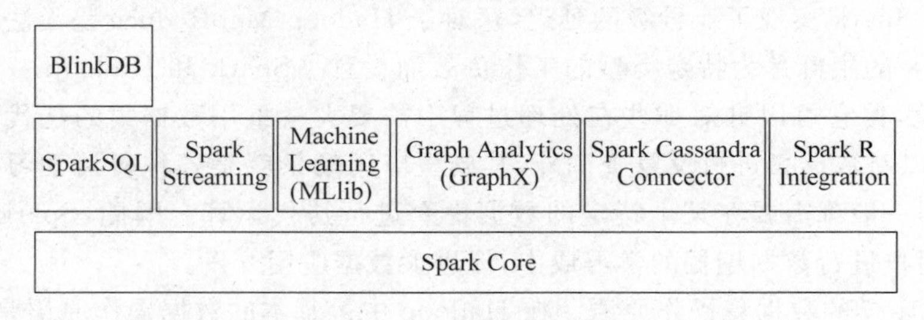

图 8-11 Spark 的生态圈

在 Spark 中,RDD 是一种重要的数据结构,具有容错的、并行性的特点。它的目的是让用户显式地将数据存储到磁盘和内存中,并能控制数据的分区。

此外,为了更好地进行数据维护,RDD 提供了一组丰富的操作来操作这些数据。在这些操作中,诸如 map、flatMap、filter 等转换操作实现了 Monad 模式,与 Scala 的集合操作进行较好的配合。除此之外,RDD 还提供了诸如 join、groupBy、reduceByKey 等更为方便的操作,以支持常见的数据运算。

RDD 提供了对多种数据计算模型的支持,使得 Spark 能够适合于批处理、流式处理等多种大数据处理场景。通常来说,针对数据处理的常见计算模型有迭代式计算(Iterative Algorithms)、关系查询(Relational Queries)、函数式(MapReduce)、流式计算(Stream

Processing)等。例如，Hadoop MapReduce 采用了 MapReduces 模型，实现了批量处理；Storm 则采用了 Stream Processing 模型，具备流式计算能力；而 RDD 混合了这 4 种模型。

Spark SQL 主要用于数据处理和对 Spark 数据执行类 SQL 的查询。通过 Spark SQL，可以针对不同格式和不同来源的数据执行 ETL 数据抽取操作，如可以是 JSON、Parquet 或关系型数据库等，然后完成特定的查询操作。

Spark Streaming 可以用于处理实时数据流，其处理模式是基于微批处理计算。它使用一种本质上是 RDDs 序列的 DStream 抽象来处理实时数据。

MLlib 是 Spark 对常用的机器学习算法的库实现，是一种分布式机器学习架构。MLlib 目前支持 4 种常见的机器学习问题，即二元分类、回归、聚类及协同过滤，同时也包括一个底层的梯度下降优化基础算法。

GraphX 是一个分布式图处理框架，基于 Spark 平台提供对图计算和图挖掘的编程接口，极大地方便了开发人员对分布式图处理的需求。图的分布式处理实际上是把图拆分为很多子图，再分别对这些子图进行并行计算。它可以帮助用户以图形的形式表现文本和列表数据，找出数据中的不同关系。在 Spark 2.0 中，提供一些典型图算法的封装，包括 PageRank 算法、标签传播算法等。

Spark R 是针对 R 统计语言的程序包。R 的用户可通过其在 R 壳(Shell)中使用 Spark 功能。

BlinkDB 是一种大型并行的近似查询引擎，用于在海量数据上执行交互式 SQL 查询。允许用户对海量数据执行类 SQL 查询，可以通过牺牲数据精度来提升查询响应时间，因此在速度重要性高于精确性的情况下非常有用。

Cassandra Connector 可用于访问存储在 Cassandra 数据库中的数据并在这些数据上执行数据分析。

从开发者的角度来看，Spark 的组成结构如图 8-12 所示。该结构中包含三部分，即数据存储、管理框架和 API。

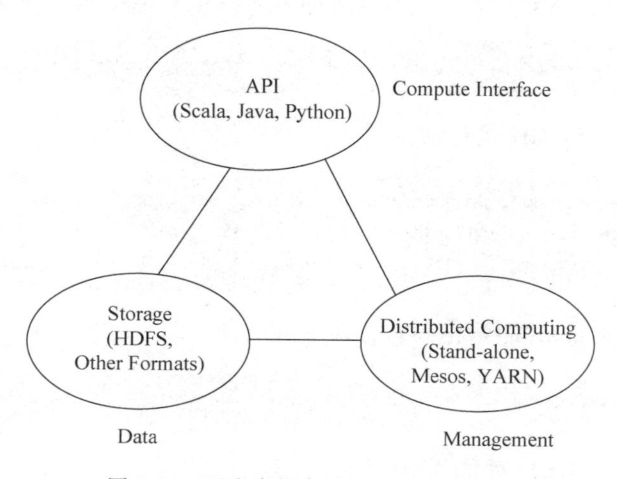

图 8-12　开发者视角的 Spark 组成结构

Spark 用 HDFS 文件系统存储数据。它可用于存储任何兼容于 Hadoop 的数据源，包括 HDFS、HBase、Cassandra 等。

利用API,应用开发者可以用标准的API接口创建基于Spark的应用。Spark提供Scala、Java和Python等程序设计语言的API。

Spark既可以部署在一个单独的服务器,也可以部署在像Mesos或YARN这样的分布式计算框架之上,这是开发环境的问题。

在了解Spark的基本构成之后,接下来对Spark生态系统中的主要部件进行介绍。

8.6.3 SparkSQL

SparkSQL的前身是Shark,但是Shark对于Hive有太多依赖,如采用Hive的语法解析器、查询优化器等,因此就提出了SparkSQL项目。它支持多种数据源,不但兼容Hive,还可以从RDD、parquet文件、JSON文件、RDBMS数据及Cassandra等NoSQL数据库中获取数据。

DataFrame是SparkSQL的核心,它将数据保存为行构成的集合,行对应列有相应的列名。DataFrames构建在RDD之上,是一个分布式结构,RDD的数据分片使得DataFrame能够被并行处理。使用DataFrames可以非常方便地查询数据、给数据绘图及进行数据过滤、列查询、计数、求平均值及将不同数据源的数据进行整合。

同时SparkSQL内置了JDBC服务器,为商业智能(BI)工具等提供标准的JDBC/ODBC连接。

使用SparkSQL时,最主要的两个组件就是DataFrame和SQLContext。SQLContext封装了Spark中的所有关系型功能。主要的过程包括以下步骤。

(1) 用已有的Spark Context对象创建SQLContext对象。

```
val sqlContext = new org.apache.spark.sql.SQLContext(sc)
```

(2) 创建RDD对象,除了文本文件之外,也可以从其他数据源中加载数据,如JSON数据文件、Hive表,甚至可以通过JDBC数据源加载关系型数据库表中的数据。

```
val rddCustomers = sc.textFile("data/customers.txt")
```

(3) 用模式字符串生成模式对象。

```
val schemaString = "customer_id name city state zip_code"
val schema = StructType(schemaString.split(" ").map(fieldName => StructField(fieldName,
StringType, true)))
```

(4) 将RDD(rddCustomers)记录转化成Row。

```
val rowRDD = rddCustomers.map(_.split(",")).map(p => Row(p(0).trim,p(1),p(2),p(3),p(4)))
```

(5) 将模式应用于RDD对象。

```
val dfCustomers = sqlContext.createDataFrame(rowRDD, schema)
```

(6) 将 DataFrame 注册为表。

```
dfCustomers.registerTempTable("customers")
```

(7) 用 sqlContext 对象提供的 sql 方法执行 SQL 语句。

```
val custNames = sqlContext.sql("SELECT name FROM customers")
```

(8) SQL 查询的返回结果为 DataFrame 对象，支持所有通用的 RDD 操作。可以按照顺序访问结果行的各个列。

```
custNames.map(t => "Name: " + t(0)).collect().foreach(println)
```

8.6.4 Spark Streaming

使用流式数据处理，一旦数据到达计算就会被实时完成，而非作为批处理任务。而 SparkSQL 是基于批处理模式下处理静态信息的。Spark 流使得基于实时数据流构建容错性处理变得更加简单。常见的流数据例子有网站上的用户行为、监控数据、服务器日志与其他事件数据。

与普通的数据流处理原理类似，Spark 流工作处理中，将数据流按照预先定义的间隔（*N* 秒）划分为若干个批，称为微批次。然后将每批数据视为一个弹性分布式数据集（RDD），随后就可以使用 RDD 上的操作（如 map、reduce、reduceByKey、join 和 window 等）来处理这些 RDDs。这些 RDD 操作的结果会以批的形式返回。

因此，在 Spark 的流式计算中，决定时间间隔 *N* 是很重要的。当然可以预见的是，*N* 的值与流式处理要求有关。如果 *N* 值设定太小，那么微批次的数据量就很小，可能没有包含充足的数据模式，在分析阶段就难于给出有意义的结果。反之如果 *N* 值设定得太大，就可能会造成一定的延迟。

编写 Spark 的流式处理程序，首先需要了解两个重要的组件，即 DStream 与 StreamingContext（流上下文）。Dstream 即 Discretized Stream，代表离散流的意思，是 Spark 流中最基本的抽象，它描述了一个持续的数据流。DStream 既可以从 Kafka、Flume 和 Kinesis 数据源中创建，也可以对其他 DStream 实施操作。在 Spark 内部，一个 DStream 被描述为一个 RDD 对象的序列。

从数据操作角度来看，DStream 支持的操作与 RDDs 上的转换与动作操作类似，主要有 map、flatMap、filter、count、reduce、countByValue、reduceByKey、join、updateStateByKey 等。

与 Spark 中的 SparkContext（Spark 上下文）相似，StreamingContext（流上下文）是所有流功能的主入口。流上下文拥有内置方法可以将流数据接收到 Spark 流程序中。

Spark 的编程步骤如下。

(1) 用 Spark 上下文和切片间隔时间这两个参数初始化流上下文对象。切片间隔设置了流中处理输入数据的更新窗口。一旦上下文被初始化，就无法再向已经存在的上下文中定义或添加新的计算。并且，在同一时间只有一个流上下文对象可以被激活。

```
JavaStreamingContext jssc = new JavaStreamingContext(conf, Durations.seconds(1));//间隔 1 秒
```

(2) 通过创建输入 DStreams 来指定输入数据源。输入数据源是一个使用了 Apache Kafka 分布式数据库和消息系统的日志消息生成器。

```
JavaReceiverInputDStream<String> lines = jssc.socketTextStream("localhost", 9999);
  //从本地计算指定端口的数据流
```

(3) 定义 DStreams 上的计算：使用 map 和 reduce 这样的 Spark 流变换 API 来完成流计算逻辑的定义。

```
JavaDStream<String> words = lines.flatMap(
  new FlatMapFunction<String, String>() {
    @Override public Iterator<String> call(String x) {
      return Arrays.asList(x.split(" ")).iterator();
    }
  });
JavaPairDStream<String, Integer> pairs = words.mapToPair(
  new PairFunction<String, String, Integer>() {
    @Override public Tuple2<String, Integer> call(String s) {
      return new Tuple2<>(s, 1);
    }
  });
JavaPairDStream<String, Integer> wordCounts = pairs.reduceByKey(
  new Function2<Integer, Integer, Integer>() {
    @Override public Integer call(Integer i1, Integer i2) {
      return i1 + i2;
    }
  });
```

(4) 使用先前创建的流上下文对象中的 start 方法来开始接收并处理数据。

```
jssc.start();                    // Start the computation
```

(5) 使用流上下文对象的 awaitTermination 方法等待流数据处理完毕并停止它。

```
jssc.awaitTermination();  // Wait for the computation to terminate
```

8.6.5 Spark 机器学习

Spark MLlib 机器学习库封装了许多机器学习算法和模型，由于大部分的机器学习算法都需要大量的迭代运算，因此基于 Spark 平台的集群计算能力及对批量计算、数据流计算模式的支持，MLlib 机器学习库在大数据分析挖掘上就更具有可扩展和易使用性。

Spark MLlib 有两个包，分别是 spark. mllib 和 spark. ml。前者提供了面向 RDD 的 API，后者提供了面向 DataFrame 的 API。在之前的版本中 spark. mllib 是 MLlib 的主要 ZPI，但是在最新 Spark2. 0 中，spark. ml 是 MLlib 的主要 API，而面向 RDD 的 MLlib 包已

经进入维护状态。这是因为 DataFrame 提供了比 RDD 更友好的 API，并且在数据源、查询、优化等方面具有优势。因此，在实际使用中推荐 spark. ml，建立在 DataFrames 基础上的 ml 中一系列算法更适合创建包含从数据清洗到特征工程再到模型训练等一系列工作的 ML Pipeline。

总体而言，MLlib 机器学习库提供了机器学习算法类、特征处理类、管道(Pipelines)、持久化(Persistence)及一些实用程序(Utilities)。

MLlib 所提供的机器学习算法类包括相关性、分类和回归、协同过滤、聚类等子类，每个类别所提供的具体算法如下。

(1) 分类算法：逻辑回归、朴素贝叶斯、决策树分类器、随机森林分类器、梯度提升树 GBT、多层感知器分类器、一对多分类器(One-vs-Rest)。

(2) 回归算法：线性回归、广义线性回归、决策树回归、随机森林回归、GBT 回归、Survival regression、保序回归。

(3) 聚类：K-means、二分 K-means、高斯混合模型(GMM)聚类、Latent Dirichlet allocation (LDA)。

(4) 协同过滤算法：交替最小二乘法 ALS。

特征处理类所提出的 API 也比较多，大概可以分成 3 个子类，即特征提取类、特征选择类和特征变换类。这 3 个子类具体包含的算法如下。

(1) 特征提取类，包含 TF-IDF、Word2Vec 和 CountVectorizer。

(2) 特征选择类，包含卡方选择、RFormula、VectorSlicer。

(3) 特征变换类，用于对特征进行缩放、转换、修改等，具体的算法有 StopWords Remover、N-gram、PCA、DCT、归一化、最大最小化、QuantileDiscretizer 等。

Spark 中的管道提供了开发者一种设计流水线式工作流程的途径，类似于软件体系架构中的管道模型。有了这种机制，开发者就可以将机器学习开发过程中所需要的数据加载、特征处理、分类器训练及分类等过程以一种工作流的方式连接起来，这样做的好处是可以很方便地替换算法。例如，在 Spark MLlib 中提供了很多分类器，但是针对某个实际问题，通常难于知道哪种分类器能得到更好的性能，在这种场景下，就可以利用这种 Pipeline 机制，在不改变整体流程的前提下，替换各种分类算法，从而得到最好的效果。

为了实现 Pipeline，Spark MLlib 中定义了其结构组成。Pipeline 是一种工作流模型，其中的基本组件包括 Transformer 和 Estimator 两种。

Transformer 将数据转换为另一种形式(如修改格式或插入新的数据列等)，它是一种特征变换和训练好的模型的抽象化。对于前者来说，这种变换器可以从一个 DataFrame 作为输入，读取其中的数据并进行特征处理，将结果输出到一个新的 DataFrame 中。而对于后者来说，这种变换器可以完成分类标签的标注过程，这个过程是在训练好的模型的帮助下进行的。

Estimator 可以看作是一种算法的抽象化，这种算法可以对 DataFrame 中的数据进行拟合而产生 Transformer。例如，SVM 的学习算法就是这种 Estimator，它对 DataFrame 中的数据进行学习，最终产生一个 SVM 分类器。从开发角度来看，这种 Estimator 的拟合过程是通过实现 Estimator 的 fit()方法来完成的。

在结构上，一个 Pipeline 包含一个或多个 PipelineStage 所组成的有序序列。每一个

Stage 完成一个任务，如数据集处理转化、模型训练、参数设置或数据预测等。而每个 Stage 中的组件就是 Transformer 或 Estimator。在这个有序序列中，每个 Stage 是按顺序执行的。图 8-13 所示的是一个对输入文本集进行学习构建逻辑回归模型的 Pipeline，其中的 Tokenizer 是完成类似词汇切分的任务，HashingTF 是对切分结果构建一个特征向量，而 Logistic Regression 则是执行模型训练，其最终产生一个逻辑回归模型。

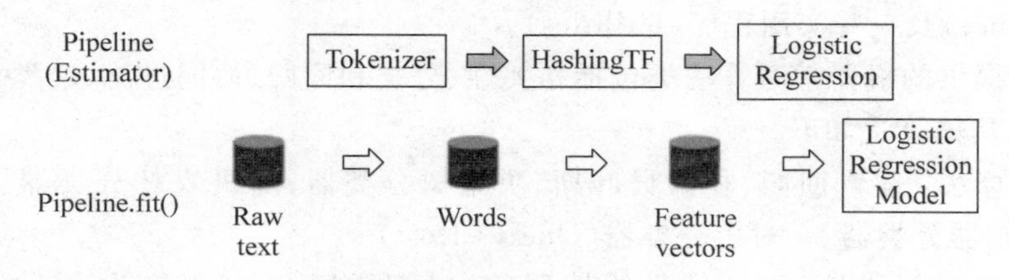

图 8-13　Pipeline 示例

当然，这只是一个简单的示例，而实际上 Pipeline 所组成的有序序列不一定是线性的。在这种情况下，工作流所构成的是一种有向无环图(DAG)，称为非线性的 Pipeline。

在程序实现层面，这种 Pipeline 的形式如下。

```
/*将特征转换、特征聚合、模型等组成一个管道,并调用它的 fit 方法拟合出模型 */
PipelineStage [ ] pipelineStage = { cat1Index, cat2Index, cat1Encoder, cat2Encoder,
vectorAssembler, logModel};
Pipeline pipline = new Pipeline().setStages(pipelineStage);
PipelineModel pModle = pipline.fit(dfTrain);
```

综上所述，MLlib 具有以下特点。

(1) 容易使用：可以使用任何的 Hadoop 数据源，包括 HDFS、HBase 或本地文件，可用语言包括 Java、Scala、Python 和 R。

(2) 高性能实现：比 MapReduce 快 100 倍。

(3) 容易部署：可以直接在 Hadoop2 集群运行，也可以单独运行，或者运行于 EC2、Mesos。

Spark 的应用场景如表 8-3 所示。

表 8-3　Spark 的应用场景

使用场景	时间跨度	成熟的框架	使用 Spark
复杂的批量数据处理	小时级	MapReduce(Hive)	Spark
基于历史数据的交互式查询	分钟级、秒级	Impala	Spark SQL
基于实时数据流的数据处理	秒级	Storm	Spark Streaming
基于历史数据的数据挖掘	—	Mahout	Spark MLlib
基于增量数据的机器学习	—	—	Spark Streaming+MLlib

MLlib 支持存储在一台计算机上的本地向量或矩阵，也支持存储在一个或多个 RDD 上的分布式矩阵数据。它支持两种类型的本地向量，即稀疏和密集，如对于(1.0, 0.0, 3.0)这个向量，它的两种表示方式分别如下。

（1）密集表示形式：[1.0，0.0，3.0]。

（2）稀疏表示形式：(3，[0，2]，[1.0，3.0])，其中3表示向量的个数，[0，2]、[1.0，3.0]则分别表示下标和对应的值。

8.7　阿里云大数据平台

阿里云大数据平台（数加平台，https://data.aliyun.com/）构建在阿里云云计算基础设施之上，为用户提供了大数据存储、计算能力、大数据分析挖掘及输出展示等服务，使用数加，用户可以容易地实现商业智能、人工智能服务，具备一站式数据应用能力。

8.7.1　飞天系统

阿里云计算基础设施由飞天系统保障，飞天系统是由阿里云开发的一个大规模分布式计算系统，其中包括飞天内核和飞天开放服务。飞天内核负责管理数据中心Linux集群的物理资源、控制分布式程序运行、隐藏下层故障恢复和数据冗余等细节，有效提供弹性计算和负载均衡。如图8-14所示，飞天体系架构主要包含四大模块。一是资源管理、安全管理、远程过程调用等构建分布式系统常用的底层服务；二是分布式文件系统；三是任务调度；四是集群部署和监控。

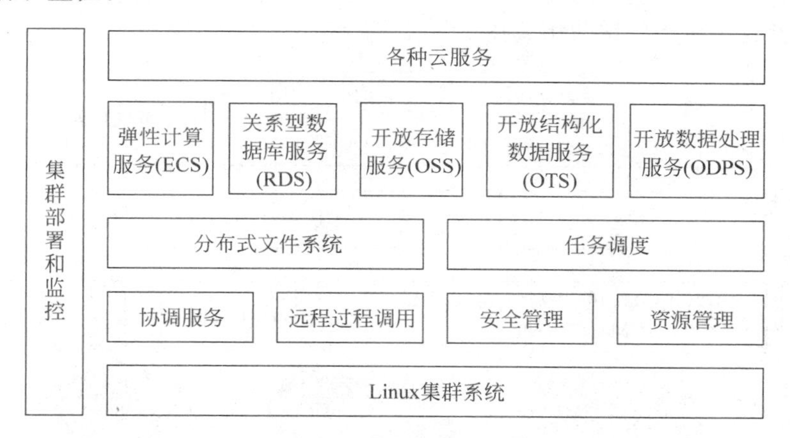

图8-14　飞天系统架构

飞天开放服务为用户应用程序提供了计算和存储两方面的接口和服务，包括弹性计算服务（Elastic Compute Service，ECS）、开放存储服务（Open Storage Service，OSS）、开放结构化数据服务（TableStore，原名Open Table Service，OTS）、关系型数据库服务（Relational Database Service，RDS）和开放数据处理服务（Open Data Processing Service，ODPS），作为第三方应用开发和Web应用运行和托管的平台。

类似于Hadoop分布式系统架构中的HDFS，在飞天架构中的分布式文件系统对于大数据存储处理而言，是一个关键的基础部件。在飞天系统中，该分布式文件系统也称为盘古（Pangu）系统。它提供一个大规模、高可靠、高可用、高吞吐量和可扩展的数据存储服务，将集群中各个节点的存储能力聚集起来，管理集群的所有硬盘，自动屏蔽软硬件故障，为用户提供不间断的数据访问服务；支持增量扩容和数据的自动平衡，提供类似于POSIX的用户空间文件访问 API,支持随机读写和追加写的操作;合理地安排数据存放位置以兼顾性能和数据的安全性。

在盘古系统中,文件系统的元数据存储在多个主服务器(Master)上,文件内容存储在大量的块服务器(Chunk Server)上。基于这种设计,盘古系统能够支持数十 PB 量级的存储大小,总文件数量达到亿量级。同时针对 OSS、OTS 要求低时延数据读写,ECS 在要求低时延的同时还需要具备随机写的能力等需求,盘古系统实现了事务日志文件和随机访问文件,用于支持在线应用。

在任务调度与协调管理方面,则是由阿里的伏羲来完成的。它主要负责管理集群及其资源和调度并发的计算任务,为上层应用提供服务,支持离线数据处理 DAG 作业和在线服务。在设计上采用 Master/Slave 架构,包括伏羲 Master 的控制中心和运行伏羲 Agent 守护进程的其他服务器,Agent 管理节点上的运行任务,并负责收集资源使用情况,并上报控制中心。支持多任务并发调度,Master 负责多任务之间的仲裁、支持优先级、资源配额和抢占。

8.7.2 大数据集成平台

阿里云大数据平台就是基于飞天系统的一种重要应用。图 8-15 所示的是阿里云大数据平台体系结构,该平台基于阿里云计算平台。提供了数据集成、计算与存储、数据挖掘模型与算法,以及具体应用领域的相关技术。

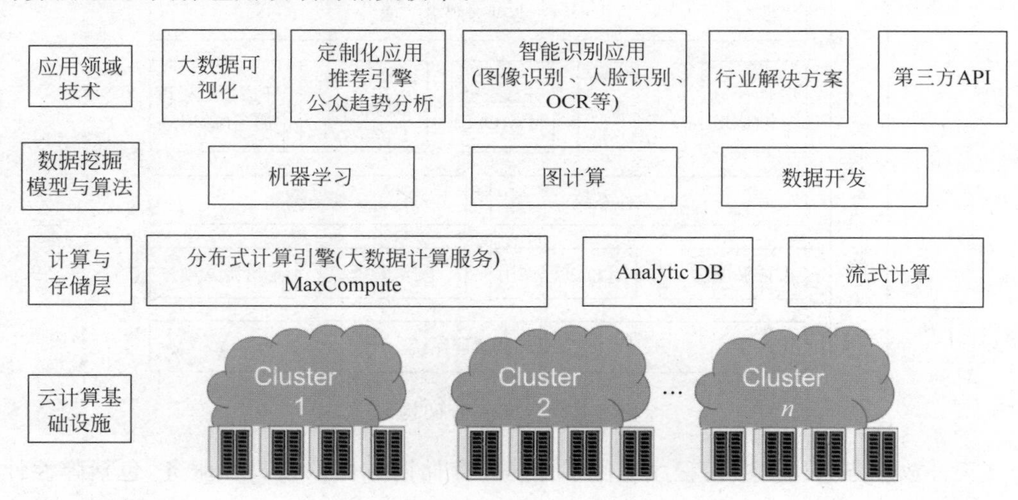

图 8-15 阿里云大数据平台体系结构

1. 主要数据处理功能

在数据集成能力方面,允许从本地数据库、本地文件、Hadoop 中的数据通过公网环境或非公网环境实现与 ODPS 的数据同步。同时,也允许直接将云环境数据库(如 RDS、OSS、OTS、ADS、DRDS 等)、云环境文件数据同步到 ODPS。集成的数据源囊括了各种可能的数据源形态,对大数据集成提供了有力的支持。

在数据计算存储方面,提供了批量结构化数据的存储和计算,可以提供海量数据仓库的解决方案及针对大数据的分析建模服务。提供了分布式数据处理模型 MapReduce,并为用户提供Java编程接口。有别于传统的MapReduce,阿里云大数据平台在计算方面提供了扩展的MapReduce模型,可以支持Map后连接任意多个Reduce操作,如Map-Reduce-Reduce。此外,与其他大数据技术平台类似,阿里云大数据平台也具备分布式数据流式计算能力StreamSQL,该功能底层采用先进的分布式增量计算框架,可以实现秒级别的低延迟响应,以SQL的形式提供流式计算服务,并且完全屏蔽了流式计算中复杂的故障恢复等技术细节,极大地提高了开发效率。

在数据挖掘模型与算法方面,在阿里云MaxCompute计算平台之上,提供了集数据处理、建模、离线预测、在线预测为一体的机器学习平台。该平台为算法开发者提供了丰富的MPI、PS、BSP等编程框架和数据存取接口,同时为算法使用者提供了基于Web的IDE+可视化实验搭建控制台。其主要特点是支持处理亿万级大规模数据,无须编码,简单地拖曳即可完成数据挖掘、数据分析等功能。阿里云机器学习主要应用在数据挖掘场景下,即从大量的数据中通过算法搜索隐藏于其中信息。其场景主要有以下几种。

(1) 分类。分类可以找出这些不同种类客户之间的特征,让用户了解不同行为类别客户的分布特征,从而进行商业决策和业务活动。例如,在银行行业,可以通过阿里云机器学习对客户进行分类,以便进行风险评估和防控;在销售领域,可以通过对客户的细分,进行潜客挖掘、客户提升和交叉销售、客户挽留等。

(2) 聚类。通常"人以群分,物以类聚",通过对数据对象划分为若干类,同一类的对象具有较高的相似度,不同类的对象相似度较低,以便度量对象间的相似性,发现相关性。例如,在安全领域,通过异常点的检测,可以发现异常的安全行为。通过人与人之间的相似性,实现团伙犯罪的发掘。

(3) 预测。通过对历史事件的学习来积累经验,得出事物间的相似性和关联性,从而对事物的未来状况做出预测,如预测销售收入和利润、预测用户下一个阶段的消费行为等。

(4) 关联。分析各个物品或商品之间同时出现的概率,典型的场景如购物篮分析。例如,在超市购物时,顾客购买记录常常隐含着很多关联规则,如购买圆珠笔的顾客中有65%也购买了笔记本,利用这些规则,商场人员可以很好地规划商品摆放。在电商网站中,利用关联规则可以发现哪些用户更喜欢哪类的商品,当发现有类似的客户的时候,可以将其他客户购买的商品推荐给相类似的客户,以提高网站的收入。

从图8-15中可以看出阿里云也提供了大数据可视化工具,即DataV。它提供了以下的一些具体功能和特点。

(1) 可视化场景模板。DataV,提供运营动态直播、数据综合展示、设备监控预警等多种场景模板,稍加修改就能够直接服务于用户的可视化需求。

(2) 拖曳式界面布局。通过拖曳即可实现灵活的可视化布局,在模板的基础上任何人都能够发挥创意,实现用户自己的可视化应用。

(3) 多数据源整合。DataV支持阿里云分析数据库、关系型数据库、Restful API、CSV、静态JSON等多种数据来源,且能够动态轮询。能够实现多个数据源汇聚于一个可视化界面中。

(4) 动态地理绘制。该功能以WebGL技术作为支撑,能够绘制海量数据下的地理轨迹、飞线、热力、区块、3D地图/地球,支持多层叠加。

(5) 应用在线分享。创建的可视化应用能够发布分享,能够通过URL参数控制数据变量,让不同的用户看到不同的数据页面。

(6) 本地部署支持。在成为阿里云的合作伙伴之后,能够将配置好的应用进行本地化部署(需要安装 DataV Server),便于互联网连接受限的场景使用。

2. E-MapReduce

集群系统是大数据分布式计算的基础,用户需要采购各种计算机、安装配置各种系统软件来进行集群的构建,并对集群系统进行运行期的维护,其工作量和复杂度都会比较高。而基于云环境的集群构建就可以省去这些工作,只关心自己应用程序的处理逻辑即可。

阿里云平台上就提供了 E-MapReduce (Elastic MapReduce),它是运行在阿里云平台上的一种大数据处理的系统解决方案。E-MapReduce 构建于阿里云服务器 ECS 上,一个 E-MapReduce 集群由一个或多个阿里云 ECS instance 构成。由于 E-MapReduce 同时提供了对 Hadoop、Spark 及其他大数据计算平台的支持,因此在这种集群服务中,用户可以方便地使用 Hadoop 和 Spark 生态系统中的其他周边系统,如 8.5 节和 8.6 节中提到的 Apache Hive、Apache Pig、HBase 等,来分析和处理自己的数据。因此,可以认为一个 E-MapReduce 集群就是由一个或多个阿里云 ECS instance 组成的 Hadoop 和 Spark 集群,其架构如图 8-16 所示,目前支持的一些分布式相关软件系统包括 Hadoop2. 7. 2、Ganglia3. 7. 2、Spark1. 6. 1、Hive2. 0. 0、Pig0. 14. 0、Sqoop1. 4. 6、Hue3. 9. 0、Zeppelin0. 5. 6、Phoenix4. 7. 0、ZooKeeper3. 4. 6、HBase1. 1. 1、Presto0. 147、Storm1. 0. 1、Oozie4. 2. 0 等。

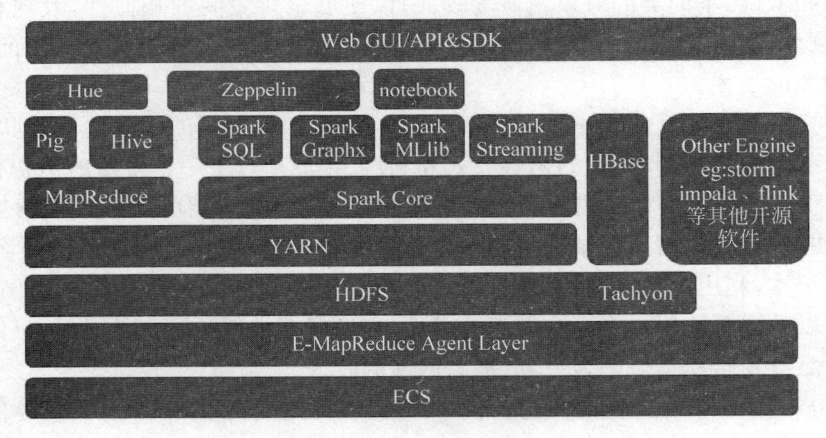

图 8-16 E-MapReduce 的架构

从用户的角度来看,E-MapReduce 集群适合于多种应用场景。Hadoop 生态系统和 Spark 生态系统能够支持的应用场景,E-MapReduce 都可以支持。并且用户完全可以不关心其下使用的主机是阿里云的 ECS 主机,将其视为自己专属的物理主机即可。典型的 E-MapReduce 使用场景如进行批量数据处理,用户将数据传输到 OSS 服务,每天定时启动集群,利用 MapReduce、Hive、Pig、Spark 处理离线数据,而在这个处理过程中,可以使用 OSS 服务作为 E-MapReduce 的输入/输出。

使用 E-MapReduce 的方法,包含 3 个步骤,即创建集群、创建作业、创建执行计划。

在创建集群时,主要是进行软硬件配置。从上述分布式相关软件中选择所需要的软件;配置集群节点的设备组成,集群最少需要 3 个节点(一个 master,二个 core),对每个节点的

CPU、硬盘类型、数据盘容量和 master 实例个数进行设置。

在创建作业时,指定作业的参数并选择作业类型。目前 E-MapReduce 支持的作业类型有 Spark、Hadoop、Hive、Pig、Sqoop、Spark SQL、Shell(bash)。

在应用开发方面,E-MapReduce 提供了相应的 SDK,SDK 中包含了 emr-core 包和 emr-sdk_2.10 包。前者实现 Hadoop/Spark 与 OSS 数据源的交互,默认已经存在集群的运行环境中。后者则实现了 Spark 与阿里云其他数据源的交互,如 Log Service、MNS、ONS 和 ODPS 等。同时也提供了对上述 3 个步骤的 API 支持,包括集群操作接口、作业操作接口和执行计划操作接口,如使用 CreateCluster 创建集群,使用 CreateJob 创建作业,使用 CreateExecutionPlan 创建执行计划,使用 RunExecutionPlan 运行执行计划。

在 E-MapReduce 中编写 MapReduce 应用程序的方法与 Hadoop 基本类似,也需要自行实现 map 函数和 reduce 函数,同时需要在原来 Hadoop 上的 Java 程序中添加 Access Key ID 和 Access Key Secret 的配置,以便作业有权限访问 OSS 等输入文件。而对于 Spark 上的应用,也与一般的 Spark 应用程序的写法一样,如需要创建 SparkContext 对象等,采用 Scala 语言会很方便。

3. 开发套件

从功能上看,阿里云数加平台由开发套件、解决方案和数据市场三大部分组成。

开发套件提供了数据开发套件和应用开发套件两大类,它们的简要介绍如下。

(1) 数据开发套件,包括以下三类。

① 大数据开发:基于一个集成可视化开发环境,可实现数据开发、调度、部署、运维,以及数仓设计、数据质量管理等功能。

② BI 报表工具,用于海量数据的实时在线分析,具有丰富的可视化效果,可以轻松地完成数据分析、业务探查等,所见即所得。

③ 机器学习工具,这些工具覆盖了机器学习的大部分过程,如数据处理、特征工程、建模、离线预测等,并且这些工具实现了很好的集成,是一个一体化的机器学习平台。

(2) 应用开发套件,包括以下两类。

① 面向通用数据应用场景:提供数据应用开发的基础级工具,加速基础数据服务开发如个性化推荐工具、数据可视化工具、快速 BI 站点搭建工具、规则引擎工具等。

② 面向行业垂直应用场景:提供行业相关性很高,适合特定场景的数据工具,如面向政府县级区域经济的可视化套件。

在解决方案方面,数加针对不同的业务场景,基于平台提供的开发套件与行业服务商的能力,将多方产品串联,提供行业解决方案,如敏捷 BI 解决方案、交通预测解决方案、智能问答机器人等,一方面客户可以自行参考解决方案,以自助的方式完成解决方案的实施;另一方面,客户也可以咨询行业服务商或阿里云大数据平台官方,根据客户场景,提供定制化的端到端的解决方案实施。

在数据市场方面,阿里云联合合作伙伴、ISV 等来为用户提供更多更好的数据应用、数据 API,丰富大数据应用,打造大数据生态。目前在数据市场上有许多数据 API,其功能涵盖了众多方面,包括金融理财、电子商务、生活服务、交通地理、气象水利、企业管理、公共事务和人工智能,具体的有天气数据查询、车辆违章查询、快递数据查询等。

4. 优势与特色

相比于前面提到的各种大数据技术平台,阿里云大数据平台具有独有的优势和特色,主要表现在以下3个方面。

(1) 一站式大数据解决方案。该平台提供了一站式集成开发环境,从数据导入、查找、开发、ETL、调度、部署、建模、质量、血缘,到服务开发、发布、应用托管,以及外部数据交换的完整大数据链路。用户可以方便地在该平台上进行数据开发应用,降低数据创新与创业成本。

(2) 大数据与云计算的无缝结合。云计算和大数据都是当今时代的技术发展前沿,两者相结合将会使得各自的优势得到大幅提升。云计算可以提供强大的计算能力使大数据的价值被充分地挖掘,而大数据则可以为用户带来新的业务机会。因此,未来云计算和大数据进行有效的结合是趋势所向。阿里云数加平台构建在阿里云云计算基础设施之上,使用大数据开发及应用套件能够流畅对接ODPS等计算引擎,支持ECS、RDS、OCS、ADS等云设施下的数据同步与应用开发。

(3) 企业级数据安全控制。在云计算与大数据的结合上,数据的安全控制是用户最为关心的问题之一。阿里云数加平台建立在安全性在业界领先的阿里云上,并集成了最新的阿里云大数据产品。在多租户的数据合作业务场景下,大数据平台采用了先进的"可用不可见"的数据合作方式,并对数据所有者提供全方位的数据安全服务,数据安全体系包括数据业务安全、数据产品安全、底层数据安全、云平台安全、接入和网络安全、运维管理安全。

思考题

1. 大数据技术平台有哪些?选择大数据平台应当考虑哪些因素?
2. 云数据库有什么特色?
3. 大数据可视化技术有哪些?
4. 介绍Hadoop的技术生态圈的构成。
5. 介绍Spark的技术生态圈的构成,分析它与Hadoop的区别。
6. 了解阿里云大数据平台的技术体系和功能,分析它与Hadoop、Spark平台的异同。

第4部分

综 合 应 用

这部分针对互联网大数据的典型应用,即一个个性化新闻推荐的应用场景。结合该应用的主要需求,介绍使用前述的一些基本算法、模型和分析技术来解决这些需求的方法。以阿里云大数据平台介绍基于该平台的开发过程,着重描述了各种结构化与非结构化数据存储方法、机器学习服务的使用方法及结果展示方法等。

第9章 基于阿里云大数据技术的个性化新闻推荐

个性化新闻推荐是互联网应用的一个典型案例,其主要目的在于自动获取各种新闻网站上的Web页面,并根据新闻内容将这些页面推荐给对某些类别感兴趣的用户。在这个系统中,所涉及的技术主要有网络爬虫技术、Web页面内容提取、文本内容处理、新闻分类器的构建、预测分类方法。除此以外,将利用阿里云大数据平台的存储能力、云服务器构建和实现整个原型系统。

9.1 目的与任务

构建该新闻推荐系统的目的是为了将本书介绍的一些主要技术在一个系统中集成起来,实现新闻个性化推荐的一些主要功能需求。同时结合阿里云大数据平台进行必要的开发和部署,将理论与实践进行有效的结合。

从用户角色上看,本文构建的原型系统存在两类用户。

一是新闻订阅者。他们可以在系统中进行注册,指定自己感兴趣的新闻类别,并获得系统推荐给他们的新闻,进行阅读。

二是数据管理员。这种用户主要是完成后台数据管理,包括新闻内容的获取、分类器的训练、参数配置等。数据管理员不一定是真实的人,可以是虚拟构造的系统用户,按照定时的方式来执行数据管理功能。

具体来说,该原型系统要完成的任务或需求描述如下。

(1) 新闻订阅者的注册、登录处理。

(2) 新闻订阅者进行新闻阅读所需要的界面。

(3) 自动获取新闻网站的新闻页面,并根据这些页面已有的类别,构建新闻分类器。

(4) 自动获取一些没有类别标签的新闻页面,利用新闻分类器完成新闻分类,并将这些新闻与新闻订阅者的兴趣类别进行匹配和推荐。

(5) 从性能上看,该原型系统需要具备大数据处理的能力,即新闻数据量大的场景。需要考虑系统的存储能力、可扩展能力等。

后续将围绕这些需求和任务介绍原型系统的开发、部署方法。

9.2 系统架构

为了从性能上确保系统的性能,充分考虑新闻数据量和系统用户增多的情况下所需要的扩展能力,该原型系统的设计是基于阿里云及其大数据平台。整个原型系统的系统架构如图 9-1 所示。

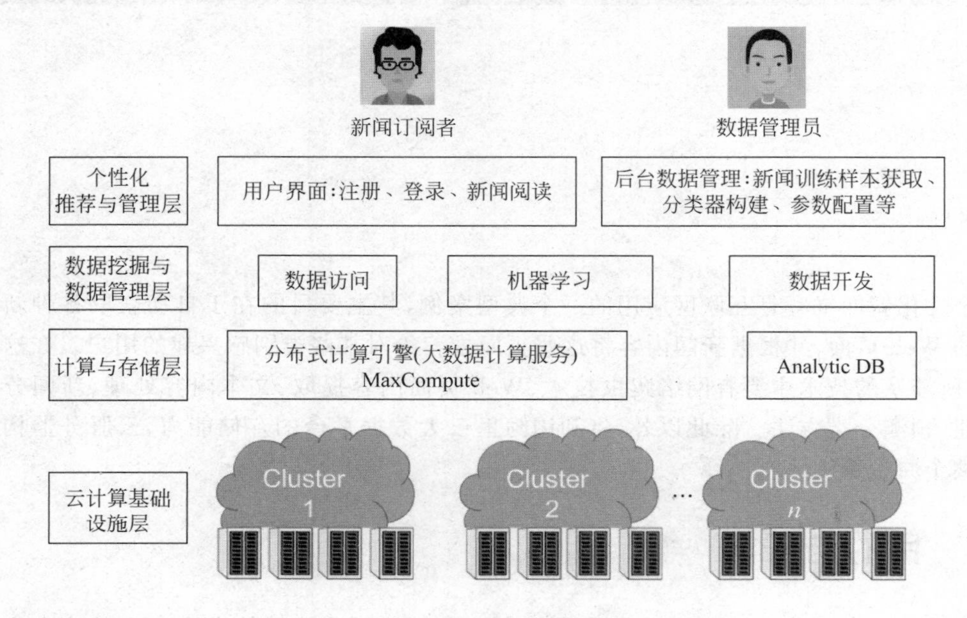

图 9-1 新闻推荐系统架构

整体上看,该系统有 4 个层次,即云计算基础设施层、计算与存储层、数据挖掘与数据管理层及个性化推荐与管理层。其中,云计算基础设施层是由阿里云提供的云平台。计算与存储层利用阿里云大数据平台提供的大数据计算服务来实现分布式集群计算,保障系统的扩展性,应对大量系统用户和大量新闻页面情况下的处理。同时该层提供了一些存储能力,保存采集到的原始新闻信息,以及经过处理后的新闻信息。数据挖掘与数据管理层则是对新闻信息进行特征分析,选择合适的分类器,利用新闻特征数据进行分类器的训练。同时对于没有类别标签的新闻进行自动分类。个性化推荐与管理层是为新闻订阅者提供的用户界面,以及为后台数据管理员提供的数据管理执行环境。在该原型系统中,用户界面和数据管理执行环境是基于阿里云的云服务器架构,即弹性计算服务(Elastic Compute Service,ECS)。

9.3 存储设计

在这个架构中,需要存储以下几种信息。

(1) 采集到的 HTML 原始文件。当用户选择浏览本地已经下载的新闻信息时,就从这些存储的文件读取。

（2）新闻页面信息，包括新闻对应的URL，以及从Web页面上提取的新闻正文。

（3）新闻的结构化信息，包括链接、归属类别、时间、标题。

（4）系统用户信息，包括用户账号、密码，以及用户感兴趣的新闻类别。

（5）新闻分类器的训练样本信息，包括新闻的标题、时间、特征词汇、归属类别。

（6）分类器模型，是指训练好的分类器模型参数的存储。

9.3.1 RDS

RDS是一种云数据库系统，属于关系型数据库。在阿里云平台中，目前支持4种类型的关系型数据库系统，即MySQL、SQLServer、PostgreSQL，以及兼容Oracle的PPAS，用户可以根据需求选择。

除了数据库类型外，在RDS配置时，还允许对以下属性进行选择。

（1）数据库系统的版本：如MySQL支持5.5、5.6。

（2）CPU规格及内存：可以选择的规格有1核、2核、4核、8核、16核、30核（独占主机）。

（3）存储空间：从5GB到2000GB，可以根据需求选择。

（4）网络类型：专用网络或经典网络。

（5）数据库服务器的购买时长：该数据库在设定的时间是有效的。

在选择好这些参数后，云平台自动计算出RDS的费用。图9-2所示的是一个计算结果的示例。

图9-2　RDS的配置与购买

配置成功后，将生成一个数据库实例名称，假设为rds_instance1。

此后，可以通过平台的功能，登录到该数据库中，进行数据表的创建、修改、数据记录的查询、统计等。系统提供了标准的SQL语言来编写相关命令。图9-3所示的是一个登录数据库之后的操作界面，可以进行数据表的查询、数据导入、数据导出等操作。

在本系统中，根据需求创建了两个数据表，即user和news，分别保存上述的系统用户信息和新闻信息，相关的字段及其类型显示在系统窗口的左侧。其中，news表中的tagname是新闻的归属类别、ossurl是该新闻页面对应的HTML文件指向，这是为了满足用户对原始HTML页面（快照）查看的需求。在该表中，主键是新闻的URL，通过该主键关联系统中的其他存储记录。user表中的theme是指用户感兴趣的新闻类别，它通过间隔符"_"将不同的类别字符串连接起来，从而可以表达用户对多个不同类别新闻的兴趣。

图 9-3 数据库的操作界面

9.3.2 OSS

OSS 是阿里云的对象存储服务，是一种分布式的对象存储服务，提供的是一个 Key-Value 对形式的对象存储服务。对象是 OSS 存储数据的基本单元，也被称为 OSS 的文件。对象由元信息（Object Meta）、用户数据（Data）和文件名（Key）组成。对象由存储空间内部唯一的 Key 来标示。与关系型数据库或普通的文件系统相比，从对象上传成功到被删除为止的整个生命周期内，OSS 中保存的 Object 是不支持修改的。

在 OSS 中有一个重要的概念是 Bucket，规定所有对象必须隶属于某个容器。容器具有以下特点。

(1) 同一个存储空间内部的空间是扁平的，没有文件系统的目录等概念，所有的对象都是直接隶属于其对应的存储空间。

(2) 每个用户可以拥有多个存储空间。

(3) 存储空间的名称在 OSS 范围内必须是全局唯一的，一旦创建无法修改名称。

(4) 存储空间内部的对象数目没有限制。

阿里云平台提供了控制台可以创建 Bucket，查看各种存储。它可以用来存储各种类型的文件，如视频、音频、Web 文件等。图 9-4 所示的是本系统中存储的原始 HTML 新闻页面文件。

除了控制台外，OSS 还提供了 API 和多种脚本语言 SDK 支持各种文件操作，从而可以与自己的程序进行集成。在本系统中，OSS 的应用模式如图 9-5 所示。OSS 作为文件存储源，后台爬虫程序获得 Web 新闻页面数据被保存在 OSS 上，用户在进行新闻阅读时经过 ECS 与 OSS 通信，从而得到原始文件内容。

9.3.3 OTS

OTS，即开放结构化数据服务，现称表格存储（Table Store）。OTS 是基于阿里云计算

	文件名	大小	类型	创建时间	操作		
	073865314833.html	70.419KB	html	2016-08-10 16:12:14	获取地址	设置HTTP头	删除
	081465319657.html	70.028KB	html	2016-08-14 15:11:03	获取地址	设置HTTP头	删除
	082065314933.html	70.128KB	html	2016-08-10 16:12:15	获取地址	设置HTTP头	删除
	083165314971.html	69.55KB	html	2016-08-10 16:12:15	获取地址	设置HTTP头	删除

图 9-4　从 OSS 控制台查看存储的原始 HTML 新闻页面文件

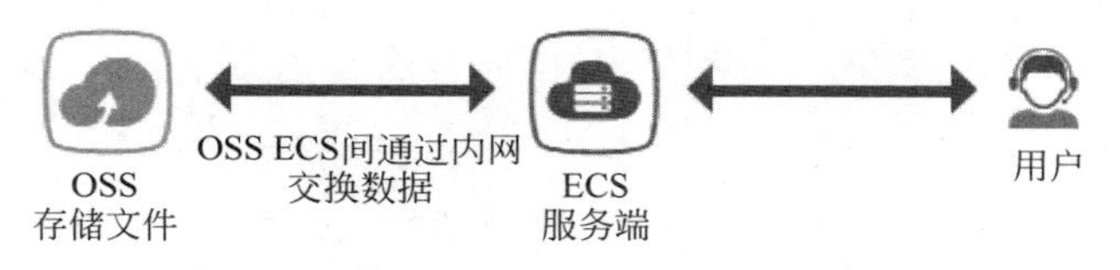

图 9-5　OSS 的应用模式

技术构建的一个分布式结构化和半结构化数据的存储和管理服务。它的主要特点体现在以下 3 个方面。

(1) OTS 的数据模型是以二维表为中心的，表有行和列的概念，但是与传统数据库不一样，OTS 的表是稀疏的，每一行可以有不同的列，可以动态增加或减少属性列，建表时不需要为表的属性列定义严格的 Schema。

(2) 具有更好的规模扩展性，能够较容易地支持更大的数据规模(百 TB 级别)和并发访问(单表 10 万 QPS)。

(3) 在编程方面，OTS 提供统一的 HTTP Restful API，不支持传统的 SQL 语句标准。

表格存储数据模型概念包括表、行、主键和属性。表是行的集合，行由主键和属性组成。主键列和属性列均由名称和值组成。表中的所有行都必须包含相同数目和名称的主键列，但每行包含的属性列的数目可以不固定，名称和数据类型也可以不同。与主键列不同，每个属性列可以包含多个版本，每个版本号(时间戳)对应一个列值，这也是很多表格存储在处理多版本时的做法。

主键是表中每一行的唯一标识，由 1～4 个主键列组成。主键应用在创建表的时候，必须明确指定主键的组成、每一个主键列的名称和数据类型及它们的顺序。属性列的数据类型只能是 string、integer 和 binary。

在 OTS 中也提供了许多 API、SDK(支持 Java、Python、. NET)，可以方便地在程序中进行 OTS 的操作。具体可以参见阿里云提供的在线帮助文档。

OTS 与普通 KV 型的 NoSQL 类似，主要的使用场景是：表的字段变化频繁，有的时候没有办法提前判断出会有哪些变化。例如，在用户信息挖掘应用中，用户的特征属性很难预知，有些属性是可以预先确定，如年龄、性别等。但是更多的属性会随着业务的发展需求或数据可得性的变化而增加。

在本系统中，将新闻的正文文字存储在 OTS 中。这些新闻信息是典型的非结构化数据，其数据量将会非常大。同时也考虑到以后在新闻内容上，可能会存入从语音、视频中提取出来的文本信息，但是这种信息也不是每个新闻都会涉及。因此，综合考虑决定将以内容为主的这部分数据以 OTS 的方式来存储。

类似于 RDS，OTS 也是以实例的方式存在，实例名称设置为 tshtml。如图 9-6 所示，创建实例时，要先确定实例的位置，一般要与整个系统的其他部件，如 ECS 等在同一个区域，这样可以避免因不同地区而产生的外部流量消费。

在创建实例后，需要在该实例下创建本应用所需要的数据表 pagestore。显然，这个表的主键就是新闻对应的 URL。

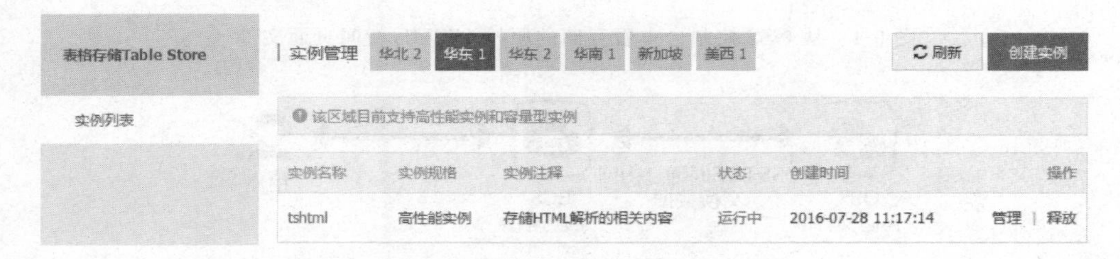

图 9-6　OTS 的实例

9.3.4　MaxCompute

MaxCompute 是阿里云大数据计算服务，其原名称为 ODPS（Open Data Processing Service），即开放数据处理服务，是阿里云自主研发的海量数据离线处理服务。MaxCompute 主要针对 PB 级别数据、实时性要求不高的批量结构化数据存储和计算，它主要应用于数据分析与统计、数据挖掘、商业智能等领域。

图 9-7 所示的是 MaxCompute 的体系结构，可以看出 MaxCompute 可以通过 ETL 类的数据同步工具接受来自 RDS、OSS 及其他业务系统中的数据，从而对存储在 MaxCompute 中的数据进行清洗、挖掘、分析等处理。

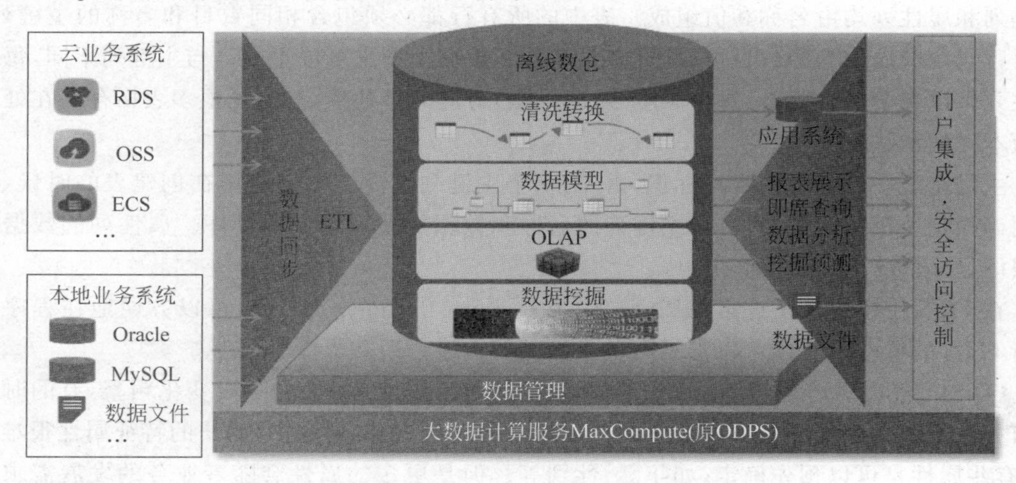

图 9-7　MaxCompute(ODPS)的体系结构

就个性化新闻推荐系统而言，需要进行挖掘分析的是新闻的特征分类。因此，在MaxCompute的存储中，设计了以下的3个MaxCompute数据表。

（1）news_analyzer。news_analyzer的主要功能是用以存放用于新闻分类的含有新闻类别的新闻信息，包括链接、新闻归属类别、新闻标题、新闻发布时间。除此之外，该表还包括了代表该新闻的特征词汇在文本中出现的次数，这部分特征量比较大。

具体的字段及类型：url(string)、tag_name(string)、title(string)、news_time(string)、w1(int)～w1196(int)。

分区字段：collect_time(string)。

其中，w1到w1196是特征词汇出现的次数。之所以设定1196个词汇，是由于当前ODPS对表的输入字段个数限定最多为1200个。

（2）news_collecor。news_collecor的主要功能是用于存放待分类的没有类别标签的新闻相关信息，包括链接、标签、标题、新闻时间，以及和news_analyzer相同的特征词汇。表结构和news_collecor一样，这样可以使得训练样本和测试样本的生成程序一致。

（3）news_result。机器学习模块利用已经训练好的分类器对news_analyzer表中的各个记录进行预测分类，并将分类结果保存到news_result表中，因此该表的结构也和news_analyzer类似，只不过每个记录有对应的类属标签字段prediction_result (string)。

阿里云大数据平台提供了MaxCompute管理控制台，主要用于Project Owner（即创建Project的云账号，相当于传统关系数据库DBA的角色）对于Project、用户、角色、表、安全等的管理、配置、授权、监控等。图9-8所示的是本系统设计中所用到的3个表，它们都属于同一个Project，即news_recommendation。

图9-8　MaxCompute管理控制台中定义的3个表

对于这些表的数据生成，MaxCompute允许有两种方式。一种是通过途中的“导入”操作，上传本地设计好的文本文件，将文件内容导入到对应的表中，4.7.2节展示的就是这个功能。而作为一个系统，待分类样本的处理要求能快一些标注完成，因此这里的news_collector是通过程序自动完成数据的插入，即待分类数据。由于模型训练并不是很频繁执行的过程，因此对这类型的数据可以采用第一种方式，当用户认为需要重新训练分类器时上传训练样本，当然也可以采用第二种方式。

9.4 软件架构

个性化新闻推荐系统的软件架构如图 9-9 所示，从组成结构上看，除了前述提到的各种存储外，还包括了 Web 页面服务、各种 Java 程序及机器学习模块，它们之间的关系在图中进行了连线表示。

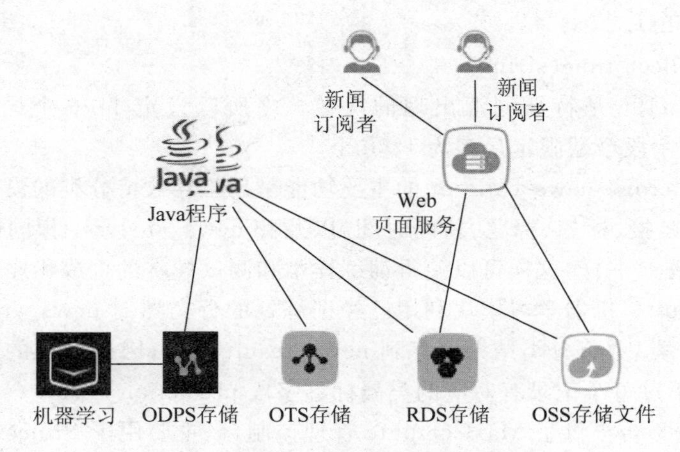

图 9-9 个性化新闻推荐系统的软件架构

架构中的各种存储及机器学习是直接基于阿里云提供的服务，在阿里云大数据体系中，机器学习是相对比较独立的一个服务，其输入/输出主要依赖于 ODPS 表。本系统主要使用机器学习中的分类和特征处理。

Web 页面服务是由部署在 ECS 上的 Web 服务器提供的，主要完成新闻订阅者的各种界面交互。因此，ECS 需要访问 RDS 的数据表，以实现用户信息及相关的新闻信息操作。同时也需要访问 OSS，以获得原始的 HTML 页面信息。

Java 程序运行在控制台上，分别是爬虫程序、训练样本生成、待分类样本生成及获取类别标签结果。前两者的处理方法大体类似，其生成的数据都是输入到 ODPS 中，而最后一个则是获得机器学习的分类结果。

在这种架构下，分类器的训练是针对批量数据进行的，只有当训练样本充足时才进行训练。而实际的无标签样本分类既可以是一种批量形式，也可以是一种数据流形式。这种架构在整体思想上与第 6 章提到的分类方法是一致的。

9.4.1 ECS

ECS 是一种云计算服务，本身虽然不是大数据分析平台的组成，但是它在环境构建中的作用较大。在本系统中它主要提供了一种个性化推荐与管理层的执行框架。

在使用 ECS 之前，需要通过云服务器管理控制台配置系统所需要的 ECS 实例。配置过程主要是选择实例规格、磁盘、操作系统类型、带宽、安全组，以及为操作系统设定控制台密码等资源。

ECS 实例是一个虚拟的计算环境，包含 CPU、内存等最基础的计算组件，是云服务器呈献给每个用户的实际操作实体。ECS 实例是云服务器最为核心的概念，其他的资源（如磁盘、IP、镜像、快照等)只有与 ECS 实例结合后才能使用。

ECS 的应用非常广泛,它既可以单独使用作为简单的 Web 服务器,也可以与其他阿里云产品(如 OSS、OTS 等)搭配提供强大的可扩展 Web 网站框架。ECS 的典型应用场景包括企业官网、简单的 Web 应用、多媒体、大流量的 APP 或网站等。

在本系统中,选择配置了一个 PHP 服务框架,为用户提供基于 Web 页面的用户注册、登录、新闻阅读等服务。在 ECS 中最主要的是需要完成通过 PHP 实现与 RDS 的交互。下面的代码用于实现 RDS 的读操作。

```
/* 形式: 访问地址: 端口 */
$url = '****.mysql.rds.aliyuncs.com:3306/';
$user = ****";
$pass = "***";
/* 连接数据库服务器: 使用数据库 URL、用户名、密码 */
$conn = mysql_connect($url, $user, $pass) or die("connect fail !");
/* 指定数据库名称,在数据库服务器上可以创建多个数据库 */
mysql_select_db("bigdata", $conn);
/* 执行 SQL 命令 */
$select_query = mysql_query(sqlcmd);
/* 获得查询结果 */
$row_result = mysql_fetch_row($select_query);
```

用户通过 ECS 设计好的页面进行注册,登记用户信息及所关注的新闻类别,系统通过上述数据库操作将这些信息写入 RDS 数据表中。注册成功后,用户可以登录到系统。用户注册页面和系统登录页面如图 9-10 和图 9-11 所示。

注册

基本信息

账号

密码

喜欢的新闻类别

类别1

类别2

类别3

已阅读并同意《使用协议》

注册

图 9-10　用户注册页面

图 9-11　系统登录页面

登录时,Web 端根据输入的用户名和密码产生一个 SQL 命令并保存至变量 sqlcmd 中,再发送至 RDS 执行,从而可以根据返回的结果 $row_result 来判断是否允许登录。注册成功后,后台爬虫模块所获得的新闻内容经过新闻分类模块得到其类别标签,与用户注册时设定的新闻类别比对,如果一致,则会出现在用户界面中,具体结果将在 9.5.3 节详细介绍。

9.4.2 爬虫

在第 2 章讲述过爬虫的基本原理,本系统中的爬虫是在传统爬虫的基础上,对 URL 设定了一定过滤,使得爬取下来的都是一些新闻页面。

在 Java 实现中,引入 htmlparser-1.6.jar 包,调用其 NodeFilter 类对 HTML 根据类别标签进行筛选,选出新闻的 URL,随后访问每个 URL 再用 NodeFilter 筛选出其中的标题、新闻正文。

如图 9-12 所示的爬虫功能实现流程是针对带有类别标签的新闻,而不带类别标签的新闻爬取与该流程类似,不再重复画出来。需要完成 3 个处理过程。

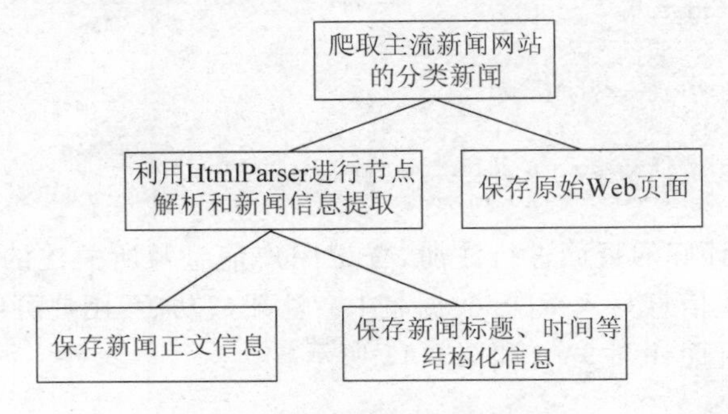

图 9-12 爬虫功能的实现流程

(1) 将原始 Web 页面文件写入到 OSS 中。主要的步骤如下:

```
//引入阿里云 OSS 的相关包
import com.aliyun.oss.OSSClient;
import com.aliyun.oss.model.OSSObjectSummary;
import com.aliyun.oss.model.ObjectListing;

//创建 OSSClient 实例,指定 OSS 的访问地址、访问的 KeyID 和密钥
OSSClient ossClient = new OSSClient(endpoint, accessKeyId, accessKeySecret);
//获得爬虫获取到的页面文件 File file(具体过程省略)
//将文件 file 上传到 OSS 指定的 Bucket 中
ossClient.putObject("htmlfiles",file.getName(), file);
ossClient.shutdown();
```

(2) 将正文存储到 OTS 中,主要步骤如下:

```
//引入阿里云 OTS 的相关包
import com.aliyun.openservices.ots.*;

//创建一个 OTSClient 对象,指定 OTS 访问地址、KeyID、密钥和 OTS 的实例名称(在控制台创建 OTS 实
  例时设定好的名称)
```

```
OTSClient client = new OTSClient(endPoint, accessId, accessKey, instanceName);
//指定主键列,即新闻页面的 URL
RowPrimaryKey primaryKey = new RowPrimaryKey();
primaryKey.addPrimaryKeyColumn("url", PrimaryKeyValue.fromString(url));
// pagestore 是 OTS 数据表的名称
RowPutChange rowChange = new RowPutChange("pagestore");
rowChange.setPrimaryKey(primaryKey);
// 定义要写入改行的属性列,para 是正文内容
rowChange.addAttributeColumn("col0", ColumnValue.fromString(para));
// RowExistenceExpectation.EXPECT_NOT_EXIST 表示只有此行不存在时才会执行插入
rowChange.setCondition(new Condition(RowExistenceExpectation.EXPECT_NOT_EXIST));
try     {
        //构造插入数据的请求对象
        PutRowRequest request = new PutRowRequest();
        request.setRowChange(rowChange);
        //调用 PutRow 接口插入数据
        client.putRow(request);
        //如果没有抛出异常,则说明执行成功
        System.out.println("Put row succeeded.");
} catch (ClientException ex) {
        System.out.println("Put row failed.");
} catch (OTSException ex) {
        System.out.println("Put row failed.");
        }
        client.shutdown();
```

(3) 将新闻的结构化信息写入到 RDS 表中。在本系统配置中,由于 RDS 选择的实际上是 MySQL,因此这里在 Java 中操作 RDS 就与 MySQL 是一样的。以下代码是一个插入数据的过程。

```
public void InsertSQL( String keys, String URL,String title,String newstime ){
    try{
        Class.forName("com.mysql.jdbc.Driver");
         Connection con = DriverManager.getConnection ( " jdbc: mysql://****.mysql.rds.
aliyuncs.com:3306/personal_news","root"," **** ");
        Statement stmt =  con.createStatement();
        //生成插入数据的 SQL
        String sql = "INSERT INTO keyandurl( keyname, url,title,newstime) VALUES( '" + keys +
"','" + URL + "','" + title + "','" + newstime + "')";
        String exesql = new String (sql);
        stmt.execute(exesql);
        stmt.close();
      con.close();
    }catch(Exception e){
            e.printStackTrace();
    }
}
```

对于爬虫的运行测试将在 9.5 节中详细介绍。

9.4.3 模型训练

当带类别标签的新闻正文累积到一定数量后，就可以对这些正文进行处理，以生成分类的样本数据集。一般为了提高分类器的准确性，训练样本需要人工标注。不管是采用哪种方式，只要最终按照 news_analyzer 表的格式记录训练样本即可。在这个过程中，需要从 OTS 中读取所有的正文信息，进行词汇切分、停用词过滤，再构建新闻—词汇的词频矩阵，与 RDS 的相应信息，一起形成训练样本。图 9-13 所示的是这个过程的流程图描述。

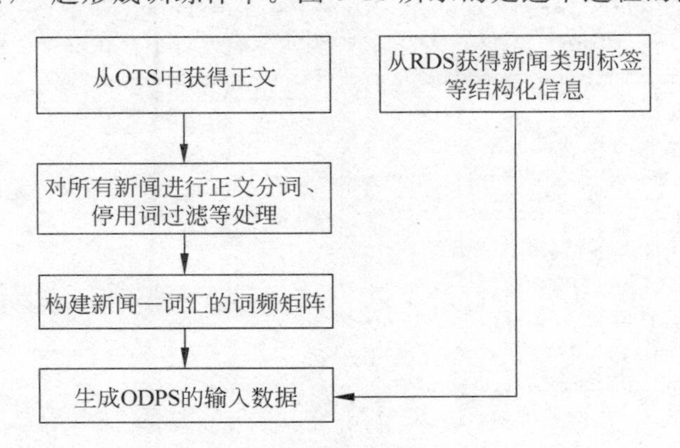

图 9-13 构建训练样本集

下面是根据 URL 读取一个 OTS 记录的过程。

```
//创建一个 OTSClient 对象,指定 OTS 的实例名
OTSClient client = new OTSClient(endPoint, accessId, accessKey, instanceName);
RowPrimaryKey primaryKey = new RowPrimaryKey();
primaryKey.addPrimaryKeyColumn("url", PrimaryKeyValue.fromString(url));
SingleRowQueryCriteria criteria = new SingleRowQueryCriteria("pagestore");
criteria.setPrimaryKey(primaryKey);
try{
        //构造查询请求对象,这里未指定读哪列,默认读整行
        GetRowRequest request = new GetRowRequest();
        request.setRowQueryCriteria(criteria);
        //调用 GetRow 接口查询数据
        GetRowResult result = client.getRow(request);
        //输出此行的数据
        Row row = result.getRow();
            int consumedReadCU = result. getConsumedCapacity ( ). getCapacityUnit ( ).
getReadCapacityUnit();
        client.shutdown();
        //返回 URL 对应的正文
        return (row.getColumns().get("col0").toString());
        } catch (ClientException ex) {
        //如果抛出客户端异常,则说明参数等有误
        System.out.println("Get row failed.");
        } catch (OTSException ex) {
```

```
        // 如果抛出服务器端异常,则说明请求失败
        System.out.println("Get row failed.");
        }
```

最终把训练样本数据写入 ODPS 表中,主要过程如下。

```
Account account = new AliyunAccount(accessId, accessKey);
Odps odps = new Odps(account);
odps.setEndpoint(odpsUrl);
odps.setDefaultProject(project);
try {
    TableTunnel tunnel = new TableTunnel(odps);
    tunnel.setEndpoint(tunnelUrl);                    //完成 ODPS 的 Tunnel 初始化
    PartitionSpec partitionSpec = new PartitionSpec(partition);
    UploadSession uploadSession = tunnel.createUploadSession(project, table, partitionSpec);
                                                      //新建上传分区
    TableSchema schema = uploadSession.getSchema();
    RecordWriter recordWriter = uploadSession.openRecordWriter(0);
    Record record = uploadSession.newRecord();        //新建记录行
    record.setString(i, string)/
    record.setBigint(i, Long.parseLong(string));  //根据记录每列字段类型插入数据
    recordWriter.write(record);                       //写入记录行
} catch (Exception e) {
    e.printStackTrace();
}
```

生成 ODPS 的数据后,进入管理控制台进行算法开发、建立项目、指定 ODPS 数据源为 news_recommendation。以 ODPS 中的 news_analyzer 表中的数据作为训练样本,在控制台中建立实验。在实验中,拖曳相关的组件,即 ODPS 输入表,分类器模型采用逻辑回归多分类器,所设计的训练流程如图 9-14 所示。该模型执行完毕后,会生成分类器模型,该模型保存于平台的"模型"库中,如图 9-15 所示,这些可以被其他的实验流程所使用。

图 9-14 分类器的训练流程

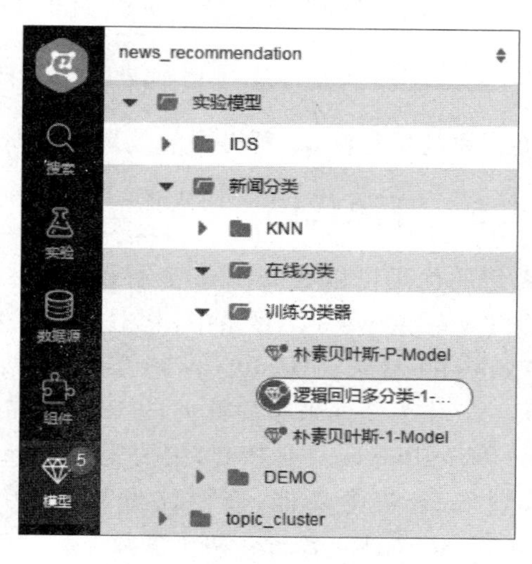

图 9-15 "模型"库中的模型

9.4.4 分类过程

分类过程是对没有类别标签的新闻页面进行自动标注，这里包括两个流程，即样本集的生成和分类。其中，分类中的样本集生成过程与图 9-13 类似，这里不再重复。

分类就是利用训练得到的模型对样本进行类别的判断，这个过程也是在阿里云大数据平台中的机器服务中完成的。具体流程如图 9-16 所示。其中的逻辑回归多分类器即是输入的分类器，news_collector 是要分类的样本集。工作流中的预测完成类别标签的自动标注，分类结果记录到 ODPS 中的 news_result 表中。接下来由 Java 程序读取该表中的记录，从而获得标签结果。具体流程如图 9-17 所示。

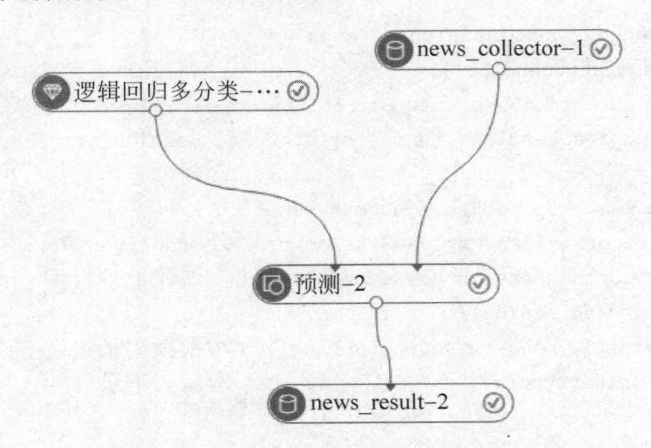

图 9-16 对没有标签的新闻进行分类

图 9-17 分类结果的处理流程

分类模块的运行测试、所得到的效果将在 9.5 节中详细介绍。

9.4.5 开源代码

本系统的代码可以在 github 上下载(https://github. com/jpzeng/jpzeng)。程序分别在 Java、crawler、news 3 个目录中，其中主要的类和实现的功能说明如下。

(1) crawler 目录。HtmlCrawler 类是爬虫的入口，该 Demo 系统设定从 http://news. sina. com. cn/作为新闻采集的首页，可以直接在源文件中修改。

NewsHtmlParser 类是核心，主要完成 html 页面存储到 OSS、解析页面、提取新闻信息、写入到 OTS 表等功能，需要注意的是，需要根据具体情况配置好阿里云所分配的 accessKeyId、accessKeySecret 两个参数。

（2）Java 目录。CollectNews 类完成数据提取，并写入到 MaxCompute 数据表，即 news_analyzer 和 news_collecor。这两个表中的新闻记录分别用于分类模型的训练和实际分类。

GetAnalyzeResult 则将机器学习组件的分类结果取回，放到 RDS 中，供用户浏览。

（3）news 目录。news 目录用于 PHP 服务器，提供登录页面、注册页面等功能。

9.5 阿里云大数据的应用开发

9.5.1 开发环境

开发阿里云大数据应用时，一般按照以下步骤进行。

（1）云服务的配置。根据设计要求，在阿里云上创建 ECS 实例，以及 RDS、OSS、ODPS 等存储。如果是通过 Web 的方式为用户提供页面接口的，则在 ECS 上配置 Web 服务器。

（2）建立本地开发环境。

（3）本地程序设计与调试。

（4）部署到云环境。

（5）在云环境下测试。

步骤(1)在前面的章节中已经做了较为详细的说明，这里主要介绍步骤(2)～(5)。

在建立本地开发环境时，一般使用 Eclipse 类的开发环境比较方便。阿里云服务支持多种开发语言，Java 语言是比较合适的选择。在配置 Eclipse 时，最主要的是导入相关的包，包括用于 RDS、OSS、OTS 等存储访问的包。在本系统中，主要有 htmlparser-1.6.jar、ac_arithmetic.jar、aliyun-sdk-oss-2.2.3.jar 及附属包、mysql-connector-java-5.1.30-bin.jar、ots-public-2.2.4-javadoc.jar 等，阿里云相关的 jar 包都可以从 https://help.aliyun.com/ 找到。下载并导入这些包到本地。

在 Eclipse 的对话框中选择“Java Build Path”，单击“Add External JARs”按钮，选择 jar 的位置导入即可，如图 9-18 所示。

对于在本地进行 ODPS 相关应用开发时，要先安装 ODPS Eclipse 插件，复制到 Eclipse 安装路径的 plugs_in 下，随后下载 ODPS 客户端 MaxCompute 安装至本地。初次新建 ODPS Project，需要先配置 ODPS 的客户端路径，具体过程在 help 网站上有详细说明(https://help.aliyun.com/document_detail/27982.html)。

在进行本地开发调试时，通常也会需要由本地直接连接到云上的各种存储服务。这需要通过配置服务的外部地址来实现。在配置 OTS、OSS、RDS 时，系统都会生成外网地址和内网地址，这些地址具有一定的格式。假设 OTS 的实例名为 otsinst，实例创建的空间存储地点选择在“华东 1”，则相应的外网地址和内网地址分别是 http://otsinst.cn-hangzhou.ots.aliyuncs.com 和 http://otsinst.cn-hangzhou.ots-internal.aliyuncs.com。

因此，在本地开发调试时，可以通过外网地址直接操作云上的存储数据，当然这种方法会产生额外的费用，这是由阿里云的计费方式决定的。例如，对于 OTS 而言，实际费用计算除了存储数据量、读写吞吐量外，还与外网流量有关。

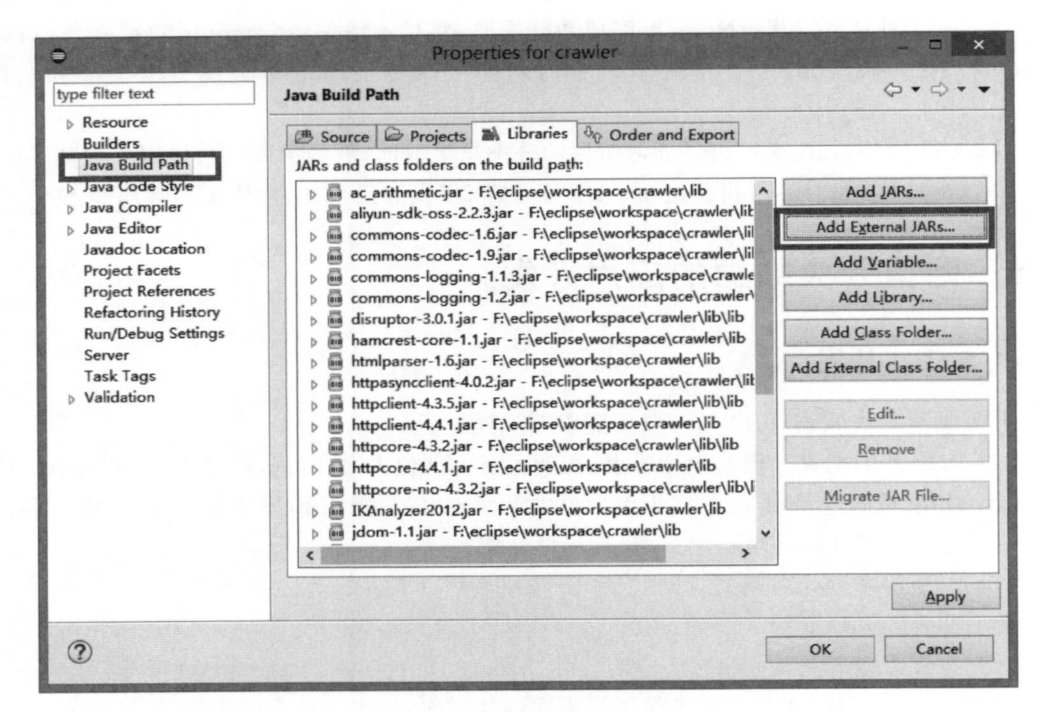

图 9-18 导入外部包

9.5.2 部署

在本地开发完成后，需要将各种程序打包并上传到服务端。在本系统部署中，将 Web 服务和 Java 程序都部署在 ECS 中，因此需要先在 ECS 上运行 FTP 的服务端软件，配置 FTP 用户，然后在本地通过 FTP 连接 ECS 来实现文件的上传。

在 Eclipse 中打包时，要注意的是相关 jar 包要一起导出。具体过程如下。

(1) 创建一个 MANIFEST. MF 文件，文件内容如下：

```
Manifest - Version: 1.0
Main - Class: crawler.HtmlCrawler          //需要运行的主类
Class - Path: lib/lucene - core - 3.6.0.jar //额外引入的 jar 包
```

注意，其中每个":"后必须要有一个空格；Class-Path 中每个额外引入的 jar 包之间必须要用空格隔开，当额外引入的 jar 包过多时，应进行分行，否则会出现 Class-Path 中 line too long 的错误。分行结束后前一行的结尾应该留有一个空格，此外另起的一行行首也需要添加一个空格。

(2) 打包。选中 Project 名称并右击，在弹出的快捷菜单中选择"Export"命令。选择导出的目标文件类型为 JAR file 类型，以及设定要导出的 jar 位置和名称，如图 9-19 所示。在最后一个步骤的 Manifest 页面中，选择之前建好的 MANIFEST. MF 文件，如图 9-20 所示，完成 jar 的导出。最终在生成的 jar 文件的同一个目录，将把额外引入的 jar 包添加进来。

当然，按照前面关于云服务的内网和外网地址的说明，在打包上传之前，将程序中所设

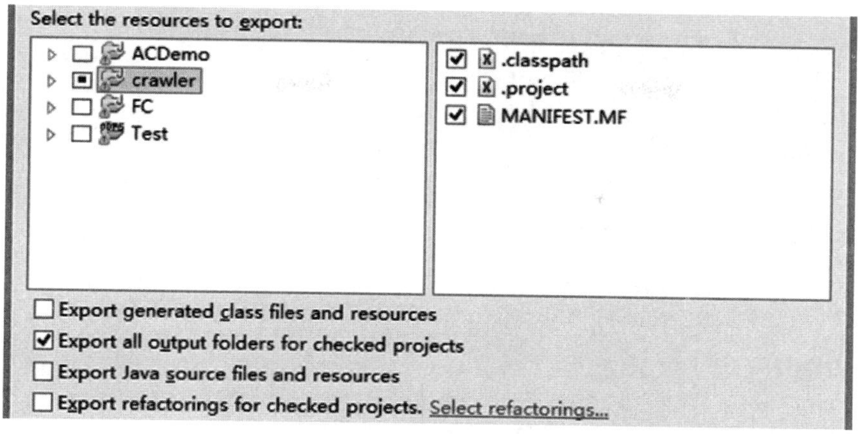

图 9-19　选择导出的文件及配置

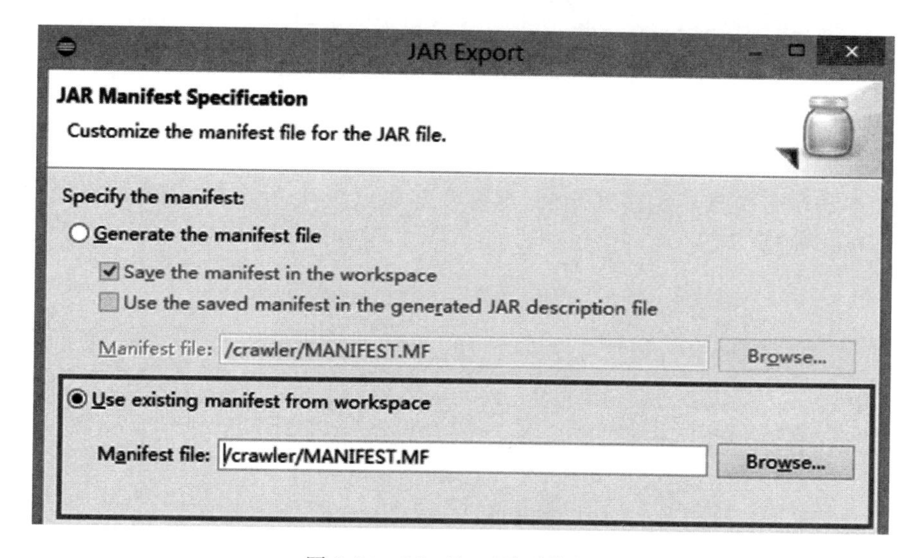

图 9-20　Manifest 页面的配置

定的外网地址都修改为内网地址，可以避免产生额外的流量计费。

（3）上传。将爬虫程序打包成为 HtmlCrawler. jar，连同相关的外部 jar 包，如 htmlparser 及连接 OSS、RDS（MySQL）的 jar 一起上传到 ECS 中。其他需要上传的还有 CollectNews. jar、GetAnalyzeResult. jar、GetOSSUrl. jar。同时将设计好 HTML 页面和 PHP 脚本也上传，将它们放置在 PHP 服务器软件目录下。

9.5.3　运行与测试

在 ECS 的控制台上，运行着爬虫程序、生成训练样本、生成待分类样本、获取分类结果等程序，但实际上这些可以分开在不同的实例上运行，并不依赖于 ECS 的环境。

该演示系统的爬虫从新浪新闻频道中抓取财经、时政等类别的新闻，设定的爬虫入口为 http://news. sina. com. cn/。在抓取的过程中同时进行 Web 信息提取，提取出标题、URL、新闻日期、新闻正文等信息，部分运行结果如图 9-21 所示。

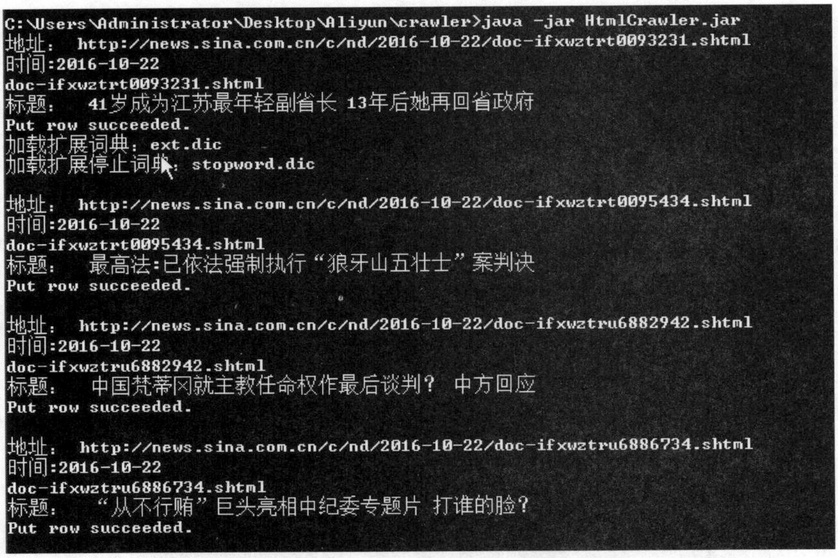

```
C:\Users\Administrator\Desktop\Aliyun\crawler>java -jar HtmlCrawler.jar
地址： http://news.sina.com.cn/c/nd/2016-10-22/doc-ifxwztrt0093231.shtml
时间:2016-10-22
doc-ifxwztrt0093231.shtml
标题：  41岁成为江苏最年轻副省长 13年后她再回省政府
Put row succeeded.
加载扩展词典：ext.dic
加载扩展停止词典：stopword.dic

地址： http://news.sina.com.cn/c/nd/2016-10-22/doc-ifxwztrt0095434.shtml
时间:2016-10-22
doc-ifxwztrt0095434.shtml
标题：  最高法:已依法强制执行“狼牙山五壮士”案判决
Put row succeeded.

地址： http://news.sina.com.cn/c/nd/2016-10-22/doc-ifxwztru6882942.shtml
时间:2016-10-22
doc-ifxwztru6882942.shtml
标题：  中国梵蒂冈就主教任命权作最后谈判？ 中方回应
Put row succeeded.

地址： http://news.sina.com.cn/c/nd/2016-10-22/doc-ifxwztru6886734.shtml
时间:2016-10-22
doc-ifxwztru6886734.shtml
标题：  “从不行贿”巨头亮相中纪委专题片 打谁的脸？
Put row succeeded.
```

图 9-21　爬虫及 Web 信息提取

在获取页面内容之后，程序会生成训练样本。待分类样本的提取和生成过程也与之类似。训练样本和待分类样本的格式相同，训练样本如图 9-22 所示，对于待分类样本来说，其中的 tag_name 为空。

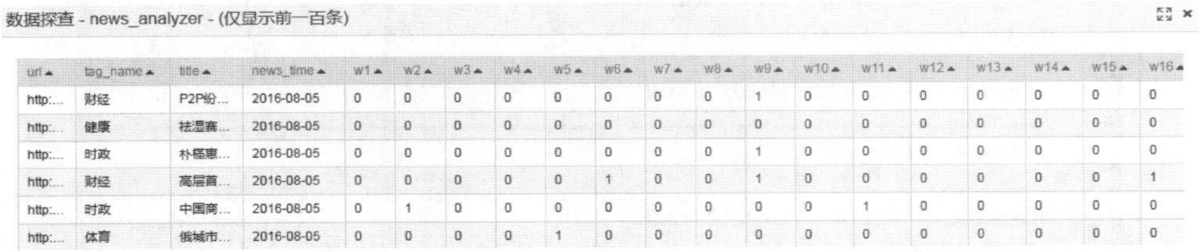

数据探查 - news_analyzer - (仅显示前一百条)

url	tag_name	title	news_time	w1	w2	w3	w4	w5	w6	w7	w8	w9	w10	w11	w12	w13	w14	w15	w16
http:...	财经	P2P纷...	2016-08-05	0	0	0	0	0	0	0	0	1	0	0	0	0	0	0	0
http:...	健康	祛湿赛...	2016-08-05	0	0	0	0	0	0	0	0	0	0	0	0	0	0	0	0
http:...	时政	朴槿惠...	2016-08-05	0	0	0	0	0	0	0	0	1	0	0	0	0	0	0	0
http:...	财经	高层首...	2016-08-05	0	0	0	0	0	1	0	0	1	0	0	0	0	0	0	1
http:...	时政	中国商...	2016-08-05	0	1	0	0	0	0	0	0	0	0	1	0	0	0	0	0
http:...	体育	俄城市...	2016-08-05	0	0	0	0	1	0	0	0	0	0	0	0	0	0	0	0

图 9-22　训练样本

模型训练完成之后，执行图 9-16 所示的分类流程，可以在该流程图的最后一个节点上单击“查看数据”功能来查看部分实例的分类结果，如图 9-23 显示了部分结果。图 9-23 中，url、news_time、title 是原始数据，prediction_result 是分类的类别标签。该功能除了能够查看这些数据外，还提供了每个新闻与各个类别之间的相似度大小，记录在 prediction_detail 字段中。例如，针对 http://video.sina.com.cn/p/news/c/doc/2016-08-10/073865314833.html 页面，其得到的相似度结果如下：

```
{
"体育": 0.4037433292486323,
"健康": 0.037939027112029,
"时政": 0.0718553313175352,
"财经": 0.08472314861837763
}
```

最终分类组件选择相似度最大的“体育”类作为该新闻的类别标签。

数据探查 - news_result - (仅显示前一百条)

url ▲	news_time ▲	title ▲	prediction_result ▲
http:...	2016-08-04	小辉腾到底怎样？试驾上汽大众辉昂-新…	财经
http:...	2016-08-05	男子社交网络上为IS招战士 图谋在美国…	时政
http:...	2016-08-05	日本政府已决定接受明仁天皇"生前退位"…	时政
http:...	2016-08-06	又要开启无敌模式？ 试驾新福特翼虎-…	财经
http:...	2016-08-06	学生兼职被中介卷走酬劳 涉42名学生共…	健康
http:...	2016-08-07	内外全面革新 疑似全新哈弗H6谍照曝…	财经
http:...	2016-08-08	全球最大飞行器首次出棚测试 长92米(图)	时政
http:...	2016-08-08	日本炒作中国军事化东海 中国专家：日…	时政
http:...	2016-08-08	专家：亚太陷入美导演的怪圈 日本矛头…	时政
http:...	2016-08-08	澳门旅游巴士事故致30人伤 事发时司机…	时政
http:...	2016-08-08	充电一整晚大错特错 手机应该这样充电	财经
http:...	2016-08-08	23分!篮网射手力助球队翻盘 核心作用…	体育
http:...	2016-08-08	传魅族E全新功能曝光 据说可以遥控汽车	健康

图 9-23　分类的输出结果

对所有新闻记录的分类过程是在阿里云大数据平台上的机器学习组件中完成的，分类结果将会被写入到 MaxCompute 表中。图 9-24 显示了获得分类结果的过程，将数据从 MaxCompute 迁移到 RDS 中。

```
C:\Users\Administrator\Desktop\Aliyun\Analyzer>java -jar GetAnalyzeResult.jar
Session Status is : NORMAL
RecordCount is: 432
success!
C:\Users\Administrator\Desktop\Aliyun\Analyzer>
```

图 9-24　获得分类结果

在图 9-25 所示的浏览推荐新闻页面中，根据用户(用户名是 user13)注册时设定的感兴趣新闻类别，显示出分类结果。单击页面上的“源网页”按钮即从 OSS 上获得原始文件，而单击“新闻标题”按钮，则通过 URL 访问在线页面。

当然，在个性化新闻推荐系统中基于云的开发部署只是为了满足系统在面对大量用户、大量数据情况下的扩展性、可靠性等性能需求。而在大数据分析应用中还有更重要的事就是关于数据挖掘分析的准确性。在本系统中，就是新闻分类的准确性问题。

在第 6 章提到了目前已有的多种分类器，它们在解决不同类型的分类问题上，可得到的分类性能也并不一样。一方面，没有一个分类器在所有数据集上能够获得最好的性能，因此这就需要在系统分析测试阶段对所要解决的问题进行充分的实验研究，比较各种分类器的最佳性能，从而确定系统所要使用的分类方法。另一方面，在确定分类器之后，还会存在两个关键的问题会影响分类性能。

第一个问题是分类方法的相关参数。大部分分类器都存在多个可调整的参数，而参数可能对分类性能有一定影响。例如，对于 KNN 分类方法，k 是一个关键参数；对于 SVM 分类器而言，有惩罚因子、核函数等。

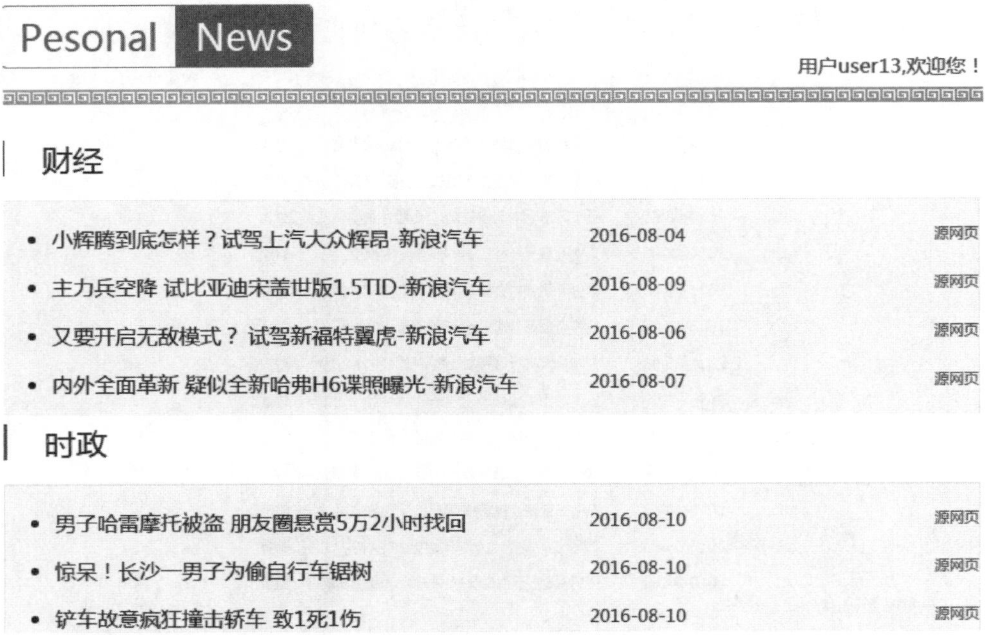

Pesonal News

用户user13,欢迎您！

财经

- 小辉腾到底怎样？试驾上汽大众辉昂-新浪汽车 2016-08-04 源网页
- 主力兵空降 试比亚迪宋盖世版1.5TID-新浪汽车 2016-08-09 源网页
- 又要开启无敌模式？ 试驾新福特翼虎-新浪汽车 2016-08-06 源网页
- 内外全面革新 疑似全新哈弗H6谍照曝光-新浪汽车 2016-08-07 源网页

时政

- 男子哈雷摩托被盗 朋友圈悬赏5万2小时找回 2016-08-10 源网页
- 惊呆！长沙一男子为偷自行车锯树 2016-08-10 源网页
- 铲车故意疯狂撞击轿车 致1死1伤 2016-08-10 源网页

图 9-25 浏览推荐新闻页面

第二个问题是分类器的更新。针对一些数据流的应用场景，即使选定并且配置好一个分类器后，该分类器并不一定在整个数据流的分类中都是保持最好的分类性能。这是由于数据流本身所代表的模式和特征也是会改变的，如商场销售的商品在不同季节是不同的。

这里主要针对第一个问题，说明如何利用阿里云大数据平台来进行分类器的选择和参数优化。以一个简单的示例来说明，数据集来自 Weka 自带的 weather 数据，其应用场景是根据天气条件来判断是否适合出去玩。天气条件有 4 个特征，分别是 outlook、temperature、humidity 和 windy，同时有一个人工标注的结果 play，表明是否可以出去玩。这个问题就是一个二分类问题(是、否)。

为了进行分类器的选择，可以在阿里云大数据平台中构建一个如图 9-26 所示的分类实验。最上面的节点表示保存于 ODPS 的数据集，拆分节点要做的事是进行交叉验证，这样可以充分利用数据集。最后给出的分类性能评估是在多次的交叉验证实验上的平均。

在流程执行完成之后，可以在分类评估节点上右击，查看评估报告。其中有多种指标，比较常用于分类的像 Precision、Recall 和 F1。因此可以通过实验来获得这些性能指标，从而选择一个合适的分类器。

针对本章的应用来说，由于词汇数量较多，每个词汇在分类中的作用有一定差别，因此可以加入特征选择处理过程，具体流程如图 9-27 所示。

原始数据通过“过滤式特征选择”组件处理后，产生两个输出结果：一是生成选择之后的数据集，保存于 selecteddata 表中；二是生成所选择的特征集，即字段名列表，保存于 selectedfeature 表中。这样，后续就可以将 selecteddata 表作为图 9-14 分类器的训练流程中的输入数据，训练得到的模型就是经过特征选择之后的。训练数据经过特征选择处理之后，对应的待分类样本也应当是按照相同的特征进行新闻文本的特征矩阵表示，因此图 9-16 对

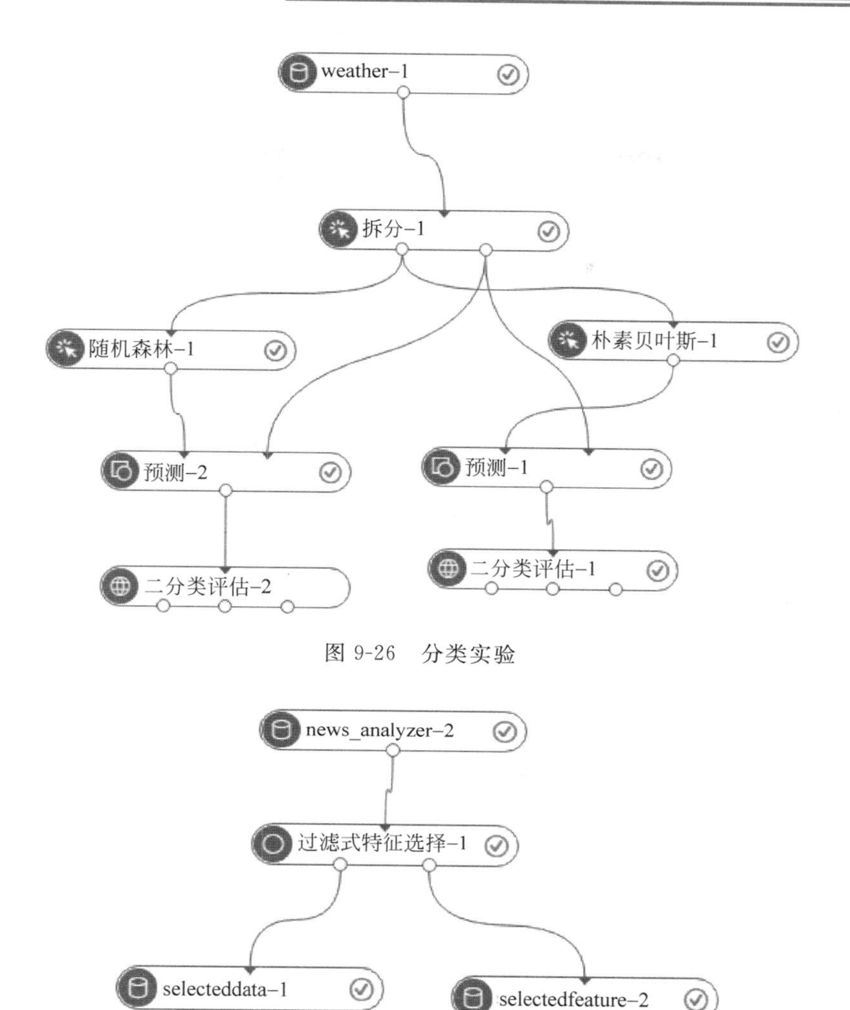

图 9-26 分类实验

图 9-27 特征选择

没有标签的新闻进行分类的流程中，数据节点 new_collector 中的样本数据也就应当与训练时所选择的特征一致。这样，就要求对爬虫获得的待分类的新闻文本的词频矩阵构造时，需要根据 selectedfeature 表所指定的词汇来计算，而不必针对所有的词汇。

思考题

1. 说明 RDS、OSS、OTS、ODPS 的含义。

2. 基于阿里云大数据平台设计一个文本分类系统，实现对互联网上开放的分类文本集的分类(如搜狗的文本集等)。

3. 某公司准备利用阿里云构建一套 Web 服务平台，提供给互联网用户进行突发事件的舆情监测。该监测系统为用户提供登录、定制舆情事件类型、查看舆情变化、事件关键词、主题演化的结果报告。请结合本书第 6 章和本章介绍的知识，谈谈该服务平台的设计思路和关键技术。

参考文献

[1] 程学旗,靳小龙,王元卓,等.大数据系统和分析技术综述.软件学报,2014,25(9):1889-1908.

[2] 中国电子信息产业发展研究院. 2015年中国信息化发展水平评估报告.工信部网站(http://www.miit.gov.cn/n1146290/n1146402/n1146445/c4838381/content.html),2016.

[3] 祝坤子,沙晋明,刘玉琴,等.中国信息化发展时空格局演变分析.中国科技论文,2015,10(21):2574-2584.

[4] 王元卓,靳小龙,程学旗.网络大数据:现状与展望.计算机学报,2013,36(6):1125-1138.

[5] 新浪新闻.大数据时代来临. http://news.sina.com.cn/o/2014-02-19/134629509121.shtml,2014.

[6] 冯登国,张敏,李昊.大数据安全与隐私保护.计算机学报,2014,37(1):246-258.

[7] 郭平,王可,罗阿理,等.大数据分析中的计算智能研究现状与展望.软件学报,2015,26(11):3010-3025.

[8] Cheikh Kacfah Emani, Nadine Cullot, Christophe Nicolle. Understandable Big Data: A Survey. Computer Science Review, 2015,17:70-81.

[9] Philip Chen, Chun-Yang Zhang. Data-intensive Applications, Challenges, Techniques and Technologies: A survey on Big Data. Information Sciences, 2014,275(11):314-347.

[10] Gema Bello-Orgaz, Jason J. Jung, David Camacho. Social Big Data: Recent Achievements and New Challenges. Information Fusion, 2016,28:45-59.

[11] 王涛.从信息系统发展阶段理论看网络学习平台的进化.现代教育技术,2015,25(5):47-52.

[12] 刘晓强,华永良,薛成兵.我国医院信息化发展历程浅析.中国卫生信息管理杂志,2016,13(2):142-152.

[13] 李建中,王宏志,高宏.大数据可用性的研究进展.软件学报,2016,27(7):1605-1625.

[14] 孙大为,张广艳,郑纬民.大数据流式计算:关键技术及系统实例.软件学报,2014,25(4):839-862.

[15] 李立耀,孙鲁敬,杨家海.社交网络研究综述.计算机科学,2015,42(11):8-21+42.

[16] 张立.网络舆论传播中若干算法的研究.博士学位论文(北京交通大学),2009.

[17] Jianping Zeng, Shiyong Zhang, Chenrong Wu, et al. Modelling the Topic Propagation over the Internet. Mathematical and Computer Modelling of Dynamical Systems, 2009, 15(1):83-93.

[18] 陈慧. Web 2.0及其典型应用研究.硕士学位论文(华东师范大学),2006.

[19] 陈竹敏.面向垂直搜索引擎的主题爬行技术研究.博士学位论文(山东大学),2008.

[20] 黄仁,王良伟.基于主题相关概念和网页分块的主题爬虫研究.计算机应用研究,2013,30(8):2377-2380.

[21] 李稚楹,杨武,谢治军. PageRank算法研究综述.计算机科学,2011,38(10A):185-188.

[22] Lawrence Page, Sergey Brin, Rajeev Motwani, et al. The PageRank Citation Ranking: Bringing Order to the Web. Technical Report(Stanford InfoLab),1999.

[23] kezhen的专栏.爬虫采集——基于WebKit核心的客户端Ghost.py. CSDN博客(http://blog.csdn.net/kezhen/article/details/45970217),2015.

[24] 高凯,王九硕,马红霞,等.微博信息采集及群体行为分析.小型微型计算机系统,2013,34(10):2413-2416.

[25] Jane Devine, Francine Egger-Sider. Beyond Google: the Invisible Web in the Academic Library. The Journal of Academic Librarianship, 2004,30(4): 265-269.

[26] Sriram Raghavan, Hector Garcia-Molina. Crawling the Hidden Web. In Proceedings of 27th International Conference on Very Large Data Bases, 2001.

[27] Prashant Dahiwale, M. M. Raghuwanshi, Latesh Malik. Design of Improved Focused Web Crawler by Analyzing Semantic Nature of URL and Anchor Text. In Proceedings of 9th International

Conference on Industrial and Information Systems, 2014.

[28] L. Rajesh, V. Shanthi. A Novel Approach for Evaluating Web Crawler Performance Using Content-relevant Metrics. Advances in Intelligent Systems and Computing, 2015,336:501-508.

[29] Pedro Pereira,Joaquim Macedo, Olga Craveiro,et al. Time-aware Focused Web Crawling. Lecture Notes in Computer Science,2014,8416:534-539.

[30] Hongyu Liu, Evangelos Milios. Probabilistic Models for Focused Web Crawling. Computational Intelligence, 2012,28(3):289-328.

[31] Yeye He, Dong Xin, Venkatesh Ganti,et al. Crawling Deep Web Entity Pages. In Proceedings of the 6th ACM International Conference on Web Search and Data Mining, 2013:355-364.

[32] 方巍.基于本体的 Deep Web 信息集成关键技术研究.博士学位论文(苏州大学),2009.

[33] 沙泓州,刘庆云,柳厅文,等.恶意网页识别研究综述.计算机学报,2016, 39(3):529-542.

[34] Xiangwen Ji, Jianping Zeng, Shiyong Zhang,et al. Tag Tree Template for Web Information and Schema Extraction. Expert Systems With Applications, 2010,37(12): 8492-8498.

[35] 郭喜跃,何婷婷.信息抽取研究综述.计算机科学,2015,42(2):14-17+38.

[36] 吴共庆,胡骏,李莉,等.基于标签路径特征融合的在线 Web 新闻内容抽取.软件学报,2016,27(3):714-735.

[37] Jianping Zeng, Jiangjiao Duan. Analyzing and Modeling User Activity for Web Interactions[Book Chapter] , In: Handbook of Human Factors in Web Design: Second Edition, Kim Vu and Robert Proctor (Eds.). CRC Press, 2011.

[38] 孙承杰,关毅.基于统计的网页正文信息抽取方法的研究.中文信息学报, 2004,18(5):17-22.

[39] 徐俊刚,裴莹.数据 ETL 研究综述.计算机科学, 2011,38(4):15-20.

[40] 梁璐.基于网络信息内容的分析还原系统研究与实现.硕士学位论文(北京交通大学),2009.

[41] Aditya Parameswaran, Nilesh Dalvi, Hector GarciaMolina,et al. Optimal Schemes for Robust Web Extraction. Proceedings of the VLDB Endowment, 2011,4(11):980-991.

[42] Wook-Shin Han, Wooseong Kwak, Hwanjo Yu. On Supporting Effective Web Extraction. In Proceedings of International Conference on Data Engineering, 2010,773-775.

[43] Basil Hess, Fabio Magagna, Juliana Sutanto. Toward Location-aware Web: Extraction Method, Applications and Evaluation. Personal and Ubiquitous Computing, 2014,18(5):1047-1060.

[44] Wei Liu, Xiaofeng Meng, Weiyi Meng. ViDE: A Vision-based Approach for Deep Web Data Extraction. IEEE Transactions on Knowledge and Data Engineering, 2010,22(3):447-460.

[45] Wachirawut Thamviset, Sartra Wongthanavasu. Information Extraction for Deep Web Using Repetitive Subject Pattern. World Wide Web, 2014,17(5):1109-1139.

[46] 黄昌宁,赵海.中文分词十年回顾.中文信息学报, 2007,21(3):8-19.

[47] 牟力科. Web 中文信息抽取技术与命名实体识别方法的研究.硕士学位论文(西北大学), 2008.

[48] 夏利玲.基于自然语言理解的中文分词和词性标注方法的研究.硕士学位论文(南京邮电大学),2009.

[49] 韩冬煦,常宝宝.中文分词模型的领域适应性方法.计算机学报,2015,38(2): 273-281.

[50] 张海军,史树敏,朱朝勇,等.中文新词识别技术综述.计算机科学, 2010, 37(3):6-10.

[51] 段宇锋,鞠菲.基于 N-Gram 的专业领域中文新词识别研究.现代图书情报技术, 2012(2):41-47.

[52] 李凯,左万利,吕巍.汉语文本中交集型切分歧义的分类处理.小型微型计算机系统, 2004,25(8):1486-1490.

[53] 张梅山,邓知龙,车万翔,等.统计与词典相结合的领域自适应中文分词.中文信息学报,2012,26(2):8-12.

[54] 曲慧雁,赵伟,王东海,等.基于隐 Markov 模型汉语词性自动标注的新算法.东北师大学报(自然科学版),2013,45(4):66-70.

[55] 吴思竹,钱庆,胡铁军,等.词干提取方法及工具的对比分析研究.图书情报工作,2012,56(15):109-115.

[56] 黄德根,张丽静,张艳丽,等.规则与统计相结合的兼类词处理机制.小型微型计算机系统,2003,24(7):1252-1255.

[57] 陈飞,刘奕群,魏超,等.基于条件随机场方法的开放领域新词发现.软件学报,2013,24(5):1051-1060.

[58] Devendrá Singh Chaplot, Pushpak Bhattacharyya, Ashwin Paranjape. Unsupervised Word Sense Disambiguation Using Markov Random Field and Dependency Parser. In Proceedings of the 29th AAAI Conference on Artificial Intelligence, 2015,3,2217-2223.

[59] Marek Rei, Ted Briscoe. Parser Lexicalisation Through Self-learning. In Proceedings of 2013 Conference of the North American Chapter of the Association for Computational Linguistics: Human Language Technologies, 2013:391-400.

[60] 王大玲,于戈,冯时,等.面向社会媒体搜索的实体关系建模研究综述.计算机学报, 2016,39(4):658-674.

[61] 章志凌,虞立群,陈奕秋,等.基于 Corpus 库的词语相似度计算方法.计算机应用, 2006,26(3):638-644.

[62] 黄媛,李培峰,朱巧明.一个基于语义的中文事件论元抽取方法.计算机科学,2015,42(2):237-240.

[63] 高俊平,张晖,赵旭剑,等.面向维基百科的领域知识演化关系抽取.计算机学报,2016,39(10):2088-2101.

[64] 陈肇强,李佳俊,蒋川,等.基于上下文感知实体排序的缺失数据修复方法.计算机学报,2015,38(9):1756-1766.

[65] 刘辉平,金澈清,周傲英,等.一种基于模式的实体解析算法.计算机学报,2015,38(9):1796-1808.

[66] 怀宝兴,宝腾飞,祝恒书,等.一种基于概率主题模型的命名实体链接方法.软件学报,2014,25(9):2076-2087.

[67] 吴纯青,任沛阁,王小峰.基于语义的网络大数据组织与搜索.计算机学报,2015,38(1):1-17.

[68] 吴思竹,钱庆,胡铁军,等.词形还原方法及实现工具比较分析[J].现代图书情报技术, 2012(03):27-34.

[69] 梅家驹.同义词词林.上海:上海辞书出版社, 1983.

[70] 黄德根,岳广玲,杨元生.基于统计的中文地名识别.中文信息学报,2003,17(2):36-41.

[71] Jiangjiao Duan, Jianping Zeng. Computing Semantic Relatedness Based on Search Result Analysis. In Proceedings of Web Intelligence, 2012.

[72] Chengrong Wu, Linghui Gong, Jianping Zeng. Multi-document Chinese Name Disambiguation Based on Latent Semantic Analysis. In Proceedings of Fuzzy System and Knowledge Discovery, 2010.

[73] 张林,钱冠群,樊卫国,等.轻型评论的情感分析研究.软件学报,2014,25(12):2790-2807.

[74] 张志昌,周慧霞,姚东任,等.基于词向量的中文词汇蕴涵关系识别.计算机工程,2016,42(2):169-174.

[75] 刘宏哲,须德.基于本体的语义相似度和相关度计算研究综述.计算机科学, 2012,39(2):8-13.

[76] Evgeniy Gabrilovich, Shaul Markovitch. Computing Semantic Relatedness using Wikipedia-based Explicit Semantic Analysis. In Proceedings of the 20th International Joint Conference on Artifical Intelligence,2007,1606-1611.

[77] Shilad Sen,Isaac Johnson,Rebecca Harper, et al. Towards Domain-Specific Semantic Relatedness: A Case Study from Geography. In Proceedings of the 24th International Joint Conference on Artifical Intelligence,2015,2362-2370.

[78] Stanford Parser. The Stanford Natural Language Processing Group. http://nlp. stanford. edu/software/lex-parser. shtml, 2015.

[79] Youzheng Wu, Jun Zhao, Bo Xu. Chinese Named Entity Recognition Combining a Statistical Model with Human Knowledge. In Proceedings of the ACL 2003 Workshop on Multilingual and Mixed-Language Named Entity Recognition, 2003:65-72.

[80] 曾剑平,刘华.一种基于聚集系数的人名识别方法.计算机工程, 2016,42(7):203-208.

[81] 冯元勇,孙乐,张大鲲,等.基于小规模尾字特征的中文命名实体识别研究.电子学报,2008,36(9):1833-1838.

[82] Alexander Budanitsky, Graeme Hirst. Evaluating WordNet-based Measures of Lexical Semantic Relatedness. Computational Linguistics, 2006,32(1):13-48.

[83] Gregor Heinrich. Parameter Estimation for Text Analysis. Technical Note(University of Leipzig, Germany), 2008.

[84] John Lafferty, Andrew McCallum, Fernando C. N. Pereira. Conditional Random Fields: Probabilistic Models for Segmenting and Labeling Sequence Data. In Proceedings of the 18th International Conference on Machine Learning 2001 (ICML 2001),282-289.

[85] Charles Sutton, Andrew McCallum. An Introduction to Conditional Random Fields for Relational Learning. Foundations and Trends in Machine Learning, 2011,4(4):267-373.

[86] Charles Sutton, Andrew McCallum. Efficient Training of Conditional Random Fields. In Proceedings of the 24th International Conference on Machine Learning, 2007:863-870.

[87] 张继福,李永红,秦啸,等.基于 MapReduce 与相关子空间的局部离群数据挖掘算法.软件学报, 2015,26(5):1079-1095.

[88] 张剑,屈丹,李真.基于词向量特征的循环神经网络语言模型.模式识别与人工智能,2015,28(4):299-305.

[89] Jeffrey Dean, Sanjay Ghemawat. MapReduce: Simplified Data Processing on Large Clusters. Communication of the ACM, 2008,51(1):107-113.

[90] Tomas Mikolov, Kai Chen, Greg Corrado, et al. Efficient Estimation of Word Representations in Vector Space. In Proceedings of International Conference on Learning Representations, 2013.

[91] Tomas Mikolov, Ilya Sutskever, Kai Chen, et al. Distributed Representations of Words and Phrases and their Compositionality. Advances in Neural Information Processing Systems, 2013, 26: 3111-3119.

[92] Jianping Zeng, Jiangjiao Duan, Chengrong Wu. Adaptive Topic Modeling for Detection Objectionable Text. In Proceedings of Web Intelligence, 2013. 11.

[93] Jiangjiao Duan, Jianping Zeng. Web Objectionable Text Content Detection Using Topic Modeling Technique. Expert Systems with Applications, 2013,40(15):6094-6104.

[94] Zhen Jiang, Shiyong Zhang, Jianping Zeng. A Hybrid Generative/Discriminative Method for Semi-supervised Classification. Knowledge-Based Systems, 2013, 37:137-145.

[95] Jianping Zeng, Jiangjiao Duan, Wei Wang, et al. Semantic Multi-Grain Mixture Topic Model for Text Analysis. Expert Systems With Applications, 2011, 38(4): 3574-3579.

[96] Linghui Gong, Jianping Zeng, Shiyong Zhang. Text Stream Clustering Algorithm Based on Adaptive Feature Selection. Expert Systems With Applications, 2011, 38(3): 1393-1399.

[97] Jianping Zeng, Chengrong Wu, Wei Wang. Multi-Grain Hierarchical Topic Extraction Algorithm for Text Mining. Expert Systems With Applications, 2010, 37(4):3202-3208.

[98] Jianping Zeng, Shiyong Zhang. Incorporating Topic Transition in Topic Detection and Tracking Algorithms. Expert Systems With Applications, 2009, 36(1): 227-232.

[99] 汪成亮,庞栩,陆志坚,等.基于动态特征提取和神经网络的数据流分类研究.计算机应用,2010,30(6): 1539-1542.

[100] David Blei, Andrew Ng, Michael Jordan. Latent Dirichlet Allocation. Journal of Machine Learning

Research,2003,3:993-1022.

[101] Sangwon Seo, Edward J. Yoon, Jaehong Kim, et al. HAMA: An Efficient Matrix Computation with the MapReduce Framework. In Proceedings of 2nd IEEE International Conference on Clound Computing Technology and Science, 2010:721-726.

[102] Joseph G. Taylor, Viktoriia Sharmanska, Kristian Kersting, et al. Learning Using Unselected Features (LUFe). In Proceedings of the Twenty-Fifth International Joint Conference on Artificial Intelligence (IJCAI-16), 2016:2060-2066.

[103] Andrew Ng. CS229 Lecture Notes. http://cs229.stanford.edu/materials.html.

[104] Jianping Zeng, Jiangjiao Duan, Chengrong Wu. A New Distance Measure for Hidden Markov Models. Expert Systems With Applications, 2010, 37(2):1550-1555.

[105] Jianping Zeng, Linghui Gong, Qinqin Wang, et al. Hierarchical Clustering for Topic Analysis Based on Variable Feature Selection. In proceedings of FSKD,2009:477-481.

[106] 王璐,孟小峰,郭胜娜.时空数据发布中的隐式隐私保护.软件学报,2016,27(8):1922-1933.

[107] 倪巍伟,陈萧.保护位置隐私近邻查询中隐私偏好问题研究.软件学报,2016,27(7):1805-1821.

[108] 张学军,桂小林,伍忠东.位置服务隐私保护研究综述.软件学报,2015,26(9):2373-2395.

[109] 刘向宇,王斌,杨晓春.社会网络数据发布隐私保护技术综述.软件学报,2014,25(3):576-590.

[110] 王璐,孟小峰.位置大数据隐私保护研究综述.软件学报,2014,25(4):693-712.

[111] Samarati P, Sweeney L. Protecting Privacy when Disclosing Information: K-anonymity and its Enforcement Through Generalization and Suppression. Technical Report, SRI International, 1998.

[112] Cynthia Dwork. Differential Privacy. Lecture Notes in Computer Science, 2006,4052:1-12.

[113] President's Council of Advisors on Science and Technology, Big Data: A Technological Perspective. PCAST Releases Report (Executive Office of the President of the United States). https://www.whitehouse.gov/blog/2014/05/01/pcast-releases-report-big-data-and-privacy, 2014.

[114] Hanan Samet. The Design and Analysis of Spatial Data Structures. Boston: Addison-Wesley Longman Publishing Co., Inc.,1990.

[115] 彭长根,丁红发,朱义杰,等.隐私保护的信息熵模型及其度量方法.软件学报,2016,27(8):1891-1903.

[116] Ashwin Machanavajjhala, Daniel Kifer, Johannes Gehrke, et al. L-diversity: Privacy Beyond K-anonymity. ACM Transactions on Knowledge Discovery from Data, 2006, 1(1):24.

[117] Raymond Chi-Wing Wong, Jiuyong Li, Ada Wai-Chee Fu, et al. (α, k)-anonymity: an Enhanced K-anonymity Model for Privacy Preserving Data Publishing. In Proceedings of the 12th ACM SIGKDD International Conference on Knowledge Discovery and Data Mining. ACM, 2006: 754-759.

[118] Ninghui Li, Tiancheng Li, Suresh. t-closeness: Privacy Beyond K-anonymity and L-diversity. In Proceedings of IEEE 23rd International Conference on Data Engineering. IEEE, 2007: 106-115.

[119] Xiaokui Xiao, Yufei Tao. M-invariance: Towards Privacy Preserving Re-publication of Dynamic Datasets. In Proceedings of the 2007 ACM SIGMOD International Conference on Management of Data. ACM, 2007: 689-700.

[120] Hillol Kargupta, Souptik Datta, Qi Wang. Random-data Perturbation Techniques and Privacy-preserving Data Mining. Knowledge and Information Systems, 2005, 7(4): 387-414.

[121] Sweeney Latanya. Achieving K-anonymity Privacy Protection Using Generalization and Suppression. International Journal of Uncertainty, Fuzziness and Knowledge-Based Systems, 2002, 10(05): 571-588.

[122] LeFevre K, DeWitt D J, Ramakrishnan R. Incognito: Efficient Full-domain K-anonymity. In Proceedings of the 2005 ACM SIGMOD International Conference on Management of Data. ACM,

2005：49-60.

[123] 李顺东，周素芳，郭奕旻，等.云环境下集合隐私计算.软件学报，2016，27(6)：1549-1565.

[124] 黄刘生，田苗苗，黄河.大数据隐私保护密码技术研究综述.软件学报，2015，26(4)：945-959.

[125] Kristen LeFevre, David J. DeWitt, Raghu Ramakrishnan. Mondrian Multidimensional K-anonymity. In Proceedings of 22nd International Conference on Data Engineering. IEEE, 2006: 25.

[126] Gruteser Marco, Grunwald Dirk. Anonymous Usage of Location-based Services Through Spatial and Temporal Cloaking. In Proceedings of the 1st International Conference on Mobile Systems, Applications and Services. ACM, 2003: 31-42.

[127] A Pingley, Nan Zhang, Xinwen Fu. Protection of Query Privacy for Continuous Location Based Services. In 2011 Proceedings IEEE INFOCOM, 2011: 1710-1718.

[128] Michael Hay, Gerome Miklau, David Jensen. Resisting Structural Re-identification in Anonymized Social Networks. Proceedings of the VLDB Endowment, 2008, 1(1): 102-114.

[129] Jun Gao, Jeffrey Xu Yu, Ruoming Jin. Neighborhood-privacy Protected Shortest Distance Computing in Cloud. In Proceedings of the 2011 ACM SIGMOD International Conference on Management of Data. ACM, 2011: 409-420.

[130] 任磊，杜一，马帅，等.大数据可视分析综述.软件学报，2014，25(9)：1909-1936.

[131] Hindman B, Konwinski A, Zaharia M, et al. Mesos: A Platform for Fine-Grained Resource Sharing in the Data Center//NSDI. 2011, 11: 22.

[132] 滕东兴，曾志荣，杨海燕，等.一种面向关系型数据的可视质量分析方法.软件学报，2013，24(4)：810-824.

[133] 申德荣，于戈，王习特，等.支持大数据管理的 NoSQL 系统研究综述.软件学报，2013，24(8)：1786-1803.

[134] Fay Chang, Jeffrey Dean, Sanjay Ghemawat, et al. Bigtable: A Distributed Storage System for Structured Data. In Proceedings of USENIX Symposium on Operating System Design and Implementation (OSDI'06), 2006.

[135] 孙扬，蒋远翔，赵翔，等.网络可视化研究综述.计算机科学，2010，37(2)：12-30.

[136] Z Liu, B Jiang, J Heer. imMens: Real-time Visual Querying of Big Data. Computer Graphics Forum, 2013, 32(3): 421-430.

[137] 王余蓝.图形数据库 Neo4j 与关系据库的比较研究.现代电子技术，2012，35(20)：77-79.

[138] 梁吉业，冯晨娇，宋鹏.大数据相关分析综述.计算机学报，2016，39(1)：1-18.

[139] Sandhya Narayan, Stuart Bailey, Anand Daga. Hadoop Acceleration in an Openflow-based Cluster. In Proceedings of SC Companion: High Performance Computing, Networking Storage and Analysis, 2012: 535-538.

[140] Arne Koschel, Felix Heine, Irina Astrova, et al. Efficiency Experiments on Hadoop and Giraph with PageRank. In Proceedings of 24th Euromicro International Conference on Parallel, Distributed, and Network-Based Processing, 2016, 328-331.

[141] Masoumeh Rezaei Jam, Leili Mohammad Khanli, Morteza Sargolzaei Javan, et al. A survey on Security of Hadoop. In Proceedings of the 4th International Conference on Computer and Knowledge Engineering, 2014, 716-721.

[142] Zhijie Han, Yujie Zhang. Spark: A Big Data Processing Platform Based on Memory Computing. In Proceedings of International Symposium on Parallel Architectures, Algorithms and Programming, 2016, 172-176.

[143] Giorgos Saloustros, Kostas Magoutis. Rethinking HBase: Design and Implementation of an Elastic Key-value Store over Log-structured Local Volumes. In Proceedings of IEEE 14th International Symposium on Parallel and Distributed Computing, 2015, 225-234.

[144] Mohammad Abu Alsheikh, Dusit Niyato, Shaowei Lin, et al. Mobile Big Data Analytics using Deep Learning and Apache Spark. IEEE Network, 2016, 30(3): 22-29.

[145] Aris-Kyriakos Koliopoulos, Paraskevas Yiapanis, Firat Tekiner, et al. A Parallel Distributed Weka Framework for Big Data Mining Using Spark. In Proceedings of 2015 IEEE International Congress on Big Data, 2015, 9-16.

图书资源支持

感谢您一直以来对清华版图书的支持和爱护。为了配合本书的使用，本书提供配套的素材，有需求的用户请到清华大学出版社主页（http://www.tup.com.cn）上查询和下载，也可以拨打电话或发送电子邮件咨询。

如果您在使用本书的过程中遇到了什么问题，或者有相关图书出版计划，也请您发邮件告诉我们，以便我们更好地为您服务。

我们的联系方式：

地　　址：北京海淀区双清路学研大厦 A 座 707

邮　　编：100084

电　　话：010－62770175－4604

资源下载：http://www.tup.com.cn

电子邮件：weijj@tup.tsinghua.edu.cn

QQ：883604（请写明您的单位和姓名）

扫一扫

资源下载、样书申请

新书推荐、技术交流

用微信扫一扫右边的二维码，即可关注清华大学出版社公众号“书圈”。